Technologie der Werkstoffe

Jürgen Ruge · Helmut Wohlfahrt

Technologie der Werkstoffe

Herstellung, Verarbeitung, Einsatz

9., überarbeitete und aktualisierte Auflage

Mit 282 Abbildungen und 62 Tabellen

 Springer Vieweg

Prof. em. Dr.-Ing. Jürgen Ruge (verst.)

Prof. em. Dr.-Ing. Helmut Wohlfahrt
Waldbronn, Deutschland

ISBN 978-3-658-01880-1   ISBN 978-3-658-01881-8 (eBook)
DOI 10.1007/978-3-658-01881-8

Die Deutsche Nationalbibliothek verzeichnet diese Publikation in der Deutschen Nationalbibliografie; detaillierte bibliografische Daten sind im Internet über http://dnb.d-nb.de abrufbar.

Springer Vieweg
© Springer Fachmedien Wiesbaden 1972, 1979, 1983, 1987, 1989, 2001, 2002, 2007, 2013

Lektorat: Thomas Zipsner / Imke Zander

Gedruckt auf säurefreiem und chlorfrei gebleichtem Papier.

Springer Vieweg ist eine Marke von Springer DE. Springer DE ist Teil der Fachverlagsgruppe Springer Science+Business Media
www.springer-vieweg.de

Vorwort zur neunten Auflage

Auch diese neunte, erneut überarbeitete Auflage der „Technologie der Werkstoffe" hat das Anliegen, anhand aufeinander abgestimmter Kapitel die vielfältigen Zusammenhänge zwischen der Herstellung und Verarbeitung der Werkstoffe und ihren Eigenschaften und Anwendungen darzustellen. Dementsprechend zeigen Kapitel über metallische, keramische und polymere Konstruktionswerkstoffe deren jeweils spezifische, herstellungs- und verarbeitungsgeprägte Eigenschaften auf sowie die daraus resultierenden typischen Anwendungsfelder. Der Leser erhält damit Hinweise zur anwendungsorientierten Auswahl von Werkstoffen und Werkstoffzuständen.

Im Folgenden beschreiben Kapitel zur Herstellung und Verarbeitung von Werkstoffen die Wege zu werkstofftypischen Halbzeugen und Fertigprodukten. Dabei behalten in einem jetzt gestrafften Kapitel die Herstellungsverfahren von Roheisen und Stahl ihren Vorrang. Zur Erzeugung der Nichteisenmetalle und der nichtmetallischen Werkstoffe finden sich in den Werkstoffkapiteln kurz gefasste Ausführungen. Die spanlosen Formgebungsverfahren für Metalle und für Kunststoffe sowie die Beschichtungs- und Fügeverfahren werden in gebotener Ausführlichkeit behandelt. Kapitel zur Herstellung keramischer Werkstoffe, zur Pulvermetallurgie, zum Kugelstrahlumformen, zum Sprühkompaktieren, zum Fügen durch Umformen sowie zum Kleben von Metallen und Kunststoffen bauen diesen technologischen Schwerpunkt noch aus. Die spanenden Fertigungs- und die Trennverfahren, häufig in gesonderten Vorlesungen behandelt, bleiben auch in dieser Auflage unberücksichtigt.

Einführende Kapitel zum Aufbau der Werkstoffe und zu den Möglichkeiten der Prüfung und Veränderung wichtiger Werkstoffeigenschaften, die teilweise sehr kurz gehalten sind, sollen vorab wichtige Grundlagenkenntnisse vermitteln, wie sie für das das Verständnis der speziellen Bedingungen und Abläufe technologischer Prozesse und ihrer Auswirkungen auf die Eigenschaften der Werkstoffe und Halbzeuge nötig sind. Eine umfassende, vertiefte Darstellung der Grundlagen der Werkstoffkunde ist dabei nicht möglich und beabsichtigt, sondern bleibt einschlägigen Lehrbüchern überlassen, wie sie im Kapitel „Weiterführende Literatur" für metallische, keramische und polymere Werkstoffe ausführlich zitiert sind.

Dem raschen Voranschreiten der Normungsarbeit und der technologieorientierten Ausrichtung des Bandes entsprechend, war es das besondere Anliegen, in der neuen Auflage alle einschlägigen Normen mit jeweiliger Angabe des Erstellungsdatums auf dem heutigen neuesten Stand zu zitieren. Das Sachwortverzeichnis und die umfangreiche Zusammenstellung weiterführender Literatur, die außer werkstoff- und fertigungsorientierten Lehrbüchern auch Monographien und Handbücher zum aktuellen Wissensstand auf verschiedenen Sachgebieten enthält, wurde überarbeitet und ebenfalls aktualisiert. Damit verbunden ist der Wunsch, den Studierenden über die vorlesungsbegleitende Nutzung hinaus, auch im Gesamtstudium und in der beruflichen Praxis ein sicherer Ratgeber im Studium und bei der täglichen Arbeit zu sein.

Die von den Herren Prof. Dr.-Ing. K. Dilger und Dipl.-Ing. M. Frauenhofer erarbeiteten Kapitel zum Kleben von Metallen und Kunststoffen sind wie in der 8. Auflage ausgeführt. Frau Dipl.-Des. B. Wolfrum sei ganz besonders gedankt für die gründliche Erfassung und Sichtung aller einschlägigen Normen.

Dem Verlag und insbesondere Herrn Dipl.-Ing. Thomas Zipsner und Frau Imke Zander vom Lektorat Maschinenbau spreche ich meinen Dank aus für die angenehme Zusammenarbeit und die hilfreiche Unterstützung bei der Drucklegung.

Waldbronn/Braunschweig, im Januar 2013   Helmut Wohlfahrt

Vorwort zur ersten Auflage

Die Werkstofftechnologie ist ein Teilgebiet der Werkstoffwissenschaften. Der Ausdruck „Technologie" als Begriff bedarf dabei einer neuen Definition, da er z. Z. in unterschiedlicher Bedeutung verwendet wird. Hier soll unter Werkstofftechnologie die Lehre von der Erzeugung und Verarbeitung der Werkstoffe zu Halb- und Fertigfabrikaten verstanden werden.

Das Buch wendet sich in erster Linie an Studenten der Ingenieurwissenschaften und lehnt sich an eine entsprechende Vorlesung an, die vom Verfasser am Institut für Schweißtechnik und Werkstofftechnologie der TU Braunschweig gehalten wird. Der Zwang zur Stoffbegrenzung führt dazu, dass die Nichteisenmetalle trotz ihrer Bedeutung nur gestreift werden können. Da die Maschinenbaustudenten in den ersten Semestern vorwiegend mit naturwissenschaftlichen Grundlagen konfrontiert werden, hinter denen die Ingenieurwissenschaften zunächst zurücktreten müssen, wurde besonderer Wert darauf gelegt, die Fragen der Werkstofftechnologie möglichst praxisnah zu gestalten. Dies kommt insbesondere zum Ausdruck in der Behandlung der für die Massenfertigung bedeutsamen spanlosen Umformverfahren, der Gießereitechnik und der Materialprüfung. Dagegen konnten die spangebenden Umformverfahren und die Schweißtechnik nicht berücksichtigt werden. Das außergewöhnlich umfangreiche Bildmaterial soll das Verständnis für den dargebotenen Stoff erleichtern und dem Studenten unnötige Zeichenarbeit ersparen.

Herrn Dr.-Ing. W. Herrnkind sowie meinen Mitarbeitern, den Herren Dipl.-Phys. H.-D. Wallheinke und H. Wösle sei für ihre Unterstützung bei Abfassung und Korrektur des Manuskriptes herzlich gedankt, desgleichen Frau G. Köter für die Anfertigung der Gefügeaufnahmen und Herrn P. Schindler für die Herstellung der zahlreichen Zeichnungen. Dem Verlag schließlich, insbesondere Herrn A. Schubert, gilt mein besonderer Dank für sorgfältige Drucklegung und angenehme Zusammenarbeit.

Braunschweig, im Juli 1971   Jürgen Ruge

Inhaltsverzeichnis

1	**Der Begriff Werkstofftechnologie**	1
2	**Aufbau der Werkstoffe**	3
	2.1 Submikroskopische Betrachtung – kristalline und nichtkristalline Strukturen	3
	2.1.1 Kristallisationsformen metallischer Werkstoffe [2.1–2.25]	4
	2.1.2 Bindekräfte [2.1,2.2,2.4,2.6,2.10,2.20]	8
	2.1.3 Platzwechsel, Gitterstörungen, Diffusion [2.1,2.2,2.4,2.6,2.10,2.20]	9
	2.2 Mikroskopische Betrachtung – Entstehung von Kristallen und Kristallgefügen	10
	Literatur	13
3	**Eigenschaften der Werkstoffe**	15
	3.1 Ermittlung von Werkstoffeigenschaften (Werkstoffkennwerten) als Aufgabe der Werkstoffprüfung	15
	3.2 Prüfverfahren mit Zerstörung des Werkstückes	16
	3.2.1 Prüfung der physikalischen Eigenschaften	16
	3.2.2 Prüfung der mechanisch-technologischen Eigenschaften [3.6–3.8]	17
	3.3 Prüfverfahren ohne Zerstörung des Werkstückes	54
	3.3.1 Prüfverfahren zur Ermittlung von Werkstoffeigenschaften	55
	3.3.2 Prüfverfahren zur Ermittlung der Werkstoffbeschaffenheit	55
	3.3.3 Prüfverfahren zur Fehlerdetektion	55
	Literatur	56
4	**Veränderung von Aufbau und Eigenschaften metallischer Werkstoffe**	59
	4.1 Legieren und Legierungen	59
	4.1.1 Struktur der Legierungen [4.1–4.3]	60
	4.1.2 Zustandsschaubilder für Zweistofflegierungen (Binäre Systeme) ..	61
	4.1.3 Zustandsschaubilder für Dreistofflegierungen (Ternäre Systeme) .	78
	4.1.4 Die Eisen-Kohlenstoff-Schaubilder [4.4]	81
	4.2 Wärmebehandlung von Stahl	89

| | | 4.2.1 | Ausgangsgefüge vor der Wärmebehandlung . . . . | 89 |

4.2.1 Ausgangsgefüge vor der Wärmebehandlung 89
4.2.2 Wärmebehandlungsverfahren (DIN EN 10 052:93, [5–7, 9–11]) . . 91
4.3 Thermomechanische Behandlungen 104
4.4 Kaltverformen 105
4.5 Versprödungserscheinungen bei Erwärmung
und/oder Verformung (Alterung) 105
4.5.1 Ausscheidungs- oder Abschreckalterung 105
4.5.2 Verformungs- oder Reckalterung 106
4.5.3 Blausprödigkeit 106
4.5.4 Korngrenzenversprödung 107
Literatur 107

5 **Metallische Werkstoffe** 109
5.1 Kennzeichnung metallischer Werkstoffe 109
5.1.1 Kennzeichnung der Stähle durch symbolische Buchstaben
und Zahlen nach DIN EN 10 027-1 als Ersatz
für DIN V 17 006-100/Z [5.1–5.5] 110
5.1.2 Kennzeichnung der Gusseisensorten (DIN EN 1560:11, [5.6]) . . . 112
5.1.3 Kennzeichnung der NE-Metalle [5.1,5.7,5.8] 115
5.1.4 Werkstoffkennzeichnung durch Werkstoffnummern
nach DIN EN 10 027-2:92
und DIN/DIN-Entwurf 17 007-4:63/12, [5.3] 116
5.1.5 Luftfahrtnormen 117
5.2 Stähle als Konstruktions- und Werkzeugwerkstoffe 122
5.2.1 Einteilung der Stähle nach DIN EN 10 020:00 122
5.2.2 Weiche Stähle zum Kaltumformen 123
5.2.3 Baustähle für den Stahl- und Maschinenbau,hack
für Druckbehälter und Rohre [5.10,5.12–5.15] 125
5.2.4 Unlegierte und niedriglegierte Stähle
für Wärmebehandlungen [5.16] 132
5.2.5 Unlegierte und legierte Stähle mit hoher Verschleißfestigkeit [5.16] 138
5.2.6 Nichtrostende Chrom- und Chrom-Nickel-Stähle [5.17–5.19] . . . 139
5.3 Stahlguss als Konstruktionswerkstoff 143
5.4 Gusseisensorten als Konstruktionswerkstoffe 145
5.4.1 Möglichkeiten der Gefügeausbildung 145
5.4.2 Gusseisen mit Lamellengraphit (GG nach DIN 1691/Z
oder EN-GJL nach DIN EN 1561:11) 146
5.4.3 Gusseisen mit Kugelgraphit (GGG nach DIN 1693/Z
oder EN-GJS nach DIN EN 1563:11, [5.23]) 149
5.4.4 Gusseisen mit Vermiculargraphit
(GGV oder EN-GJV nach DIN EN 1560:11) 149

      5.4.5   Temperguss (GT nach DIN 1692/Z
             oder EN-GJM nach DIN EN 1562:12) 152

      5.4.6   Hochlegiertes Gusseisen (DIN EN 12 513:11, DIN EN 13 835:12) 155

  5.5   Nichteisenmetalle als Konstruktions-/Funktionswerkstoffe 155

      5.5.1   Leichtmetalle als Konstruktionswerkstoffe [5.24–5.37] 155

      5.5.2   Schwermetalle als Konstruktions-
             und Funktionswerkstoffe [5.32,5.38–5.44] 164

      5.5.3   Hartmetalle als Werkzeugwerkstoffe 169

  Literatur 169

6   Nichtmetallische Werkstoffe 173

  6.1   Reine und abgewandelte Naturstoffe 173

  6.2   Keramische Werkstoffe als Konstruktions- und Funktionswerkstoffe . . . 175

      6.2.1   Herstellung keramischer Werkstoffe [6.2–6.7] 175

      6.2.2   Eigenschaften keramischer Werkstoffe (DIN EN 843, [6.4,6.6,6.10]) 178

      6.2.3   Arten keramischer Werkstoffe (DIN EN 14 232:09, [6.4–6.10]) . . 179

  6.3   Polymerwerkstoffe als Konstruktions- und Funktionswerkstoffe 182

      6.3.1   Herstellung der Polymerwerkstoffe [6.11] 183

      6.3.2   Der innere Aufbau der Polymerwerkstoffe [6.15,6.21–6.25] 186

      6.3.3   Eigenschaften der Polymerwerkstoffe [3.4,6.13,6.15,6.21,6.25–6.32] 190

      6.3.4   Die wichtigsten Polymerwerkstoffe
             und ihre Anwendung [6.34–6.37] 196

      6.3.5   Weichmacher (DIN EN ISO 1043-3:99), Gleitmittel,
             Füllstoffe (DIN EN ISO 1043-2:11), Antistatika [6.30] 215

      6.3.6   Schaumstoffe 216

      6.3.7   Faserverstärkte Kunststoffe
             (DIN 16 868-1, -2:94, DIN 16 869-1, -2:95, [6.42–6.45]) 216

      6.3.8   Metallisieren von Polymerwerkstoffen 219

  Literatur 220

7   Herstellung von Eisen und Stahl 223

  7.1   Erzeugung von Roheisen 224

      7.1.1   Der Hochofen 224

      7.1.2   Erzeugnisse des Hochofens 227

      7.1.3   Entwicklungen im Hochofenbau und Hochofenbetrieb 229

      7.1.4   Gasreduktionsverfahren zur Herstellung von Roheisen 229

  7.2   Stahlherstellung 230

      7.2.1   Chemische Vorgänge beim Frischen 230

      7.2.2   Frischverfahren 231

  7.3   Sekundärmetallurgie 236

  7.4   Produktionszahlen, Energieeinsatz, Umweltschutz, Nachhaltigkeit 238

  7.5   Vergießen von Stahl 239

       7.5.1   Blockguss 239

       7.5.2   Strangguss [7.1,7.2,7.15–7.17] 242

   Literatur 244

8   **Verarbeitung metallischer Werkstoffe** 245

   8.1   Warmformgebung 247

       8.1.1   Werkstoffverhalten beim Umformen [8.1–8.8] 247

       8.1.2   Verfahren zur Warmformgebung [7.1,8.1–8.8] 250

   8.2   Kaltformgebung 272

       8.2.1   Merkmale der Kaltformgebung 272

       8.2.2   Verfahren der Kaltformgebung [8.15,8.16] 272

   8.3   Gießereitechnik 285

       8.3.1   Gusswerkstoffe und Besonderheiten beim Gießen 286

       8.3.2   Gießereiöfen 288

       8.3.3   Gießverfahren mit verlorenen Formen 290

       8.3.4   Gießverfahren mit Dauerformen 297

       8.3.5   Nachbehandlung 303

       8.3.6   Regeln für den Konstrukteur und Gießerei-Ingenieur 303

   8.4   Pulvermetallurgie 312

       8.4.1   Pulverherstellung 313

       8.4.2   Formen und Pressen der Pulver 313

       8.4.3   Brennen (Sintern) der Pulver 314

       8.4.4   Nachbehandlungen 315

   8.5   Sprühkompaktieren 315

   8.6   Beschichten 316

       8.6.1   Metallische Überzüge 316

       8.6.2   Nichtmetallische Überzüge 319

   8.7   Fügen von Metallen: Schweißen, Löten, Kleben, Umformen 320

       8.7.1   Schweißen von Metallen

             (DIN 1910-100:08, DIN 8593-6:03 [3.7,8.53–8.75]) 320

       8.7.2   Löten von Metallen

             (DIN 8593-7:03, DIN ISO 857-2:07, [8.76–8.80]) 326

       8.7.3   Kleben von Metallen

             (K. Dilger, M. Frauenhofer) [8.76,8.81–8.85] 328

       8.7.4   Fügen durch Umformen [8.4,8.76,8.86,8.87] 336

   Literatur 339

9   **Verarbeitung der Polymerwerkstoffe** 345

   9.1   Formgebung 345

       9.1.1   Umformverfahren für Thermoplaste [9.1–9.5] 345

       9.1.2   Urformverfahren für Thermoplaste [9.1,9.6–9.16] 347

       9.1.3   Umformverfahren für Duroplaste [9.1] 351

9.2   Spanen 352
9.3   Schweißen und Kleben von Polymerwerkstoffen 352
        9.3.1   Schweißen von Polymerwerkstoffen (DIN 1910-3:77, [9.17–9.20]) 352
        9.3.2   Kleben von Polymerwerkstoffen (K. Dilger, M. Frauenhofer)
                (VDI 3821:78, [8.81–8.84,9.17–9.22]) 353
Literatur 357

Sachverzeichnis 359

Zitierte Normen und Richtlinien 381

Der Begriff Werkstofftechnologie

Unter dem Begriff „Werkstofftechnologie" soll die Lehre von der Erzeugung der Werkstoffe und ihrer Verarbeitung zu Halb- und Fertigprodukten sowie wichtiger Behandlungsverfahren zum Erzielen bestimmter Eigenschaften verstanden werden. Man unterscheidet:

Chemische Technologie (= chemische Umwandlung der Rohstoffe in Werkstoffe)
Mechanische Technologie (= mechanische Verarbeitung der Werkstoffe, Formgebung)

Abb. 1.1 Der Weg vom Rohstoff bis zum endbearbeiteten Bauteil, schematisch

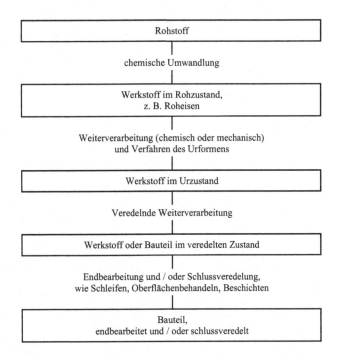

J. Ruge und H. Wohlfahrt, *Technologie der Werkstoffe*, DOI 10.1007/978-3-658-01881-8_1,
© Springer Fachmedien Wiesbaden 2013

Abbildung 1.1 gibt einen schematischen Überblick über den Weg vom Rohstoff bis zum endbearbeiteten Bauteil und damit über die verschiedenen Teilgebiete der Werkstofftechnologie.

Jede einzelne Maßnahme im technologischen Verfahrensablauf ist für die Merkmale und Eigenschaften des Endproduktes von Bedeutung. Seine Qualität wird schon durch die ersten Verfahrensschritte wesentlich mitbestimmt. Jeder weitere Verfahrensschritt muss so ausgeführt werden, dass er die Eigenschaften des Endproduktes günstig beeinflusst.

Das Aufarbeiten und Verarbeiten von Altmaterial (Schrott, Werkstoffrecycling) ist, wie in Abschn. 5.5.1 und Kap. 7 ausgeführt, seit jeher üblich in der Werkstofftechnologie. Seine wirtschaftliche Bedeutung hat stark zugenommen.

Mit diesen Begriffserläuterungen sei zugleich darauf hingewiesen, dass detaillierte Beschreibungen des mikroskopischen Aufbaus der Werkstoffe sowie der physikalischen Vorgänge in atomaren Werkstoffbereichen hier kein Kernthema sind. In eingeschränkter Weise werden solche Themen allerdings mit angesprochen.

Aufbau der Werkstoffe

Zusammenfassung

Beschrieben wird in knapper Darstellung der Aufbau konventioneller metallischer Werkstoffe mit ihren verschiedenartigen regelmäßigen Atomanordnungen in kleinen Bereichen, den Kristalliten oder Körnern, die mit variabler Größe, Gestalt und Ausrichtung das Gefüge eines Metalls ausmachen, wobei sowohl die Atomanordnungen innerhalb der Kristallite als auch die spezielle Gefügestruktur für seine Eigenschaften von Bedeutung sind. Kenntnisse darüber und über die ebenfalls skizzierten Vorgänge, die in atomaren Bereichen ablaufen können, sind eine wichtige Voraussetzung für das Verständnis der unterschiedlichen Werkstoffeigenschaften wie Festigkeit oder Verformbarkeit und für die Auswirkungen, die technologische Prozesse, wie zum Beispiel Wärmebehandlungen, auf das Werkstoffverhalten ausüben können.

2.1 Submikroskopische Betrachtung – kristalline und nichtkristalline Strukturen

Viele feste Körper, wie z. B. Metalle, besitzen eine kristalline Struktur.[1] Das bedeutet, dass regelmäßige, räumliche Atomanordnungen, so genannte *Kristall-* oder *Raumgitter*, den Aufbau bestimmen. Die kleinste Einheit der Atomanordnungen ist die Elementarzelle (EZ). Fügt man einer solchen Elementarzelle in den drei Richtungen des Raumes weitere hinzu, so erhält man das Raumgitter. Die Kantenlänge der Elementarzelle nennt man *Gitterkonstante*, fiktive Ebenen im Raumgitter, die in gleichmäßigen Abständen mit Atomen besetzt sind, *Netzebenen*.

Der Nachweis der kristallinen Struktur der Metalle gelang 1912 *Max von Laue* und seinen Mitarbeitern durch Röntgenstrahlinterferenzen. Dies war möglich, weil die Wellenlän-

---

[1] Für umfassendere Ausführungen zum Inhalt dieses Kapitels sei auf die grundlagenorientierten Lehrbücher der Werkstoffkunde und Werkstoffwissenschaften [2.1–2.25] verwiesen.

J. Ruge und H. Wohlfahrt, *Technologie der Werkstoffe*, DOI 10.1007/978-3-658-01881-8_2,
© Springer Fachmedien Wiesbaden 2013

ge der Röntgenstrahlen um 10^{-8} cm liegt und die Atomabstände einige 10^{-8} cm betragen. Bei bekannter Wellenlänge λ der Röntgenstrahlen lassen sich Abstand und Anordnung der Atome im Gitter ermitteln.

Nichtkristalline Festkörper mit unregelmäßiger Atomanordnung bezeichnet man als *amorph*. Keramische Werkstoffe kommen mit regelmäßiger (kristalliner) oder mit unregelmäßiger (amorpher) räumlicher Atomanordnung vor. Glas besitzt zum Beispiel eine amorphe räumlicher Atomanordnung.

Die Kettenmoleküle der Polymerwerkstoffe liegen entweder ungeordnet, knäuelartig durcheinander (Wattebauschstruktur), oder bilden Strukturen miteinander vernetzter Molekülketten. In besonderen Fällen können in kleinen Bereichen durch parallel liegende Molekülketten geordnete Strukturen auftreten. In teilkristallinen Polymerwerkstoffen wechseln solche „kristallinen" Bereiche mit „amorphen" Bereichen ab.

2.1.1 Kristallisationsformen metallischer Werkstoffe [2.1–2.25]

Analog zu den verschiedenen *Kristallsystemen* kennt man Kristallgitter mit unterschiedlicher Atomanordnung. Den meisten Metallen liegen kubische oder hexagonale Gitter zugrunde, wobei die folgenden Unterscheidungen wichtig sind.

Kubisch primitives Gitter (Abb. 2.1, kommt in der Natur nicht vor!)

Zahl der Atome je EZ: 1
                               (8 Eckatome, die alle jeweils 8 Zellen gemeinsam angehören.)
Koordinationszahl: 6
                               (Zahl der nächsten Nachbarn, d. h. Zahl der Atome, die von einem Atom den kürzesten, gleich großen Abstand aufweisen.)
Raumerfüllung: 52 %

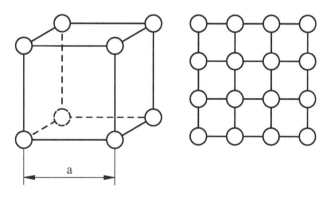

Abb. 2.1 Kubisch primitives Gitter und Darstellung einer Netzebene

Abb. 2.2 Kubisch raumzentriertes Gitter und
Darstellung von Netzebe-
nen (übereinanderliegende
Würfelflächen-Ebenen, {100}-
Ebenen gemäß Bezeichnung
mit Miller'schen Indizes)

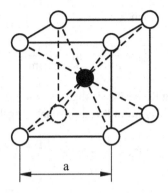
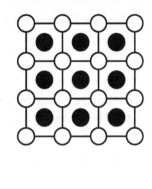

Die Raumerfüllung RE durch die Atome berechnet sich wie folgt:

$$V_{EZ} = a^3$$

$$V_{Kugel} = \frac{4}{3} \cdot \pi \cdot r^3$$

mit $r = \frac{a}{2}$ wird

$$V_{Kugel} = \frac{\pi \cdot a^3}{6}$$

$$RE = \frac{V_{Kugel}}{V_{EZ}} \cdot 100 = \frac{\pi}{6} \cdot 100 = \underline{\underline{52\,\%}} \; .$$

Dabei wird angenommen, dass die Atome kugelförmige Gestalt besitzen und sich im Gitterverband gegenseitig berühren.

Kubisch raumzentriertes Gitter   (krz, Abb. 2.2)

Zahl der Atome je EZ: $\frac{8}{8} + 1 = 2$
$\qquad\qquad\qquad\quad$ (8 Eckatome + 1 Atom in Würfelmitte)
Koordinationszahl:$\qquad$ 8
Raumerfüllung:$\qquad\quad$ 68 %

Beispiele

Metall	α-Eisen	Chrom	Tantal	Molybdän	Wolfram
Gitterkonstante in 10^{-8} cm	2,87	2,87	3,29	3,14	3,15

Der Atomdurchmesser bzw. Atomradius lässt sich über die Dichte bestimmen. Es sei N die spezifische Atomzahl (Avogadro Konstante) und A das Atom- bzw. Molekulargewicht. Dann gilt:

$$N = \frac{6 \cdot 10^{23}}{A} \quad \text{in} \quad \frac{1}{g}$$

Ein Atom hat dann das Volumen

$$V_{at} = \frac{RE}{\rho \cdot N} \quad \text{in} \quad \frac{cm^3}{Atom} \, ,$$

wenn man die Raumerfüllung RE berücksichtigt.

Geht man davon aus, dass das Atom Kugelform hat (Kugelradius $= r$), dann ist

$$V_{at} = \frac{4}{3} \cdot \pi \cdot r^3 = \frac{RE}{\rho \cdot N}$$

$$(2r)^3 = \frac{6}{\pi} \cdot \frac{RE}{\rho \cdot N} \quad \text{mit} \quad r = \frac{1}{2} \cdot \sqrt[3]{\frac{6}{\pi} \cdot \frac{RE}{\rho \cdot N}}$$

Wählt man als Beispiel kubisch raumzentriertes α-Eisen mit dem Atomgewicht $A =$ 55,85, der Dichte $\rho = 7,86$ g/cm^3 und der Raumerfüllung RE $= 0,68$, dann ergibt sich für den Atomradius

$$(2r)^3 = \frac{6 \cdot 0,68 \cdot 55,85}{\pi \cdot 7,86 \cdot 6 \cdot 10^{23}} = 15,38 \cdot 10^{-24}$$

und

$$r = 1,243 \cdot 10^{-8} \, cm \, .$$

Da die Gitterkonstante von α-Eisen bekannt ist (vgl. die Beispiele von Abschn. 2.1.1), lässt sich der gefundene Wert leicht kontrollieren. Aus den geometrischen Beziehungen der Elementarzelle kann man für die Länge der Raumdiagonalen entnehmen:

$$4r = a \cdot \sqrt{3}$$

also

$$a = \frac{4r}{\sqrt{3}} = \frac{4 \cdot 1,243}{\sqrt{3}} \cdot 10^{-8} \, cm = 2,87 \cdot 10^{-8} \, cm \, .$$

Kubisch flächenzentriertes Gitter (kfz, Abb. 2.3)

Zahl der Atome je EZ: $\frac{8}{8} + \frac{6}{2} = 4$
(8 Eckatome + 6 Atome auf den Würfelflächen, die jeweils 2 Zellen gemeinsam angehören)
Koordinationszahl: 12
Raumerfüllung: 74 %,
es liegt die dichtest mögliche Kugelpackung vor.
Die hohe Koordinationszahl und die dichtest mögliche Kugelpackung sind Voraussetzung für eine große Kristallplastizität.

Abb. 2.3 Kubisch flächenzentriertes Gitter und Darstellung von Netzebenen (drei übereinander liegende dichtest gepackte Ebenen, sog. {111}-Ebenen)[2]

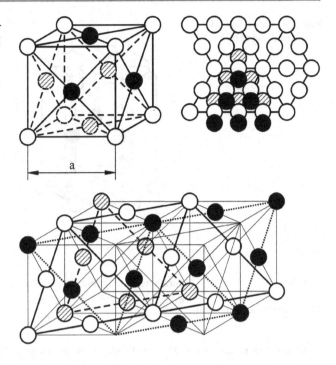

Beispiele

Metall	Aluminium	γ-Eisen	Nickel	Kupfer	Silber	Gold	Blei
Gitterkonstante in 10^{-8} cm	4,04	3,65	3,52	3,61	4,08	4,07	4,90

Hexagonales Gitter (Abb. 2.4)

Zahl der Atome je EZ:
$$\left. \begin{array}{l} 2 \cdot \left(\frac{6}{6} + \frac{1}{2} \right) + 3 = 6 \\ 2 \cdot \frac{4}{8} + 1 = 2 \end{array} \right\} \quad \begin{array}{l} \text{große bzw.} \\ \text{kleine EZ} \end{array}$$

Koordinationszahl: 12
Raumerfüllung: 74 %

Ein hexagonales Gitter besitzt ebenfalls die dichteste Kugelpackung, ist aber schlecht verformbar, da wenig Gleitebenen bzw. Gleitrichtungen zur Verfügung stehen.

Abb. 2.4 Hexagonales Gitter (große und kleine EZ)

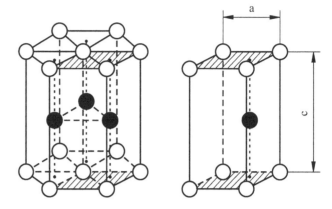

Beispiele

Metall	Parameter	Magnesium	Kadmium	α-Titan	Zink	Zircon
Gitterkonstante in 10^{-8} cm	a	3,21	2,38	2,95	2,66	3,23
	c	5,21	5,62	4,69	4,95	5,15

Allotrope Modifikationen Manche Stoffe, darunter wichtige Metalle, können in zwei oder mehr Kristallarten kristallisieren. Solche Kristallarten bezeichnet man als allotrope Modifikationen des Stoffes.

2.1.2 Bindekräfte [2.1, 2.2, 2.4, 2.6, 2.10, 2.20]

Um die Atome im Kristallgitter zusammenzuhalten, sind Bindekräfte erforderlich. Werden zwei Atome einander genähert, so zieht der Kern des einen die Elektronenwolke des anderen an. Diese Anziehungskraft wächst mit kleiner werdendem Abstand (Abb. 2.5), bis bei noch weiterer Annäherung Abstoßungskräfte wirksam werden. Zwischen Abstoßung und Anziehung besteht im Punkt kleinster potentieller Energie Gleichgewicht (Ruhelage).

Um diese Ruhelage schwingen die Atome, wobei die Schwingungsamplitude mit der Temperatur zunimmt. Bei Erhöhung der Schwingungsamplitude verschiebt sich die Ruhelage, d. h. der mittlere Atomabstand vergrößert sich, weil die abstoßenden Kräfte bei Annäherung viel stärker zunehmen als die anziehenden Kräfte bei wachsender Entfernung abnehmen. Daraus lässt sich die Wärmedehnung erklären.

---

[2] Kennzeichnung der Ebenen durch Miller'sche Indizes siehe z. B. [2.1,2.2,2.4,2.6].

Abb. 2.5 Schematische Darstellung des Verlaufs der Bindekräfte von Atomen, *A* anziehende Kraft zwischen Elektronengas und Atomkern, *B* abstoßende Kraft zwischen zwei Kernen, *A* + *B* resultierende Kraft, a_r Abstand nächster Nachbarn

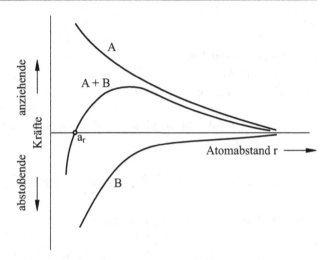

Abb. 2.6 Diffuionsmodelle **a** Modell der Leerstellendiffusion, **b** Modell der Zwischengitterdiffusion, ○ Atom A, ● Atom B

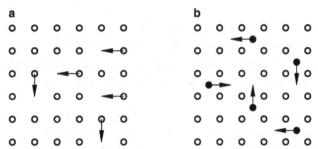

2.1.3 Platzwechsel, Gitterstörungen, Diffusion [2.1, 2.2, 2.4, 2.6, 2.10, 2.20]

Selbstdiffusion Atome können ihren Platz im Gitter wechseln, und zwar im Austausch mit leeren Plätzen = Leerstellen (Abb. 2.6a). Ist U_{LW} die Energie, die zugeführt werden muss, damit ein Atom wandert, so ist die Wahrscheinlichkeit W eines Sprunges in die benachbarte Leerstelle

$$W = e^{\frac{-U_{LW}}{R \cdot T}}$$

mit:

U_{LW}: Wanderungsenergie;
R: Gaskonstante;
T: Absolute Temperatur (in Kelvin)

Die Leerstellenkonzentration ist abhängig von der molaren Bildungsenergie der Leerstellen

$$c_L = \frac{n}{N} = e^{\frac{-U_{LB}}{R \cdot T}}$$

mit:

n: Zahl der Leerstellen;
N: Zahl der Atome;
U_{LB}: Bildungsenergie der Leerstellen

Als Maßstab für den Massenfluss in der Zeiteinheit je Einheitsquerschnitt wählt man den Diffusionskoeffizienten *D*,

$$D = D_0 \cdot e \cdot \frac{-(U_{LW} + U_{LB})}{R \cdot T} \quad \text{in} \quad \frac{\text{cm}^2}{\text{s}} \quad \text{mit} \quad D_0: \text{Diffusionskonstante}$$

mit der Aktivierungsenergie *Q* für Diffusion

$$Q = U_{LW} + U_{LB} \quad \text{(Energie auf 1 mol bezogen)} \,.$$

Ein Nachweis von Leerstellen kann z. B. durch Dichtebestimmungen erfolgen. Die tatsächliche Dichte wird beim Vorhandensein von Leerstellen kleiner als die aus Atomgewicht, Gitterkonstante und Struktur errechnete Dichte (Röntgendichte). Die Selbstdiffusion lässt sich durch radioaktive Markierung nachweisen.

Fremddiffusion Auch über Zwischengitterplätze (Abb. 2.6b) können Platzwechsel erfolgen, wenn eine kleinere Atomart vorliegt, die auf Zwischengitterplätzen Platz findet. Eine solche Fremddiffusion ist bereits bei niedrigeren Temperaturen möglich als die Selbstdiffusion.

Leerstellen und auf Zwischengitterplätzen eingebaute Einlagerungs- (Interstitions-) Atome sind ebenso wie Substitutionsatome (vgl. Abschn. 4.1.1) punktförmige Gitterstörungen, die das Grundgitter verzerren. Gitterstörungen verschiedener Art[3] bestimmen viele Werkstoffeigenschaften und sind die Grundvoraussetzung für werkstofftechnologische Prozesse, die z. B. auf der Diffusion beruhen.

2.2 Mikroskopische Betrachtung – Entstehung von Kristallen und Kristallgefügen

In der Schmelze liegen die Atome in weitgehend ungeordnetem Zustand vor. Die Kristallisation beginnt an *Keimen*. Arteigene Keime können in Form von Kristallresten in nur wenig über den Schmelzpunkt hinaus erwärmten Metallen oder als Gruppen von zufällig geordnet vorliegenden Atomen auftreten, wofür eine gewisse Unterkühlung vorhanden sein muss. Artfremde Keime werden von Verunreinigungen gebildet.

---

[3] Wegen der verschiedenen Arten von Gitterstörungen siehe z. B. E. Macherauch, H.-W. Zoch: Praktikum in Werkstoffkunde. 11. Auflage. Vieweg + Teubner Verlag, Wiesbaden 2011.

Abb. 2.7 Tannenbamkristalle

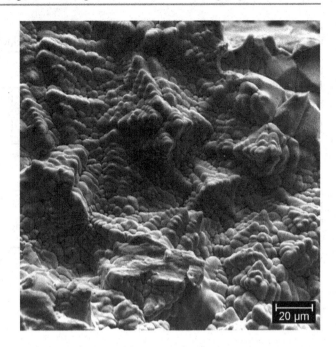

20 µm

Bei der Erstarrung eines metallischen Festkörpers aus der Schmelze wachsen von den Keimen oder Keimstellen aus einzelne Kriställchen – Kristallite genannt – bis sie aneinander stoßen und schließlich die ganze Schmelze kristallisiert ist. Es entsteht so ein *Vielkristall (Polykristall)*, in dem sich jeweils an den räumlichen Grenzen der einzelnen Kristallite oder Körner *(Korngrenzen)* die Ausrichtung der Kristallachsen (Orientierung der Körner) ändert. Die Bedingungen für das Kristallwachstum sind nicht nach allen Gitterrichtungen hin gleich günstig. Bei kubisch kristallisierenden Metallen findet z. B. die Kristallisation bevorzugt in Richtung der Oktaederecken statt. Dadurch entstehen als räumliche Kristallgebilde z. B. so genannte Tannenbaumkristalle (Dendriten), wie man sie bei unbehinderter Kristallisation in Hohlräumen (Lunkern) von Gusskörpern vorfindet (Abb. 2.7). Das Kristallwachstum verläuft außerdem vor allem entgegen der Richtung des stärksten Wärmeabflusses (Stängelkristallisation).

Abbildung 2.8 gibt den Zusammenhang zwischen Keimzahl und Kristallisationsgeschwindigkeit einerseits und Unterkühlung andererseits wieder. Bei geringer Unterkühlung, geringer Keimzahl und hoher Kristallisationsgeschwindigkeit ergibt sich ein grobes Korn mit ungünstigen mechanischen Eigenschaften (im Extremfall ein Einkristall). Bei stärkerer Unterkühlung und großer Keimzahl dagegen erhält man ein feines Korn (Kokillenguss). Bei sehr großen Abkühlungsgeschwindigkeiten (z. B. 10^6 K/s) lassen sich metallische Werkstoffe mit amorpher Struktur, d. h. regellosem Aufbau, herstellen, die als amorphe Metalle oder als metallische Gläser bezeichnet werden.

Abb. 2.8 Keimzahl und Kristallisationsgeschwindigkeit
in Abhängigkeit von der Unterkühlung (*KZ* Keimzahl,
KG Kristallisationsgeschwindigkeit)

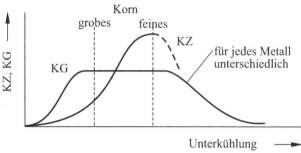

Abb. 2.9 Zeit-Temperatur-
Diagramm für die Erstarrung
reiner Metalle

Der Verlauf der Erstarrung lässt sich anhand von Temperatur-Zeit-Kurven (Abb. 2.9) verfolgen (vgl. Abschn. 4.1.2). Bei reinen Metallen ergibt sich am Schmelzpunkt ein „Haltepunkt" der Temperatur.

Als Konstruktionswerkstoffe verwendete Metalle liegen als Vielkristalle vor und weisen dann, wenn die Orientierungen der einzelnen Körner regellos verteilt sind, gleiche Eigenschaften in allen Raumrichtungen auf. Sie sind quasiisotrop, auch wenn viele Eigenschaften eigentlich von der Richtung im Kristallgitter abhängen (*Anisotropie*). Die Anätzbarkeit der Körner durch Säuren ist eine Eigenschaft, die von der Richtung in einem Kristallit abhängig ist. Deshalb werden die unterschiedlich orientierten Körner eines Vielkristalls beim Ätzen mit geeigneten Säuren unterschiedlich stark angegriffen und in einem geschliffenen, polierten und geätzten Metallstück unter dem Lichtmikroskop sichtbar und unterscheidbar. Man erkennt so z. B. das bei der Erstarrung entstehende *Primärgefüge*.

Gefüge können gemäß Abb. 2.10a als reine *Korngefüge* oder, gemäß Abb. 2.10b, mit netzartiger Anordnung einzelner Phasen (z. B. Zementitnetz um Perlitkörner, *Netzgefüge*) vorliegen.

Finden bei weiterer Abkühlung nach dem vollständigen Erstarren allotrope Umwandlungen statt, entstehen als *Sekundärgefüge* vielfach mehr oder weniger kugelige Körner (Globulite). Bei besonderen Behandlungen vielkristalliner Metalle, z. B. beim Kaltwalzen, bleibt die Orientierung der einzelnen Körner nicht mehr vollkommen regellos, sondern ein

Abb. 2.10 Gefüge als **a** Korngefüge und **b** Netzgefüge

a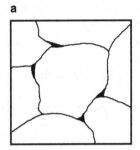

b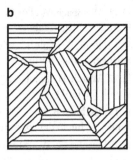

erhöhter Prozentsatz der Körner bekommt etwa die gleiche Orientierung (*Textur*). Die Eigenschaften derartiger texturbehafteter Metalle sind richtungsabhängig. Unter besonderen Umständen lassen sich auch Einkristalle mit einer einzigen Orientierung züchten (Körper aus einem einzigen Korn), an denen die Abhängigkeit verschiedener Eigenschaften von der Orientierung untersucht werden kann.

Die Darstellung und Dokumentation der Gefüge unterschiedlicher oder unterschiedlich behandelter, z. B. verformter oder wärmebehandelter Metalle (vgl. Gefügebilder in Kap. 4) ist Aufgabe der *Metallographie* [2.21, 2.22].

Literatur

[2.1] Macherauch, E., Zoch, H.-W.: Praktikum in Werkstoffkunde, 11. Aufl. Vieweg+Teubner Verlag, Wiesbaden (2011)

[2.2] Ashby, M.F., Jones, D.R.H., Heinzelmann, M. (Hrsg.): Werkstoffe 2: Metalle, Keramiken und Gläser, Kunststoffe und Verbundwerkstoffe, 3. Aufl. Elsevier, Spektrum Akademischer Verlag, Heidelberg (2007)

[2.3] Ashby, M.F., Jones, D.R.H., Heinzelmann, M. (Hrsg.): Werkstoffe 1: Eigenschaften, Mechanismen und Anwendungen, 3. Aufl. Elsevier, Spektrum Akademischer Verlag, Heidelberg (2006)

[2.4] Hornbogen, Eggeler, E.G., Werner, E.: Werkstoffe. Aufbau und Eigenschaften von Keramik-, Metall-, Polymer- und Verbundwerkstoffen, 10. Aufl. Springer, Berlin-Heidelberg (2012)

[2.5] Hornbogen, E., Jost, N., Eggeler, G.: Fragen und Antworten zu Werkstoffen, 7. Aufl. Springer-Verlag, Heidelberg, Berlin (2012)

[2.6] Hornbogen, E., Warlimont, H.: Metallkunde – Struktur und Eigenschaften von Metallen und Legierungen, 5. Aufl. Springer-Verlag, Berlin-Heidelberg (2006)

[2.7] Rösler, J., Harders, H., Bäker, M.: Mechanisches Verhalten der Werkstoffe, 4. Aufl. Vieweg+Teubner Verlag, Wiesbaden (2012)

[2.8] Seidel, W., Hahn, F.: Werkstofftechnik. Werkstoffe, Eigenschaften, Prüfung, Anwendung, 9. Aufl. Hanser Verlag, München (2012)

[2.9] Bargel, H.-J., Schulze, G. (Hrsg.): Werkstoffkunde, 11. Aufl. Springer-Verlag, Berlin (2013)

[2.10] Weißbach, W.: Werkstoffkunde. Strukturen, Eigenschaften, Prüfung, 18. Aufl. Vieweg+Teubner Verlag, Wiesbaden (2012)

[2.11] Weißbach, W., Dahms, M. (Hrsg.): Aufgabensammlung Werkstoffkunde. Fragen – Antworten, 9. Aufl. Vieweg+Teubner Verlag, Wiesbaden (2011)

[2.12] Roos, E., Maile, K.: Werkstoffkunde für Ingenieure. Grundlagen, Anwendung, Prüfung, 4. Aufl. Springer-Verlag, Berlin (2011)

[2.13] Worch, H., Pompe, W., Schütt, W. (Hrsg.): Werkstoffwissenschaft, 10. Aufl. Wiley-VCH Verlag, Weinheim (2011)

[2.14] Ilschner, B., Singer, R.F.: Werkstoffwissenschaften und Fertigungstechnik. Eigenschaften, Vorgänge, Technologien, 5. Aufl. Springer-Verlag, Berlin (2010)

[2.15] Jacobs, O.: Werkstoffkunde, 2. Aufl. Vogel Verlag, Würzburg (2009)

[2.16] Bergmann, W.: Werkstofftechnik. Teil 1 Grundlagen, 6. Aufl. Hanser Verlag, München (2008)

[2.17] Bergmann, W.: Werkstofftechnik. Teil 2 Anwendung, 4. Aufl. Hanser Verlag, München (2009)

[2.18] Fuhrmann, E.: Einführung in die Werkstoffkunde und Werkstoffprüfung, 2. Aufl. Werkstoffe: Aufbau – Behandlung – Eigenschaften, Bd. 1. Expert Verlag, Renningen (2008)

[2.19] Merkel, M., Thomas, K.-H.: Taschenbuch der Werkstoffe, 7. Aufl. Fachbuchverlag Leipzig, Hanser Verlag, München (2008)

[2.20] Gottstein, G.: Physikalische Grundlagen der Materialkunde, 3. Aufl. Springer-Verlag, Berlin/Heidelberg (2007)

[2.21] Schumann, H., Oettel, H.: Metallografie, 15. Aufl. Wiley-VCH Verlag, Weinheim (2011)

[2.22] Bramfitt, B.L., Benscoter, A.O.: Metallographer's guide: practices and procedures for iron and steels, 1. Aufl. ASM International, Materials Park Ohio (2002)

[2.23] Callister, W.D., Rethwisch, D.G.: Materialwissenschaften und Werkstofftechnik, 1. Aufl. Wiley-VCH, Weinheim (2012)

[2.24] Drube, B., Kammer, C., Wittke, G., Läpple, V.: Werkstofftechnik Maschinenbau. Theoretische Grundlagen und praktische Anwendungen, 3. Aufl. Verlag Europa-Lehrmittel, Haan (2011)

[2.25] Shackelford, J.F.: Werkstofftechnologie für Ingenieure. Grundlagen – Prozesses – Anwendungen, 6. Aufl. Pearson Studium, München (2005)

Eigenschaften der Werkstoffe

3

Zusammenfassung

Es wird ein Überblick über wichtige Werkstoffeigenschaften und über zerstörende und zerstörungsfreie Methoden zur Ermittlung dieser Eigenschaften gegeben. Hervorgehoben sind die im Zugersuch ermittelbaren Eigenschaften, die Härte und Zähigkeit sowie das besondere Werkstoffverhalten bei zyklisch wiederholten, schwingenden Beanspruchungen unter Einschluss der starken Gestaltabhängigkeit bzw. des Kerbeinflusses. Auch das Werkstoffverhalten bei langdauernder Beanspruchung unter erhöhter Temperatur wird besprochen. Mit allen Prüfmethoden lassen sich typische, klar definierte Werkstoffkennwerte wie z. B. Zugfestigkeit, Härte oder Kerbschlagzähigkeit ermitteln.

Lernziel ist es zu erfassen, welche Werkstoffkennwerte für die vergleichende Bewertung der in Kapitel 5 beschriebenen Werkstoffe und Werkstoffzustände je nach Beanspruchungsfall nützlich und wichtig sind, und dass sich nur unter Einhaltung der angegebenen Prüfnormen verlässliche Kennwerte gewinnen lassen. Es soll erkannt werden, dass z. B. für die Berechnung des erforderlichen Querschnittes eines mit einer bestimmten Last beanspruchten Bauteils solche verlässlichen Kennwerte unverzichtbar sind.

3.1 Ermittlung von Werkstoffeigenschaften (Werkstoffkennwerten) als Aufgabe der Werkstoffprüfung

Die Ermittlung und Kontrolle von Eigenschaften und Qualitätsmerkmalen von Werkstoffen und Bauteilen, aber auch deren Überprüfung auf Fehler- und Schädigungsfreiheit sind Aufgaben der Werkstoffprüfung [3.1–3.22][1]. Die dabei angewendeten Verfahren lassen sich in zerstörende und zerstörungsfreie Prüfverfahren einteilen.

---

[1] Kapitel über Werkstoffprüfung finden sich auch in den in Kap. 2 zitierten Lehrbüchern [2.1–2.25].

J. Ruge und H. Wohlfahrt, *Technologie der Werkstoffe*, DOI 10.1007/978-3-658-01881-8_3, © Springer Fachmedien Wiesbaden 2013

Zur Beschreibung wichtiger und typischer Werkstoffeigenschaften werden möglichst einfach zu ermittelnde *Werkstoffkennwerte* benötigt. Deren Erfassung erfolgt häufig mit zerstörenden Prüfverfahren. Diese Kennwerte sind nötig:

- zur Kontrolle von Behandlungen, die die Eigenschaften der Werkstoffe verändern
- zum Vergleich wichtiger Eigenschaften unterschiedlicher Werkstoffe und Werkstoffzustände
- zur Dimensionierung (Ermittlung von zulässigen Querschnitten) von Bauteilen für vorgegebene Beanspruchungen (Lastspannungen).

Zur Kontrolle, ob die Werkstoff- oder Bauteilbeschaffenheit bestimmte Anforderungen erfüllt oder ob vorgegebene Qualitätsmerkmale erreicht werden und wie groß die Abweichungen von vorliegenden Anforderungen sind, dienen sowohl zerstörende als auch zerstörungsfreie Verfahren. Mögliche prüfbare Anforderungen sind:

- die chemische Zusammensetzung
- der Gefügezustand (Kornform, Korngröße, Kornorientierung)
- die Größe und Verteilung von Einschlüssen, Ausscheidungen oder dispergierten Teilen
- der Eigenspannungszustand
- der Oberflächenzustand (Oberflächenrauigkeit, Traganteil)
- die Dicke von Oberflächenschichten (Schutzschichten).

Zur Prüfung von Werkstoffen oder Bauteilen auf Fehler- oder Schädigungsfreiheit finden vielfach zerstörungsfreie Prüfverfahren Anwendung. Mögliche Werkstoff- oder Bauteilfehler sind:

- innere Risse und Oberflächenrisse
- Lunker (Gussfehler)
- Poren, Schlauchporen und Porennester
- Doppelungen (Schmiedefehler)
- Einschlüsse (Schlackeneinschlüsse, Schlackennester, Schweißfehler)
- Delaminationen (z. B. Ablösung des Harzes von Fasern).

3.2 Prüfverfahren mit Zerstörung des Werkstückes

3.2.1 Prüfung der physikalischen Eigenschaften

Zum Beispiel werden die Wärmeleitfähigkeit (bei kleinen Teilen zerstörungsfrei möglich), die elektrischen und magnetischen Eigenschaften, die Dämpfung usw. geprüft.

Abb. 3.1 Proportionalstab
nach DIN 50 125

Anfangsmeßlänge L_0

Versuchslänge L_c

3.2.2 Prüfung der mechanisch-technologischen Eigenschaften [3.6–3.8]

Die hierfür üblichen Verfahren sollen, da sie für den Maschinenbau von besonderer Bedeutung sind, ausführlich beschrieben werden.

Der Zugversuch (DIN EN ISO 6892-1:09)[2]

Der Zugversuch ist ein klassisches Prüfverfahren zur Bestimmung der mechanischen Gütewerte von Metallen und Nichtmetallen und gehört zu den statischen Festigkeitsprüfungen, bei denen der Werkstoff einer ruhenden oder langsam und stoßfrei anwachsenden Belastung ausgesetzt wird, so dass keine nennenswerten Beschleunigungskräfte auftreten. Es liegt eine einachsige, momentenfreie Beanspruchung vor.

Normung des Zugversuchs

Begriffe: DIN EN ISO 6892
Probestabformen: DIN EN 50 125:09

Proportionalstäbe (Abb. 3.1):

a) kurzer Proportionalstab
Messlänge $L_0 = 5 \cdot d_0$ (Rundstab mit $d = d_0$)
bzw. $L_0 = 5 \cdot 1,13 \cdot \sqrt{S_0}$ (Stab mit rechteckigem Querschnitt S_0)
Bezeichnung der Bruchdehnung: A (früher A_5)

b) langer Proportionalstab
Messlänge $L_0 = 10 \cdot d_0$
bzw. $L_0 = 10 \cdot 1,13 \cdot \sqrt{S_0}$
Bezeichnung der Bruchdehnung: $A_{11,3}$ (früher A_{10})

Bei Stahl ist A_5 etwa 30 % größer als A_{10}, was auf den verstärkten Einfluss der Einschnürungs- gegenüber der Gleichmaßdehnung zurückzuführen ist.

Als Ergebnis eines Zugversuchs erhält man ein Kraft-Verlängerungs-Schaubild. Um eine Abmessungsunabhängigkeit zu erreichen, führt man im Spannungs-Dehnungs-Schaubild (Abb. 3.2 und 3.3) auf die Ausgangsgrößen bezogene Größen ein.

---

[2] Den angegebenen Normen ist jeweils das Jahr angefügt, in dem sie erstellt wurden.

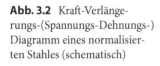

Abb. 3.2 Kraft-Verlänge-
rungs-(Spannungs-Dehnungs-)
Diagramm eines normalisierten Stahles (schematisch)

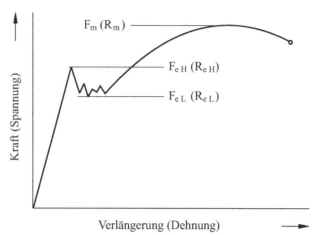

Abb. 3.3 Spannungs-
Dehnungs-Diagramm von
Al, Cu, Ni, Pb, austenitischem
Stahl (schematisch)

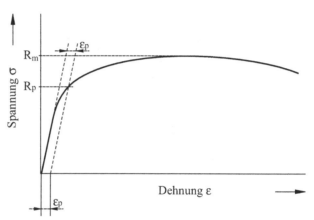

Die auf den Ausgangsquerschnitt S_0 des Probestabes bezogene Zugkraft F wird als Nennspannung σ_n bezeichnet

$$\sigma_n = \frac{F}{S_0} \quad \text{in N/mm}^2$$

die auf die Messlänge bezogene Gesamtverlängerung als Gesamtdehnung ε_{ges}

$$\varepsilon_{ges} = \frac{L - L_0}{L_0} \cdot 100 \quad \text{in \%}.$$

Das Nennspannungs-Gesamtdehnungs-Diagramm oder technische Spannungs-Dehnungs-Diagramm dient zur Bestimmung von Werkstoffkennwerten und hat deshalb große Bedeutung in der Ingenieurpraxis. Seine Form ist für die verschiedenen metallischen und nichtmetallischen Werkstoffe unterschiedlich.

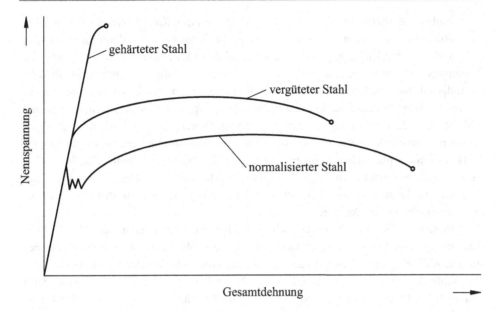

Abb. 3.4 Nennspannungs-Gesamtdehnungs-Kurven eines Stahlsin verschiedenen Wärmebehandlungszuständen

Bei normalisiertem Stahl findet man ein Nennspannungs-Gesamtdehnungs-Diagramm wie in Abb. 3.2, bei Nichteisen-(NE-)Metallen und auch bei austenitischem Stahl dagegen ein Diagramm wie in Abb. 3.3.

Spannungs-Dehnungs-Diagramme metallischer Werkstoffe

Sowohl bei Stählen in verschiedenen Wärmebehandlungszuständen (Abb. 3.2 und 3.4), als auch bei Nichteisen-(NE-)Metallen und austenitischen Stählen (Abb. 3.3) tritt zunächst ein linearer Anstieg der Kurve auf, d. h. Proportionalität von Spannung und Dehnung.

Es gilt das Hooke'sche Gesetz

$$\sigma = \varepsilon \cdot E$$

wobei E als Elastizitätsmodul bezeichnet wird, z. B.

Stahl: $E = 210.000\,\text{N/mm}^2$
Aluminium: $E = 70.000\,\text{N/mm}^2$

Im Bereich der Hooke'schen Geraden liegt elastisches Verhalten vor, d. h. bei Entlastung federt der Stab auf seine Ausgangslänge zurück. Oberhalb des elastischen Spannungsanstiegs bleibt nach Entlastung eine Restdehnung zurück, der Werkstoff wurde zusätzlich plastisch verformt, und die Dehnung setzt sich aus einem elastischen und einem plastischen Anteil zusammen:

$$\varepsilon_{\text{ges}} = \varepsilon_{\text{el}} + \varepsilon_{\text{pl}}.$$

Bei kubisch flächenzentrierten Metallen, wie Aluminium, Kupfer, Nickel, oder auch bei austenitischem Stahl, steigt der plastische Anteil zunächst langsam, dann rasch an, und es liegt ein stetiger Übergang vom elastischen in den plastischen Bereich vor (typische Spannungs-Dehnungs-Kurve in Abb. 3.3). Bei unlegiertem Stahl mit nicht zu großem Kohlenstoffgehalt tritt am Ende der elastischen Verformung ein plötzlicher Spannungsabfall auf, an den sich ein gezackter Kurvenverlauf auf niedrigerem Nennspannungsniveau anschließt (Abb. 3.2). In diesem Verformungsbereich (Bereich der Lüdersdehnung) liegen örtlich nebeneinander noch rein elastische und schon plastische Verformungen vor. Das Fortschreiten der plastischen Verformung ist durch die Ausbreitung makroskopisch sichtbarer *Fließlinien*, eines so genannten *Lüdersbandes* gekennzeichnet. Bei vielen Kupfer- und Aluminiumlegierungen findet man Bereiche der Lüdersdehnung ohne gleichzeitiges Auftreten einer oberen Streckgrenze.

Beim stetigen Übergang vom elastischen zum plastischen Bereich gemäß Abb. 3.3 werden *Dehngrenzen*, beim unstetigen Übergang, wie in Abb. 3.2, wird die *Streckgrenze* bestimmt. Als *Dehngrenze* definiert man die Nennspannung R_p, bei der der plastische Dehnungsanteil ε_p einen vorgegebenen, kleinen Wert, z. B. 0,2 %, erreicht. Man spricht dann von der 0,2 %-Dehngrenze $R_{p\,0,2}$ oder von der 0,01 %-Dehngrenze $R_{p\,0,01}$. Die *Streckgrenze* ist der Nennspannungswert, bei dem mit zunehmender Dehnung die Spannung erstmals gleich bleibt oder abfällt. Tritt ein merklicher Abfall der Spannung auf (Abb. 3.2), so wird zwischen der oberen und der unteren Streckgrenze $R_{e\,H}$ und $R_{e\,L}$ unterschieden. Das Auftreten einer ausgeprägten Streckgrenzenerscheinung bei Kohlenstoffstählen ist die Folge der Verankerung von Versetzungen durch interstitiell gelöste C-Atome oder N-Atome und des Losreißens von diesen Verankerungen bei einer hinreichend hohen Spannung, der oberen Streckgrenze. Streckgrenzen und Dehngrenzen stellen wichtige Werkstoffkennwerte dar, die als Werkstoffwiderstand gegen einsetzende plastische Dehnung bzw. gegen Überschreiten einer plastischen Verformung von z. B. 0,2 % aufzufassen sind.

Nach Überschreiten der Dehngrenze oder nach Ende des Bereiches mit Lüdersdehnung muss zur weiteren elastisch-plastischen Verformung (sowohl ε_{el} als auch ε_{pl} nehmen zu) die Spannung stetig ansteigen. Da der Werkstoffwiderstand gegen die weitere plastische Verformung offenbar zunimmt, spricht man von *Kaltverfestigung*.

Im Bereich der ansteigenden σ_n-ε_{ges}-Kurve metallischer Werkstoffe kommt es innerhalb der Versuchslänge mit konstantem Querschnitt zu einer gleichmäßigen bleibenden Querschnittsverminderung. Die bis zum Erreichen der Höchstkraft F_m eintretende bleibende Dehnung wird als *Gleichmaßdehnung* A_{Gleich} bezeichnet.

Es gilt

$$A_{\text{Gleich}} = \frac{L_m - L_0}{L_0} \cdot 100 \quad \text{in \%} \quad \text{mit } L_m\text{: Länge bei Höchstkraft} .$$

Die beim Erreichen der maximalen Zugkraft F_m vorliegende Nennspannung (siehe Abb. 3.2) wird als *Zugfestigkeit* R_m definiert

$$R_m = \frac{F_m}{S_0} \quad \text{in N/mm}^2$$

und ist als Werkstoffwiderstand gegen beginnende Brucheinschnürung ein weiterer wichtiger Werkstoffkennwert.

Die Ursache für den Nennspannungsabfall nach Erreichen der Zugfestigkeit ist die starke Querschnittsverminderung, die örtlich begrenzt im Einschnürungsbereich auftritt. Diese Probeneinschnürung bedingt eine Abnahme der für die weitere Verformung benötigten Kraft und damit zwangsläufig der auf den Ausgangsquerschnitt bezogenen Nennspannung. Die während der Probeneinschnürung bis zum Bruch im Einschnürungsbereich eintretende bleibende Dehnung wird als *Einschnürungsdehnung* bezeichnet, die insgesamt bis zum Bruch auftretende bleibende Dehnung als *Bruchdehnung A*

$$A = \frac{L_U - L_0}{L_0} \cdot 100 \quad \text{in \%} \quad \text{mit } L_U \text{: Messlänge nach dem Bruch}$$

$$A = A_{\text{Gleich}} + A_{\text{Ein}} \, .$$

Die nach dem Bruch ausmessbare, bleibende Querschnittsabnahme, bezogen auf den Ausgangsquerschnitt, ergibt die *Brucheinschnürung Z*

$$Z = \frac{S_0 - S_U}{S_0} \cdot 100 \quad \text{in \%} \quad \text{mit } S_U \text{: Querschnitt nach dem Bruch} \, .$$

Spannungs-Dehnungs-Diagramme in verschiedenen Wärmebehandlungszuständen
Die Nennspannungs-Gesamtdehnungs-Diagramme sind nicht nur kennzeichnend unterschiedlich für verschiedene Werkstofftypen (Abb. 3.2 und 3.3), sondern auch für verschiedene Behandlungszustände ein und desselben Werkstoffs. Abb. 3.4 zeigt als Beispiel die Nennspannungs-Gesamtdehnungs-Kurven für einen Stahl in verschiedenen Wärmebehandlungszuständen (vergleiche Kap. 4). Während der normalisierte und der vergütete Zustand des Stahls bei geringer bzw. mittlerer Streck- oder Dehngrenze und Zugfestigkeit beträchtliche, bleibende Verformungen und damit Bruchdehnungen aufweisen, also eine große Verformungsfähigkeit besitzen, zeigt der gehärtete Zustand bei sehr hoher Dehngrenze und Zugfestigkeit nur minimale plastische Dehnungen, ist also wenig verformungsfähig, spröde. Der Elastizitätsmodul bleibt in allen Zuständen des Werkstoffs derselbe.

Werkstoffkennwerte aus dem Zugversuch
Durch die nachfolgend zusammengestellten Werkstoffkenngrößen (mechanische Gütewerte), die sich bis auf die Brucheinschnürung aus Nennspannungs-Gesamtdehnungs-

Abb. 3.5 Verformung eines einachsig zugbeanspruchten Würfels

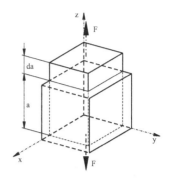

Diagrammen ermitteln lassen, sind also unterschiedliche Werkstoffe oder Werkstoffzustände gut zu kennzeichnen.

Obere Streckgrenze	$R_{e\,H} = \frac{F_{e\,H}}{S_0}$	in N/mm^2	(vgl. Abb. 3.2)
Untere Streckgrenze	$R_{e\,L} = \frac{F_{e\,L}}{S_0}$	in N/mm^2	(vgl. Abb. 3.2)
0,2 %-Dehngrenze	$R_{p\,0,2} = \frac{F_{p\,0,2}}{S_0}$	in N/mm^2	(vgl. Abb. 3.2)
Zugfestigkeit	$R_m = \frac{F_m}{S_0}$	in N/mm^2	
Bruchdehnung	$A = \frac{L_U - L_0}{L_0} \cdot 100$	in %	
Brucheinschnürung	$Z = \frac{S_0 - S_U}{S_0} \cdot 100$	in %	
Streckgrenzenverhältnis	$\frac{R_e}{R_m} \cdot 100$ bzw. $\frac{R_p}{R_m} \cdot 100$	in %	

Streckgrenze oder Dehngrenze und Zugfestigkeit sind ein Maß für die Belastbarkeit bei statischer Beanspruchung, Bruchdehnung, Brucheinschnürung und Streckgrenzenverhältnis für die Verformbarkeit (Duktilität) eines Werkstoffes.

Querkontraktion

Bei der Zugbelastung einer Probe tritt schon im elastischen Verformungsbereich neben der Verlängerung auch eine Querschnittsabnahme auf, die mit der Poisson'schen Querkontraktionszahl beschrieben werden kann. Legt man eine Volumenkonstanz zugrunde, so lässt sich ein oberer Grenzwert für die Querkontraktionszahl wie folgt abschätzen:

Man denke sich einen Würfel mit der Kantenlänge a einem einachsigen Zugversuch in z-Richtung unterworfen (Abb. 3.5). Dann sind die neuen Längen in den drei Richtungen:

z-Richtung: $a + da$

y-Richtung: $a - v \cdot da$

x-Richtung: $a - v \cdot da$

Bei Volumengleichheit gilt:

$$a^3 = (a + da) \cdot (a - v \cdot da)^2$$
$$a^3 = a^3 + a^2 \cdot da \cdot (1 - 2 \cdot v) + v \cdot a \cdot da^2 \cdot (v - 2) + v^2 \cdot da^3$$
$$0 = a^2 \cdot da \cdot (1 - 2v) + v \cdot a \cdot da^2 \cdot (v - 2) + v^2 \cdot da^3$$

Tab. 3.1 Die Poisson'sche Querkontraktionszahl

Werkstoff	Stahl	Blei	Aluminium	Kupfer	Magnesium	Zink
ν	0,3	0,44	0,34	0,35	0,28	0,25

Abb. 3.6 Spannungs-Dehnungs-Diagramm mit Ent- und Belastung im plastischen Bereich

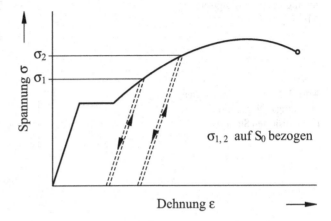

Bei nicht zu großen Verformungen sind die Glieder mit da^2 und da^3 gegenüber dem Restglied zu klein und werden vernachlässigt. Damit ist $0 = a^2 \cdot da \cdot (1 - 2\nu)$ und $\nu = 0{,}5$. Tabelle 3.1 zeigt ν für einige Metalle.

Verfestigung

Ist ein Metall durch eine Kraft F_1 oberhalb R_e plastisch verformt worden, so ist eine größere Kraft F_2 erforderlich, um eine weitere plastische Verformung zu ermöglichen. Diese für Metalle typische Eigenschaft wird als Verfestigung bezeichnet. Belastet man einen Stahl über die Streckgrenze hinaus bis σ_1 (Abb. 3.6), so erfolgt die Entlastung entsprechend einer Linie parallel zur Hooke'schen Geraden, da lediglich die elastische Verformung rückgängig gemacht wird. Bei erneuter Belastung bewegt man sich auf der gleichen Geraden in umgekehrter Richtung, bis bei der erhöhten Spannungen σ_1 die elastische Verformung in eine elastisch-plastische übergeht. Es tritt keine ausgeprägte Streckgrenze mehr auf, der Widerstand gegen plastische Verformung (Fließwiderstand) und die jetzt ermittelte $R_{p\,0,2}$-Grenze haben sich erhöht. Bei weiterer Verformung bis σ_2, Entlastung und nachfolgender Belastung, findet man eine noch weiter erhöhte Fließspannung σ_2 und $R_{p\,0,2}$-Grenze. Gleichzeitig hat sich der Querschnitt verkleinert. Die kaltverformungsbedingte Verfestigung kommt noch deutlicher zum Ausdruck im wahren Spannungs-Dehnungs-Diagramm (Abb. 3.8), oder wenn man mit schon kaltverfestigten Stäben eine Reihe neuer Zugversuche durchführt und dabei die gemessenen Werte der Zugkraft auf die jeweils neuen, ständig verringerten Ausgangsquerschnitte S_0', S_0'', S_0''' usw. bezieht. Dabei ergeben sich in jedem neuen Versuch erhöhte Werte für die $R_{p\,0,2}$-Dehngrenze und die Zugfestigkeit und verringerte Werte für die Bruchdehnung. Abbildung 3.7 veranschaulicht die Veränderung des technischen Spannungs-Dehnungs-Diagramms.

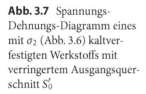

Abb. 3.7 Spannungs-Dehnungs-Diagramm eines mit σ_2 (Abb. 3.6) kaltverfestigten Werkstoffs mit verringertem Ausgangsquerschnitt S_0'

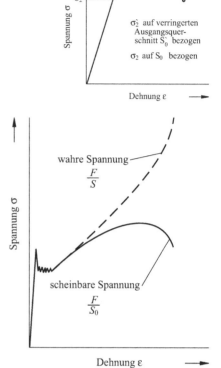

Abb. 3.8 Wahres Spannungs-Dehnungs-Diagramm für normalisierten Stahl

Tab. 3.2 Festigkeitseigenschaften von AlMg 4,5 Mn im weichen (w), gepressten (p) und harten, d. h. kaltgewalzten oder kaltgezogenen (h) Zustand

Zustand	Festigkeitseigenschaften			
	R_m mind.	$R_{p\,0,2}$ mind.	A_5 mind.	HB
	in N/mm^2	in N/mm^2	in %	
Weich w	270	125	17	60
Gepresst p	270	155	12	60
Hart h	300	235	8	85

Die Kaltverfestigung wird in der Technik ausgenutzt, wenn man Draht kaltzieht, Betonstähle verdrillt, Bleche kaltwalzt. Tabelle 3.2 gibt das Ergebnis einer Kaltverfestigung am Beispiel der Aluminiumlegierung AlMg 4,5 Mn wieder.

Zulässige Spannungen in einer Konstruktion

Da in einer Konstruktion plastische Verformungen unerwünscht sind, ist die Streckgrenze im Allgemeinen Ausgangspunkt zur Festlegung ertragbarer oder zulässiger Beanspruchungen von Konstruktionen, so z. B. im Kranbau für die Ableitung zulässiger Spannungen

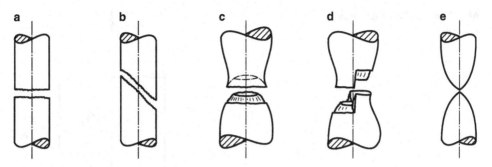

Abb. 3.9 Bruchformen. **a** Normalspannungsbruch, **b** Scherbruch, **c** Kegel-Tasse-Bruch (Misch-bruch), **d** Mischbruch, **e** Duktiler Bruch

(DIN 15 018-1:84) und im Stahlbau von Grenzzuständen der Tragfähigkeit (DIN 18 800/Z, DIN EN 1993-1-1:05 + AC:09, Eurocode 3).

Wahres Spannungs-Dehnungs-Diagramm
Bezieht man bei der Auswertung von Zugversuchen die Zugkraft nicht auf den Ausgangs-querschnitt, sondern auf den jeweils vorliegenden, aufgrund der *Querkontraktion* schon im elastischen Bereich abnehmenden Probenquerschnitt, so erhält man die *wahre oder ef-fektive Spannung*

$$\sigma = \frac{F}{S} \quad \text{in N/mm}^2 .$$

Im wahren Spannungs-Dehnungs-Diagramm (Abb. 3.8) steigt die Spannung im Bereich elastisch-plastischer Verformungen stetig bis zur *Reißfestigkeit* σ_R beim Bruch an.

$$\sigma_R = \frac{F_B}{S} \quad \text{in N/mm}^2 \quad \text{mit } F_B : \text{Zugkraft beim Bruch} .$$

Werkstoffkennwerte, wie z. B. die Zugfestigkeit, können aus dem wahren Spannungs-Dehnungs-Diagramm nicht entnommen werden.

Spannungsverhältnisse beim Zugversuch und Bruchformen

Die Betrachtung der Bruchflächen (Abb. 3.9) von Zugproben gibt wichtige Hinweise auf die Verformungsfähigkeit eines Werkstoffes.

- *Spröder Werkstoff*
  Bruchfläche eben und senkrecht zur Beanspruchungsrichtung verlaufend, als Fol-ge von Normalspannungen. Trennbruch mit teilweise grobkristallinen Spaltbrüchen (Abb. 3.9a).
- *Duktiler (zäher) Werkstoff*
  Bruchflächen teilweise im Winkel von 45° zur Beanspruchungsrichtung verlaufend, als Folge des Gleitens unter dem Einfluss von Schubspannungen (Abb. 3.9b, e). Verfor-mungsbruch.

Abb. 3.10 Kräftegeometrie am
Zugstab

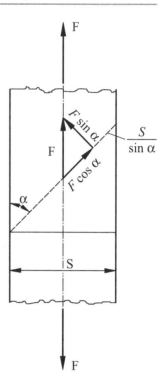

Mischbrüche treten als Kombination von Trenn- und Scherbrüchen auf (z. B. bei Rundproben duktiler Stähle). Sie sind eine Folge der Einschnürung, durch die ein mehrachsiger
Spannungszustand und eine Verformungsbehinderung auftritt, die einer Versprödung entspricht. Deshalb findet man im Kern der Probe einen Trennbruch mit glatter Kratergrund-
fläche und an den Kraterrändern einen Scherbruch unter 45°.

Die beim Zugversuch aufgebrachte Normalkraft hat außer den senkrecht zur Quer-
schnittsebene wirksamen Normalspannungen auch Schubspannungen in allen Ebenen mit
Winkeln $0° < \alpha < 90°$ zur Beanspruchungsrichtung zur Folge.

Die maximale Schubspannung tritt unter einem Winkel von 45° zur Beanspruchungsrichtung auf, denn nach Abb. 3.10 gilt folgende Beziehung:

$$\tau = \frac{F \cdot \cos \alpha}{\frac{S}{\sin \alpha}} = \frac{F}{S} \cdot \sin \alpha \cdot \cos \alpha = \frac{1}{2} \cdot \frac{F}{S} \cdot \sin 2\alpha$$

τ_{max} für $2\alpha = 90°$ oder $\alpha = 45°$ $(\sin 2\alpha = 1)$

$$\tau_{max} = \frac{1}{2} \cdot \frac{F}{S} = \frac{1}{2} \cdot \sigma$$

Die bei polierten Probestäben aus Werkstoffen mit ausgeprägter Streckgrenze im Zugversuch beobachteten Lüdersbänder treten unter 45° gegen die Beanspruchungsrichtung

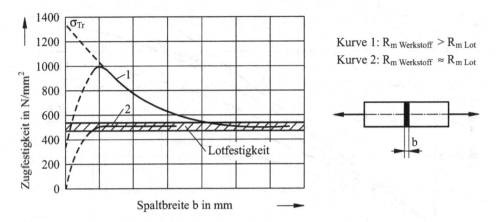

Abb. 3.11 Festigkeit einer Hartlötverbindung als Funktion der Spaltbreite und der Werkstofffestigkeit

geneigt auf. Sie weisen also in die Richtung der maximalen Schubspannung. Diese Fließlinien sind auf bevorzugtes Gleiten in diesen Richtungen zurückzuführen.

Trennfestigkeit

Unter Trennfestigkeit versteht man den Widerstand gegen Bruch beim Fehlen jeglicher plastischer Verformung. Sie ist am glatten Zerreißstab nicht feststellbar. Am Beispiel einer Lötverbindung lässt sich dieser Begriff plausibel machen (Abb. 3.11). Hat der Grundwerkstoff eine höhere Festigkeit als das Lot, so findet man bei einer stumpf gelöteten Verbindung im Zerreißversuch eine Verbindungsfestigkeit, die erheblich oberhalb der Lotfestigkeit liegt. Sie nähert sich der Trennfestigkeit des Lotes, weil dieses durch den benachbarten Grundwerkstoff an einer Verformung (Einschnürung) gehindert wird (Stützwirkung). Je breiter der Lötspalt (Abb. 3.11) ist, umso geringer ist die Verformungsbehinderung und damit die Verbindungsfestigkeit, bis diese schließlich auf die Lotfestigkeit absinkt. Man wird daher bei Lötverbindungen einen kleinen Spalt von 0,1 bis 0,2 mm anwenden.

Durch Extrapolation der Kurve 1 bis zur Spaltbreite $b = 0$ erhält man angenähert die Trennfestigkeit des Lotes.

Spannungs-Dehnungs-Diagramme von Polymerwerkstoffen

In den Spannungs-Dehnungs-Kurven von Polymerwerkstoffen spielen Temperatur und Belastungszeit (Belastungsgeschwindigkeit) eine wichtige Rolle. Anstelle des E-Moduls lässt sich ein Ursprungstangentenmodul E_0 definieren. Abbildung 3.12 zeigt als Beispiel isochrone σ-ε-Diagramme für Polyvinylchlorid (PVC).

Der Druckversuch (DIN 50 106:78)

Der Druckversuch hat im Maschinenbau eine weit geringere Bedeutung als der Zugversuch. Er wird bei Werkstoffen angewendet, die vorzugsweise auf Druck beansprucht wer-

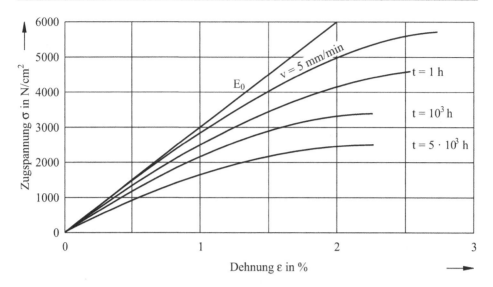

Abb. 3.12 Isochrone Spannungs-Dehnungs-Diagramme von PVC [3.9]

Abb. 3.13 Druckversuch an einer Zylinderprobe

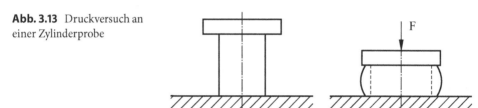

den: Grauguss, Lagermetalle, Beton. Es handelt sich um eine Umkehrung des Zugversuchs. An die Stelle der Streckgrenze tritt die Quetschgrenze $\sigma_{d\,S}$ bei zähen Werkstoffen.

Beim Druckversuch eines Zylinders (Abb. 3.13) wird die Verformung im Bereich der Druckplatten durch Reibung behindert. Sie erfolgt vorwiegend in den äußeren Bezirken, während innen ein kegelförmiger Bereich unverformt bleibt („Rutschkegel").

Abhilfe: Herabsetzen der Radial- und Tangentialkräfte durch Schmieren der Druckplatten oder Kegelstauchversuch nach *Siebel* und *Pomp* [3.10] (Abb. 3.14).

$\tan \alpha = 0{,}2$ Leichte Ausbauchung
$\tan \alpha = 0{,}25$ Probekörper bleibt zylindrisch
$\tan \alpha = 0{,}3$ Leichte „Einschnürung"

Der technologische Biegeversuch (DIN EN ISO 7438:05)

Der Biegeversuch dient zur Bestimmung der Verformbarkeit von Werkstoffen (maximal erreichbarer Biegewinkel, Biegedehnung) und bei Schweißverbindungen (DIN EN 910:96) zur Bestimmung der Bindungsgüte (Beschaffenheit der Bruchflächen).

Abb. 3.14 Kegelstauchversuch nach Siebel und Pomp [3.10]

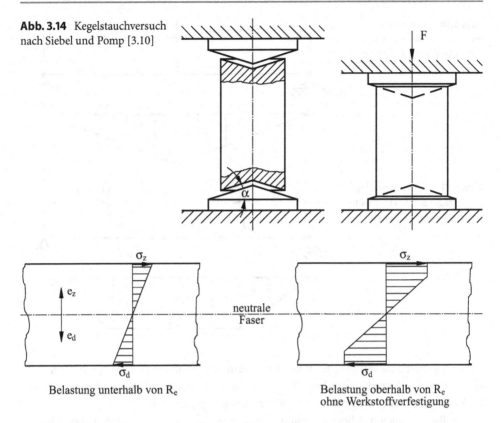

Belastung unterhalb von R_e

neutrale Faser

Belastung oberhalb von R_e ohne Werkstoffverfestigung

Abb. 3.15 Spannungsverteilung im Biegestab

Es erfolgt keine gleichmäßige Beanspruchung des Querschnitts. Die Spannungsverteilung entspricht bei Belastung durch eine Einzellast Abb. 3.15. Im elastischen Bereich ist:

$$\sigma_z = \frac{M_b \cdot e_z}{I} \quad \sigma_{z,\max} = \frac{M_b}{W_z};$$

$$\sigma_d = \frac{M_b \cdot e_d}{I} \quad \sigma_{d,\max} = \frac{M_b}{W_d};$$

mit:

M_b: Biegemoment;

I: axiales Flächenträgheitsmoment;

W: Widerstandsmoment;

e: Abstand von der neutralen Faser

Abb. 3.16 Momentenverlauf
beim Träger auf zwei Stützen
und Einzellast in der Mitte

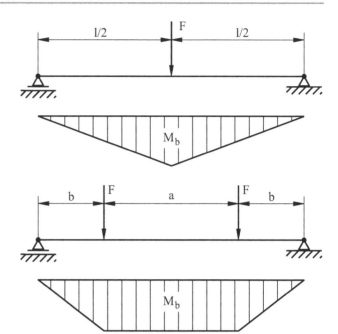

Abb. 3.17 Momentenverlauf
beim Träger auf zwei Stützen
und zwei symmetrischen Lasten

Bei symmetrischem Querschnitt und isotropem Werkstoffverhalten ist $\sigma_z = \sigma_d$. Ein Fließen beginnt bei Erreichen der Biegefließgrenze $\sigma_{b\,F}$, die der Streckgrenze im Zugversuch
entspricht. Der Bruch tritt bei Erreichen der Biegefestigkeit $\sigma_{b\,B}$ ein.

Der Biegeversuch mit Beanspruchung durch eine Einzellast in der Mitte (Abb. 3.16)

$$M_{b,\max} = \frac{F \cdot l}{4}$$

erfährt seine Anwendung vor allem als technologischer Biegeversuch (Faltversuch) an
Schweißverbindungen und ferner zur Ermittlung der Biegefestigkeit von Grauguss. Als
Maß für die Verformungsfähigkeit der Verbindung wird der maximal erreichte Biegewin-
kel benutzt.

Eine Beanspruchung durch zwei symmetrische Einzellasten (Abb. 3.17)

$$M_{b,\max} = F \cdot b$$

wird vorgenommen, wenn größere Bauteilbereiche einer konstanten Spannung unterliegen
sollen.

Die Härteprüfung [3.11]

Härte ist der Widerstand, den ein Stoff dem Eindringen eines Körpers aus einem härteren
Stoff entgegensetzt. Ein Prüfkörper wird in den zu prüfenden Werkstoff eingedrückt und
ein teils plastischer, teils elastisch-rückfedernder Eindruck erzeugt. Einfluss haben Form

Tab. 3.3 Belastungen bei der Brinell-Härteprüfung

Kugeldurch-messer	Eindruck-durchmesser	Prüfkraft in N für einen Belastungsgrad $\frac{0{,}102 \cdot F}{D^2}$				
D in mm	d in mm	30	10	5	2,5	1,25
10	2,4–6,0	29.420	9800	4900	2450	1225
5	1,2–3,0	7355	2450	1225	613	306,5
2,5	0,6–1,5	1840	613	306,50	153,2	76,6
1	0,24–0,6	294	98	49	24,5	12,25
Verwendung		Stahl, Stahlguss	NE-Metalle (CuZn und ausgehärte-te Al-Leg.)	Geglühte Al-Leg.	Lager-metalle	Weiche Werkstoffe, z. B. Blei

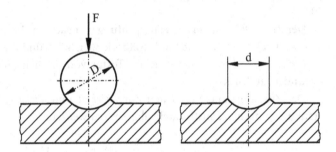

Abb. 3.18 Brinell-Härteprüfung, schematisch

und Größe des eindringenden Körpers und die Art und Höhe der Belastung. Es wird eine Kennziffer ermittelt, die Härtezahl H.

- *Statische Prüfverfahren* sind die Verfahren nach Brinell, Vickers, Rockwell.
- *Dynamische Prüfverfahren* wie die Härteprüfung mit dem Poldihammer oder die Rück-sprung-Härteprüfung nach Shore ermöglichen Vergleichswerte an sehr großen Bautei-len oder an Bauwerken.
- Ein *Sonderverfahren* ist z. B. das Ultraschallverfahren (Ultrasonic Compact Impedance-Verfahren), bei dem die Härte über die Frequenzänderung eines in eine Probe gedrück-ten, schwingenden Metallstabs ermittelt wird.

Statische Härteprüfung

Brinell (DIN EN ISO 6506-1 bis -4:05) Der Eindringkörper ist eine polierte Hartmetall-kugel mit genormtem Durchmesser D. Aus der Kraft F und der bleibenden Eindruckfläche O (Kalottenoberfläche) wird die Brinellhärte bis 650 HBW bestimmt (Abb. 3.18). Die elas-tischen Verformungen der Hartmetallkugel und der Probe bleiben unberücksichtigt. Die Belastung muss so groß sein, dass der Eindruckdurchmesser d zwischen 0,24 und $0{,}6 \cdot D$ liegt (Tab. 3.3).

Um für die Härte nach Umstellung auf das SI-System unveränderte Zahlenwerte zu erhalten, wird die Prüfkraft mit dem Faktor $1/g = 0,102$ multipliziert. Dementsprechend ist die

$$\text{Härte HBW} = \frac{0,102 \cdot F}{A} = \frac{0,102 \cdot 2F}{\pi \cdot D \cdot \left(D - \sqrt{D^2 - d^2}\right)} \, .$$

Beispiel für die vollständige Angabe eines Brinell-Härtewertes:

$$275 \text{ HBW } 2{,}5/187{,}5/20 \, .$$

Der Härtewert 275 HBW wurde unter Verwendung einer Kugel mit 2,5 mm Durchmesser gemessen. Die Prüfkraftzahl 187,5 steht für eine Prüfkraft von $g \cdot 187,5 = 1840$ N. Dies entspricht einem Belastungsgrad $0,102 \cdot F/D^2$ von 30 (Tab. 3.3). Die Belastungszeit betrug 20 s.

Der *Zeiteinfluss* ist bei der Härteprüfung zu beachten. 10 s sind als normal anzusehen, 30 s werden für sehr weiche Werkstoffe wie Blei, Selen und Zink gewählt.

Fehlermöglichkeiten: Grobes Korn, Textur von Blechen (anisotropes Verhalten, daher unrunder Eindruck).

Der Zusammenhang zwischen *Zugfestigkeit* und *Vickers- bzw. Brinellhärte* kann bei Stahl mit einfachen Faustformeln abgeschätzt werden:

$$R_m \approx x_1 \cdot \text{HV bzw. } x_2 \cdot \text{HBW}$$

wobei der Faktor x von Festigkeit und Streckgrenzenverhältnis abhängig ist. Es gilt insbesondere bis $R_m = 1555$ N/mm^2 nach DIN 50 150/Z

$$x_1 = 3{,}21$$
$$x_2 = 3{,}38 \, .$$

Beispiel Gemessen sei 195 HBW bei einem niedriglegierten Stahl. Dann ist $R_m \approx 3{,}38 \cdot 195 = 660$ N/mm^2.

DIN EN ISO 18 265:03/DIN prEN ISO 18 265:11 ermöglicht auch die Umwertung von mit verschiedenen Prüfverfahren gemessenen Härtewerten untereinander.

Vickers (DIN EN ISO 6507-1 bis -4:05) Als Eindringkörper dient eine regelmäßige vierseitige Diamantpyramide mit einem Öffnungswinkel von 136° (Abb. 3.19a).

Durch die Kraft F wird im Prüfstück ein der Pyramidenspitze des Diamanten entsprechender Eindruck erzeugt (Abb. 3.19b). Aus den Diagonalen d in mm berechnet man die Eindruckoberfläche A in mm^2. Die elastischen Verformungen bleiben unberücksichtigt. Aus F und A erhält man die Vickershärte HV.

Abb. 3.19 Vickers-
Härteprüfung. **a** Diamantpyramide, **b** Eindruck

a

b

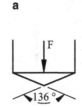

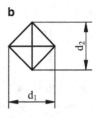

Mit

$$A = \frac{d^2}{2 \cdot \sin \frac{136°}{2}} = \frac{d^2}{1,854}$$

ergibt sich die Vickershärte zu

$$\mathrm{HV} = \frac{0,102 \cdot F}{A} = \frac{0,102 \cdot 1,854 \cdot F}{d^2} \quad \text{Eindruckdiagonale } d = \frac{d_1 + d_2}{2} \ .$$

Prüfkräfte

Makrohärte: 49 bis 980 N (für gehärtete Teile), HV 5 bis HV 100
Kleinlasthärte: 1,96 bis 49 N (für Härteverläufe), HV 0,2 bis HV 5
Mikrohärte: < 1,96 N (für Gefügebestandteile), < HV 0,2

Rockwell (DIN EN ISO 6508-1 bis -3:05) Bei der Härtemessung nach Rockwell dient die Eindringtiefe des Prüfkörpers als Härtemaß. Das Verfahren unterscheidet sich also grundlegend von Brinell und Vickers. Die Härtezahlen sind bei der Prüfung über eine Messuhr mit Rockwell-Skala direkt als Rockwell-Einheiten ablesbar. Vorteile dieses Verfahrens sind die kurzen Messzeiten und die dadurch erhöhte Wirtschaftlichkeit. Die Messwerte sind jedoch ungenauer.

Bei der Rockwell-Härteprüfung werden zwei Verfahren mit unterschiedlichen Eindringkörpern unterschieden:

- *Rockwell-B-Prüfung* (ball = Kugel)
  Belastung durch Stahlkugel mit einer Vorkraft $F_0 = 98$ N und Zusatzkraft $F_1 = 883$ N, Summe: 981 N. Bezeichnung: HRB, selten angewendet, für Werkstoffe mittlerer Härte.
- *Rockwell-C-Prüfung* (cone = Kegel)
  Diamantkegel als Eindringkörper. Vorkraft $F_0 = 98$ N und Zusatzkraft $F_1 = 1373$ N, Summe : 1471 N. Bezeichnung: HRC.

Abbildung 3.20 lässt das Prinzip der Rockwell-Härteprüfung erkennen.

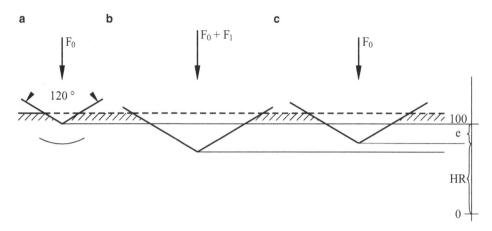

Abb. 3.20 Prinzip der Rockwell-Härteprüfung. **a** Eindruck unter Vorkraft, **b** Eindruck unter Vor- und Prüfkraft, **c** verbleibender Resteindruck unter Vorkraft, Rockwellhärte HRC $= 100 - e$

Dynamische Härteprüfung

Rücksprunghärte (Shore-Härte)
Die durch das Rückfedern einer auf das Werkstück aufprallenden Kugel gewonnene Arbeit wird aus der Rücksprunghöhe bestimmt und als Maß für die Härte gewählt. Mit einem handlichen Gerät lassen sich Prüfungen auf Baustellen nach dieser Methode durchführen (Leeb).

Poldihammer
Ein Eindringkörper wird in das Werkstück und in eine Vergleichsplatte aus demselben Werkstoff eingeschlagen (Abb. 3.21). Die Härteeindrücke in der Vergleichsplatte mit bekannter Härte und im Werkstück werden miteinander verglichen. Wird die Prüflast über einen Scherstift übertragen, lässt sie sich mit guter Genauigkeit ($\pm 1\,\%$) bestimmen. Sie ist dann gleich der Bruchlast des Stiftes. Das Verfahren findet für Kontrollen auf Baustellen Anwendung.

Der Kerbschlagbiegeversuch
(DIN EN ISO 148-1:10, DIN EN 10 045-2:93, DIN 50 115:91, DIN 50 116:82)
Die Kerbschlagbiegeprüfung dient zur Beurteilung der Trennbruchneigung und damit der Zähigkeit von Stahl unter verschärften Versprödungsbedingungen. Die Prüfung erfolgt im Pendelschlagwerk (Abb. 3.22) bei unterschiedlichen Temperaturen zur Bestimmung von Hochlage, Tieflage, Steilabfall bzw. Übergangstemperatur (Abb. 3.23) der Kerbschlagzähigkeit. Der Steilabfall ist bei kohlenstoffarmen Stählen stark, bei kohlenstoffreicheren Stählen (z. B. 0,5 bis 0,7 % C) deutlich weniger ausgeprägt.

Abb. 3.21 Härteprüfung mit dem Poldihammer

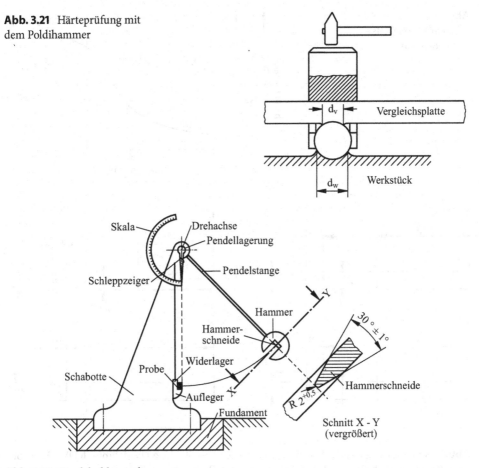

Abb. 3.22 Pendelschlagwerk

Zähigkeitsmaß ist die auf den gekerbten Probenquerschnitt bezogene Schlagarbeit, die zum Bruch der Kerbschlagbiegeprobe benötigt wird. Die Übergangstemperatur wird auf verschiedene Weise definiert, z. B. als Temperatur, bei der eine Kerbschlagzähigkeit von 35 J/cm^2 oder eine Schlagarbeit von 27 J erreicht wird, und ist kein eindeutiger Werkstoffkennwert, sondern von der Probenform (Kerbschärfe, Probengröße) abhängig. Die Übergangstemperatur ϑ_U wird durch Grobkorn, Alterung, Kaltverformung und erhöhte Beanspruchungsgeschwindigkeit zu höheren Temperaturen verschoben.

Die Form der Proben ist in Abb. 3.24 dargestellt. Beim Kerbschlagbiegeversuch führt die Kerbe zu einer Behinderung der Querverformung und damit zu einem räumlichen Spannungszustand, der das Auftreten von Trennbrüchen durch Anheben der Streckgrenze begünstigt. Im gleichen Sinn wirken eine erhöhte Beanspruchungsgeschwindigkeit (Abb. 3.25) und eine niedrige Beanspruchungstemperatur (siehe Abb. 3.26).

Abb. 3.23
Kerbschlagzähigkeits-
Temperaturkurve

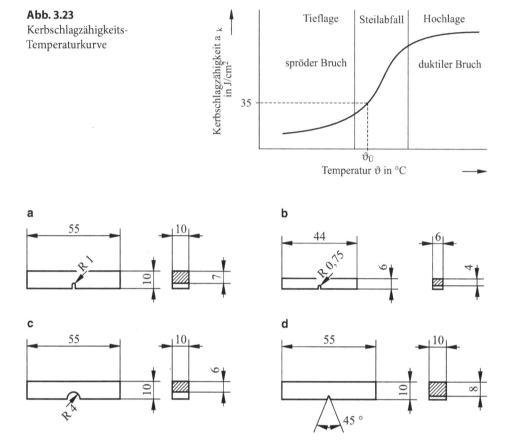

Abb. 3.24 Formen von Kerbschlagbiegeproben, nach DIN 50 115. **a** DVM-Probe, **b** DVMK-Probe, **c** DVMF-Probe, nach DIN EN ISO 148-1, **d** Charpy-V-Probe (ISO-V-Probe)

Abb. 3.25 Kerbschlagzähigkeit als Funktion
der Beanspruchungs-
geschwindigkeit [3.12].
A Schlaggeschwindigkeit
5000 mm/s, *B* Schlaggeschwindigkeit 100 mm/s

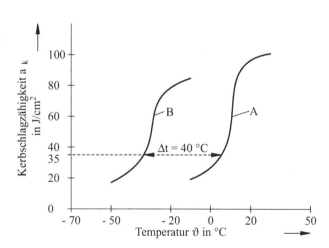

Abb. 3.26 Kerbschlagzähigkeit als Funktion der
Temperatur

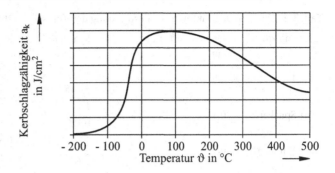

Die Geschwindigkeit

$$v = \sqrt{2 \cdot g \cdot \Delta H},$$

mit der die Hammerfinne auf der Probe auftrifft, beträgt üblicherweise etwa 5 m/s.
Die Schlagarbeit ist dann

$$A_v = G \cdot \Delta H = g \cdot m \cdot \Delta H \quad \text{in J}$$

und die Kerbschlagzähigkeit

$$a_K = \frac{G \cdot \Delta H}{A_0} = \frac{g \cdot m \cdot \Delta H}{A_0} \quad \text{in J/cm}^2$$

mit:

G: Gewichtskraft des Pendels in N;

m: Masse des Pendels in kg;

ΔH: Höhendifferenz des Pendels vor und nach dem Schlag in m;

A_0:   maßgeblicher Probenquerschnitt in cm^2;

g: Erdbeschleunigung in m/s^2
(Zur Umrechnung: 1 Nm = 1 J).

Die Kerbschlagzähigkeit wurde früher in kpm/cm^2 angegeben. Nach Umstellung auf das SI-System ergeben sich für die Schlagarbeit in J die in Tab. 3.4 dargestellten Umrechnungsfaktoren.

Bei der instrumentierten Kerbschlagbiegeprüfung wird während des Versuchs eine Kraft-Durchbiegungs-Kurve ermittelt. Die Fläche unter dieser Kurve definiert die von der Probe verbrauchte Schlagarbeit.

Der Dauerschwingversuch (DIN 50 100:78, DIN 50 113, DIN 50 142:82)

Die Beobachtung zeigt, dass ein schwingend beanspruchtes Bauteil bei niedrigerer Beanspruchung bricht, als ein statisch beanspruchtes (A. Wöhler, 1866). Das Verhalten eines solchen Bauteils ist demnach nicht nur von der Höhe der Beanspruchung, sondern auch von der Häufigkeit ihrer Wiederholung abhängig [3.13, 3.14].

Tab. 3.4 Umrechnungsfaktoren zur Bestimmung der Kerbschlagzähigkeit

Probenform	Querschnitt am Kerb A_0 in cm^2	kp m/cm^2	kp m	J
DVM	0,7	1	0,7	6,864
		0,1457	0,102	1
ISO-Spitzkerb	0,8	1	0,8	7,8453
		0,1275	0,102	1
ISO-Rundkerb	0,5	1	0,5	4,90332
		0,2039	0,102	1

Wichtig für:

- Fahrzeuge einschließlich Luftfahrzeuge
- Maschinen mit rotierenden Teilen (Turbinen, Pumpen, Kompressoren, Motoren, Kurbelwellen),
- Geräte mit zyklischer Belastung (Krane),
- Eisenbahnbrücken (für Straßenbrücken dagegen nimmt man bisher eine vorwiegend ruhende Belastung an).

Arten der Dauerschwingbeanspruchung

Beanspruchungsbereiche bei Dauerschwingversuchen
Die in Dauerschwingversuchen aufgebrachten Belastungen simulieren typische Fälle schwingender Belastungen von Bauteilen. Am einfachsten zu realisieren (elektromechanische Schwingprüfmaschinen mit Kurbeltrieb) sind periodische Belastungen mit sinusförmigem Spannungsverlauf, wie er auch in der Praxis vielfach vorliegt. Dabei pendeln die Spannungswerte zwischen zwei Grenzwerten um eine zeitlich konstante *Mittelspannung* σ_m

$$\sigma_m = \frac{1}{2} \cdot (\sigma_o + \sigma_u),$$

wobei σ_o den oberen, σ_u den unteren Grenzwert (*Oberspannung, Unterspannung*) darstellt. Der Spannungsausschlag (Amplitude der Schwingung) ist

$$\sigma_a = \frac{1}{2} \cdot (\sigma_o - \sigma_u).$$

Wie in Abb. 3.27 dargestellt, kann die Mittelspannung im Zug- oder im Druckbereich liegen oder auch Null sein. Zur Kennzeichnung dieser Beanspruchungsbereiche dient das Spannungsverhältnis, das etwas unterschiedlich definiert wird entweder wie international üblich als

$$R = \frac{\sigma_u}{\sigma_o} \quad \text{für} \quad \sigma_m \underset{\geq}{\overset{\leq}{=}} 0,$$

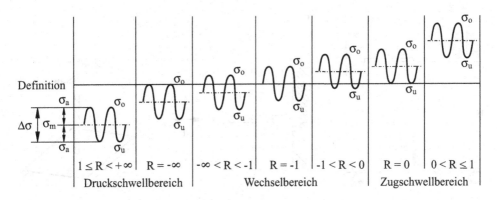

Definition

| $1 \leq R < +\infty$ | $R = -\infty$ | $-\infty < R < -1$ | $R = -1$ | $-1 < R < 0$ | $R = 0$ | $0 < R \leq 1$ |
| Druckschwellbereich | | Wechselbereich | | | Zugschwellbereich | |

Abb. 3.27 Bereiche der Dauerschwingbeanspruchung

wobei

$+1 \leq R \leq \pm\infty$ im Druckschwellbereich (vgl. Abb. 3.27),
$-\infty \leq R \leq +1$ im Wechsel- und Zugschwellbereich (vgl. Abb. 3.27).

oder als

$$\kappa = \frac{\sigma_u}{\sigma_o} \quad \text{für} \quad \sigma_m > 0$$

$$\kappa = \frac{\sigma_o}{\sigma_u} \quad \text{für} \quad \sigma_m < 0$$

wobei in beiden Fällen $-1 \leq \kappa \leq +1$ ist.

Belastungsarten bei Dauerschwingversuchen
Folgende Belastungsarten werden in Dauerschwingversuchen angewandt (Abb. 3.28a–f):
Einfache Biegung (DIN 50 142:82), Zug-Druck, Torsion, Zug im Schwellbereich, Druck im
Schwellbereich, Umlaufbiegung (DIN 50 113:82).

Bestimmung der Dauerschwingfestigkeit durch Aufnahme eines Wöhlerschaubildes

Zur Beschreibung des Dauerschwingverhaltens von Werkstoffen und zur Ermittlung
werkstoff- und bauteilspezifischer Kennwerte werden Wöhlerschaubilder erstellt
(Abb. 3.29). Dabei sind auf vorgewählten Spannungshorizonten die statistisch streuen-
den Bruchlastspielzahlen N_B von jeweils 6 bis 10 gleichwertigen Proben zu ermitteln.
Mit Hilfe geeigneter statistischer Auswerteverfahren lassen sich in das mit abnehmenden
Spannungsamplituden zu größeren Bruchlastspielzahlen verlaufende Streuband *Wöhler-
linien* für jeweils gleiche Überlebens- oder Bruchwahrscheinlichkeit einzeichnen, z. B.
Linien für 5%ige, 50%ige und 95%ige Überlebenswahrscheinlichkeit. Die Spannungsachse
wird in Wöhlerdiagrammen entweder linear oder logarithmisch unterteilt, die Achse der
Lastspiele stets logarithmisch.

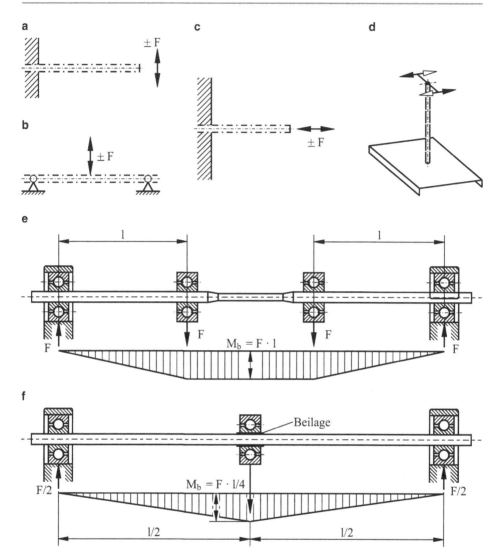

Abb. 3.28 Belastungsarten bei Dauerschwingbeanspruchung. **a** Dauerschwingversuch mit einfacher Biegung, Probe einseitig eingespannt, **b** Dauerschwingversuch mit einfacher Biegung, Träger auf zwei Stützen, **c** Zug-Druck-Dauerschwingprüfung, **d** Torsions-Dauerschwingprüfung, **e** Umlaufbiegung mit Rundproben, unveränderliches Biegemoment über die Prüfstrecke, **f** Umlaufbiegung mit Rundproben, veränderliches Biegemoment

Stähle im normalgeglühten oder vergüteten Zustand ertragen unterhalb einer bestimmten Spannungsamplitude beliebig große Lastspielzahlen ohne Bruch, d. h. es ergibt sich eine Wöhlerlinie mit einem horizontalen Ast als typischem Merkmal dieser Werkstoffe (Abb. 3.30).

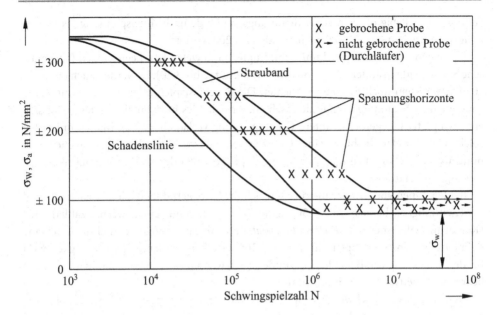

Abb. 3.29 Wöhlerschaubild

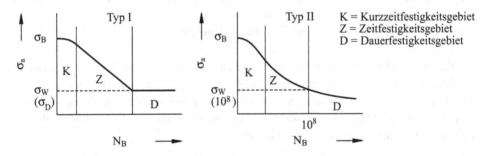

Abb. 3.30 Wöhlerkurven unterschiedlichen Typs für normalisierte oder vergütete Stähle (*links*) und für Kfz-Metalle oder Legierungen (*rechts*)

Bei der Aufnahme von Wöhlerlinien für Stähle hat sich gezeigt, dass Brüche bei Last-spielzahlen über $2 \cdot 10^6$ nur noch selten und über 10^7 praktisch nicht mehr auftreten. Des-halb bricht man die Schwingversuche auf niedrigen Spannungshorizonten bei einer *Grenz-lastspielzahl* von 10^7 oder im verkürzten Versuch von $2 \cdot 10^6$ Lastwechseln ab und verbucht die nicht gebrochenen Proben als Durchläufer (Abb. 3.29). Die Spannungsamplitude, die 10^7 Lastspiele und damit auch beliebig viele Lastspiele ertragen wird, also dem horizontalen Ast der Wöhlerlinie entspricht, definiert man bei mittelspannungsfreier Belastung ($\sigma_m = 0$) als *Wechselfestigkeit* σ_W Bei Beanspruchungen mit Mittelspannung bezeichnet man die

Summe aus beliebig oft ertragener Spannungsamplitude und Mittelspannung als *Dauer-festigkeit* σ_D, z. B. $\sigma_D = 200 \pm 80 \, \text{N/mm}^2$ mit $\sigma_m = 200 \, \text{N/mm}^2$.

Bei reinen Kfz-Metallen (Aluminium, Kupfer) und vielen Kfz-Legierungen (austeniti-sche Stähle) tritt ein anderer Typ von Wöhlerlinie auf (Abb. 3.30). Es werden auch oberhalb 10^7 Lastwechseln noch Brüche beobachtet. Die Bruchlastspielzahlen wachsen mit wenig abnehmender Spannungsamplitude rasch an. Anstelle des horizontalen Astes ergibt sich ein asymptotisch gegen eine untere Grenzspannung verlaufender Ast. Man definiert bei solchen Werkstoffen die bis zu einer Grenzlastspielzahl von 10^7 oder 10^8 ertragene Span-nung als Wechselfestigkeit $\sigma_{W(10^7)}$ bzw. $\sigma_{W(10^8)}$ bei $\sigma_m = 0$ oder als Dauerfestigkeit $\sigma_{D(10^7)}$ bzw. $\sigma_{D(10^8)}$ bei $\sigma_m \neq 0$.

Beiden Typen von Wöhlerlinien lassen sich im Lastspielzahlbereich zwischen 10^3 und 10^6 (Zeitfestigkeitsbereich, Abb. 3.30) *Zeitfestigkeitswerte* und bei Lastwechselzahlen $< 10^3$ (Kurzzeitfestigkeitsbereich) *Kurzzeitfestigkeitswerte* als Spannungen entnehmen, die eine definierte begrenzte Lastspielzahl (z. B. $N = 10^5$) ertragen werden. Die Zeitfestigkeit wird bei der Bemessung von Bauteilen zugrunde gelegt, wenn diese von vornherein nur für eine begrenzte Lebensdauer bestimmt sind.

Dem Bruch eines schwingbeanspruchten Teils (Schwingungsbruch) gehen folgende, sich teilweise überlappende Stadien voraus:

• anrissfreie Phase (strukturelle Veränderungen äußern sich als Ver- oder Entfestigung),
• Rissbildungsphase (Bildung von Rissvorstufen) und
• Rissausbreitungsphase (z. T. in Stadium I und II unterteilbar).

Zusätzlich zu den Bruchwöhlerlinien lassen sich daher Anrisswöhlerlinien aufzeichnen. Der Unterschied zur Schadenslinie (Abb. 3.29), deren Ermittlung im Zweistufenversuch erfolgt, ist zu beachten. Aufgetragen wird dabei die Lastspielzahl N_s, die in einer ersten Stufe mit $\sigma_a > \sigma_W$ ertragen wird, ohne dass in der zweiten Stufe mit $\sigma_a = \sigma_D$ innerhalb von $2 \cdot 10^6$ bzw. 10^7 Lastwechseln ein Bruch eintritt.

Einflussgrößen auf das Dauerschwingverhalten

Einfluss auf das Dauerschwingverhalten haben einerseits die Beanspruchungsbedingungen (Belastungsart, Umgebungsbedingungen) und andererseits die Beschaffenheit des Prüfkör-pers oder Bauteils (Werkstoff, Geometrie). Die einzelnen Einflussgrößen lassen sich also in die nachfolgend aufgeführten vier Gruppen einordnen.

Art der Belastung

Einfluss haben alle schon genannten Belastungsarten (vergleiche Abb. 3.28) einschließlich der Mittelspannung, die Prüffrequenz (relativ geringer Einfluss, solange keine unzuläs-sige Erwärmung bei hohen Frequenzen eintritt), die Belastungsdauer bei der Maximal-spannung, Ruhepausen, und die Reihenfolge unterschiedlich hoher Spannungsamplituden (z. B. Hochtrainieren der Dauerschwingfestigkeit durch eine Laststeigerung von kleinen σ_a

aus, die jeweils einige 10^6 Lastwechsel beibehalten werden. Verfestigungsbedingt kann sich so die Dauerfestigkeit normalisierter Stähle um bis zu 30 % erhöhen).

Als Faustregel für die Wechselfestigkeit ungekerbter Teile aus Stählen bei verschiedenen Belastungsarten gilt:

$\sigma_W \approx 0{,}25 \cdot R_m$ (Torsionsbeanspruchung),

$\sigma_W \approx 0{,}3 \cdot R_m$ (Zug-Druckbeanspruchung),

$\sigma_W \approx 0{,}4 \cdot R_m$ (Biegewechselbeanspruchung),

$\sigma_W \approx 0{,}5 \cdot R_m$ (Umlaufbiegebeanspruchung).

Da der Einfluss von Mittelspannungen auf die Dauerfestigkeit besondere technische Bedeutung hat, werden die Ergebnisse von Wöhlerversuchen in verschiedenen Beanspruchungsbereichen in besonderen *Dauerfestigkeitsschaubildern* dargestellt. Diese verdeutlichen den Mittelspannungseinfluss auf die dauerfest ertragene Ober- und Unterspannung oder auf die dauerfest ertragene Spannungsamplitude σ_A: Zugmittelspannungen verringern σ_A, Druckmittelspannungen erhöhen σ_A. Außer mit einer Reihe von experimentell ermittelten Dauerfestigkeitswerten lassen sich Dauerfestigkeitsschaubilder vereinfachend auch konstruieren, wenn nur die Kennwerte σ_W und R_m bzw. R_e bekannt sind. Dazu wird von folgenden hypothetischen Beziehungen für den Mittelspannungseinfluss ausgegangen:

$\sigma_D = \sigma_W \cdot (1 - \sigma_m / R_m)$ nach Goodmann oder

$\sigma_D = \sigma_W \cdot (1 - \sigma_m^2 / R_m^2)$ nach Gerber oder

$\sigma_D = \sigma_W \cdot (1 - \sigma_m / R_e)$ nach Söderberg.

Dauerfestigkeitsschaubild nach Smith

Abbildung 3.31 zeigt ein Zug-Druck-Dauerfestigkeitsschaubild für Probestäbe aus Stahl St 37 Auf der Abszisse werden die Mittelspannung σ_m, auf der Ordinate die bei gegebenem σ_m dauerfest ertragenen Grenzspannungen, also die Oberspannung $\sigma_o = \sigma_m + \sigma_A$ und die Unterspannung $\sigma_u = \sigma_m - \sigma_A$ aufgetragen. In Höhe der Streck- bzw. Quetschgrenze wird das Schaubild durch eine Horizontale abgeschnitten. Zur vereinfachten Aufstellung des Diagramms unter Benutzung einer der oben genannten Hypothesen sind mindestens folgende Kennwerte erforderlich:

Streckgrenze, z. B. $R_{e\,L} = 240 \, \text{N/mm}^2$

Quetschgrenze, z. B. $\sigma_{d\,S} = 280 \, \text{N/mm}^2$

Wechselfestigkeit, z. B. $\sigma_W = \pm 130 \, \text{N/mm}^2$

Folgende Werte können abgelesen werden (vgl. Abb. 3.31)

Zugschwellfestigkeit $= \sigma_{A,\,z\,\text{sch}} + \sigma_m = \sigma_{\text{Sch}} = 220 \, \text{N/mm}^2$

Druckschwellfestigkeit $= \sigma_{A,\,d\,\text{sch}} + \sigma_m = \sigma_{d\,\text{Sch}} = 260 \, \text{N/mm}^2$

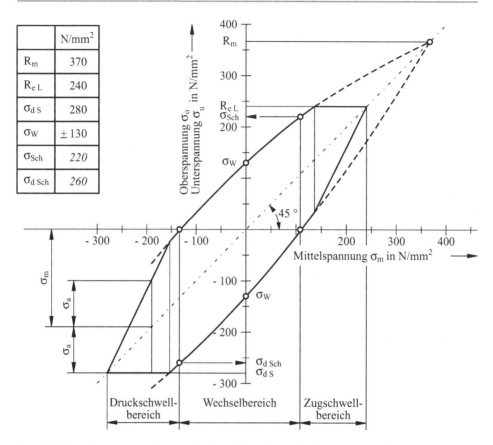

	N/mm^2
R_m	370
R_{eL}	240
σ_{dS}	280
σ_W	± 130
σ_{Sch}	220
σ_{dSch}	260

Abb. 3.31 Zug-Druck-Dauerfestigkeitsschaubild nach Smith für Stahl St 37 (entspricht in etwa S235JR gemäß aktueller Stahlkennzeichnung, vgl. Tab. 5.12)

Dauerfestigkeitsschaubild nach Haigh

Anstelle des in Abb. 3.31 dargestellten Smith-Diagramms wird heute das Schaubild nach Haigh bevorzugt (Abb. 3.32). Auf der Abszisse ist dabei ebenfalls die Mittelspannung σ_m, auf der Ordinate dagegen die dauerfest ertragene Spannungsamplitude σ_A aufgetragen. Die Streck- bzw. $R_{p\,0,2}$-Grenze und die Quetschgrenze sind die unter 45° verlaufenden Geraden, die das Diagramm begrenzen. Eingetragen sind zusätzlich einige Linien der Spannungsverhältnisse $R = \sigma_u/\sigma_o$ (siehe Definition von R).

Dauerfestigkeitsschaubild nach Moore, Kommers, Jasper

In diesem heute weniger benutzten Diagramm (Abb. 3.33) erfolgt eine Auftragung der Oberspannung in Abhängigkeit vom Spannungsverhältnis. Die Mittelspannung wird nicht eingetragen. Sie ergibt sich aus:

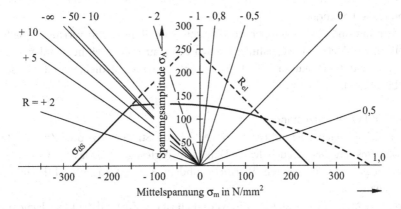

Abb. 3.32 Dauerfestigkeitsschaubild nach Haigh für Stahl St 37 (z. B. S235JR, vgl. Tab. 5.12)

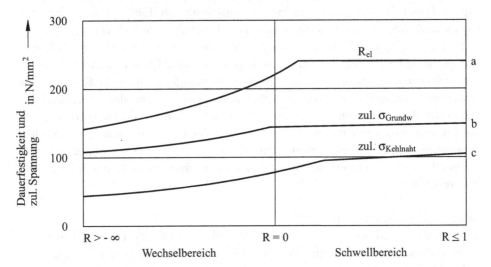

Abb. 3.33 Dauerfestigkeitsschaubild nach Moore, Kommers, Jasper. **a** Dauerschwingfestigkeit des Grundwerkstoffs St 37 (z. B. S235JR, vgl. Tab. 5.12) **b** zulässige Dauerschwingbeanspruchung des Grundwerkstoffs nach DV 952 [3.15] **c** zulässige Dauerschwingbeanspruchung für Kehlnähte nach DV 952

$$\sigma_m = \frac{\sigma_o}{2} \cdot (\kappa + 1) \, .$$

Das Diagramm kann durch eine Horizontale in Höhe der Streckgrenze begrenzt sein. In das Abb. 3.33 sind einige zulässige Spannungen (σ_{zul}) nach der Bahnvorschrift DV 952 [3.15] eingetragen, die derzeit unter Zugrundelegung der speziellen Lastannahmen des Schienenfahrzeugbaus noch für Berechnungen benutzt werden können. Künftig wird für die dauerfeste Auslegung von geschweißten Verbindungen im Schienenfahrzeugbau nur noch die Richtlinie DVS 1612 gelten.

Umgebungsbedingungen

Von Bedeutung sind die Prüftemperatur (Erhöhung der Temperatur verringert die Bruch-lastspielzahl von Metallen. Ausnahme: Bereich der Blausprödigkeit bei Stählen), und das umgebende Medium (Vakuum, Luft, H_2O-Dampf, korrosive Medien, wie Säuren oder Cl-haltige Lösungen).

Werkstoff und Werkstoffzustand

Grundsätzlich erhöhen alle Einflussfaktoren, welche die Streckgrenze oder Zugfestigkeit ei-nes Werkstoffes vergrößern, auch dessen Dauerschwingfestigkeit. So lässt sich die Schwing-festigkeit steigern durch Legieren, Wärmebehandeln, Kaltverfestigen und thermomecha-nisches Behandeln.

Extrem wichtig für das Dauerschwingverhalten ist der Zustand der Oberfläche und der Randschichten. Anzustreben sind kleinstmögliche Oberflächenrauigkeit (durch Polieren, Läppen, Honen, Feinschleifen erreichbar), sowie größtmögliche Härte, wenn betragsmäßig hinreichend große Druckeigenspannungen in den Randschichten vorliegen.

Eigenspannungen und Dauerfestigkeit: Druckeigenspannungen vermindern, insbeson-dere wenn sie im Bereich von Kerben vorliegen (raue Oberflächen), örtliche Zugspan-nungsspitzen und erhöhen damit die Dauerschwingfestigkeit. Durch Maßnahmen, die Druckeigenspannungen erzeugen, wie Oberflächendrücken, Festwalzen, Kugelstrahlen, Hämmern, Aufdornen von Bohrungen oder Einsatz-, Flamm- und Induktivhärten so-wie Nitrieren, lässt sich aus diesem Grund eine erhöhte Dauerschwingfestigkeit erzielen. Zugeigenspannungen können andererseits die Dauerschwingfestigkeit erniedrigen. Die Empfindlichkeit gegen Eigenspannungen nimmt mit wachsender Zugfestigkeit oder Härte der Werkstoffe zu.

Bauteil- bzw. Probengeometrie

Von erheblicher Bedeutung ist die Wirkung von Kerben bei schwingbeanspruchten Teilen. Sie wird deshalb nachfolgend in einem gesonderten Abschnitt behandelt. Außerdem ist zu beachten, dass größere Teile meist eine geringere Dauerschwingfestigkeit aufweisen als kleinere Teile (Größeneinfluss). Die Ursache hierfür sind herstellungs-, verarbeitungs- oder behandlungsbedingte Unterschiede ihres Zustandes (halbzeugbedingter und technologi-scher Größeneinfluss) oder eine unterschiedliche Fehlerzahl (statistischer Größeneinfluss) oder unterschiedliche Spannungsgradienten, wie z. B. bei Teilen unterschiedlicher Biege-höhe (spannungsmechanischer Größeneinfluss).

Kerbwirkung und Dauerschwingfestigkeit

Erfasst man bei einem elastisch zugbeanspruchten dünnen, gekerbten Flachstab (Abb. 3.34) die örtliche Verteilung der Spannungen, so beobachtet man keine gleichmäßige Span-nungsverteilung über dem Querschnitt, sondern eine Spannungsspitze σ_{max} im Kerbgrund. Ihre Höhe ist von der Form (Schärfe) des Kerbes abhängig.

Abb. 3.34 Spannungsverteilung im gekerbten Flachstab.
σ_g Spannung im ungeschwäch-
ten Teil, σ_{max} maximale
Kerbspannung, σ_n Nennspannung im gekerbten Teil

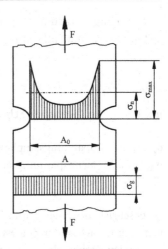

Abb. 3.35 Spannungs-
verteilung im gekerbten
Rundstab mit $\rho/a = 24$ [3.16].
σ_T Tangentialspannung, σ_R
Radialspannung, σ_N Normal-
spannung

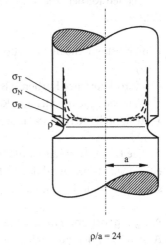

$\rho/a = 24$

Ist σ_n die

$$\text{Nennspannung } \sigma_n = \frac{F}{A_0}$$

so ergibt sich eine

$$\text{Formzahl } \alpha_k = \frac{\sigma_{max}}{\sigma_n} \text{ mit } \alpha_k > 1$$

Bei größerer Dicke, z. B. dem in Abb. 3.35 gezeichneten Rundstab, wirken sich zusätzlich Radial- und Tangentialspannungen σ_R und σ_T aus. Man erhält im Kerbgrund einen
zweiachsigen, im Innern des Stabes einen dreiachsigen Spannungszustand.

Spannungsspitze und Mehrachsigkeit des Spannungszustandes setzen die Dauerfestigkeit herab, was mit Hilfe einer

$$\text{Kerbwirkungszahl } \beta_k = \frac{\sigma_{A,\text{glatt}}}{\sigma_{A,\text{gekerbt}}}$$

mit $1 < \beta_k < \alpha_k$ (bei hohen Schwingspielzahlen) und

$\sigma_{A,\text{glatt}}$:   Spannungsamplitude der Dauerfestigkeit eines ungekerbten Stabes (Bauteils),
$\sigma_{A,\text{gekerbt}}$: Nennspannungsamplitude der Dauerfestigkeit eines gekerbten Stabes (Bauteils),

beschrieben werden kann. Die *Kerbempfindlichkeit* und damit die Kerbwirkungszahl nimmt mit wachsender Zugfestigkeit zu ($\beta_k \rightarrow \alpha_k$ bei großer Härte).

Bei den Kerben, die in Maschinenbauteilen wirken, ist folgende Unterscheidung nützlich:

- makroskopische Kerben (Bohrungen, Nuten, Rillen, Absätze, Vorsprünge, Schweißnähte)
- mikroskopische Kerben (Bearbeitungsriefen, Schweißspritzer oder Schweißkrater, Walz- oder Schmiedehaut, Rostnarben, Einschlüsse, Ausscheidungen)
- strukturelle Kerben (Steifigkeits- oder Härtesprünge, Korngrenzen)

Die *Gestaltfestigkeit* ist die durch die Nennspannung gekennzeichnete Dauerfestigkeit eines Bauteils und wird durch dessen Form (Kerbgeometrie), Größe und Bearbeitungszustand bestimmt. Die Gestaltfestigkeit ist also *kein* Werkstoffkennwert.

Ausgangsort und Form des Schwingbruchs

Ausgangsort der zum Schwingbruch (Dauerbruch) führenden Schwingungsrisse (Ermüdungsrisse) sind Kerben. Außer den genannten vorhandenen Kerben können dies auch während der Schwingbeanspruchung in der Rissbildungsphase entstandene Kerben sein (Intrusionen, Stufen in Ermüdungsbändern).

Die während der Rissausbreitung im Verlauf vieler Lastwechsel gebildete Schwingbruchfläche ist relativ glatt und weist häufig Scheuerstellen auf. Wenn die Schwingbeanspruchung durch Ruhepausen unterbrochen war, entstehen makroskopisch sichtbare, durch verstärkte Oxidation dunkel gefärbte Streifen, so genannte Rastlinien (Abb. 3.36).

Ihr Auftreten ist ein Beleg für einen Schwingungsbruch mit Ruhepausen. Bei hoher Vergrößerung im Rasterelektronenmikroskop lässt sich eine Schwingbruchfläche durch typische Schwingungsstreifen eindeutig identifizieren.

Infolge der mit abnehmendem Restquerschnitt zunehmenden Spannung erfolgt beim Überschreiten der Zugfestigkeit der Restbruch als *Gewaltbruch*. Aus der Größe der Restbruchfläche, die wie ein Bruch bei statischer Beanspruchung zerklüftet oder mit Grübchen behaftet ist, kann die Höhe der Beanspruchung grob abgeschätzt werden. Die Bruchform

Abb. 3.36 Dauerbruchflächen und -formen

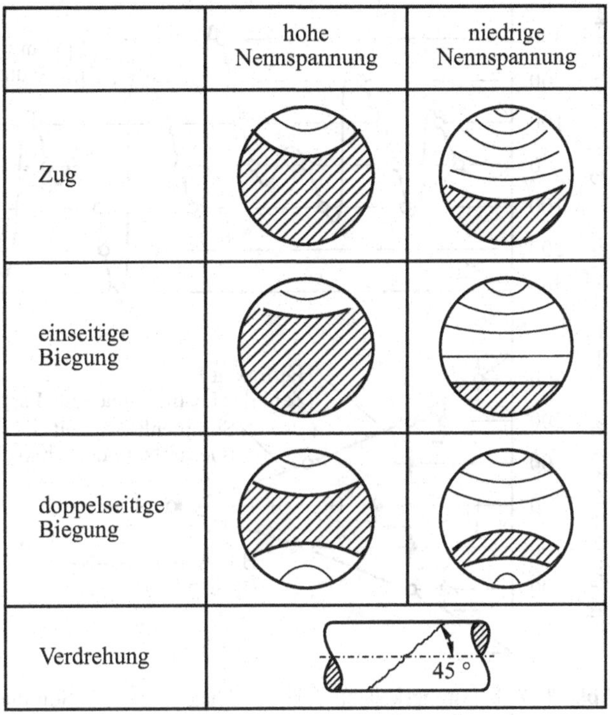

	hohe Nennspannung	niedrige Nennspannung
Zug		
einseitige Biegung		
doppelseitige Biegung		
Verdrehung	45°	

wird außer durch die Höhe der Nennspannung durch die Beanspruchungsart bestimmt (Abb. 3.36).

Der Betriebsfestigkeitsversuch [3.17–3.19]

Bei vielen Bauteilen ist die Beanspruchung nicht durch einen streng periodischen, z. B. sinusförmigen Verlauf gekennzeichnet (Kraftfahrzeuge auf unebener Fahrbahn), sondern die Bauteile unterliegen unperiodischen, schwingenden Beanspruchungen, die in regelloser Folge die Größe des Spannungsausschlages ändern (Abb. 3.37). Die unter derartig sich ändernden Lasten ertragbare Beanspruchung ist die Betriebsfestigkeit.

Belastungskollektive und Mehrstufenversuche

Zufallsartige Belastungen gemäß Abb. 3.37 lassen sich heute mit modernen Prüfmaschinen nachfahren. Vielfach wird für die Versuchsdurchführung jedoch ausgenutzt, dass sich bei langzeitiger Beobachtung solcher Belastungen gewisse statistische Gesetzmäßigkeiten ergeben, die ihre Darstellung als Belastungskollektive gestatten.

Man zeichnet hierfür eine Häufigkeitskurve (Abb. 3.37). Diese entsteht durch eine Klassengrenzen-Überschreitungszählung. Hierzu wird der Messbereich in Klassen gleicher Breite unterteilt (z. B. 100 N/mm^2). Gezählt wird die Überschreitung jeder Klassengrenze bis zum Messwertmaximum (Treppendiagramm). Aus einer grafischen Integration des

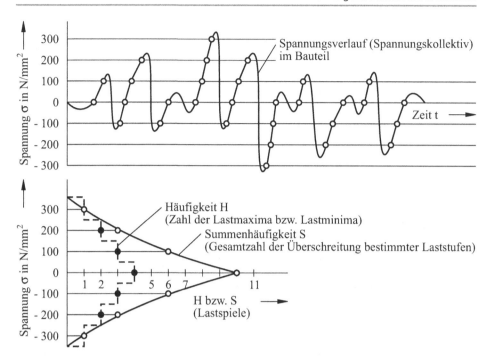

Abb. 3.37 Belastungskollektiv, Treppendiagramm und Summenhäufigkeitskurve einer unperiodisch veränderlichen Belastung mit $\sigma_m = 0$

Treppendiagramms kann man dann eine Summenhäufigkeitskurve (Abb. 3.37) gewinnen. Sie gibt an, wie oft eine bestimmte Belastungshöhe überschritten wird. Man kann diese Werte durch Zählwerke, die alle über einem eingestellten Wert liegenden Belastungen zählen, leicht feststellen.

Die tatsächlich beobachtete Belastung wird auf Prüfmaschinen dann dadurch simuliert, dass man die ermittelte Summenhäufigkeitskurve durch ein zwei- oder mehrstufiges Treppendiagramm mit Lastzu- und Lastabnahme ersetzt (Mehrstufenversuch). Der Versuch ist dann von technischem Interesse, wenn die höhere Stufe über, die niedrige unter oder in Höhe der Dauerfestigkeit liegt. Geprüft wird die Lebensdauer (Schwingspielzahl bis zum Bruch).

Da es nicht gleichgültig ist, ob man mit einer hohen oder niederen Belastungsstufe (Hochtrainieren möglich) beginnt, löst man das Kollektiv in kürzere Teilfolgen von $5 \cdot 10^3$ bis $5 \cdot 10^5$ Schwingspielen auf, bei denen Anzahl und Höhe der Beanspruchungen im gleichen Verhältnis verteilt sind, wie im gemessenen Kollektiv (Abb. 3.38). Mit dem Teilfolgenumfang von $5 \cdot 10^3$ Lastspielen werden Ergebnisse ermittelt, die mit denen der Zufallsbelastung des tatsächlichen Betriebes vergleichbar sind.

Die Ergebnisse des Betriebsfestigkeitsversuches können, ähnlich dem Wöhlerversuch, in einem Spannungs-Lebensdauer-Schaubild dargestellt werden (Abb. 3.39). Die *Lebens-*

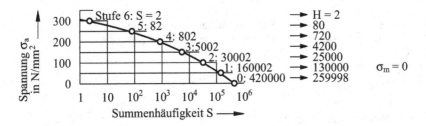

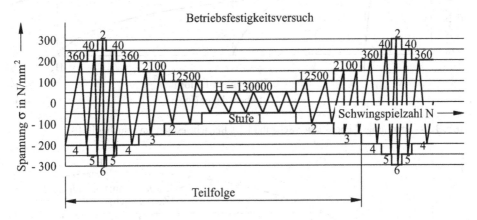

Abb. 3.38 Summenhäufigkeit aus einem Belastungskollektiv und Aufteilung auf Teilfolgen der Belastung im Betriebsfestigkeitsversuch. Stufe = Belastungsstufe. *S* Summenhäufigkeit, *H* Häufigkeit

dauerlinie (Gaßner-Linie) ergibt sich aus den Versuchspunkten dadurch, dass die größte Beanspruchung eines Teilfolgenumfanges über der jeweils bis zum Bruch ertragenen Schwingspielzahl aufgetragen wird.

Der Zeitstandversuch unter Zugbeanspruchung (DIN EN ISO 204:09)

Wird ein Werkstoff bei höherer Temperatur ($T > 0{,}4 \cdot T_s$ [K]) mit konstanter Last längere Zeit beansprucht (Abb. 3.40), so treten zeitabhängige plastische Verformungserscheinungen auf, die man als Kriechen bezeichnet.

Die höhere Temperatur ist dabei in Bezug auf die Schmelztemperatur T_s zu sehen und kann, z. B. bei Blei, auch Raumtemperatur sein. Ein so belasteter Stab verlängert sich mit der Kriechgeschwindigkeit

$$v_k = \frac{d\varepsilon}{dt}.$$

Je nach Werkstoff, Beanspruchung und Temperatur lassen sich anschließend an den elastischen Bereich drei Bereiche des Kriechens unterscheiden (Abb. 3.41).

Belastungsdehnung $v_k = 0$. Es tritt kein Kriechen ein, Bereich 1 in Abb. 3.41

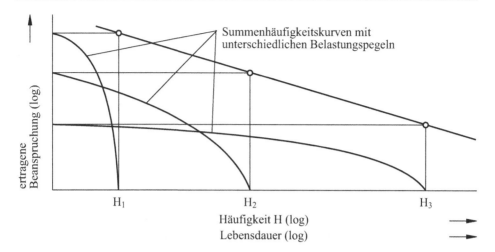

Abb. 3.39 Spannungs-Lebensdauer-Schaubild des Betriebsfestigkeitsversuches [3.19]

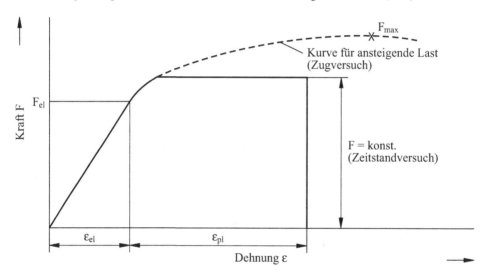

Abb. 3.40 Kraft-Dehnungs-Schaubild beim Zugversuch und beim Zeitstandversuch (Kriechversuch)

Primäres Kriechen

$v_k > 0$. Der Werkstoff kriecht, die Kriechgeschwindigkeit nimmt jedoch mit der Zeit ab $\frac{d\varepsilon}{dt} \to 0$ (Bereich 2)

Sekundäres oder stationäres Kriechen $v_k > 0$. Der Werkstoff kriecht und die Kriechgeschwindigkeit bleibt über längere Zeit konstant $\frac{d\varepsilon}{dt} = \text{const.}$ (Bereich 3)

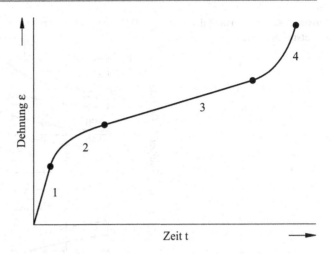

Abb. 3.41 Kriechkurve mit vier verschiedenen Bereichen (Bereich 1 ist in t-Richtung stark verzerrt gezeichnet)

Tertiäres Kriechen

$v_k > 0$. Im Anschluss an das stationäre Kriechen steigt die Kriechgeschwindigkeit wieder an und der Stab bricht, u. U. nach Jahren. Gegen Ende eines Zeitstandversuchs wächst v_k wegen der sich ausbildenden Querschnittsverkleinerung $\frac{d\varepsilon}{dt} \to \infty$ (Schädigung entstanden, Bereich 4)

Der Zeitstandversuch nach DIN 50 118/Z (DIN EN ISO 204:09) mit verkürzter Versuchsdauer ist interessant für Bauteile, die höheren Betriebstemperaturen ausgesetzt sind, wie dies im Kesselbau, bei Gasturbinen, Motoren, Strahltriebwerken der Fall ist. Bei Stahl muss schon ab 300 °C mit Kriechen gerechnet werden.

Die Auswertung der in Zeitstandversuchen bei verschiedenen Temperaturen und Belastungen aufgenommenen Kriechkurven, wie sie in Abb. 3.42 vorgenommen wurde, liefert dem Konstrukteur folgende Kennwerte, die er für die Berechnung benutzen kann.

Zeitstandfestigkeit

$R_{m/1000/\vartheta} = 270\,\text{N/mm}^2$ Beanspruchung, bei welcher ein Bruch nach 1000 h eintritt. (Temperatur ϑ = const.).

Zeitdehngrenze

$R_{p\,0,5/10.000/\vartheta} = 120\,\text{N/mm}^2$ Beanspruchung, bei welcher nach 10.000 h eine bleibende Dehnung von 0,5 % gemessen wird.

Für Turbinenschaufeln wird z. B. die Forderung gestellt, dass $v_k = \text{const.} \leq 10^{-6}\,\frac{\%}{\text{h}}$ ist.

Abb. 3.42 Auswertung des
Zeitstandversuchs

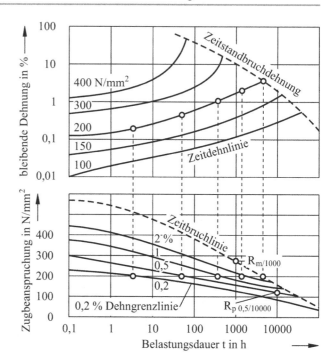

Das entspricht einer Dehnung

$\varepsilon = 10^{-3}$ % in 1000 h
$\varepsilon = 10^{-2}$ % in 10.000 h
$\varepsilon = 0{,}1$ %   in 100.000 h ≈ 11 1/2 Jahren

3.3 Prüfverfahren ohne Zerstörung des Werkstückes

Die zerstörungsfreien Prüfverfahren dienen

- zur Ermittlung von Werkstoffeigenschaften,
- zur Ermittlung der Werkstoffbeschaffenheit und
- zur Prüfung auf Fehler.

Die für diese Aufgaben angewendeten Verfahren sollen im Folgenden nur stichwortartig vorgestellt werden. Für vertiefende Ausführungen sei auf das nachfolgend aufgeführte Schrifttum verwiesen [3.1, 3.2, 3.20–3.22].

3.3.1 Prüfverfahren zur Ermittlung von Werkstoffeigenschaften

Es können folgende Eigenschaften bestimmt werden:

- Härte, z. B. als Rücksprunghärte nach Shore,
- Elastizitätsmodul und Dämpfung aus Eigenfrequenzen bzw. Abklingzahlen freier Schwingungen,
- elektrische (z. B. Leitfähigkeiten) und magnetische Eigenschaften,
- optische Eigenschaften (z. B. Reflexionsvermögen).

3.3.2 Prüfverfahren zur Ermittlung der Werkstoffbeschaffenheit

- spektroskopische Methoden („Funken"-Spektren, Röntgenfluoreszenz, Elektronenstrahlmikroanalyse) zur Bestimmung der chemischen Zusammensetzung,
- Röntgenbeugung oder magnetische Verfahren zur Phasenanalyse (Restaustenitbestimmung),
- Röntgenbeugung und Ultraschallverfahren zur Eigenspannungsermittlung,
- Koerzitivfeldstärke und Barkhausenrauschamplitude zur Eigenspannungs- und Gefügecharakterisierung,
- Tastschnittverfahren zur Bestimmung der Oberflächenrauigkeit,
- optische Verfahren (Lupe, Glasfaseroptik, Licht und Rasterelektronenmikroskop) zur Ermittlung der Oberflächenbeschaffenheit,
- Ultraschall zur Schicht- und Wanddickenmessung.

3.3.3 Prüfverfahren zur Fehlerdetektion

Zur Prüfung, ob Bauteile fehlerfrei oder fehlerbehaftet sind, werden folgende Verfahren eingesetzt:

- Röntgen- und γ-Durchstrahlung: Bestimmung von Rissen, Poren, Lunkern, Einschlüssen und anderen Fehlstellen, z. B. in Guss- und Schmiedeteilen oder Schweißnähten,
- Ultraschall: (wie oben) und zusätzlich Doppelungen sowie sichere Rissbestimmung, auch in wärmebehandelten Teilen, Ortung von Fehlern, Wanddickenmessung,
- Magnetische Methoden: Magnetpulverprüfung auf Oberflächenrisse bei magnetisierbaren Werkstoffen, magnetinduktive Verfahren zur Prüfung von ferromagnetischen und nicht ferromagnetischen Werkstoffen,
- Eindringprüfverfahren mit geeigneten Flüssigkeiten zur Prüfung auf Oberflächenrisse,

- Lecktestverfahren für Dichtheitsprüfungen an Druck- und Vakuumbehältern oder Rohrleitungen,
- Optische Verfahren (Lupe, Glasfaseroptik, Licht- und Rasterelektronenmikroskop) für Oberflächenrisse.

Literatur

[3.1] Czichos, H. (Hrsg.): Springer Handbook of Materials Measurement Methods. Springer-Verlag, Berlin (2006)

[3.2] Fuhrmann, E.: Einführung in die Werkstoffkunde und Werkstoffprüfung, 2. Aufl. Werkstoff- und Werkstückprüfung auf Qualität, Fehler, Dimension und Zuverlässigkeit, Bd. 2. Expert Verlag, Renningen (2008)

[3.3] Heine, B.: Werkstoffprüfung: Ermittlung von Werkstoffeigenschaften, 2. Aufl. Fachbuchverlag Leipzig im Carl Hanser Verlag, München (2011)

[3.4] Grellmann, W., Seidler, S. (Hrsg.): Kunststoffprüfung, 2. Aufl. Hanser Verlag, München (2011)

[3.5] Frick, A., Stern, C.: Praktische Kunststoffprüfung. Hanser Verlag, München (2010)

[3.6] DIN Deutsches Institut für Normung e. V. (Hrsg.): DIN Taschenbuch 19. Materialprüfnormen für metallische Werkstoffe 1 – Mechanisch-technologische Prüfverfahren (erzeugnisformunabhängig), Prüfmaschinen, Bescheinigungen, 16. Aufl. Beuth Verlag, Berlin (2011)

[3.7] DIN Deutsches Institut für Normung e. V. (Hrsg.): DIN Taschenbuch 205. Materialprüfnormen für metallische Werkstoffe 3 – Mechanisch-technologische Prüfverfahren (erzeugnisformabhängig), Schweißverbindungen, Metallklebungen. CD ROM, 6. Aufl. Beuth Verlag, Berlin (2013)

[3.8] Verein dt. Eisenhüttenleute (Hrsg.): Taschenbuch der Stahl-Eisen-Prüfblätter, 2. Aufl. Beuth Verlag, Berlin, Stahleisen, Düsseldorf (2003)

[3.9] Menges, G.: Abschätzen der Tragfähigkeit mäßig beanspruchter Kunststoff-Formteile. Kunststoffe **57**(6), 476–484 (1967)

[3.10] Siebel, E.: Handbuch der Werkstoffprüfung, 2. Aufl. Die Prüfung der metallischen Werkstoffe, Bd. II. Springer-Verlag, Berlin (1955)

[3.11] Herrmann, K.: Härteprüfung an Metallen und Kunststoffen. Grundlagen und Überblick zu modernen Verfahren. Expert Verlag, Renningen (2007)

[3.12] Lienhard, E.W.: Neue Prüfmethoden zur Bestimmung der Festigkeit und der Sprödbruchanfälligkeit metallischer Werkstoffe. Oerlikon Schweißmitteilungen **11**(32), 4–12 (1965)

[3.13] Christ, H.-J.: Ermüdungsverhalten metallischer Werkstoffe, 2. Aufl. Wiley-VCH-Verlag, Weinheim (2009)

[3.14] Radaj, D., Vormwald, M.: Ermüdungsfestigkeit. Grundlagen für Ingenieure, 3. Aufl. Springer-Verlag, Berlin/Heidelberg (2007)

[3.15] DV 952: Vorschrift für das Schweißen metallischer Werkstoffe in Privatwerken. Anhang II: Richtlinie für die Berechnung der Schweißverbindungen. Deutsche Bundesbahn (1977)

[3.16] Neuber, H.: Kerbspannungslehre, 4. Aufl. Springer-Verlag, Berlin/Heidelberg (2000)

[3.17] Haibach, E.: Betriebsfestigkeit. Verfahren und Daten zur Bauteilberechnung, 3. Aufl. Springer-Verlag, Berlin/Heidelberg (2006)

[3.18] Gudehus, H., Zenner, H.: Leitfaden für eine Betriebsfestigkeitsrechnung. Empfehlungen zur Lebensdauerabschätzung von Maschinenbauteilen, 4. Aufl. Verlag Stahleisen, Düsseldorf (1999)

[3.19] Gaßner, E.: Betriebsfestigkeit: Eine Bemessungsgrundlage für Konstruktionsteile mit statistisch wechselnden Betriebsbeanspruchungen. Konstruktion **6**(3), 97–104 (1954)

[3.20] DIN Deutsches Institut für Normung e. V. (Hrsg.): DIN Taschenbuch 56. Materialprüfnormen für metallische Werkstoffe 2 – Zerstörungsfreie Prüfungen: Volumenverfahren, Durchstrahlungsprüfung, Ultraschallprüfung, 7. Aufl. Beuth Verlag, Berlin (2006)

[3.21] DIN Deutsches Institut für Normung e. V. (Hrsg.): DIN Taschenbuch 370. Materialprüfnormen für metallische Werkstoffe 4 – Zerstörungsfreie Prüfungen: Allgemeine Regeln, Oberflächenverfahren und andere Verfahren, 1. Aufl. Beuth Verlag, Berlin (2006)

[3.22] Steeb, S.: Zerstörungsfreie Werkstück- und Werkstoffprüfung: die gebräuchlichsten Verfahren im Überblick, 4. Aufl. Expert Verlag, Renningen (2011)

Veränderung von Aufbau und Eigenschaften metallischer Werkstoffe

4

Zusammenfassung

Das Kapitel behandelt verschiedene Methoden, mit denen durch Veränderungen im Aufbau metallischer Werkstoffe deren Eigenschaften verbessert werden. Lernziel ist es, das je nach Werkstoff und Beanspruchungsfall bestgeeignete Verfahren zur Optimierung der Werkstoffeigenschaften auswählen zu können.

Für die Methode des Legierens ist eine Betrachtung der Vorgänge beim Erstarren und weiteren Abkühlen mehrkomponentiger Metallschmelzen anhand von Zustandsdiagrammen nötig. Diese geben an welche Kristallitarten sich dabei je nach Temperatur und Legierungszusammensetzung bilden können. Anhand einfacher Legierungssysteme sind mögliche Fälle unterschiedlicher Zustandsdiagramme aufgeführt. Eine zweite Maßnahme zum Erzielen günstiger Eigenschaften sind Wärmebehandlungen von Stahl. Für ihr Verständnis wichtig sind Kenntnisse der für Stahl und Gusseisen zuständigen Eisen-Kohlenstoff-Diagramme. Wärmebehandlungen mit vollkommener Durchwärmung, wie das Härten und Vergüten, zielen auf günstige Kombinationen von Festigkeit und Verformbarkeit ab. Dem gegenübergestellt werden die andersartigen Ziele der Randschichtbehandlungsverfahren Einsatzhärten, Nitrieren und Induktionshärten. Das für Aluminiumlegierungen wichtige Kaltverformen ist als dritte mögliche Methode aufgeführt. Beispiele für geeignete Bauteile und Werkstoffe sind jeweils genannt.

In dieser technologieorientierten Darstellung werden die zur Eigenschaftsverbesserung ausgenutzten Mechanismen (Mischkristall-, Versetzungs-, Korngrenzen-, Teilchenverfestigung) nicht explizit angesprochen.

4.1 Legieren und Legierungen

Seit alters her ist bekannt, dass sich durch Mischen zweier Metalle im schmelzflüssigen Zustand, d. h. durch Legieren, die Eigenschaften metallischer Werkstoffe beträchtlich verändern, insbesondere vielfach verbessern lassen.

J. Ruge und H. Wohlfahrt, *Technologie der Werkstoffe*, DOI 10.1007/978-3-658-01881-8_4,   59
© Springer Fachmedien Wiesbaden 2013

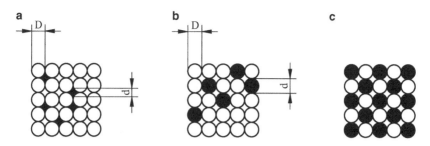

Abb. 4.1 a Einlagerungsmischkristall (schematisch) **b** Substitutionsmischkristall (schematisch)
c Überstruktur, auch einphasige Entmischung (schematisch) (mögliche Gitterverzerrungen durch
die gelösten Atome sind jeweils unberücksichtigt)

Eine Legierung besteht aus mindestens zwei chemischen Elementen, von denen eines
ein Metall sein muss. Diese die Legierung aufbauenden metallischen oder nichtmetallischen Stoffe bezeichnet man als *Komponenten* des Legierungssystems. Nur selten liegen
die Komponenten in einer Legierung in ihrer ursprünglichen Form vor. Vielfach reagieren
sie bei der Erschmelzung und der nachfolgenden Abkühlung miteinander unter Bildung
einer *festen Lösung*, d. h. von *Mischkristallen* oder von *Verbindungen* (z. B. Al_2Cu = intermetallische Verbindung oder Fe_3C = intermediäre Verbindung).

4.1.1 Struktur der Legierungen [4.1–4.3]

Mischkristalle
In Mischkristallen sind die Atome von zwei oder mehr Stoffen entweder statistisch regellos
ohne Bindung an stöchiometrische Verhältnisse oder z. T. auch einem Ordnungsprinzip
gemäß im Gitter verteilt.

Einlagerungsmischkristalle (Interstitionsmischkristalle) sind entsprechend Abb. 4.1a
aufgebaut. Atome mit kleinem Atomradius befinden sich auf Zwischengitterplätzen (z. B.
Kohlenstoff im Eisengitter). Man spricht von einer festen Lösung mit *Interstitionsatomen*.
Voraussetzung ist, dass

$$\frac{d}{D} < 0{,}58$$

mit

d: Atomdurchmesser des eingelagerten Elements;
D: Atomdurchmesser des Grundmetalls

ist. Außerdem muss das Grundmetall ein Übergangsmetall sein, also eine unaufgefüllte
innere Elektronenschale aufweisen.

Substitutionsmischkristalle haben einen Aufbau gemäß Abb. 4.1b. Die Gitterpunkte sind in zufälliger Anordnung mit Atomen der gelösten Stoffe besetzt (z. B. Kupfer-Nickel-Legierung). Voraussetzung ist ein ähnlicher Gittertyp und kein zu großer Unterschied in den Atomradien der beiden Komponenten

$$\frac{d}{D} = 0,86 \text{ bis } 1,0 \; .$$

Überstruktur Im Falle einer Atomanordnung gemäß Abb. 4.1c, einer so genannten einphasigen Entmischung, liegt ein geordneter Mischkristall vor.

Intermetallische Verbindungen

Intermetallische Verbindungen (intermetallische Phasen) bilden ein Gitter, das von demjenigen der Ausgangsstoffe verschieden ist. Das atomare Mengenverhältnis der Partner ist innerhalb temperaturabhängiger Grenzen variabel. Beispiele sind Al_2Cu, $CuZn$, Cu_5Zn_8, Cu_5Sn.

Intermediäre Verbindungen

Intermediäre Verbindungen (intermediäre Phasen) sind Verbindungen aus Metall und Nichtmetall. Ein Beispiel hierfür ist Fe_3C in Stahl.

Phasen und Gefüge

In vorangehenden Abschnitten tauchte der Begriff „*Phase*" auf. Wir verstehen darunter Teile eines Stoffes mit gleichem Aufbau oder Zustand. Man spricht von Gasphase, fester und flüssiger Phase. Auch reine Komponenten, Mischkristalle und Verbindungen in Legierungen sind Phasen. Verschiedene Phasen eines Stoffes unterscheiden sich physikalisch und/oder chemisch voneinander.

Unter *Gefüge* versteht man die Anordnung der durch Korn- und Phasengrenzen getrennten Körner und festen Phasen im Metall, wie sie ein geätzter metallografischer Schliff unter dem Metallmikroskop zeigt (vgl. Abschn. 2.2). Ein Korn als Gefügebestandteil kann auch aus mehreren Phasen bestehen, wie dies beim Perlit als Verbund aus Ferrit und Zementit der Fall ist (vgl. Tab. 4.2).

4.1.2 Zustandsschaubilder für Zweistofflegierungen (Binäre Systeme)

Allgemeines über Zustandsschaubilder

Zustandsschaubilder liefern Aussagen über die bei verschiedenen Temperaturen und Massengehalten vorliegenden Phasen [4.2, 4.3]. Voneinander abgegrenzte Zustandsfelder geben in Zustandsdiagrammen die Temperatur-Massengehalts-Bereiche an, innerhalb derer die verschiedenen Phasen beständig sind. Die Diagramme sind Gleichgewichtsschaubilder und gelten deshalb streng genommen nur für die unendlich langsame Abkühlung der

Legierungen aus dem Schmelzfluss oder für die nachträgliche Einstellung des thermodynamischen Gleichgewichtes durch Glühen.

Folgende Möglichkeiten stehen zur Aufnahme von Zustandsschaubildern zur Verfügung:

- *Thermische Analyse* (Aufnahme von Abkühlkurven, vor allem im Erstarrungsbereich aussagekräftig),
- *Dilatometermessungen* (Bestimmung von Längenänderungen im festen Zustand bei Aufheizung oder Abkühlung),
- *Gefügebeobachtungen* an Metallschliffen (Feststellung der im festen Zustand vorliegenden Phasen und Gefüge),
- *Röntgeninterferenzuntersuchungen* (Identifizierung unbekannter Phasen).

Gehalt und Konzentration

Die Anteile, in denen sich ein Stoff in einer Legierung befindet, werden als „Gehalte" oder „Konzentrationen" bezeichnet. Dabei versteht man unter *Gehalt* den Quotienten aus Masse, Stoffmenge oder Volumen für einen Stoff i und der Summe der gleichartigen Größe für alle Stoffe der betrachteten Legierung. Dementsprechend unterscheidet man zwischen *Massengehalt* w_i, *Stoffmengengehalt* x_i und *Volumengehalt* y_i. Mit der Masse eines Stoffes m_i in g, der Stoffmenge n_i in mol und dem Volumen v_i in cm^3 ist dann

$$w_i = \frac{m_i}{\sum\limits_{j=1}^{l} m_j} \; ; \quad x_i = \frac{n_i}{\sum\limits_{j=1}^{l} n_j} \; ; \quad y_i = \frac{v_i}{\sum\limits_{j=1}^{l} v_j} \; .$$

Ferner gilt für die Stoffmenge

$$n_i = \frac{N_i}{N_A} = \frac{m_i}{A_i} \quad \text{in mol}$$

mit

N_i: vorhandene Teilchenzahl (z. B. Atome);
N_A: Avogadro Konstante ($N_A \approx 6 \cdot 10^{23}$ 1/mol);
A_i: Atom- bzw. Molekulargewicht (in g/mol)

Unter *Konzentration* versteht man den Quotienten aus Masse, Stoffmenge oder Volumen für einen Stoff i und dem Volumen der Legierung. Dementsprechend unterscheidet man zwischen *Massenkonzentration* ρ_i, *Stoffkonzentration* c_i und *Volumenkonzentration* δ_i. Dann ist

$$\rho_i = \frac{m_i}{V} \; ; \quad c_i = \frac{n_i}{V} \; ; \quad \delta_i = \frac{v_i}{V}$$

mit

$$V = \sum\limits_{j=1}^{l} V_j$$

wenn der Mischvorgang ohne Volumenänderung abläuft.

In diesem Fall sind Volumengehalt und Volumenkonzentration einander gleich. Betrachtet man ein *Zweistoffschaubild* mit den Komponenten A und B, so ist

$$\text{Massengehalt von } A = w_A = \frac{m_A}{m} = \frac{\text{Masse der Komponente A in g}}{\text{Gesamtmasse der Legierung in g}}$$

$$\text{Stoffmengengehalt von } A = x_A = \frac{n_A}{n} = \frac{\text{Stoffmenge der Komponente A in mol}}{\text{Gesamtstoffmenge der Legierung in mol}}$$

und da $N_i = n_i \cdot N_A$ ist, ist $x_A = \frac{n_A}{n_A + n_B}$. Im Zweistoffsystem ist demnach

$$w_A = \frac{m_A}{m_A + m_B}; \quad x_A = \frac{n_A}{n_A + n_B} \, .$$

Zuweilen ist es zweckmäßig, Massengehalt auf Stoffmengengehalt umzurechnen und umgekehrt. Bezeichnen wir die Atomgewichte der beiden Komponenten mit A_A und A_B, so ist die Masse der Komponenten

$$m_A = A_A \cdot n_A = A_A \cdot x_A \cdot n$$

$$m_B = A_B \cdot n_B = A_B \cdot x_B \cdot n$$

und die Gesamtmasse

$$m = m_A + m_B = n \cdot (A_A \cdot x_A + A_B \cdot x_B) \, .$$

Damit ergibt sich für den Massengehalt der Komponente *A*

$$w_A = \frac{m_A}{m} = \frac{A_A \cdot x_A}{A_A \cdot x_A + A_B \cdot x_B}$$

und für den Stoffmengengehalt

$$x_A = \frac{w_A/A_A}{w_A/A_A + w_B/A_B} \, .$$

Als Beispiel werde der Punkt *E* des Zustandsschaubildes Eisen-Kohlenstoff (Abb. 4.21) gewählt.

$$\text{Massengehalt des Kohlenstoffs } w_C = \frac{m_C}{m} = 2{,}06/100$$

$$\text{Massengehalt des Eisens } w_{Fe} = \frac{m_{Fe}}{m} = 97{,}94/100$$

$$\text{Atomgewichte } A_C = 12 \quad \text{und} \quad A_{Fe} = 55{,}85 \, .$$

Damit ergibt sich der Stoffmengengehalt des Kohlenstoffs zu

$$x_C = \frac{2{,}06/12}{2{,}06/12 + 97{,}94/55{,}85} = 0{,}089 = 8{,}9\,\% \, .$$

Die Gibbs'sche Phasenregel

Die Phasenregel liefert eine Beziehung zwischen der Zahl der an einem Legierungssystem beteiligten Komponenten und der Zahl der unter Gleichgewichtsbedingungen auftretenden Phasen bei beliebigem Druck. Sie lautet

$$F = N - p + 2$$

F: Zahl der Freiheitsgrade (Zahl der Zustandsgrößen Druck, Temperatur und Massengehalt, die sich frei ändern lassen, ohne dass sich die Zahl der Phasen ändert).

N: Zahl der Komponenten des Legierungssystems (2 Komponenten: Binäres System, 3 Komponenten: Ternäres System, 4 Komponenten: Quaternäres System usw.)

p: Zahl der Phasen

Für konstant gehaltenen Druck, z. B. Atmosphärendruck ($p_A \approx 1\,\text{bar}$), gilt entsprechend

$$F = N - p + 1$$

und für die häufig vorliegenden binären Systeme ($N = 2$) weiter vereinfacht

$$F = 3 - p \,.$$

Beispiele

a) Sieden von Wasser bei beliebigem Druck
   $N = 1$ (Wasser)
   $p = 2$ (Wasser und Dampf)

$$F = N - p + 2 = 1 - 2 + 2$$
$$\underline{\underline{F = 1}} \,.$$

Ein Freiheitsgrad bleibt, also können Druck oder Temperatur sich ändern, ohne dass sich die Anzahl der Phasen ändert: beispielsweise Sieden bei 80 °C bei entsprechendem Unterdruck.

b) Sieden von Wasser bei 1 bar
$$F = 1 - 2 + 1$$
$$\underline{\underline{F = 0}} \,.$$

Kein Freiheitsgrad vorhanden, die Temperatur liegt also fest. Bei Änderung der Temperatur verschwindet eine Phase.

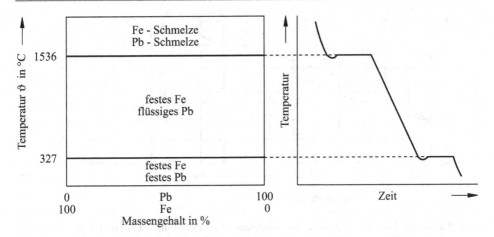

Abb. 4.2 Zustandsschaubild (Zweistoffschaubild) Fe-Pb für vollständige Unlöslichkeit im festen und flüssigen Zustand [4.3] mit zugehöriger Abkühlkurve für beliebige Zusammensetzung (schematisch)

Grundtypen von binären Zustandsschaubildern

Zustandsschaubild für vollständige Unlöslichkeit im flüssigen und festen Zustand
Besteht zwischen zwei Metallen, wie z. B. Eisen und Blei, weder im festen noch im flüssigen Zustand Mischbarkeit, so ergibt sich eine einfache Form des Zustandsschaubildes (Abb. 4.2). Das Schaubild besteht aus 2 horizontalen Geraden.

Obere Linie: *Liquiduslinie.* Oberhalb der Liquiduslinie sind die Phasen flüssig.
Untere Gerade: *Soliduslinie.* Unterhalb der Soliduslinie sind die Phasen erstarrt.

Bei 1600 °C besteht die Legierung aus einer Bleischmelze und einer darüber gelagerten Eisenschmelze (2 Phasen). Bei der Erstarrungstemperatur des Eisens kristallisiert das gesamte Eisen aus. Die freiwerdende Kristallisationswärme führt zu einem Haltepunkt (vergleiche Abkühlkurve). Dabei 3 Phasen: zwei Schmelzen und festes Eisen.

Bei 1000 °C: Erstarrtes Eisen + darunter liegende Bleischmelze (2 Phasen)
Bei 327 °C: Schmelze (Pb) + festes Eisen + festes Blei. (3 Phasen)
Unter 327 °C: Nur festes Blei + festes Eisen (2 Phasen).

Da sich beide Schmelzen nicht mischen, gibt es keine gegenseitige Beeinflussung der Schmelzpunkte. Es besteht keine Löslichkeit, daher sind Schmelzen und Raffination von Blei in Stahlkesseln möglich.

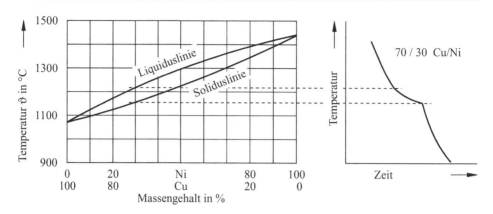

Abb. 4.3 Zustandsschaubild (Cu-Ni) für vollständige Löslichkeit im festen und flüssigen Zustand mit Abkühlkurve für eine 70/30 Cu/Ni-Legierung

Zustandsschaubild für vollständige Löslichkeit im flüssigen und festen Zustand

Beispiele

Zustandsschaubild Kupfer-Nickel (Abb. 4.3), oder Kobalt-Nickel, Silber-Gold, Silber-Platin

Beispiele für Kupfer-Nickel-Legierungen

5 % Nickel: Seewasserbeständige Legierung, 15 % Nickel: Münzen, 30 % Nickel: „Nickelin" für elektrische Widerstände, 45 % Nickel: „Konstantan" für Thermoelemente, 67 % Nickel: „Monel"

Bei hohen Temperaturen (oberhalb der Liquiduslinie) liegt eine homogene Schmelze vor, bei niedrigen (unterhalb der Soliduslinie) eine feste Lösung, also ein Gebiet homogener Mischkristalle. Im Bereich zwischen den beiden Begrenzungslinien sind neben Schmelze homogene Mischkristalle vorhanden. In diesem Zweiphasengebiet findet bei Abkühlung aus dem schmelzflüssigen Zustand die Erstarrung statt und bei Erwärmung aus dem festen Zustand das Schmelzen. Es gibt also bei Mischkristallbildung keinen Erstarrungs- und Schmelzpunkt, sondern einen Erstarrungs- und Schmelzbereich, in dem sich bei Temperaturänderung die Zusammensetzung der Schmelze und der Kristalle ändert.

Die *Soliduslinie* gibt für jede Temperatur die Zusammensetzung der festen Phase an, die mit der Schmelze im Gleichgewicht steht. Die *Liquiduslinie* gibt für jede Temperatur die Zusammensetzung der flüssigen Phase an, die mit der festen Phase im Gleichgewicht steht. Die bei der Erstarrung frei werdende Kristallisationswärme führt zu einer verzögerten Abkühlung zwischen den Knickpunkten in der Abkühlkurve (siehe Abb. 4.3). Haltepunkte wie bei reinen Metallen oder wie im Falle des Systems Eisen-Blei treten nicht auf.

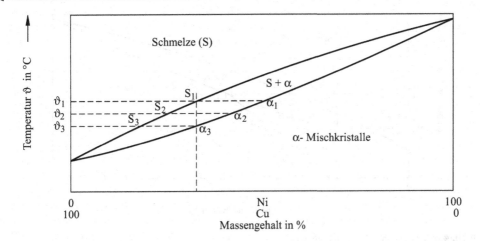

Abb. 4.4 Gleichgewichtserstarrung einer Cu-Ni-Legierung (schematisch, vgl. Abb. 4.3)

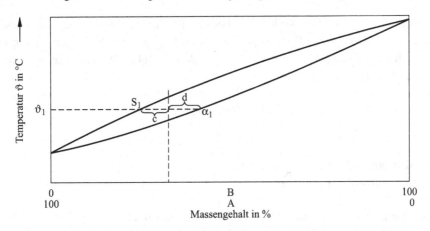

Abb. 4.5 Hebelgesetz zur Bestimmung des Mengenverhältnisses der Phasen

Erstarrung bei langsamer Abkühlung (Gleichgewicht)

Eine homogene Kupfer-Nickel-Schmelze der Zusammensetzung S_1 (gestrichelte Senkrechte in Abb. 4.4) werde abgekühlt. Bei der Temperatur ϑ_1 beginnt die Ausscheidung eines nickelreichen Mischkristalls, dessen Massengehalt α_1 auf der Soliduslinie abgelesen werden kann (Abb. 4.4). Dadurch reichert sich die Restschmelze mit Kupfer an (Massengehalt S_2 bei Temperatur ϑ_2). Am Ende der Erstarrung (bei Temperatur ϑ_3) erhält man eine stark mit Kupfer angereicherte Restschmelze. Bei sehr langsamer Abkühlung findet ein Konzentrationsausgleich durch Diffusion statt, indem die zuerst erstarrten, nickelreichen Mischkristalle bei Fortgang der Erstarrung Nickel an die später erstarrenden Kristalle abgeben, so dass nach vollständiger Erstarrung einheitliche Mischkristalle der Pauschalzusammensetzung α_3 vorliegen.

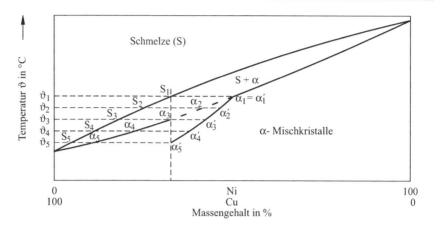

Abb. 4.6 Erstarrung ohne Gleichgewicht

Für das Mengenverhältnis der bei einer bestimmten Temperatur ϑ vorliegenden beiden Phasen gilt das *Hebelgesetz*: Die Mengen der im Gleichgewicht befindlichen Phasen verhalten sich wie die Längen der abgewandten Hebelarme (Abb. 4.5). Bei der Temperatur ϑ_1 gilt beispielsweise:

$$\frac{M_{\alpha 1}}{M_{S1}} = \frac{c}{d}$$

mit

$M_{\alpha 1}$: Mengenanteil der Mischkristalle α_1;

M_{S1}: Mengenanteil der Schmelze S_1

Die Horizontale von α_1 nach S_1 wird als *Konode* bezeichnet.
Aus dem Kupfer-Nickel-Zustandsschaubild ist folgende Regel ersichtlich:

▸　An der Grenze zweier Zustandsfelder (Phasenfelder) ändert sich die Zahl der
　　Phasen immer um eins. Abweichungen sind, wie später gezeigt wird, nur in ein-
　　zelnen Punkten möglich.

Erstarrung bei rascher Abkühlung (kein Gleichgewicht)
Bei praxisüblichen Abkühlgeschwindigkeiten kommt es nicht zu einem vollständigen Konzentrationsausgleich. Die Primärkristalle bleiben dann nickelreicher als es der Gleichgewichtszusammensetzung bei der jeweiligen Temperatur entspricht, sind aber gemäß Hebelgesetz auch in geringerer Menge vorhanden (Abb. 4.6).

Dadurch verschiebt sich die Gesamtzusammensetzung der Mischkristalle gegenüber der Soliduslinie nach rechts, während sich die Schmelze mit Kupfer anreichert. Gegenüber dem Fall des Gleichgewichts ergeben sich folgende Besonderheiten:

- Das Ende der Erstarrung liegt bei tieferen Temperaturen (ϑ_5 statt ϑ_3),
- der Erstarrungsbereich ist größer,
- es treten Kristallseigerungen (Zonenkristalle) auf.

Ein nachträglicher Konzentrationsausgleich durch Diffusion ist nur durch langzeitiges Glühen knapp unterhalb der Soliduslinie (ϑ_5) möglich.

Zustandsschaubild für vollständige Löslichkeit im flüssigen, vollständige Unlöslichkeit im festen Zustand

Beispiel Wismut-Cadmium

Die Schmelzpunkte der reinen Komponenten A und B werden durch Zugabe des zweiten Elements erniedrigt (Abb. 4.7). Das sich im Punkt e ergebende Minimum der Erstarrungs- bzw. Schmelztemperatur wird als eutektische Temperatur bezeichnet, die zugehörige Zusammensetzung als eutektische Zusammensetzung. Legierungen mit einer Konzentration links von e sind untereutektisch, rechts von e übereutektisch.

Bei Abkühlen aus dem Gebiet der Schmelze scheiden sich bei einer Legierung X zunächst Primärkristalle B aus, während sich die Schmelze an A anreichert und bei Erreichen der Eutektikalen (horizontale Linie in Abb. 4.7) während eines Haltepunktes zu einem Gemisch aus A- und B-Kristallen (Eutektikum) erstarrt. Diese Erstarrung einer Schmelze S mit der eutektischen Zusammensetzung e bei der eutektischen Temperatur lässt sich auch als Zerfall in die Komponenten A und B gemäß der eutektischen Reaktion

$$S \rightarrow A + B$$

beschreiben.

Zustandsschaubild für vollständige Löslichkeit im flüssigen, beidseitig beschränkte Löslichkeit im festen Zustand (Mischungslücke im festen Zustand)

Legierungen mit Eutektikum

Beispiel Zustandsschaubild Blei-Antimon (Abb. 4.8)

Das Gebiet der Schmelze wird durch den Linienzug 1 2 3 begrenzt, unterhalb der Linie 1 4 2 5 3 ist die Legierung erstarrt. Maximal 3 % Antimon sind in Blei, maximal 4 % Blei in Antimon löslich (bei der eutektischen Temperatur von 252 °C).

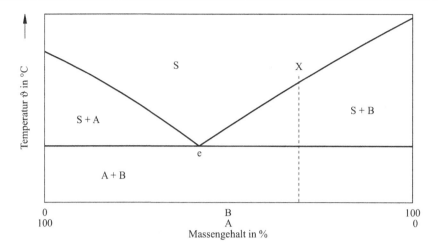

Abb. 4.7 Zustandsschaubild für vollständige Löslichkeit im flüssigen und vollständige Unlöslichkeit im festen Zustand

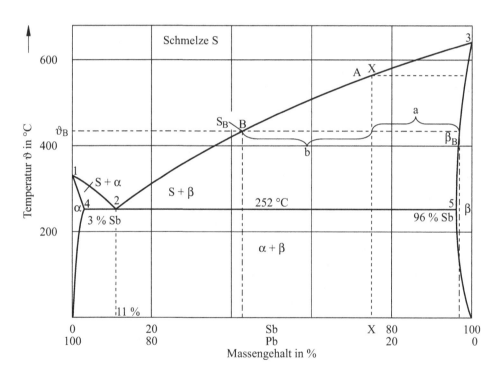

Abb. 4.8 Zustandsschaubild Pb-Sb für vollständige Löslichkeit im flüssigen und Teillöslichkeit im festen Zustand [4.3]

Das Schaubild enthält

- 3 Einphasengebiete: S, α- und β-Mischkristalle
- 3 Zweiphasengebiete: $S + \alpha$, $S + \beta$, $\alpha + \beta$,
- 1 Dreiphasenhorizontale (Eutektikale): $S + \alpha + \beta$.

Im eutektischen Punkt fallen die Liquidus- und die Soliduslinien zusammen. Eine rein eutektische Legierung hat demnach einen Schmelzpunkt wie ein reines Metall, keinen Schmelzbereich. Bei eutektischer Temperatur ergibt sich eine Mischungslücke zwischen 3 und 96 % Antimon, bei Raumtemperatur ist praktisch keine Löslichkeit mehr vorhanden.

Abkühlung einer Schmelze mit 25 % Blei und 75 % Antimon (X in Abb. 4.8):

Punkt A Beginn der Erstarrung durch Ausscheidung von β-Mischkristallen mit hohem Antimon- und sehr geringem Bleigehalt. Bis zur Temperatur ϑ_B erfolgt die weitere Auskristallisation antimonreicher β-Mischkristalle mit ständig zunehmendem prozentualem Bleigehalt. Gleichzeitig nimmt der prozentuale Bleigehalt der Schmelze entsprechend dem Verlauf der Liquiduslinie stark zu. Bei der Temperatur ϑ_B stehen Mischkristalle β_B und Schmelze S_B miteinander im Gleichgewicht. Die Konzentrationen (Gehalte) dieser beiden Phasen können jeweils als Abszissenwerte der Schnittpunkte der Temperaturhorizontalen ϑ_B (Konode) mit den Begrenzungslinien des Zweiphasengebietes $S + \beta$ abgelesen werden:

Mischkristalle β_B: 97 %Sb, 3 %Pb ;   Schmelze S_B: 42 %Sb, 58 %Pb .

Die Mengenanteile der beiden Phasen ergeben sich durch Anwendung des Hebelgesetzes bei der Temperatur ϑ_B (siehe Abb. 4.8):

$$\frac{\text{Menge der Schmelze } S_B}{\text{Menge der Primärkristalle } \beta_B} = \frac{M_{SB}}{M_{\beta B}} = \frac{a}{b} .$$

Bei der Temperaturhorizontalen 252 °C, d. h. bei der eutektischen Temperatur, erreichen die β-Mischkristalle ihren maximalen Bleigehalt von 4 %. Mit diesen β-Mischkristallen und der Restschmelze eutektischer Zusammensetzung (11 % Antimon, 89 % Blei) stehen α-Mischkristalle mit 3 % Antimon im Gleichgewicht. Bei der eutektischen Temperatur liegt also ein Dreiphasengleichgewicht vor. Dies bedeutet, dass mit dem Erreichen dieser Temperatur im Verlauf der Abkühlung ein Haltepunkt auftritt, bei dem sich aus der Restschmelze gleichzeitig antimonreiche β-Mischkristalle und bleireiche α-Mischkristalle ausscheiden. Da beide Mischkristallarten gleichzeitig wachsen und sich somit gegenseitig in ihrem Wachstum behindern, zeigen Eutektika häufig ein besonders feinkörniges Gefüge. Mit anderen Worten: Die Restschmelze zerfällt unter konstant bleibender Temperatur in ein eutektisches Gemenge dieser beiden Mischkristallarten gemäß der *eutektischen Reaktion*

$$S \rightarrow \alpha + \beta .$$

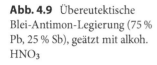

Abb. 4.9 Übereutektische Blei-Antimon-Legierung (75 % Pb, 25 % Sb), geätzt mit alkoh. HNO_3

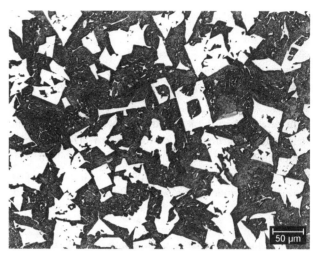

50 µm

Bei Raumtemperatur besteht das Gefüge also aus primär ausgeschiedenen β-Mischkristallen und dem Eutektikum aus α- und β-Mischkristallen. Wie Abb. 4.9 für eine übereutektische Blei-Antimon-Legierung zeigt, heben sich würfelförmige β-Primär-Mischkristalle (im Schliffbild hell) deutlich von der eutektischen Grundmasse (dunkel) ab. Entsprechend wird das Gefüge einer untereutektischen Legierung aus primär ausgeschiedenen α-Mischkristallen und dem Eutektikum aus α- und β-Mischkristallen gebildet.

Als Anwendungsbeispiel sei Hartblei mit 3 bis 5 % Antimon für Akkumulatorenplatten genannt, das – wie auch andere naheutektische Legierungen – gut vergießbar ist.

Wie Blei-Antimon verhält sich auch das Legierungssystem Silber-Kupfer. Das Eutektikum liegt bei 779 °C und 28,1 % Kupfer. Ein Anwendungsbeispiel ist Silberlot L-Ag 7 mit 73 % Silber, Rest Kupfer. Weitere Beispiele für Zustandsdiagramme dieser Art: Blei-Zinn, Aluminium-Kupfer.

Erstarrung bei rascher Abkühlung (kein Gleichgewicht)

Bei langsamer Abkühlung (Gleichgewicht) der in Abb. 4.10 durch X gekennzeichneten Legierung tritt kein Eutektikum auf. Bei rascher Abkühlung ergeben sich aber Kristallseigerungen, das Ende der Erstarrung verschiebt sich zu tieferen Temperaturen (ϑ_4 statt ϑ_3) und ein kleiner Teil der Schmelze erstarrt eutektisch. Das bedeutet, dass bei rascher Abkühlung Gefügebestandteile auftreten können, die nach dem Zustandsschaubild nicht zu erwarten wären. Eine Beseitigung der Kristallseigerung ist durch langzeitiges Glühen unterhalb ϑ_4 möglich. Glühtemperaturen zwischen ϑ_3 und ϑ_4 würden zu einer unerwünschten Korngrenzenverflüssigung führen.

Ausscheidungen im festen Zustand

Bei beschränkter Löslichkeit im festen Zustand erweitert sich meistens die Mischungslücke mit sinkender Temperatur. So sinkt z. B. die Löslichkeit von Kupfer in Silber von maximal 8,8 % auf einige Zehntel % bei Raumtemperatur (Abb. 4.11).

Abb. 4.10 Zustandsschaubild bei Erstarrung ohne Gleichgewicht

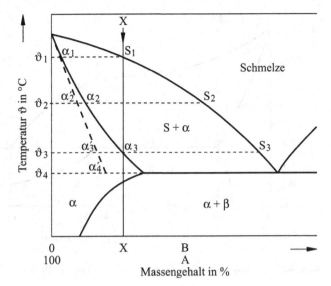

Abb. 4.11 Mischungslücke im Ag-Cu-Zustandsschaubild [4.3]

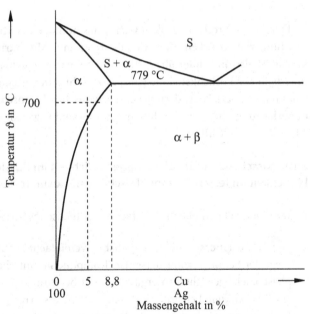

Man betrachte eine Silber-Kupfer-Legierung mit 5 % Kupfer. Bei $\vartheta = 700\,°C$ liegt ein homogener Mischkristall vor. Unterschreitet man bei sinkender Temperatur die Löslichkeitslinie, so scheiden sich β-Mischkristalle aus den α-Mischkristallen aus. Diese Ausscheidungen, vielfach in Plättchen- oder Stäbchenform und daher im metallografischen Schliff stäbchen- oder punktförmig erscheinend, treten entweder innerhalb der α-Mischkristalle oder an den Korngrenzen auf.

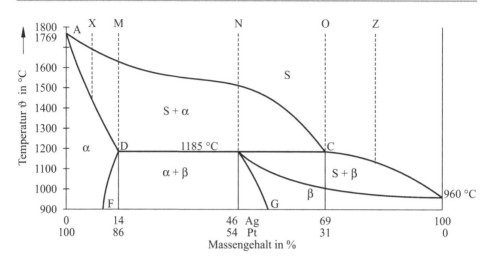

Abb. 4.12 Zustandsschaubild des peritektischen Systems Pt-Ag (vereinfacht) [4.3]

Durch Abschrecken aus dem Gebiet des homogenen Mischkristalls lässt sich die Entmischung unterdrücken. Kupfer bleibt dann im α-Mischkristall zwangsgelöst, der Mischkristall ist also an Kupfer übersättigt und bei nachträglichem Anlassen auf Temperaturen unterhalb der Löslichkeitslinie kann es zu sehr fein verteilten Ausscheidungen kommen, wodurch eine gezielte Änderung der mechanischen Eigenschaften möglich wird (Ausscheidungshärtung). Beispiele für die Anwendung sind Legierungen vom Typ AlMgSi, AlCuMg, AlZnMg, CuCr, CuBe.

Zustandsschaubild für vollständige Löslichkeit im flüssigen, beidseitig beschränkte Löslichkeit im festen Zustand (Mischungslücke im festen Zustand)

Legierungen mit Peritektikum, einfaches peritektisches System

Beispiel Zustandsschaubild Platin-Silber (vereinfacht in Abb. 4.12)
Liegt der Schmelzpunkt der einen Komponente unterhalb der Temperatur des Dreiphasengleichgewichts, so ergibt sich bei beschränkter Löslichkeit im festen Zustand ein *Peritektikum*. Legierungen bis M (z. B. X) erstarren als homogene α-Mischkristalle, Legierungen oberhalb O (z. B. Z) als homogene β-Mischkristalle. Zwischen M und O beginnt die Erstarrung mit der Ausscheidung von α-Mischkristallen. Bei Erreichen der Peritektikalen DC stehen α-Mischkristalle, β-Mischkristalle und Schmelze miteinander in Gleichgewicht und es erfolgt dann die Umsetzung

$$S + \alpha \rightarrow \beta \, ,$$

d. h. aus Schmelze und α-Mischkristallen bilden sich β-Mischkristalle (*peritektische Reaktion*). Während der peritektischen Reaktion liegt also wie bei der eutektischen ein

Abb. 4.13 Zustandsschaubild
eines peritektischen Systems
mit intermetallischen Verbindungen (Sn-Sb) [4.3]

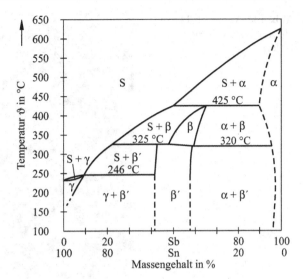

Dreiphasengleichgewicht vor, so dass sie gemäß Phasenregel bei konstanter Temperatur ablaufen muss. Im Konzentrationsbereich M bis N wird bei dieser Reaktion die Schmelze vollständig verbraucht, während die α-Mischkristalle erhalten bleiben. Im Konzentrationsbereich N bis O dagegen werden die α-Mischkristalle vollständig verbraucht und der verbleibende Anteil der Schmelze erstarrt direkt als β-Mischkristall. Im Grenzfall der Konzentration N werden α-Mischkristalle und Schmelze in der peritektischen Reaktion gerade vollständig in β-Mischkristalle umgesetzt.

Zustandsschaubild für vollständige Löslichkeit im flüssigen, beidseitig beschränkte Löslichkeit im festen Zustand

Peritektisches System mit intermetallischer Verbindung

Beispiel Zustandsschaubild Antimon-Zinn (Abb. 4.13)

Die β-Phase entspricht der intermetallischen Verbindung SbSn. Da eine Mischkristallbildung dieser Verbindung mit den Komponenten möglich ist, kann sie alle Zusammensetzungen innerhalb des durch das Zustandsdiagramm angegebenen Konzentrationsbereiches annehmen. Das Schaubild enthält drei Peritektika bei 246, 325 und 425 °C. Eine technisch wichtige Legierung, für die das System Bedeutung hat, ist Weißmetall LgSn 80 mit 80 % Zinn, 12 % Antimon (+ 6 % Kupfer + 2 % Blei), vgl. Abb. 4.14: harte β-Primärkristalle (hell), die als Tragkristalle wirken, sind von einer weichen Grundmasse aus γ-Mischkristallen (dunkel) umgeben (Lagerwerkstoff).

Abb. 4.14 Weißmetall LgSn
80, geätzt mit wässeriger
HNO_3

Abb. 4.15 Zustandsschaubild
eines monotektischen Systems
(Cu-Pb) [4.3]

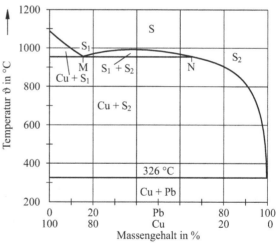

Zustandsschaubild für Legierungen mit beschränkter Löslichkeit im flüssigen Zustand, monotektisches System

Beispiel Zustandsschaubild Kupfer-Blei (Abb. 4.15)

Das Zustandsschaubild Kupfer-Blei weist eine Mischungslücke im flüssigen Zustand
auf, im festen Zustand besteht praktisch keine Löslichkeit.

Im Bereich der Gehalte von M bis N zerfällt die Schmelze in zwei Teilschmelzen S_1 und S_2 unterschiedlichen Massengehaltes. Diese Teilschmelzen haben bei Erreichen der Monotektikalen (Dreiphasengleichgewicht) die Gehalte M und N. Nun erfolgt die Reaktion

$$S_1 \rightarrow S_2 + \text{Cu-Kristalle},$$

eine monotektische Reaktion, d. h. die Schmelze S_1 wandelt sich unter Ausscheidung von Kupfer in die Schmelze S_2 um. Bei weiterer Abkühlung reichert sich die Schmelze mit Blei an, bis sie bei 326 °C als Kupfer-Blei-Eutektikum mit 0,06 % Kupfer erstarrt.

Aus Legierungen mit einer links von M liegenden Zusammensetzung scheiden sich zuerst Kupfer-Primärkristalle aus, während sich die Schmelze bis zu einem Massengehalt M mit Blei anreichert, woran sich wieder die monotektische Reaktion anschließt. Bei Schmelzen mit Bleigehalten oberhalb N tritt keine monotektische Reaktion mehr auf.

Anwendung Bleibronze mit 2 bis 25 % Blei als Lagermetall. In das tragende Kupferskelett ist Blei eingebettet. Gute Notlaufeigenschaften.

Zusammengesetzte binäre Systeme

Ein großer Teil der technisch wichtigen Zustandsdiagramme besteht aus Kombinationen der einfachen Grundtypen. Dabei können mehrere intermetallische Verbindungen, Eutektika, Peritektika usw. und auch Umwandlungen im festen Zustand auftreten.
Beispiele:

Sb-Sn   Drei Peritektika, eine intermetallische Verbindung,
Cu-Zn   Fünf Peritektika, ein Eutektoid,
Fe-C   Ein Peritektikum, ein Eutektikum, ein Eutektoid, eine intermediäre Phase,
Mg-Si   Zwei Eutektika, eine intermetallische Verbindung.

Umwandlungen im festen Zustand

Eutektoide Reaktion Kupfer-Nickel-Mischkristalle zeigen bei Abkühlung bis zum Erreichen der Raumtemperatur keine Veränderung ihres Gitteraufbaus. Zahlreiche Mischkristalle jedoch, die bei hohen Temperaturen beständig sind, wandeln sich bei tieferen Temperaturen in andere Kristallarten um. Bei Stahl z. B. zerfällt der bei höherer Temperatur beständige γ-Mischkristall in einer eutektoiden Reaktion

$$\gamma \rightarrow \alpha + Fe_3C$$

in zwei Bestandteile, nämlich einen α-Mischkristall und Eisencarbid (vgl. Abschn. 4.1.4). Die Reaktion entspricht der eutektischen, wenn man sich an die Stelle des festen γ-Mischkristalls eine Schmelze gesetzt denkt. Das beim eutektoiden Mischkristallzerfall entstehende Gefüge, ein feines Gemenge aus zwei Phasen, bezeichnet man als Eutektoid.

Abb. 4.16 Gehaltsdreieck einer Dreistofflegierung (w_A Gehalt von A, w_B Gehalt von B, w_C Gehalt von C)

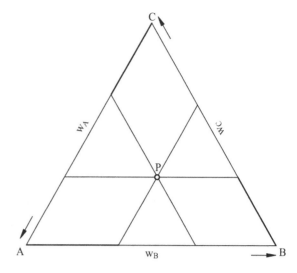

4.1.3 Zustandsschaubilder für Dreistofflegierungen (Ternäre Systeme)

Die meisten technischen Legierungen enthalten mehr als zwei Komponenten und man ist daran interessiert, auch die bei Mehrstofflegierungen möglichen Zustände grafisch darzustellen. Hier sollen nur Darstellungsmöglichkeiten für Dreistoffsysteme behandelt werden.

Darstellung der Konzentrationen im Gehaltsdreieck

Bei Dreistoffsystemen ist die Darstellung vollständiger Zustandsschaubilder in der Ebene nicht mehr möglich, man muss auf die räumliche Darstellung übergehen. Die Gehalte der einzelnen Komponenten werden in einem Gehaltsdreieck, also in einer Gehaltsebene (Abb. 4.16) festgehalten. Das Gehaltsdreieck ist ein gleichseitiges Dreieck, dessen Endpunkte von den reinen Stoffen (Metallen, Komponenten) A, B, und C gebildet werden. Die drei Seiten des Dreiecks entsprechen den Grundseiten der drei binären Systeme AB, BC und CA. Jeder Punkt im Dreieck gibt die Zusammensetzung einer Dreistofflegierung wieder. Die Bestimmung der Gehalte einer dem Punkt P entsprechenden Legierung kann nach dem Ziehen von Parallelen durch P zu den Dreiecksseiten erfolgen.

Räumliches Zustandsschaubild eines Dreistoffsystems

Trägt man die Temperatur senkrecht über der Konzentrationsebene auf, so ergibt sich ein räumliches Schaubild (Abb. 4.17). An die Stelle von Liquidus- und Soliduslinien im Zweistoffsystem treten entsprechende Flächen, an die Stelle von Ein- und Zweiphasenfeldern treten Ein- und Mehrphasenräume. Die Liquidusflächen schneiden sich in Liquidusschnittlinien (z. B. so genannten eutektischen Rinnen). In dem relativ einfachen Fall eines ternären Systems mit drei eutektischen Randsystemen entsprechend Abb. 4.17 ergibt der gemeinsame Schnittpunkt der drei eutektischen Rinnen den eutektischen Punkt E der

Tab. 4.1 Binäre Eutektika (2 Komponenten) und ternäres Eutektikum (3 Komponenten) im System Bi-Pb-Sn

Schmelzpunkt		Binäre Eutektika		Ternäres Eutektikum	
Bi	271 °C	Bi-Pb	125 °C		
Pb	327 °C	Pb-Sn	183 °C	Bi-Pb-Sn	96 °C
Sn	232 °C	Sn-Bi	139 °C		

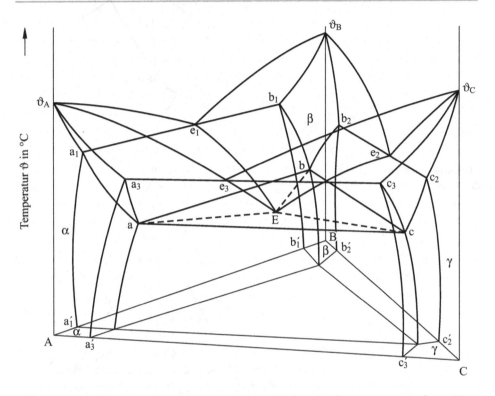

Abb. 4.17 Räumliche Darstellung eines aus drei eutektischen Randsystemen entstandenen Dreistoffschaubildes

Dreistofflegierung. Die eutektischen Rinnen fallen von den drei eutektischen Punkten der binären Randsysteme in das Dreistoffsystem ab und treffen sich im ternär eutektischen Punkt E. Die zugehörigen Temperaturen finden sich für das System Bi-Pb-Sn in Tab. 4.1 (Bi ist Kurzzeichen für Bismut, deutsch Wismut).

Blickt man von oben auf die räumliche Darstellung von Abb. 4.17, so kann man die Liquidusschnittlinien in ein Projektionsdiagramm einzeichnen (Abb. 4.18). Im Punkt E erstarrt in dem vorher betrachteten System die Restschmelze bei 96 °C in Form eines feinverteilten heterogenen Gemenges der drei Bestandteile Blei, Zinn und Wismut.

Einen noch niedrigeren Schmelzpunkt kann man durch Zugabe von Kadmium im quaternären Eutektikum Bi + Pb + Sn + Cd erhalten (Woodmetall, Schmelzpunkt 69 °C).

Abb. 4.18 Projektionsdiagramm zu Abb. 4.17

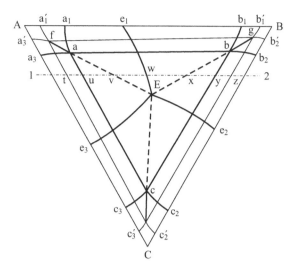

Abb. 4.19 Isothermer Schnitt
durch E in Abb. 4.17

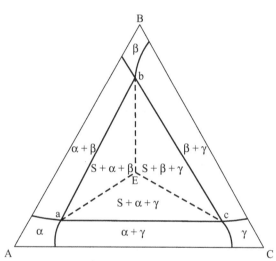

Isotherme Schnitte und Gehaltsschnitte

Eine vereinfachte Darstellung von jeweils interessierenden Teilbereichen des ternären Systems erhält man durch Schnitte, die durch den ternären Körper geführt werden. Schnitte parallel zur Gehaltsebene sind isotherme Flächen (Abb. 4.19), auf denen die Phasenräume für die dem Schnitt zugrundeliegende Temperatur abgegrenzt sind.

Führt man die Schnitte senkrecht zur Gehaltsebene aus, so erhält man Gehaltsschnitte. Wird der Gehaltsschnitt parallel zu einer Grundseite des Gehaltsdreiecks ausgeführt (Linie 1–2 in Abb. 4.18), wird er besonders übersichtlich, weil der Gehalt einer der drei Komponenten damit konstant gehalten ist (Abb. 4.20a, b).

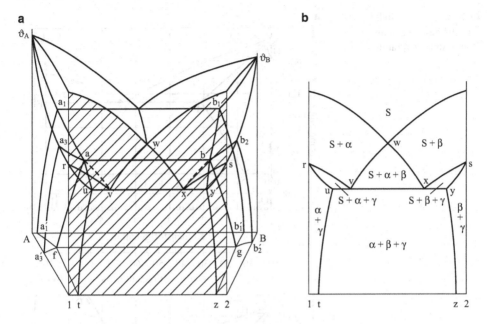

Abb. 4.20 **a** Vertikalschnitt (Gehaltsschnitt, schraffiert) durch die räumliche Darstellung des Drei-stoffschaubildes von Abb. 4.17; **b** Gehaltsschnitt, abgeleitet aus Abb. 4.20a

4.1.4 Die Eisen-Kohlenstoff-Schaubilder [4.4]

Unterscheidung von Stahl und Gusseisen.
Metastabiles und stabiles Eisen-Kohlenstoff-Schaubild

Die technischen Eisenlegierungen werden, je nach ihrem Kohlenstoffgehalt, der die Festigkeits- und Verformungseigenschaften maßgeblich beeinflusst, als

- Stahl, bei Kohlenstoffgehalten unter 2,06 %, oder als
- Gusseisen, bei Kohlenstoffgehalten von 2,06 bis 4,5 %

bezeichnet. Unlegierte Stähle enthalten geringe Mengen von Begleitelementen, wie vor allem Silicium, Mangan, Phosphor und Schwefel (vgl. Tab. 5.7). Phasenänderungen bei Erwärmung und Abkühlung von unlegiertem Stahl oder Gusseisen können, soweit die Vorgänge annähernd unter Gleichgewichtsbedingungen ablaufen, anhand der Eisen-Kohlenstoff-Schaubilder verfolgt werden. Der im Stahl und im Gusseisen enthaltene Kohlenstoff tritt in zwei Arten auf:

- als reiner Kohlenstoff in Form von *Graphit* und
- als chemische Verbindung in Form des Eisencarbids Fe_3C, genannt *Zementit* (interme-diäre Phase).

Abb. 4.21 Metastabiles (**a**) und stabiles (**b**) Eisen-Kohlenstoff-Diagramm

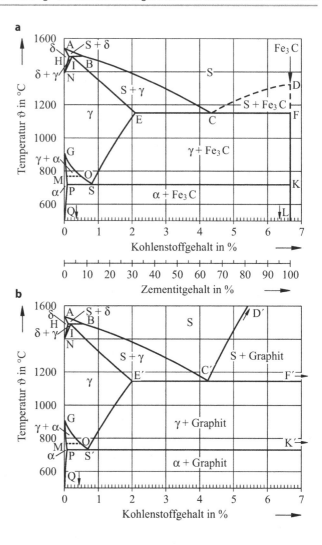

Man muss deshalb, wie Abb. 4.21 zu entnehmen, zwei Arten des Eisen-Kohlenstoff-Diagramms unterscheiden. Das für das tatsächlich stabile System Eisen-Graphit gültige Diagramm beschreibt die Vorgänge bei langsamer Abkühlung von Eisenschmelzen mit hohen Kohlenstoffgehalten und relativ viel Silicium und wenig Mangan als Begleitelemente. Das nach dem *stabilen Diagramm* gebildete Gusseisen wird nach seiner grauen Bruchfläche als *graues Gusseisen* bezeichnet.

Das System Eisen-Fe₃C ist metastabil, das bedeutet praktisch stabil, aber thermodynamisch streng nicht vollkommen im Gleichgewicht. Der Zementit ist bei Raumtemperatur beständig und zerfällt erst nach extrem langem Glühen. Das *metastabile Diagramm*, in dem der rechte Eckpunkt der Phase Fe₃C bei 6,67 % Kohlenstoff entspricht, gilt für die unter technischen Bedingungen übliche, relativ rasche Abkühlung von Eisen-Kohlenstoff-

Tab. 4.2 Phasen- und Gefügebezeichnungen im metastabilen Fe-C-Schaubild

Phasenbezeichnung	Bezeichnung als Gefügebestandteil
δ-MK	
γ-MK	Austenit
α-MK	Ferrit
Fe_3C	Primär-Zementit, Sekundär-Zementit, Tertiär-Zementit
Eutektoid α-MK + Fe_3C	Perlit
Eutektikum γ-MK + Fe_3C	Ledeburit

Legierungen mit Kohlenstoffgehalten unter 2,06 %, also unlegierte Stähle, und für silici-umarmes und manganreiches Gusseisen, so genanntes *weißes Gusseisen*. Das metastabile Eisen-Kohlenstoff-Diagramm ist von größter technischer Bedeutung.

Das metastabile Eisen-Kohlenstoff-Schaubild

Da eine feste Vereinbarung über die in den Diagrammen eingetragenen Buchstaben besteht, lassen sich Begrenzungslinien der Zustandsfelder oder die Eutektikale ($E\ C\ F$, 1147 °C) und die Eutektoidale ($P\ S\ K$, 723 °C) durch Buchstabenfolgen eindeutig be-schreiben. Beim Überschreiten der Begrenzungslinien durch Temperaturänderung treten Phasenumwandlungen auf. Die auf den Begrenzungslinien liegenden Umwandlungspunk-te werden als A_3 auf der Linie GS und A_1 auf der Linie PSK bezeichnet. Die im metastabilen Diagramm auftretenden Phasen und Gefügebestandteile sind in Tab. 4.2 zusammengestellt.

α- und δ-Mischkristalle sind kubisch raumzentriert aufgebaut. Die Gitterkonstante des als Ferrit bezeichneten α-Mischkristalls bei Raumtemperatur ist $d = 2,87 \cdot 10^{-8}$ cm. Die Austenit genannten γ-Mischkristalle sind kubisch flächenzentriert, ihre Gitterkonstante bei 900 °C beträgt $d = 3,65 \cdot 10^{-8}$ cm. Der atomare Aufbau der α-Mischkristalle ist also weniger dicht als derjenige der γ-Mischkristalle, so dass sich das Volumen beim Übergang α → γ verkleinert. Der Kohlenstoff bildet in beiden Modifikationen Einlagerungsmisch-kristalle. Die Phase Fe_3C heißt Zementit, wobei je nach ihrer Entstehungsart die in Tab. 4.2 angeführten Unterscheidungen getroffen werden. Das eutektoid entstehende Gemenge, in dem die Phasen Ferrit und Zementit in typischer Weise als sich abwechselnde Schichten lamellar angeordnet sind (im Schliffbild streifig bzw. lamellar), erhält die Bezeichnung Per-lit. Das eutektische Gemenge aus Austenit und Zementit wird Ledeburit genannt. Außer den in Abb. 4.21 dargestellten Eisen-Kohlenstoff-Diagrammen mit Angabe der Gleichge-wichtsphasen werden auch Eisen-Kohlenstoff-Diagramme benutzt, in denen die in Tab. 4.2 aufgeführten Gefügebestandteile eingetragen sind.

Erstarrungs- und Umwandlungsvorgänge bei Stahl

Kohlenstoffarmes Eisen (z. B. Armco-Eisen mit C < 0,02 %)

Das Gefüge bei Raumtemperatur besteht aus Ferrit und Korngrenzenzementit als Tertiär-zementit (Abb. 4.22).

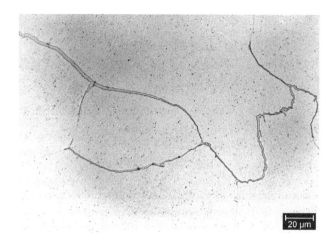

Abb. 4.22 Ferrit und
Korngrenzenzementit in koh-
lenstoffarmem Eisen, geätzt
mit alkoh. HNO$_3$

Untereutektoider Stahl mit 0,35 % C

Entsprechend einem C35 oder St 50 bzw. E 295 (vgl. Kap. 5). Bei Abkühlung von Schmelz-
bis Raumtemperatur spielen sich folgende Vorgänge ab:

Bei Erreichen der Liquiduslinie beginnt die Erstarrung mit der Ausscheidung von δ-
Mischkristallen und wird bei weiterer Abkühlung bis 1489 °C mit der peritektischen Reaktion δ-MK + Schmelze → γ-MK abgeschlossen. Am Ende der peritektischen Reaktion
bleibt noch Schmelze zurück, aus der sich γ-Mischkristalle ausscheiden. Mit Unterschreiten der Linie *I E* ist die Schmelze vollständig aufgezehrt.

Beim weiteren Durchlaufen des γ-Gebietes ändert sich außer der Gitterkonstanten
nichts, bis beim Unterschreiten der Linie *G S* α-Mischkristalle auf den Korngrenzen der
γ-Mischkristalle ausgeschieden werden. Der Anteil dieser α-Mischkristalle nimmt mit
sinkender Temperatur entsprechend dem Hebelgesetz zu, während sich die restlichen
γ-Mischkristalle mit Kohlenstoff anreichern bis zum Massengehalt *S* bei 723 °C. Dort
zerfallen sie (Haltepunkt!) in der eutektoiden Reaktion γ-MK → α-MK + Fe$_3$C. Im entstehenden Eutektoid liegen Ferrit und Zementit in sich abwechselnden Schichten vor (Perlit).
Bei weiterer Abkühlung scheidet sich aus den α-Mischkristallen noch etwas Fe$_3$C (Tertiärzementit) aus. Demnach besteht das Endgefüge des Stahles bei Raumtemperatur aus
Ferrit, Perlit und geringen Mengen an Tertiärzementit. Der Mikroschliff in Abb. 4.23 zeigt
das Gefüge in hoher Vergrößerung.

Eutektoider Stahl mit 0,8 % C

Entsprechend etwa einem Schienen- oder Werkzeugstahl. Mit Beginn der Erstarrung scheiden sich γ-Mischkristalle aus der Schmelze aus, die bei 723 °C im festen Zustand vollständig
eutektoidisch (Punkt *S*) umwandeln, so dass bei Raumtemperatur ein rein perlitisches Gefüge vorliegt (Abb. 4.24).

Abb. 4.23 Ferrit und Perlit in
einem Stahl mit 0,35 % C (C 35
grobkörnig), geätzt mit alkoh.
HNO₃

Abb. 4.24 Rein perlitisches
Gefüge eines Stahles mit 0,8 %
C, geätzt mit alkoh. HNO₃

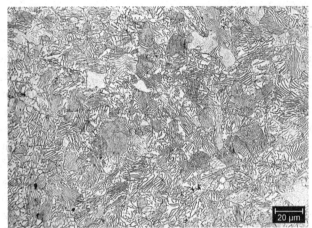

Übereutektoider Stahl mit 1,2 % C

Entsprechend einem unlegierten Werkzeugstahl. Erstarrung unter Ausscheidung von γ-Mischkristallen. Bei Unterschreiten der Linie $E\,S$ scheidet sich Fe_3C (Sekundärzementit) schalenförmig auf den Korngrenzen aus, während die γ-Mischkristalle ihre Zusammensetzung in Richtung auf S ändern und bei 723 °C zu Perlit zerfallen. Das Endgefüge bei Raumtemperatur besteht also aus Perlit und Schalenzementit, der auf den Korngrenzen ein regelrechtes Carbidnetz bildet.

Erstarrungs- und Umwandlungsvorgänge bei weißem Gusseisen

Wenn Gusseisen wenig Silicium, aber viel Mangan enthält und/oder wenn die Abkühlung aus dem flüssigen Zustand rasch erfolgt, können auch hier die Erstarrungs- und Umwandlungsvorgänge anhand des metastabilen Eisen-Kohlenstoff-Schaubildes verfolgt werden.

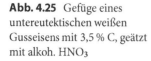

Abb. 4.25 Gefüge eines untereutektischen weißen Gusseisens mit 3,5 % C, geätzt mit alkoh. HNO_3

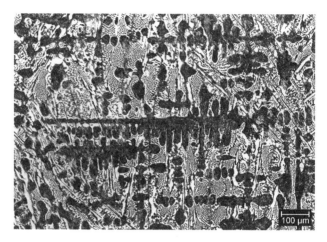

Untereutektisches weißes Gusseisen mit 3,5 % C

Bei Erreichen der Liquiduslinie beginnt die Erstarrung durch Ausscheidung von primären γ-Mischkristallen. Gleichzeitig reichert sich die Schmelze mit Kohlenstoff an, bis sie bei 1147 °C eutektische Zusammensetzung besitzt (4,30 % C) und mit γ-Mischkristallen der Zusammensetzung E im Gleichgewicht steht. Sie erstarrt nun bei konstanter Temperatur (Dreiphasengleichgewicht, Phasenregel) eutektisch zu einem Gemenge aus γ-Mischkristallen und Zementit, das als *Ledeburit* bezeichnet wird.

Bei weiterer Abkühlung scheidet sich Sekundärzementit aus allen γ-Mischkristallen aus, die infolgedessen kohlenstoffärmer werden und bei 723 °C die Zusammensetzung des Punktes S besitzen. Sowohl der primär gebildete Austenit als auch die Austenitanteile des eutektisch gebildeten Ledeburits (Ledeburit I) zerfallen dann in Perlit. Das Endgefüge bei Raumtemperatur besteht also eigentlich aus Perlit, Sekundärzementit und eutektisch gebildetem Zementit. Man nennt auch dieses Gefüge Ledeburit (Ledeburit II) (Abb. 4.25).

Eutektisches weißes Gusseisen mit 4,30 % C

Rein eutektische Erstarrung ohne vorangehende Ausscheidung von primären γ-Mischkristallen, sonst wie im vorigen Abschnitt beschrieben. Das Endgefüge besteht aus Ledeburit II (Abb. 4.26).

Übereutektisches weißes Gusseisen mit 4,5 % C

Die Ausscheidung von Primärzementit aus der Schmelze, die an Kohlenstoff verarmt bis die eutektische Zusammensetzung erreicht ist, tritt an die Stelle der bei untereutektischem Gusseisen gebildeten primären γ-Mischkristalle. Sonst wie oben, so dass ein Endgefüge von Primärzementit in einer Grundmasse aus Ledeburit II entsteht (Abb. 4.27).

Abb. 4.26 Rein ledeburitisches Gefüge eines weißen Gusseisens mit 4,3 % C, geätzt mit alkoh. HNO₃

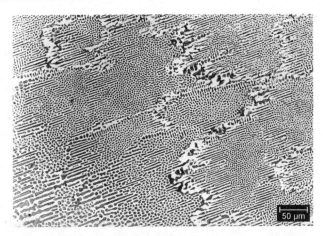

Abb. 4.27 Gefüge eines übereutektischen weißen Gusseisens mit 4,5 % C, geätzt mit alkoh. HNO₃

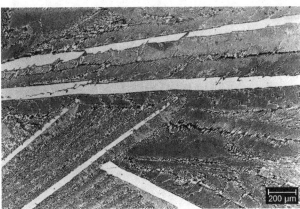

Erstarrungs- und Umwandlungsvorgänge bei grauem Gusseisen

Bei erhöhtem Silicium-, verringertem Mangangehalt und/oder langsamer Abkühlung erstarrt Gusseisen grau, d. h. nach dem in Abb. 4.21 gezeichneten stabilen System mit Graphit als Gleichgewichtsphase. Die Umwandlungen im festen Zustand erfolgen, je nach den vorliegenden Bedingungen nach dem stabilen, dem metastabilen oder teils nach dem einen, teils nach dem anderen System.

Untereutektisches graues Gusseisen mit 3,8 % C

Die Erstarrung beginnt wiederum mit der Ausscheidung primärer γ-Mischkristalle, die Schmelze reichert sich entsprechend der Liquiduslinie mit Kohlenstoff an, bis sie im Punkt C' eutektische Zusammensetzung erreicht und zum eutektischen Gemenge in einer Grundmasse aus γ-Mischkristallen (*Graphiteutektikum*) erstarrt. Bei weiterer Abkühlung scheidet sich entsprechend der Linie $E'\,S'$ „Segregatgraphit" aus und lagert sich an den schon vorhandenen eutektischen Graphit an. Der Zerfall der an Kohlenstoff verarmten γ-Mischkristalle im Punkt S' oder S in ein stabiles, metastabiles oder teils stabiles, teils

Abb. 4.28 Graphiteutektikum
eines grauen Gusseisens mit
4,25 % C, ungeätzt

Abb. 4.29 Übereutektisch erstarrtes graues Gusseisen mit
4,5 % C (teils metastabil umgewandelt), geätzt mit alkoh.
HNO_3

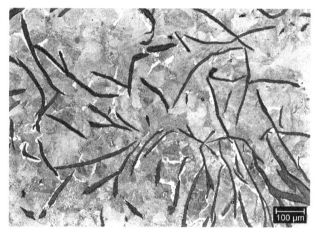

metastabiles Eutektoid wird von Zusammensetzung und Abkühlbedingungen gesteuert.
Der dabei gegebenenfalls nach dem stabilen System eutektoid gebildete Graphit lagert sich
auch an die schon vorhandenen Graphitlamellen an. Bei weiterer Abkühlung auf Raumtemperatur scheidet sich aus dem Ferrit noch etwas Kohlenstoff aus, z. B. ebenfalls in Form
von Graphit.

Eutektisches graues Gusseisen mit 4,25 % C

Eine Legierung mit eutektischer Zusammensetzung geht unmittelbar aus dem schmelzflüssigen Zustand in das Graphiteutektikum über (Abb. 4.28). Auch hier bildet sich bei weiterer
Abkühlung, entsprechend der Kohlenstoffverarmung der γ-Mischkristalle längs $E'\,S'$ bzw.
der α-Mischkristalle längs $P\,Q$, weiterer Graphit.

Übereutektisches graues Gusseisen mit 4,5 % C
Bei einer übereutektischen Legierung beginnt die Erstarrung mit der Ausscheidung
von Primärgraphit (Garschaumgraphit), z. B. in Form relativ grober Lamellen wie sie
in Abb. 4.29 deutlich hervortreten. Beim Erreichen der Eutektikalen (1153 °C) entsteht
aus der Restschmelze, deren Kohlenstoffgehalt auf 4,25 % abgesunken ist, wieder das
Graphiteutektikum. Die Vorgänge bei der weiteren Abkühlung entsprechen den oben
beschriebenen.

4.2   Wärmebehandlung von Stahl

Außer dem Kohlenstoff (vgl. Abschn. 4.1.4) haben weitere Begleitelemente oder Verunreinigungen sowie die Abkühlbedingungen beim und nach dem Erstarren der Schmelze und
Umformungsprozesse Einfluss auf die Gefügeausbildung von Stählen.

Durch Wärmebehandlungen (DIN EN 10 052:93, [4.5, 4.6]) lassen sich ungünstige Gefügezustände, wie sie z. B. beim Vergießen entstehen können, beseitigen, aber auch besonders günstige Gefügezustände gezielt erzeugen. Dies ermöglicht es, die Eigenschaften der
Stähle, ihrer Weiterverarbeitung und Anwendung entsprechend, in weiten Grenzen zu variieren und optimal einzustellen.

4.2.1   Ausgangsgefüge vor der Wärmebehandlung

Die bei der Erstarrung von Stahlschmelzen entstehenden *Primärgefüge* können in sehr cha-
rakteristischen Ausprägungen vorliegen, die sich durch Makroätzungen unmittelbar oder
bei kleinen Vergrößerungen sichtbar machen lassen (vgl. Abb. 4.30).

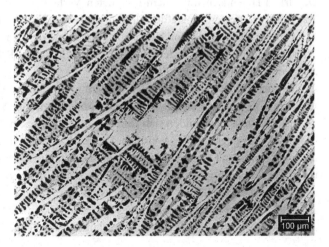

Abb. 4.30 Durch Oberhoffer-
Ätzung sichtbar gemachtes
Primärgefüge eines untereutek-
tischen Roheisens

Abb. 4.31 Widmannstättengefüge eines Stahles C 35, geätzt
mit alkoh. HNO₃

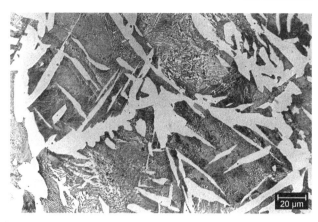

Blockguss (vgl. Abschn. 7.5) zeigt z. B. als typische Gussstruktur ein feinkörniges, globulares Gefüge in den Außenbereichen des Blockes, die an der Wand der Gießkokille anlagen.
Zum Blockinnern hin schließen sich nebeneinander liegende, stängelige Kristalle an, und
im Kern kann wieder ein globulares Gefüge mit gröberen Körnern vorliegen.

Gussgefüge, z. B. von Stahlguss oder in Schweißnähten, können aber auch eine anor-
male Struktur aufweisen. Wird Stahl längere Zeit auf hohen Temperaturen im γ-Gebiet
gehalten, so wachsen einzelne Körner auf Kosten ihrer Nachbarn und man erhält ein unerwünscht grobkörniges Gefüge. Bei rascher Abkühlung eines solchen Gefüges verläuft die
γ-α-Umwandlung anormal. Ferrit wird dann nicht nur auf den Korngrenzen, sondern auch
innerhalb des Korns, auf kristallografisch bevorzugten Ebenen, ausgeschieden (Widmannstättengefüge, Abb. 4.31).

In phosphorhaltigen Stählen muss bei technischen Abkühlgeschwindigkeiten mit Kristallseigerungen des Phosphors gerechnet werden. Die phosphorarmen Innenzonen der
Dendriten lassen sich mit einem geeigneten Verfahren (Oberhoffer-Ätzung, [2.21]) an-
ätzen und erscheinen im Gefügebild dunkel, während die phosphorreichen Außenzonen
nicht angegriffen werden und hell bleiben. Aufgrund der dem Dendritenverlauf folgenden
Phosphorseigerungen lässt sich so das Primärgefüge eines Roheisenteils (Abb. 4.30) oder
auch von Stahlgussteilen sichtbar machen.

Die nach gezielt vorgenommenen Phasenumwandlungen (Wärmebehandlungen) oder
Umformprozessen auftretenden Gefügezustände werden als *Sekundärgefüge* bezeichnet.

In *Sekundärgefügen* bilden sich Umformprozesse sowie nachfolgende Phasenumwandlungen in charakteristischer Weise ab. Durch Warmwalzen oder Schmieden werden die
in einem primären Gussgefüge als nichtmetallische Einschlüsse oder Seigerungen enthaltenen Verunreinigungen, z. B. Magansulfide, zeilenförmig gestreckt. Sie wirken dann bei
der Umwandlung $\gamma \to \alpha$ als Keime, so dass sich an ihnen Ferrit- und nachfolgend Perlit-
zeilen ausbilden. Das Walzgefüge eines Stahles zeigt deshalb als typische Anordnung sich
abwechselnde Ferrit- und Perlitbänder (sekundäres Zeilengefüge).

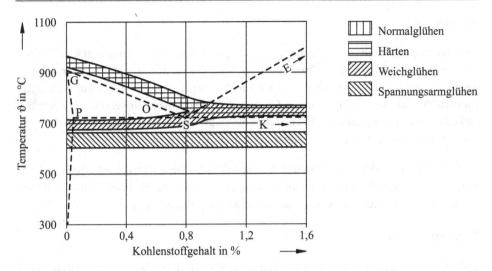

Abb. 4.32 Temperaturbereiche für wichtige Wärmebehandlungen von Stählen

4.2.2 Wärmebehandlungsverfahren (DIN EN 10 052:93, [4.5–4.7, 4.9–4.11])

Es ist zu unterscheiden zwischen durchgreifenden Wärmebehandlungen, bei denen das Gefüge im gesamten Querschnitt eines Bauteils gezielt verändert wird, und Randschicht-Behandlungen, bei denen oberflächennahe Schichten hinreichender Dicke z. B. gehärtet werden. Durchgreifende Wärmebehandlungen haben entweder das Ziel, Gefügezustände zu erzeugen, die für nachfolgende Bearbeitungsverfahren günstig sind, oder es sollen die Gebrauchseigenschaften von Bauteilen, insbesondere Härte, Festigkeit und Zähigkeit, optimal eingestellt werden. Die Temperaturbereiche wichtiger Wärmebehandlungen sind in Abb. 4.32 in das Eisen-Kohlenstoff-Diagramm eingezeichnet.

Durchgreifende Wärmebehandlungsverfahren (Abb. 4.32)

Diffusionsglühen

Ziel Möglichst gleichmäßige Verteilung von Legierungselementen, z. B. durch Beseitigung von Inhomogenitäten (Seigerungen).

Methode Mehrstündiges Glühen bei 1000 bis 1200 °C, um ausreichende Diffusion der Legierungselemente zu gewährleisten. Carbide bestimmter Legierungselemente und weitere stabile intermediäre Verbindungen bleiben unter Veränderung zu eher rundlichen (globularen) Formen erhalten. Grobkornbildung ist unvermeidlich, deshalb nötigenfalls anschließendes Normalglühen.

Normalglühen

Ziel Beseitigung durch Vorbehandlungen erzeugter, ungünstiger Gefügezustände, insbesondere von Grobkorn und Widmannstättengefüge. Durch doppeltes Umkörnen bei Erwärmung ($\alpha \rightarrow \gamma$) und Abkühlung ($\gamma \rightarrow \alpha$) lässt sich gut reproduzierbar ein sozusagen „normal" feinkörniges Gefüge erzielen. Gleichzeitig erreicht man eine verbesserte Zerspanbarkeit und bei vielen Bauteilen, bei denen keine zu großen Temperaturunterschiede beim Abkühlen auftreten, auch eine Verringerung vorhandener Eigenspannungen.

Methode Glühen 30 bis 50 °C oberhalb der Linie GSK in Abb. 4.32; d. h. oberhalb GS bzw. A_3 bei untereutektischen und oberhalb SK bzw. A_1 bei übereutektischen Stählen. Haltezeit 2 min pro mm Wanddicke, jedoch mindestens 30 min, Abkühlung an ruhender Luft.

Grobkornglühen

Ziel Verbesserung der Zerspanbarkeit kohlenstoffarmer Stähle (z. B. von Einsatzstählen) durch grobkornbedingte Verringerung ihrer Zähigkeit.

Methode Vergröberung des Austenitkorns durch hinreichend langes Glühen oberhalb A_3 (900 bis 1200 °C). Abkühlen an ruhender Luft (oberhalb A_1 hinreichend langsam) ergibt grobkörniges, ferritisch-perlitisches Gefüge.

Weichglühen (Glühen auf kugelige Carbide)

Ziel Verbesserung der Umformbarkeit mit spangebenden und spanlosen Verfahren bei Stählen mit Kohlenstoffgehalten von mehr als 0,4 % und Vorbereitung des Härtens übereutektoider Stähle durch Umwandlung des lamellaren und Korngrenzenzementits in körnigen Zementit.

Methode Glühen dicht unterhalb A_1 (PSK) bzw. bei übereutektoiden Stählen Pendelglühen um A_1 (PSK).

Spannungsarmglühen

Ziel Abbau von Eigenspannungen nach dem Gießen oder Schweißen durch mikroplastische Verformungen, Vermeiden von Verzug bei spangebender Bearbeitung, Erhöhung der Korrosionsbeständigkeit, Verringerung schweißbedingter Aufhärtungen. Eine Verbesserung der Eigenschaften kann ohne Gefügeänderung oder mit Gefügeveränderungen nach vorhergehender, hinreichend starker plastischer Verformung sowie in Aufhärtungszonen eintreten.

Methode Langsames Erwärmen auf 550 bis 670 °C, Haltezeit 2 min pro mm Wanddicke, mindestens eine halbe Stunde, langsame Abkühlung im Ofen vermeidet das Entstehen neuer Eigenspannungen.

Abb. 4.33 Verlauf von Festigkeit und Korngröße bei Rekristallisation (schematisch)

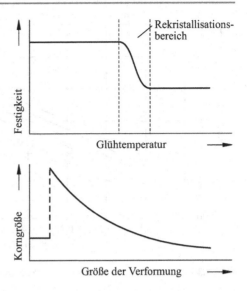

Rekristallisationsbereich

Festigkeit

Glühtemperatur

Korngröße

Größe der Verformung

Rekristallisationsglühen

Ziel Beseitigen einer bei Kaltverformung eingetretenen Verfestigung durch Kornneubildung, z. B. beim Zwischenglühen bei Umformprozessen.

Methode Erwärmen auf Glühtemperaturen zwischen 500 und 600 °C bei Stählen. Die exakte Glühtemperatur (Rekristallisationstemperatur) und die Glühdauer müssen sich nach dem Verformungsgrad richten.

Metalle lassen sich elastisch und plastisch verformen. Eine plastische Verformung bei niedrigen Temperaturen, z. B. Raumtemperatur, ist mit einer Verfestigung verbunden, d. h. mit einem Anstieg von Härte und Festigkeit. Gleichzeitig wird das Gefüge verändert, beim Ziehen eines Drahtes z. B. werden die Körner gestreckt. Glüht man einen kaltverformten Werkstoff, so kommt es bei hinreichend hoher Temperatur zunächst zu einer Entfestigung (Erholung) und nach Überschreiten der Rekristallisationstemperatur zu einer Umbildung des durch die Verformung veränderten Gefüges. Dabei entstehen im festen Zustand völlig neue Körner, deren Größe vom Kaltverformungsgrad und von der Glühtemperatur abhängt (Abb. 4.33).

Härten (DIN 17 021-1:76, DIN 17 022-1:94, -2:86)

Ziel Erzeugen eines *martensitischen Gefüges* hoher Härte, das einen großen Verschleißwiderstand aufweist und die Vorstufe für ein Vergütungsgefüge (s. dort) mit günstiger Kombination von hoher Festigkeit und Zähigkeit ist.

Methode Erwärmen auf 30 bis 50 °C oberhalb *G S K* und hinreichend rasches Abkühlen, so dass die kritische Abkühlgeschwindigkeit überschritten wird, ab der eine Unter-

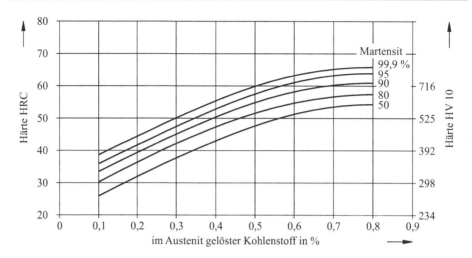

Abb. 4.34 Härte HRC und HV als Funktion des gelösten Kohlenstoffs und des Martensitanteils [4.8]

drückung der vollkommen diffusionsgesteuerten γ-α-Umwandlung eintritt. Der Austenit klappt dann diffusionslos in ein tetragonal raumzentriertes Martensitgitter um. Der im Austenit gelöste Kohlenstoff bleibt in diesem Gitter vollständig zwangsgelöst und führt zu beträchtlichen inneren Spannungen, die wesentlich mit zu der hohen Härte des so entstandenen Martensits beitragen.

Die Härte des Martensits steigt daher gemäß Abb. 4.34 mit zunehmendem im Austenit gelösten Kohlenstoffgehalt beträchtlich an. Die erreichbare Rockwell-Höchsthärte lässt sich nach der Beziehung $HRC = 20 + 60 \cdot \sqrt{C}$ abschätzen (nach Just). Abbildung 4.35 zeigt das typische nadelige Gefüge des Martensits. Zum Erreichen einer hinreichenden Abschreckwirkung sind bei unlegierten Stählen Abschreckmedien wie Wasser mit geeigneten Zusätzen oder Öl erforderlich, während für legierte Stähle, je nach Gehalt der Legierungselemente, die Abschreckwirkung von Öl oder sogar Luft ausreicht.

Zur Beurteilung der bei vorgegebener Abkühlkurve bei einem bestimmten Stahl entstehenden Gefügezustände, oder umgekehrt zur Feststellung des zum Erzielen eines bestimmten Gefügezustandes und einer bestimmten Härte erforderlichen Abkühlkurvenverlaufs, dienen *Zeit-Temperatur-Umwandlungs-(ZTU-)Schaubilder* für kontinuierliche Abkühlung. In solche Diagramme sind einerseits von Austenitisierungstemperatur ausgehende Abkühlkurven (Temperatur-Zeit-Verläufe) eingezeichnet, wie sie unter Anwendung verschiedener Abschreckmedien technisch möglich sind. Andererseits enthalten die Diagramme Linienzüge, die den Beginn oder das Ende der Bildung einzelner Gefügebestandteile wie Ferrit, Perlit, Zwischenstufengefüge oder Martensit kennzeichnen. Abbildung 4.36 gibt als Beispiel ein ZTU-Schaubild wieder, eine umfangreiche Sammlung wichtiger ZTU-Diagramme findet sich in [4.9].

In solchen Diagrammen kann man ablesen, dass der Austenit mit steigender Abkühlgeschwindigkeit zunehmend unter A_3 bzw. A_1 unterkühlt werden kann und erst nach einer

Abb. 4.35 Martensit des Stahles C 45, Wärmebehandlung 1 h 850 °C, Wasserabschreckung, geätzt mit alkoh. HNO₃

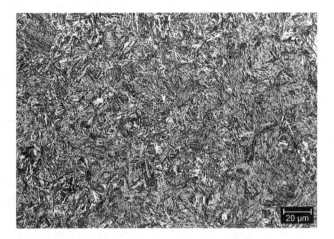

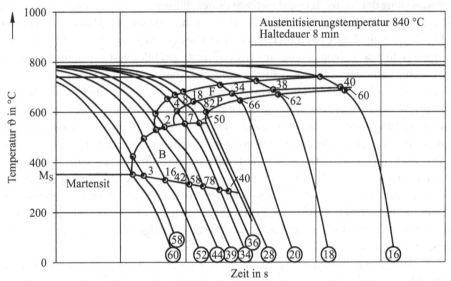

Abb. 4.36 ZTU-Schaubild für kontinuierliche Abkühlung des Stahls 41 Cr 4 (nach Macherauch). *F* Ferrit, *P* Perlit, *B* Bainit bzw. Zwischenstufengefüge, M_s Martensit. Erreichte Härte (HRC) in Kreisen eingetragen

gewissen Zeit umzuwandeln beginnt (Schnittpunkt der Abkühlkurve mit der Linie, die den Beginn der Umwandlung kennzeichnet). Bei langsamer Abkühlung beginnt z. B. bei untereutektoiden Stählen die Austenitumwandlung mit der Bildung voreutektoiden Ferrits, der im weiteren Verlauf der Abkühlung die Perlitbildung folgt. Weiter sieht man, dass bei mittleren, steigenden Abkühlgeschwindigkeiten eine besondere Gefügeart, das *Zwischenstufengefüge* auftritt. Bei der Entstehung dieses auch als Bainit bezeichneten Gefüges wird bei noch relativ hohen Temperaturen die Umwandlung diffusionsgesteuert durch Kohlen-

Abb. 4.37 Martensitbildungstemperatur als Funktion des
Kohlenstoffgehaltes [4.8]

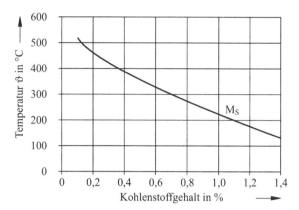

stoffverarmung des Austenits eingeleitet, was dessen diffusionsloses Umklappen begünstigt (Kohlenstoff wirkt austenitstabilisierend, vgl. Abschn. 5.2). Das so gebildete, bainitische Gefüge besteht aus Ferrit und durch Kohlenstoffausscheidung entstandene Carbide. Das Gefüge ist teilweise nadelig und bei hinreichend niedrigen Bildungstemperaturen feinkörnig. Durchläuft die Abkühlkurve mehrere Gefügebereiche im ZTU-Schaubild, so entstehen Mischgefüge, die im Allgemeinen nicht Ziel technischer Wärmebehandlungen sind. Abkühlkurven, welche die Ferrit-Perlit- oder die Zwischenstufennase nicht schneiden, führen zu einer vollständigen Umwandlung in Martensit bei der durch die horizontale Linie gekennzeichneten verhältnismäßig niedrigen Martensitbildungstemperatur.

Die Martensitbildung setzt bei der Martensitstarttemperatur ein, schreitet mit weiterer Unterkühlung fort und ist bei der Martensitfinishtemperatur abgeschlossen. Wie Abb. 4.37 ausweist, nimmt die Martensitstarttemperatur aufgrund der austenitstabilisierenden Wirkung des Kohlenstoffs mit zunehmendem Kohlenstoffgehalt ab. Analog verläuft die niedrigere Martensitfinishtemperatur, die bei einem Kohlenstoffgehalt von etwa 0,5 % Raumtemperatur erreicht.

Beim Härten von Stählen mit Kohlenstoffgehalten von mehr als 0,5 % wird deshalb der Austenit beim Abschrecken auf Raumtemperatur nicht vollständig umgewandelt, es bleibt ein Anteil an Restaustenit zurück, der mit dem Kohlenstoffgehalt ansteigt und die Gesamthärte herabsetzt.

Legierungselemente wie Chrom, Mangan oder Nickel setzen die kritische Abkühlgeschwindigkeit herab, die oberhalb der Martensitbildung eintritt, d. h. sie verschieben im ZTU-Schaubild die Ferrit-Perlitnase zu größeren Zeiten. Martensitbildung tritt deshalb bei entsprechend legierten Stählen auch noch bei weniger schroffer Abkühlung ein. Dies ist von Bedeutung, wenn größere Querschnitte eines Bauteils vollkommen durchgehärtet werden sollen, weil in den Kernbereichen solcher Bauteile auch mit schroff wirkenden Abschreckmitteln nur relativ geringe Abkühlgeschwindigkeiten erreicht werden. Niedrig legierte Stähle lassen sich mit geeigneten Abschreckmedien durchhärten und damit auch durchvergüten.

Abb. 4.38 Vergütungs-
gefüge des Stahles C 45,
Wärmebehandlung 1 h 850 °C,
Wasserabkühlung, anschließend Anlassbehandlung von
1 h 650 °C, geätzt mit alkoh.
HNO₃

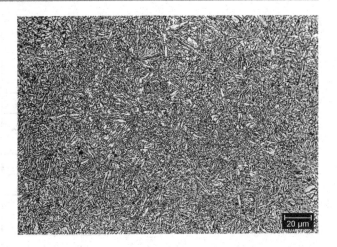

Falls das Härten nicht als Teilbehandlung des Vergütens vorgenommen wird, werden
gehärtete Teile im Allgemeinen entspannend bei Temperaturen um 180 bis 200 °C angelassen. Beispiele hierfür sind Wälzlager und Werkzeuge. Aufgrund der beim Anlassen von
Härtegefügen eintretenden Gefüge- und Eigenschaftsänderungen kann man – unabhängig von technisch relevanten Anlass-(Glüh-)temperaturen – die nachfolgend aufgeführten
Anlassstufen unterscheiden.

1. Anlassstufe: ca. 80 bis 200 °C. Durch Ausscheidung von Kohlenstoff als fein verteiltes ε-
Carbid (Fe_2C bis Fe_3C). Übergang in so genannten „kubischen" Martensit
mit geringerem Kohlenstoffgehalt (z. B. 0,3 %). Härte **kann** noch zunehmen
oder schon abnehmen.
2. Anlassstufe: ca. 200 bis 375 °C. Zerfall des Restaustenits in Ferrit und Zementit. Härte
kann nach geringem Abfall zunehmen.
3. Anlassstufe: ca. 300 bis 520 °C. Zerfall des „kubischen" Martensits in die Gleichgewichts-
phasen Ferrit und Zementit. Deutlicher Festigkeits- (Härte-) Abfall und
Zähigkeitsgewinn (siehe Vergüten).

Vergüten (DIN 17 022-1:94)

Ziel Erhöhung der Festigkeit (Streckgrenze, Zugfestigkeit, Dauerfestigkeit) von Stählen
gegenüber dem normalgeglühten Zustand bei gleichzeitig guter Verformungsfähigkeit
(Bruchdehnung, Brucheinschnürung) und Zähigkeit (Kerbschlagzähigkeit).

Methode Erzeugung eines gleichmäßig feinkörnigen Vergütungsgefüges (Abb. 4.38) durch
Abschreckhärten und nachfolgendes Anlassen auf 400 bis 650 °C (*Anlassvergüten*).
Die beim Härten erreichten Werte der Zugfestigkeit, Streckgrenze und Härte nehmen
mit zunehmender Anlasstemperatur zwischen 400 bis 650 °C beträchtlich ab, Bruchdehnung, Brucheinschnürung und Zähigkeit dagegen zu (Abb. 4.39). Durch Wahl der An-

Abb. 4.39 Vergütungsschaubild (Werkstoff 25 CrMo4) [4.8]

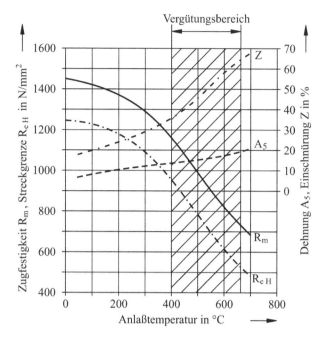

Tab. 4.3 Anhaltswerte für Härte, Zugfestigkeit und Bruchdehnung von (legierten) Vergütungsstählen in verschiedenen Wärmebehandlungszuständen, (MW = mittlerer Merkwert)

	Normalgeglüht	Vergütet	Gehärtet
Härte in HV	150–250	300–500	600–800
	MW 200	MW 400	MW 700
Zugfestigkeit in N/mm²	500–800	800–1500	1800–2400
	MW 600	MW 1200	MW 2000
Bruchdehnung in %	20–12	15–9	6–4
	MW 16	MW 12	MW 4

lasstemperatur lässt sich also eine dem Anwendungszweck der zu vergütenden Bauteile optimal entsprechende Kombination von Festigkeit und Verformbarkeit bzw. Zähigkeit erreichen. Härte-, Zugfestigkeits- und Bruchdehnungswerte nach dem Vergüten werden in Tab. 4.3 mit den Kennwerten nach dem Normalglühen und Härten verglichen.

Um eine ausreichende Härtewirkung zu erzielen, sind Stähle mit einem Mindest-Kohlenstoffgehalt von 0,2 % erforderlich. Um größere Querschnitte durchvergüten zu können, muss eine gleichmäßige Durchhärtung gewährleistet sein (siehe dort). Dies bedeutet, dass für größere zu vergütende Querschnitte niedriglegierte Stähle verwendet werden müssen.

Unter *Zwischenstufenvergüten* (Bainitisieren) versteht man eine Wärmebehandlung, bei der das Werkstück zunächst in einem Warmbad aus dem Austenitgebiet abgekühlt wird und dann bei konstanter Temperatur eine isotherme Umwandlung in Zwischenstufengefüge (Bainit) erfährt. Die anzuwendende Warmbad- bzw. Umwandlungstemperatur ist einem *isothermen ZTU-Diagramm* des betreffenden Stahls zu entnehmen. Die beim Zwischen-stufenvergüten erreichbare Zähigkeit, z. B. eines Gefüges der unteren Zwischenstufe, kann besser sein als beim Anlassvergüten.

Typische Anwendungsbeispiele Kurbelwellen (konventionell vergütet oder zwischenstufen-vergütet), Achsen, Schaltgabeln

Beispiele für typische Vergütungsstähle (DIN EN 10 083-1,-2:06, -3:06/AC:08, vgl. Ab-schn. 5.2.4):

Unlegiert, Qualitätsstähle:	C22, C45, C60	
Unlegiert:	C22E, C45E, C60E	Vorgeschriebener maximaler Schwefel-gehalt
Edelstähle:	C22R, C45R, C60R	Vorgeschriebener Bereich des Schwefel-gehaltes
Niedriglegiert:	34Cr4, 25CrMo4, 42Cr-Mo4, 34CrNiMo6	
Borlegiert:	30MnB5, 39MnCrB6-2	Verbesserte Härtbarkeit, gute Zähigkeit

Randschichtbehandlungen (thermochemisch oder thermisch)

Ziel Erhöhung des Widerstandes gegen Adhäsions-, Abrasions- und Ermüdungsver-schleiß[1] bei wälz- und gleitbeanspruchten Bauteilen durch eine möglichst große Rand-schichthärte. Die durch Vergüten bei guter Bauteilzähigkeit erreichbare Härte ist für verschleißbeanspruchte Teile nicht optimal. Ziel der Randschichthärteverfahren sind des-halb besonders hohe Härtewerte in den Bauteilrandschichten zur Verschleißminderung bei guter Zähigkeit des Kerns als Sicherheit gegen Sprödbruch (vgl. Abschn. 5.2.4).

Anwendung bei verschleißbeanspruchten Bauteilen, die zusätzlich stoß- oder schwing-beansprucht sind. Die in den Randschichten entstehenden Druckeigenspannungen sind mit von entscheidender Bedeutung für ein günstiges Bauteilverhalten, z. B. eine hohe Dau-erschwingfestigkeit. Beispiele sind, je nach Verfahren, Zahnräder, verschleißbeanspruchte Wellen, Spindeln.

Methoden Bei den *thermochemischen Verfahren* werden die Randschichten durch Eindif-fusion geeigneter chemischer Elemente, z. B. Kohlenstoff, Stickstoff oder Bor, chemisch verändert. Die Härtesteigerung erfolgt entweder durch das Entstehen hochharter Verbin-dungen (Nitride, Boride) oder durch martensitische Härtung der Randschichten.

Bei den *thermischen Verfahren* (*Randschichthärten, DIN 17 022-5:03*) wird durch geeig-nete Wärmeführung nur eine Randschicht von Stählen mit hinreichend hohem Kohlen-stoffgehalt martensitisch gehärtet.

---

[1] Bezüglich der verschiedenen Verschleißmechanismen wird auf die zum Kap. 2 zitierten Lehrbücher verwiesen.

Einsatzhärten (DIN 17 022-3:89, [4.10])

Ziel Verschleißminderung durch große Oberflächenhärte bei guter Zähigkeit des Kerns. Verbesserte Dauerschwingfestigkeit durch Druckeigenspannungen in der Randschicht. Verwendung finden niedriggekohlte Stähle mit 0,06 bis 0,2 % Kohlenstoff. Die erreichbare Randschichthärte beträgt ca. 800 bis 1000 HV.

Methode Aufkohlen („Zementieren") der Randschicht bei etwa 900 °C, wobei die kohlenstoffabgebenden Mittel in festem, flüssigem oder gasförmigem Zustand vorliegen können.

Pulveraufkohlung (fest)

Einbetten der Teile in pulverisierter Kohle. Die Aufkohlung erfolgt über die Gasphase unter Ausnutzung der Freisetzung des Kohlenstoffs gemäß Boudouard-Gleichgewicht.

$$C + O_2 \text{ (aus der Luft)} \rightarrow CO_2$$

$$CO_2 + C \rightleftharpoons 2\,CO \quad (\text{Boudouard-Gleichgewicht}).$$

Eisen nimmt den freigesetzten Kohlenstoff auf, so dass man schreiben kann

$$Fe + 2\,CO \rightarrow \text{Fe-C-Mischkristalle} + CO_2.$$

Salzbadaufkohlung (flüssig)

Aufkohlung in Zyanidbädern: $Ba(CN)_2$ oder $NaCN$

$$Fe + Ba(CN)_2 \rightarrow \text{Fe-C-Mischkristalle} + BaCN_2.$$

Gasaufkohlung

Größte technische Bedeutung. Verbrennung und Dissoziieren von Kohlenwasserstoffgasen, z. B. Methan, die über die glühende Stahloberfläche geleitet werden. Der benötigte Kohlenstoff wird gemäß Methan-Wasserstoff-Gleichgewicht geliefert:

$$CH_4 \rightleftharpoons C + 2\,H_2$$

$$Fe + CH_4 \rightarrow \text{Fe-C-Mischkristalle} + 2\,H_2.$$

Die Aufkohlungsgeschwindigkeit beträgt je nach Einsatzmittel etwa 0,1 bis 0,3 mm/h, die übliche Einsatztiefe 0,5 bis 2 mm. Der angestrebte Kohlenstoffgehalt in der Randschicht ist 0,8 %.

Härtungsmöglichkeiten:

- *Direkthärtung*: Abschrecken direkt von Einsatztemperatur,
- *Einfachhärtung*: Nach Ofen- oder Luftabkühlung von Einsatztemperatur erneutes Erhitzen auf eine Härtetemperatur, die entsprechend dem Rand-Kohlenstoffgehalt gewählt wird und Abschreckung von dieser Temperatur,
- *Doppelhärtung*: Nach Ofen- oder Luftabkühlung von Einsatztemperatur erneutes Erhitzen und Abschrecken zunächst von einer Härtetemperatur entsprechend dem Kohlenstoffgehalt des Kerns und anschließend von einer Härtetemperatur entsprechend dem Kohlenstoffgehalt des Randes.

Bei allen Varianten des Härtens erfolgt abschließend ein entspannendes Anlassen.

Typische Anwendungsbeispiele Zahnräder, Getriebewellen, Stößel, Hämmer in Getreidemühlen.

Beispiele für typische Einsatzstähle (DIN EN 10 084:08, vgl. Abschn. 5.2.4):

- C15E, C15R, 16 MnCr5, 20MoCr4, 15NiCr13

Nitrieren, Nitrocarburieren, Plasmanitrieren (DIN 17 022-4:98, [4.11])

Ziele Verschleißminderung bei zusätzlicher Verringerung des Reibbeiwertes und hoher Kernzähigkeit. Verbesserung der Dauerschwingfestigkeit durch Druckeigenspannungen.

Methoden Man unterscheidet Gas-, Bad- und Pulvernitrieren. Beim meist angewandten Gasnitrieren im Ammoniakstrom bei 500 bis 550 °C dissoziiert NH_3 und Stickstoff diffundiert atomar in die Stahloberfläche ein. Um hinreichende Schichtdicken zu erzielen, sind Nitrierzeiten von 10 bis 60 h erforderlich (Schichtbildung mit ca. 10 µm/h). Härtesteigerung durch Nitridbildung (Fe_xN mit $x = 2$ bis 3, hexagonal, oder Fe_4N) in der äußeren Verbindungsschicht und Mischkristallbildung in der darunterliegenden Diffusionszone. Nach dem Nitrieren wird in Wasser, Öl oder Salzbäder abgeschreckt.

Die Nitridbildung kann durch Legierungselemente, die als Nitridbildner wirken (Aluminium, Chrom, Mangan, Wolfram, Vanadium), verstärkt werden. Nitrierstähle (DIN EN 10 085) enthalten daher außer Chrom meist 0,9 bis 1,4 % Aluminium. Vielfach handelt es sich um Vergütungsstähle, die zur Erzielung einer ausreichenden Kernfestigkeit vor dem Nitrieren vergütet werden müssen (vgl. Abschn. 5.2.4).

Beim Badnitrieren erfolgt die Aufstickung in stickstoffabgebenden Salzbädern (560 bis 600 °C). Das Pulvernitrieren wird selten angewandt.

Bei vielen Verfahrensvarianten diffundiert gleichzeitig Kohlenstoff mit ein und wird in die Schicht eingebaut, wodurch zähere Schichten entstehen (Nitrocarburieren).

Vorteile hohe Oberflächenhärte bis 1200 HV 1, kein Härteabfall bis 400 °C. Bei guter Verschleißbeständigkeit geringer Reibbeiwert, hohe Dauerschwingfestigkeit, gleichzeitig relativ gute Korrosionsbeständigkeit. Wegen relativ niedriger Behandlungstemperaturen geringer Verzug, saubere Oberflächen.

Nachteile lange Behandlungsdauer beim Gasnitrieren (Ausnahme Kurzzeitgasnitrieren mit Ammoniak und Kohlenstoffspendern, 3 bis 5 Stunden), relativ geringe Schichtdicke, Entsorgung der Salzbäder.

Typische Anwendungsbeispiele Nockenwellen, Kurbelwellen, niedrig belastete Zahnräder.
    Beispiele für normierte Nitrierstähle, die Vergütungsstählen entsprechen (DIN EN 10 085:01):

- 32CrAlMo7-10, 31CrMoV9, 41CrAlMo7-10 (vgl. Abschn. 5.2.4)

Plasmanitrieren
Dabei wird Stickstoff mit Hilfe eines elektrischen Feldes ionisiert, in Ionenform zur Werkstückoberfläche hin beschleunigt und in diese eingelagert. Die Ionisierung des Gases erfolgt in einem Vakuumbehälter, in dem das Werkstück elektrisch isoliert von der Behälterwand angeordnet ist. Zwischen Wand und Werkstück wird über eine angelegte Hochspannung (500 bis 1000 V) eine Glimmentladung erzeugt, nachdem in das Vakuum ein stickstoffhaltiges Gas eingeleitet wurde. Eine äußere Beheizung erfolgt nicht, die notwendige Erwärmung geschieht durch die mit hoher Energie auf die Oberfläche auftreffenden Stickstoffionen. Die Nitrierschicht hat bei einer Behandlungsdauer von 10 bis 20 h eine Dicke von 5 bis 15 μm.

Vorteile Gute Maßhaltigkeit und Polierbarkeit, hoher Verschleißwiderstand, $T \approx 500$ °C.

Borieren

Ziel Erreichen höchster Härte (1800 bis 2100 HV).

Methode Eindiffusion von Bor in Randschicht zur Erzeugung einer Verbindungsschicht (Fe_2B) mit hohem Verschleißwiderstand.

Anwendungsbeispiel Schraubentrieb, Ölpumpenräder

Flammhärten

Ziel große Randschichthärte zur Erhöhung des Verschleißwiderstandes bei großen Bauteilen.

Methode Die Stahl- oder Gusseisenoberfläche wird mittels eines Brenners (Mehrflammen-, Ringbrenner) auf Härtetemperatur erwärmt und durch eine Wasserbrause abgeschreckt (Abb. 4.40). Der Werkstoff muss härtbar sein.

Abb. 4.40 Flammhärten mit
Mehrflammenbrenner [8.18]

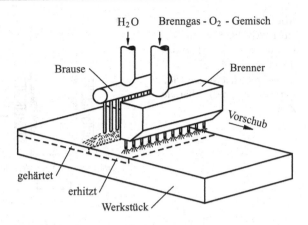

Typische Anwendungsbeispiele Sehr große Zahnräder, z. B. für Abraumbagger, Zahnkrän-
ze, z. B. für Drehrohröfen.
    Beispiele für typische Flammhärtewerkstoffe (DIN 17 212/Z):

* Cf 54(DIN 17 230/Z), G42CrMo4

Induktionshärten (DIN 17 022-5:03)

Ziel große Randschichthärte zur Erhöhung des Verschleißwiderstandes bei geringem ap-
parativem und Verfahrensaufwand.

Methode rasche Erwärmung zylinder- oder rohrförmiger Teile. Durch eine von einem
hochfrequenten Wechselstrom durchflossene, wassergekühlte Spule wird in den Randschichten des Werkstücks ein sekundärer Wirbelstrom induziert, der in kurzer Zeit infolge
des elektrischen Widerstandes eine Erwärmung auf Härtetemperatur herbeiführt. Anschließend Abschrecken (Abb. 4.41). Voraussetzung ist ein härtbarer Stahl. Infolge des
Skineffekts (Stromverdrängung bei hohen Frequenzen) beschränkt sich die Erwärmung
auf eine Randschicht definierter Dicke. Für die Eindringtiefe der Hochfrequenzerwärmung
gilt:

$$t = \frac{1}{2\pi} \cdot \sqrt{\frac{\rho \cdot 10^5}{\mu \cdot f}} \text{ cm} \quad \text{oder} \quad t = 503 \cdot \sqrt{\frac{\rho}{\mu \cdot f}} \text{ mm}$$

mit

ρ: spez. Widerstand in $\Omega mm^2/m$;

f: Frequenz in 1/s;

μ: Permeabilität

Abb. 4.41 Induktionshärten einer Welle [8.18] **a** Standhärtung; **b** Vorschubhärtung. *a* Werkstück, *b* Induktor, *c* Abschreckmittel, *d* Magnetfeld, *e* erwärmte Zone, *f* gehärtete Zone

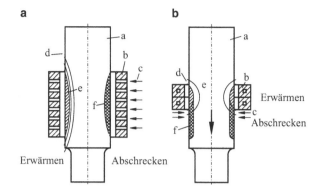

Typische Anwendungsbeispiele Übergangsradien bei Kurbelwellen, Zahnräder.
Beispiele für typische Stähle zum Induktionshärten: Vergütungsstähle.

Strahlhärten

Ziel örtliche Randschichthärtung bei geringem Verzug.

Methode Mit Laser- oder Elektronenstrahlen lassen sich Stähle örtlich Oberflächenhärten, wobei in der Regel mit „Selbstabschreckung" gearbeitet wird. Der Werkstoff muss härtbar sein.

Anwendungsbeispiel Laufbuchsen in Großdieselmotoren mit Härtungsstreifen in definiertem Abstand voneinander.

4.3 Thermomechanische Behandlungen

Die Warmumformung bzw. das Warmwalzen von Stählen wird vielfach unter gezielter Temperaturführung vorgenommen. Durch die Kombination von mechanischer Umformung mit thermischen Bedingungen, die für die Gefügeausbildung günstig sind (thermomechanische Behandlung), werden dabei gute Festigkeitseigenschaften bei gleichzeitig guter Zähigkeit erreicht.

Beim thermomechanischen Walzen geeigneter mikrolegierter Stähle (s. Abschn. 5.2.3 und 8.1.2) erfolgt die Endumformung bei einer Temperatur unter A_3, bei der der Austenit unterkühlt, also metastabil, vorliegt. Je nachdem ob diese Temperatur oberhalb oder unterhalb der Rekristallisationstemperatur des umgeformten Stahles liegt, geht die anschließende γ-α-Umwandlung von nur teilweise rekristallisiertem oder nicht rekristallisiertem Austenit aus. Dabei verzögern Mikrolegierungselemente wie Niob oder Titan die Rekristallisation in starkem Maße. Die Abkühlung nach dem Walzen kann an Luft oder unter

Intensivkühlung beschleunigt erfolgen, so dass sich feinkörnige ferritisch-perlitische oder bainitische Gefüge ergeben.

Bestimmte legierte Stähle, z. B. chromlegierte Stähle, weisen eine so starke Trennung des Ferrit-Perlitfeldes und des Zwischenstufenfeldes im ZTU-Diagramm auf, dass sich der Austenit hinreichend lange metastabil für ein Walzen und eine anschließende martensitische Härtung halten lässt. Diese spezielle Art von thermomechanischer Behandlung, die als Austenitformhärten (engl. ausforming) bezeichnet wird, führt auf extrem hohe Festigkeitswerte.

4.4 Kaltverformen

Beim Kaltverformen von Metallen ergeben sich Verfestigungen, die sich in der technischen Praxis ausnutzen lassen. Halbzeuge aus Aluminiumlegierungen werden im kaltgewalzten Zustand mit erhöhter Festigkeit geliefert (vgl. Kap. 5). Stahldrähte werden bis auf höchste Festigkeiten kalt gezogen.

Von praktischer Bedeutung sind auch Verfahren zur mechanischen Randschichtverfestigung, wie Hämmern, Kugelstrahlen [4.12–4.15]), Festwalzen und verfestigendes Aufdornen von Bohrungen, bei denen mit einer Verfestigung oberflächennaher Schichten gleichzeitig auch Druckeigenspannungen in diese Schichten eingebracht werden. Dadurch sind erhebliche Verbesserungen der Schwingfestigkeit sowie der Beständigkeit gegen Schwingungsriss-, Reib- und Spannungsrisskorrosion von metallischen Bauteilen möglich. Diese Verfahren werden vielfach bei zuvor wärmebehandelten, z. B. vergüteten, Stahlbauteilen angewandt.

4.5 Versprödungserscheinungen bei Erwärmung und/oder Verformung (Alterung)

Unter *Alterung* versteht man Eigenschaftsänderungen von Metallen, insbesondere von Stählen, wie sie nach Verformungen oder Wärmebehandlungen im Laufe der Zeit je nach Temperatur mehr oder weniger rasch auftreten.

4.5.1 Ausscheidungs- oder Abschreckalterung

Wird Stahl von etwa 600 °C rasch abgekühlt und gelagert, können Härte- und Festigkeitssteigerungen verbunden mit verminderter Zähigkeit beobachtet werden. Der Vorgang wird durch Anlassen auf 200 bis 300 °C beschleunigt. Er ist zurückzuführen auf die Ausscheidung übersättigt gelöster Elemente wie Kohlenstoff oder Stickstoff, die in elastische Wechselwirkung mit den Gleitversetzungen treten (Versetzungsverankerung). Die Übersättigung entsteht durch eine abnehmende Löslichkeit bei sinkender Temperatur, z. B. von

Abb. 4.42 Stickstofflöslichkeit in Stahl als Funktion der Temperatur [4.3]

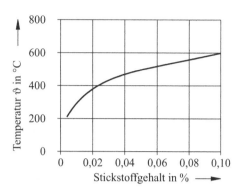

Stickstoff im Stahl (Abb. 4.42). Legierungselemente wie Aluminium, Titan, Vanadium oder Niob mit hoher Affinität zu Kohlenstoff oder Stickstoff beeinflussen die Alterung.

4.5.2   Verformungs- oder Reckalterung

Auch nach plastischer Verformung von Stahl können mit Versprödung verbundene Alterungserscheinungen auftreten

- Natürliche Alterung: Kaltverformung und Lagern bei Raumtemperatur.
- Künstliche Alterung: Kaltverformung und Erwärmen auf 200 bis 300 °C.

Ursache Stickstoffgehalte über 0,001 % und Ausscheidungen bei Lagerung.

Beseitigen lässt sich die Verformungsalterung durch Binden von Stickstoff an Aluminium oder durch Normalglühen. Thomasstähle sind besonders alterungsempfindlich, sie werden jedoch in der westlichen Welt nicht mehr hergestellt. Die Prüfung der Alterungsbeständigkeit erfolgt im Kerbschlagbiegeversuch mit Bestimmung der Übergangstemperatur $\vartheta_{\ddot{u}}$, bei welcher der Verformungsbruch in einen spröden Trennbruch übergeht. Je tiefer diese Temperatur liegt, desto geringer ist die Sprödbruchneigung. Abbildung 4.43 zeigt den Steilabfall der Kerbschlagzähigkeit bei einem gealterten und einem normalgeglühten Stahl.

4.5.3   Blausprödigkeit

Unter Blausprödigkeit versteht man die mit erhöhter Temperatur verbundene Versprödung bei der Verformung von Stählen bei Temperaturen von 200 bis 300 °C. Im Temperaturbereich der Blausprödigkeit werden dieselben Mechanismen während des Umformungsvorganges wirksam, die auch zu Alterungserscheinungen führen.

Abb. 4.43
Kerbschlagzähigkeits-Temperaturkurve von normalgeglühtem und gealtertem Stahl (schematisch)
$\vartheta_{\ddot{u} n}$, $\vartheta_{\ddot{u} g}$ Übergangstemperaturen nach Normalglühen bzw. nach Alterung

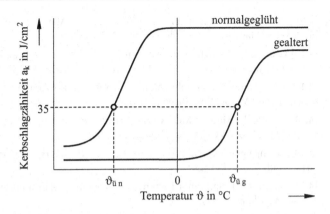

4.5.4 Korngrenzenversprödung

- Durch „Überblasen" bei der Stahlherstellung und dadurch erhöhten Sauerstoffgehalt (selten),
- durch Korngrenzenzementit bei sehr niedrig gekohlten Stählen, die nach der Warmverformung zu langsam abgekühlt werden,
- durch Schwefel. FeS bildet mit Eisen ein niedrig schmelzendes (Schmelzpunkt 988 °C) Eutektikum, das sich auf den Korngrenzen ansammeln und zur Heißrissbildung führen kann, z. B. beim Schweißen heißrissempfindlicher Legierungen.

Literatur

[4.1] Pfeiler, W.: Alloy Physics: A Comprehensive Reference, 1. Aufl. Wiley-VCH Verlag, Weinheim (2007)

[4.2] Predel, B., Hoch, M., Pool, M.: Phase Diagrams and Heterogeneous Equilibria: A Practical Introduction, 1. Aufl. Springer-Verlag, Berlin (2004)

[4.3] Hansen, M., Anderko, K.: Constitution of Binary Alloys, 1. Aufl. McGraw-Hill Book Company, New York (1958). 2nd edition. Genium Publ. Corporation (1988)

[4.4] Horstmann, D.: Das Zustandsschaubild Eisen-Kohlenstoff und die Grundlagen der Wärmebehandlung der Eisenkohlenstoff-Legierungen, 5. Aufl. Verlag Stahleisen, Düsseldorf (1985)

[4.5] Liedtke, D.: Wärmebehandlung von Eisenwerkstoffen I. Grundlagen und Anwendungen, 8. Aufl. Expert Verlag, Renningen (2010)

[4.6] Läpple, V.: Wärmebehandlung des Stahls. Grundlagen, Verfahren und Werkstoffe, 10. Aufl. Europa-Lehrmittel, Verlag (2010)

[4.7] DIN Deutsches Institut für Normung e. V. (Hrsg.): Werkstofftechnologie 1. Wärmebehandlungstechniken. Normen, 5. Aufl. DIN Taschenbuch. Bd 218. Beuth Verlag, Berlin (2007)

[4.8] Verein Deutscher Eisenhüttenleute: Werkstoffhandbuch. Stahl und Eisen, 4. Aufl. Verlag Stahleisen, Düsseldorf (1965)

[4.9] Max-Planck-Institut für Eisenforschung (Hrsg.): Atlas zur Wärmebehandlung der Stähle, Bd. 1 bis 4. Verlag Stahleisen, Düsseldorf (2005). 2 CD-ROMs

[4.10] Grosch, J.: Einsatzhärten. Grundlagen – Verfahren – Anwendung – Eigenschaften einsatzgehärteter Gefüge und Bauteile, 3. Aufl. Expert Verlag, Renningen (2011)

[4.11] Liedtke, D.: Wärmebehandlung von Eisenwerkstoffen II. Nitrieren und Nitrocarburieren, 5. Aufl. Expert Verlag, Renningen (2010)

[4.12] Schulze, V.: Modern Mechanical Surface Treatment – Surface Layer States, Stabilies and Effects, 1. Aufl. Wiley-VCH Verlag, Weinheim (2005)

[4.13] Champaigne, J. (Hrsg.): Shot Peening 2011. Proc 11th Int. Conference on Shot Peening. Sept. 2011. South Bend, USA (2011)

[4.14] Baiker, S. (Hrsg.): Shot Peening – A dynamic Application and its Future. MFN Publishing House, Wetzikon, Schweiz (2006)

[4.15] Wohlfahrt, H., Krull, P. (Hrsg.): Mechanische Oberflächenbehandlungen. Grundlagen – Bauteileigenschaften – Anwendungen. Wiley-VCH Verlag, Weinheim (2000)

Metallische Werkstoffe

5

Zusammenfassung

Aufgeführt sind zunächst die Normen anhand derer verschiedenartige Stähle, Gusseisensorten und Nichteisen-Metalle durch Kurzzeichen benannt und unterschieden werden. Es ist im Detail erläutert, welche Hinweise auf Gebrauchseigenschaften und Anwendungsmöglichkeiten den kennzeichnenden Kurzzeichen zu entnehmen sind.

Im Folgenden sind die wichtigsten Stahlsorten in einer Reihenfolge nach verschiedenen Anwendungszwecken jeweils unter Angabe des entscheidend wichtigen Kohlenstoffgehalts und wichtiger Kennwerte in ihrer Unterschiedlichkeit beschrieben. Bei den daraufhin genannten Gusseisensorten stellen die den Anwendungszweck bestimmenden Gefügezustände das Ordnungsprinzip dar. Den Abschnitten Nichteisen- und Schwermetalle sind jeweils kurze Angaben zu ihrer Herstellung vorangestellt ehe die einzelnen, zum Teil durch Wärmebehandlungen in ihren Eigenschaften stark veränderbaren Sorten beschrieben und Anwendungen aufgezeigt werden.

Ziel ist es, den Leser in die Lage zu versetzen, bei vorgegebenem Anforderungskatalog für ein Bauteil geeignete metallische Werkstoffe oder Werkstoffzustände auszuwählen, deren Einsatzmöglichkeit dann noch anhand der Ver- und Bearbeitungsmöglichkeiten geprüft werden muss.

5.1 Kennzeichnung metallischer Werkstoffe

Die systematische Kennzeichnung der Werkstoffe erfolgt durch symbolische Buchstaben und Zahlen (DIN EN 10 027-1:05 bei Stählen, DIN EN 1560:11 bei Eisen-Gusswerkstoffen, DIN EN 573-2:94 bei Aluminium-Legierungen) oder allein durch Zahlen (DIN EN 10 027-2:92 Stähle, DIN 17 007-4:63/DIN Entwurf 17 007-4:12 Nichteisenmetalle, DIN EN 573-1:04 Aluminium-Legierungen) [5.1].

J. Ruge und H. Wohlfahrt, *Technologie der Werkstoffe*, DOI 10.1007/978-3-658-01881-8_5,   109
© Springer Fachmedien Wiesbaden 2013

Abb. 5.1 Aufbau des Bezeich-
nungssystems für Stähle

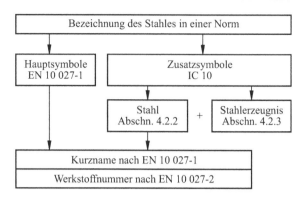

5.1.1 Kennzeichnung der Stähle durch symbolische Buchstaben und Zahlen nach DIN EN 10 027-1 als Ersatz für DIN V 17 006-100/Z [5.1–5.5]

Die DIN EN 10 027-1 bietet die Möglichkeit einen Stahl entweder nach den mechanischen Eigenschaften und dem Verwendungszweck oder nach der chemischen Zusammensetzung zu benennen. Beide Bezeichnungsweisen folgen dem in Abb. 5.1 dargestellten Schema.

Kennzeichnung nach der chemischen Zusammensetzung

Die Kennzeichnung nach der chemischen Zusammensetzung ist nützlich und wird angewandt bei Stählen, die für Wärmebehandlungen vorgesehen sind und bei denen die Legierungsgehalte das Umwandlungsverhalten und damit die erreichbare Härte bestimmen, sowie bei Stählen, bei denen bestimmte Legierungselemente besondere Eigenschaften (z. B. Korrosions- oder Zunderbeständigkeit) bewirken. Diese Kennzeichnung erfolgt nach DIN EN 10 027-1

- für unlegierte Stähle(ausgenommen Automatenstähle) mit einem mittleren Mangangehalt von weniger als 1 %: durch einen Kurznamen, bei welchem dem Kennbuchstaben C eine Zahl folgt, die dem Hundertfachen des Mittelwertes des für den Kohlenstoffgehalt vorgeschriebenen Bereichs entspricht,
- bei unlegierten Stählen mit einem mittleren Mangangehalt von mehr als 1 %, unlegierten Automatenstählen sowie legierten Stählen (außer Schnellarbeitsstählen) mit Gehalten der einzelnen Legierungselemente unter 5 Gewichtsprozent wird der Kurzname in der nachstehend aufgeführten Reihenfolge gebildet: eine Zahl, die das Hundertfache des Mittelwertes des Kohlenstoffgehaltes angibt, die chemischen Symbole der den Stahl kennzeichnenden Legierungselemente geordnet nach abnehmenden Gehalten, Zahlen, die in der Reihenfolge der genannten Legierungselemente einen Hinweis auf deren Gehalt geben. Die einzelnen Zahlen stellen gerundet den mittleren Gehalt des betreffenden Legierungselements multipliziert mit dem jeweiligen Faktor aus Tab. 5.1 dar.

Tab. 5.1 Multiplikatoren zur Kennzeichnung niedriglegierter Stähle

Multiplikator	Legierungselement									
4	Co	Cr	Mn	Ni	Si	W				
10	Al	Be	Cu	Mo	Nb	Pb	Ta	Ti	V	Zr
100	C	Ce	N	P	S					
1000	B									

- Für legierte Stähle (außer Schnellarbeitsstählen), bei denen mindestens für ein Element der Legierungsgehalt größer als 5 Gewichtsprozent ist (früher mit anderer Definition „hochlegiert"), gilt nach der DIN EN 10 027 (DIN V 17 006-100/Z): dem Kennbuchstaben X folgen eine Zahl, die dem Hundertfachen des Mittelwertes des Kohlenstoffgehaltes entspricht, die chemischen Symbole der kennzeichnenden Legierungselemente geordnet nach abnehmenden Gehalten und Zahlen, die in der Reihenfolge der genannten Legierungselemente gerundet direkt deren mittleren Gehalt angeben.

Schnellarbeitsstähle werden nach DIN EN 10 027 folgendermaßen gekennzeichnet: dem Kennbuchstaben HS folgen durch Bindestriche getrennte Zahlen, die in der Reihenfolge W, Mo, V, Co die gerundeten, mittleren Gehalte dieser Elemente angeben. Die bei den genannten Bezeichnungsweisen im Hauptsymbol jeweils vorangestellten Kennbuchstaben finden sich in Tab. 5.2, rechts.

Kennzeichnung der Stähle nach den mechanischen Eigenschaften und dem Verwendungszweck

Bei vielen Anwendungen von Stählen sind Angaben über eine im Lieferzustand gewährleistete Mindestfestigkeit und Zähigkeit oder auch Tiefziehfähigkeit vorrangig wichtig.

Bei Stählen für solche Anwendungen wird das ebenfalls in DIN EN 10 027-1 (DIN V 17 006-100/Z) enthaltene Bezeichnungssystem nach dem Verwendungszweck und den mechanischen oder physikalischen Eigenschaften benutzt, dessen Aufbau auch dem Schema in Abb. 5.1 folgt.

Die in den Hauptsymbolen vorangestellten Kennbuchstaben für verschiedene Stahlsorten gehen aus Tab. 5.2 (links) hervor. Den Kennbuchstaben folgt je nach Stahlsorte die Angabe der Mindeststreckgrenze oder der Zugfestigkeit in MPa, eines vorgeschriebenen Härtewertes nach Brinell (HBW), einer Kennzahl für die Tiefziehfähigkeit oder des höchstzulässigen Ummagnetisierungsverlustes in W/kg · 100. Bei den Zusatzsymbolen werden gemäß Abb. 5.1 unterschieden: Zusatzsymbole für Stahl und Zusatzsymbole für Stahlerzeugnisse.

In Tab. 5.3 ist am Beispiel der Stähle für den Stahlbau die Bezeichnungsweise mit Haupt- und Zusatzsymbolen dargestellt. Wie zu sehen, werden die Zusatzsymbole für Stahl in zwei Gruppen unterteilt. Die Zusatzsymbole der Gruppe 2 sind nur in Verbindung mit denen

Tab. 5.2 Vorangestellte Kennbuchstaben für die unterschiedlichen Arten der Stahlbezeichnung

Aufgrund der Verwendung und der mechanischen oder physikalischen Eigenschaften der Stähle gebildete Kurznamen (Gruppe 1)	Aufgrund der chemischen Zusammensetzung der Stähle gebildete Kurznamen (Gruppe 2)
S = Stähle für den allgemeinen Stahlbau. P = Stähle für den Druckbehälterbau L = Stähle für Leitungsrohre E = Maschinenbaustähle B = Betonstähle Y = Spannstähle R = Stähle für oder in Form von Schienen H = Kaltgewalzte Flacherzeugnisse aus höherfesten Stählen zum Kaltumformen D = Flacherzeugnisse aus weichen Stählen zum Kaltumformen T = Verpackungsblech und Verpackungsband (Feinst- und Weißblech und Weißband sowie spezialverchromtes Blech und Band) M = Elektroblech und Elektroband	C = Unlegierte Stähle (ausgenommen Automatenstähle) mit einem mittleren Mangangehalt unter 1 % *) Unlegierte Stähle mit einem mittleren Mangangehalt $\geq$ 1 %, unlegierte Automatenstähle sowie legierte Stähle (außer Schnellarbeitsstählen) mit Gehalten der einzelnen Legierungselemente unter 5 % X = Legierte Stähle (außer Schnellarbeitsstählen), wenn mindestens für ein Legierungselement der Gehalt $\geq$ 5 % beträgt H = Schnellarbeitsstähle *) ohne Kennbuchstaben

der Gruppe 1 zu verwenden und an letztere anzuhängen. Die Zusatzsymbole für Stahlerzeugnisse betreffen besondere Anforderungen an die Härtbarkeit oder an die Mindest-Bruchein-schnürung, Arten des Überzuges und den Behandlungszustand.

Für jede der in Tab. 5.2 mit ihren Hauptsymbol-Kennbuchstaben angegebenen weiteren Stahlsorten (Druckbehälter-, Rohr-, Maschinenbau-, Beton-, Spann- und Schienenstähle, höherfeste und weiche Flacherzeugnisse zum Kaltumformen, Verpackungsblech und -band, Elektroblech und -band) enthält DIN EN 10 027-1 zu Tab. 5.3 analoge Tabellen mit jeweils sortenspezifischen Zusatzsymbolen für Stahl und für Stahlerzeugnisse. Dasselbe gilt für unlegierte und legierte Stähle, die nach der chemischen Zusammensetzung benannt werden, und für Schnellarbeitsstähle. Diese sortenspezifischen Zusatzsymbole werden bei der Behandlung der einzelnen Stähle in Abschn. 5.2 mit aufgeführt.

5.1.2 Kennzeichnung der Gusseisensorten (DIN EN 1560:11, [5.6])

Gusseisensorten werden analog zu den Stählen entweder nach ihren mechanischen Eigenschaften oder ihrer chemischen Zusammensetzung gekennzeichnet. In beiden Fällen werden Kennbuchstaben für die verschiedenen Sorten und für bestimmte Anforderungen vorangestellt und angehängt. Nach der DIN EN 1560 werden die einzelnen Positionen der Gusseisenbezeichnung in folgender Reihenfolge besetzt:

Tab. 5.3 Haupt- und Zusatzsymbole zur Bezeichnung von Stählen für den Stahlbau

6.3	Nach ihrem Verwendungszweck und ihren mechanischen oder physikalischen Eigenschaften bezeichnete Stähle
6.3(a) (1) [1]	Stähle für den Stahlbau

Hauptsymbole	Zusatzsymbole für Stähle	Zusatzsymbole für Stahlerzeugnisse
G S n n n	an ...	+ an + an ... [2]

Hauptsymbole		Zusatzsymbole		
Buchstabe	Eigenschaften	Für Stahl		Für Stahlerzeugnisse
		Gruppe 1 [3]	Gruppe 2 [4]	

Buchstabe	Eigenschaften	Für Stahl – Gruppe 1 [3]	Für Stahl – Gruppe 2 [4]	Für Stahlerzeugnisse
G = Stahlguss (wenn erforderlich) S = Stähle für den Stahlbau	nnn = Mindeststreckgrenze (R_e) in N/mm² für die geringste Erzeugnisdicke	**Kerbschlagarbeit in Joule / Prüftemp.** 27 J | 40 J | 60 J | °C JR | KR | LR | + 20 JO | KO | LO | 0 J2 | K2 | L2 | - 20 J3 | K3 | L3 | - 30 J4 | K4 | L4 | - 40 J5 | K5 | L5 | - 50 J6 | K6 | L6 | - 60 A = Ausscheidungshärtend M = Thermomechanisch gewalzt N = Normalgeglüht oder normalisierend gewalzt Q = Vergütet G = Andere Merkmale, wenn erforderlich mit 1 oder 2 Ziffern	C = Mit besonderer Kaltumformbarkeit D = Für Schmelztauchüberzüge E = Für Emaillierung F = Zum Schmieden H = Hohlprofile L = Für tiefere Temperaturen M = Thermomechanisch gewalzt N = Normalgeglüht oder normalisierend gewalzt O = Für Offshore P = Spundwandstahl Q = Vergütet S = Für Schiffsbau T = Für Rohre W = Wetterfest an = Chemische Symbole für vorgeschriebene zusätzliche Elemente, z. B. Cu, falls erforderlich zusammen mit einer einstelligen Zahl, die den mit 10 multiplizierten Mittelwert der vorgeschriebenen Spanne des Gehalts (auf 0,1 % gerundet) des Elements angibt	Tabellen 1, 2, 3 in der Norm DIN EN 10 027-1

[1] 6.3 (a) (1) entspricht 7.2(a) in EN 10 027-1

[2] n = Ziffer, a = Buchstabe, an Alphanumerisch

[3] Symbole A, M, N und Q in Gruppe 1 gelten für Feinkornbaustähle

[4] Zwecks Unterscheidung zwischen zwei Stahlsorten der betreffenden Gütenorm können mit Ausnahme bei den Symbolen für chemische Elemente an die Zusatzsymbole der Gruppe 2 ein oder zwei Ziffern angehängt werden.

Tab. 5.4 Kennzeichnung verschiedener Gusseisensorten nach den alten DIN Normen und der neuen DIN EN 1560 bzw. DIN EN 1561, DIN EN 1562, DIN EN 1563

Gusseisensorte	Bezeichnungsbeispiele nach DIN 1691/Z, DIN 1692/Z und DIN 1693/Z, Zugfestigkeitswerte jeweils in kp/mm²	Bezeichnungsbeispiele nach DIN EN 1560, genormte Sorten, Kennbuchstaben für Graphitform unterstrichen
Gusseisen mit Lamellengraphit	GG-35-22 (DIN 1691/Z) (340 N/mm² Zugfestigkeit, 22 % Bruchdehnung) GG-190 HB (Brinellhärte 190)	EN-GJL-350-22 C (L = lamellar, C = einem Gussstück entnommenes Probestück) EN-GJLHB 195
Gusseisen mit Vermiculargraphit	GGV-40	EN-GJV-400 U (V = vermicular, U = angegossenes Probestück)
Gusseisen mit Kugelgraphit	GGG-40-18 (DIN 1693/Z) (18 % Bruchdehnung) GGG-80-2 (2 % Bruchdehnung)	EN-GJS-400-18 U-RT (S = Sphäroguss, RT Schlagzähigkeit ist bei Raumtemperatur zu bestimmen) EN-GJS-800-2
Hochlegiertes Gusseisen	GGG-NiMn 13 7	EN-GJS-XNiMn13-7
Weißer Temperguss	GTW-S 38-12 (DIN 1692/Z) (S für schweißbar, 12 % Bruchdehnung)	EN-GJMW-360-12 S-W (M = Temperkohle, W = entkohlend geglüht, S = getrennt gegossenes Probestück, W = Schweißeignung)
Schwarzer Temperguss	GTS-55-04 (DIN 1692/Z)	EN-GJMB-550-4 (B = neutral geglüht, schwarz)

- die Vorsilbe EN- wird bei genormten Werkstoffen vorangestellt,
- es folgt das Symbol GJ mit G für Guss und J für Eisen,
- für die Art der Graphitstruktur ist einer der in Tab. 5.4 genannten Kennbuchstaben anzugeben,
- falls es notwendig ist, Gusseisenwerkstoffe zusätzlich durch die Mikro- oder Makrostruktur zu kennzeichnen, folgt ein weiterer Kennbuchstabe (z. B. F für Ferrit, P = Perlit, M = Martensit, A = Austenit, L = Ledeburit, T = Vergütungs- und Q = Abschreckgefüge, B = nicht entkohlend geglüht, W = entkohlend geglüht und N = graphitfrei),
- die Klassifizierung der mechanischen Eigenschaften erfolgt entweder durch Angabe der Mindestzugfestigkeit in N/mm², der eine Angabe der geforderten Dehnung in % und ein Buchstabe zur Beschreibung der Herstellung des Probestückes folgen kann und bei geforderter Schlagzähigkeit die Nennung der Bestimmungstemperatur (RT für Raum- oder LT für Tieftemperatur), oder durch Angabe der Härte HB, HV oder HR jeweils mit Härtezahl.
- An dieser Position kann auch die Klassifizierung nach der chemischen Zusammensetzung vorgenommen werden, wobei dem Buchstaben X – falls nötig – der mit 100 mul-

tiplizierte Kohlenstoffgehalt in % nachfolgt und dann die chemischen Symbole der wesentlichen Legierungselemente und ihre Prozentgehalte in absteigender Reihung und jeweils getrennt durch einen Bindestrich.

Schließlich kann bei beiden Kennzeichnungsarten nach einem Bindestrich ein weiterer Buchstabe für bestimmte Anforderungen angehängt werden, z. B. W für Schweißeignung in Verbindungsschweißungen.

5.1.3 Kennzeichnung der NE-Metalle [5.1, 5.7, 5.8]

Bei NE-Metallen erfolgt die Kennzeichnung – der alten DIN 1700/Z entsprechend - nach der chemischen Zusammensetzung durch Angabe der chemischen Symbole für das Grundmetall und die Legierungselemente geordnet nach abnehmenden Gehalten, wobei Zahlenwerte nach den Legierungselementen direkt deren mittlere Gehalte angeben. Bei Gusslegierungen der NE-Metalle wird die Vergießungsart durch voran- oder nachgestellte Buchstaben angegeben und zwar gilt je nach Norm und Metall: G, S, GS = Sandguss, GK, K, GM = Kokillenguss und GD, D, GP = Druckguss. Diese Bezeichnungsweise wird in den folgenden Kapiteln für alle NE-Metalle benutzt, bei Aluminium-Legierungen ergänzt durch die Bezeichnung nach DIN EN 573-2. DIN 17 007-4 gibt die Kennzeichnung der NE-Metalle nach Werkstoffnummern an.

Für Aluminium und Aluminiumlegierungen besteht mit der DIN EN 573 ein Bezeichnungssystem, das die Kennzeichnung mit chemischen Symbolen (DIN EN 573-2:94) oder auch mit vierstelligen Nummern für 8 unterschiedliche, sich nach den Hauptlegierungselementen richtende Legierungsserien (DIN EN 573-1:04, -3:09) vornimmt. Die erste Ziffer des numerischen Systems kennzeichnet die Legierungsserie gemäß Tab. 5.5, die zweite Ziffer Legierungsvarianten und die weiteren Ziffern sind Zählziffern. Unterschiedliche Werkstoffzustände von Aluminiumlegierungen werden nach DIN EN 515:93 durch Anhängesymbole aus Buchstaben und bis zu zwei Ziffern gekennzeichnet, wobei F für den Herstellungszustand steht, O für weichgeglüht, H1 für nur kaltverfestigt (H12 = 1/4-hart, H14 = 1/2-hart, H16 = 3/4-hart, H18 = vollhart, H19 = extrahart), W für lösungsgeglüht und T für wärmebehandelt (T4 = lösungsgeglüht + kaltausgelagert, T6 = lösungsgeglüht + warmausgelagert). Die vollständige Bezeichnung lautet dann z. B. EN AW-Al MgSi-T4 oder EN AW-6060 (Europäische Norm Aluminium Wrought alloys, für Knetlegierungen als Halbzeug). In Tab. 5.5 ist mit angegeben, welche Legierungsserien wärmebehandelbar sind (WB, vgl. dazu Tab. 5.29) und welche nicht (NWB, vgl. Tab. 5.28).

Für Kupfer und seine Legierungen besteht mit DIN EN 1412:95 ein europäisches Nummernsystem, bei dem CW bzw. CC für Kupferknet- bzw. -gusslegierungen vorangestellt und den folgenden drei Zählziffern Buchstaben für den jeweiligen Legierungstyp nachgestellt werden.

Tab. 5.5 Aluminium Legierungsserien nach DIN EN 573 und Aluminium Association AA

Leg. Serie	Hauptlegierungselemente + weitere Legierungselemente	NWB/WB
1xxx	Al > 99,0 %, unleg.	NWB
2xxx	AlCu + weitere	WB
3xxx	AlMn + z. B. Mg	NWB
4xxx	AlSi + z. B. Mg	(NWB)
5xxx	AlMg + z. B. Mn	NWB
6xxx	AlMgSi + z. B. Mn, Cu	WB
7xxx	AlZn + z. B. Mg, Cu	WB
8xxx	Sonstige, z. B. Fe	NWB/WB

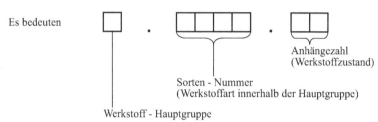

Abb. 5.2 Schema zur Werkstoffkennzeichnung durch Werkstoffnummern

5.1.4 Werkstoffkennzeichnung durch Werkstoffnummern nach DIN EN 10 027-2:92 und DIN/DIN-Entwurf 17 007-4:63/12, [5.3]

DIN 17 007-4 und DIN EN 10 027-2, die die stahlbezogenen Teile von DIN 17 007 ersetzt, ordnen jedem Werkstoff eine fünf- bis siebenstellige *Werkstoffnummer* (WNr.) zu, was dem zunehmenden Bedürfnis entspricht, ein rechentechnisch auswertbares Zahlensystem für Werkstoffe zu erhalten.

Jeder Werkstoff wird dem Schema in Abb. 5.2 entsprechend durch eine fünfziffrige Zahl gekennzeichnet, die beim „Werkstoffhandbuch der Deutschen Luftfahrt" zugleich die Nummer des Werkstoffleistungsblattes ist. Dabei gibt die erste Ziffer für die Werkstoff-*Hauptgruppe* gemäß Tab. 5.6 die Art des Werkstoffs an (Stahl, Schwer-, Leichtmetall, Kunststoff). Bei der daran anschließenden *Sortennummer/Stahlgruppennummer* kennzeichnen die beiden ersten Stellen die *Sortenklasse/Stahlgruppe*, d. h. den Werkstofftyp innerhalb der Hauptgruppe nach Zusammensetzung, Festigkeitsstufe und Verwendungszweck (Allgemeine Baustähle, Werkzeugstähle, Leichtmetalllegierungen auf AlCu- oder AlMgZn-Basis usw., vergleiche Tab. 5.7, 5.8 und 5.9 für Stahl, NE-Schwermetalle und NE-Leichtmetalle). Die nächsten zwei Ziffern dienen vorwiegend der Werkstoffunterscheidung innerhalb der Sortenklasse/Stahlgruppe. Sie werden für jeden Werkstoff als Zählnummern festgelegt und lassen im Allgemeinen keinen Rückschluss auf den Legierungsgehalt zu. Bei NE-Metallen kann der fünfziffrigen Werkstoffnummer nach Bedarf eine ein- oder zweiziffrige *Anhängezahl* hinzugefügt werden, die besondere kennzeichnende Eigenschaften des Werkstoffes

Tab. 5.6 Werkstoff-Hauptgruppen nach DIN EN 10 027-2 und DIN/DIN Entwurf 17 007-4:63/12

Für die Hauptgruppe gilt:					
0	Roheisen und Ferrolegierungen		3	Leichtmetalle	
1	Stahl			3.00 ... 3.49	Al
2	Schwermetalle außer Stahl			3.50 ... 3.59	Mg
	2.00 ... 2.17	Cu		3.70 ... 3.79	Ti
	2.20 ... 2.24	Zn, Cd	4	Metallpulver, Sinterwerkstoffe	
	2.30 ... 2.34	Pb	5 ... 8	nichtmetallische Werkstoffe	
	2.35 ... 2.39	Sn		5.00 ... 5.4	Kunststoffe und GFK
	2.40 ... 2.49	Ni, Co		5.5	Gummi
	2.50 ... 2.59	Edelmetalle		5.7	Anstrichstoffe
	2.60 ... 2.99	Hochschmelzende		6.1	Holz
		Metalle		8.4	Glasseidengewebe
			9	frei für interne Benutzung	
				(z. B. für Versuchslegierungen)	

angibt. Im Zuge der Einführung der DIN EN 10 027 sind auch für Stähle weitere zwei Ziffern als Reserve für einen möglichen künftigen Bedarf an Werkstoffnummern vorgesehen. Die Werkstoffnummern werden durch zwei Punkte jeweils nach der ersten und nach der fünften Ziffer aufgegliedert.

5.1.5 Luftfahrtnormen

Werkstoffe, die für die Luft- und Raumfahrt benötigt werden, sind in so genannten Leistungsblättern im „Werkstoffhandbuch der Deutschen Luftfahrt" zusammengefasst. Wegen der hohen Qualitätsanforderungen an diese Werkstoffe muss ihre Herstellung besonders sorgfältig überwacht werden. In der Regel erkennt man diese auch als Fliegwerkstoffe bezeichneten Konstruktionsmaterialien nach der alten DIN 17 007 an der Endziffer 4 in der Sorten-Nummer. Eine Ausnahme von dieser Regel bilden die hochwarmfesten „NIMONIC"-Legierungen, für die im Werkstoffhandbuch in der Hauptgruppe 2 (= NE-Schwermetalle) die Sorten-Nummern 4600 bis 4699 vorgesehen worden sind. Da in der europäischen Luft- und Raumfahrtindustrie vielfach Werkstoffspezifikationen anderer Länder, insbesondere der USA, berücksichtigt werden müssen, enthält das Werkstoffhandbuch der Deutschen Luftfahrt zu jedem Leistungsblatt eine Zusammenstellung der vergleichbaren, auswärtigen Werkstoffe mit den jeweils üblichen Normkennzeichnungen. Vergleichstabellen finden sich für Eisen- und Stahlwerkstoffe außerdem im „Stahlschlüssel" [5.5] und für Leichtmetallwerkstoffe im „Aluminium-Schlüssel oder Aluminium-Taschenbuch" [5.7, 5.8].

Tab. 5.7 Stahlgruppennummern aus DIN EN 10 027-2, Tabelle 1

Gruppe	Unlegierte Stähle				Legierte Stähle							
	Grundstähle	Qualitätsstähle	Edelstähle		Qualitätsstähle		Edelstähle			Bau-, Maschinenbau- und Behälterstähle		
					Werkzeugstähle	Verschiedene Stähle	Chem. best. Stähle					
0	00 / 90 Grundstähle	01 / 91 Allgemeine Baustähle mit $R_m < 500$ N/mm²	10 Stähle mit besonderen physikalischen Eigenschaften		20 Cr	30	40 Nichtrostende Stähle mit < 2,5 % Ni ohne Mo, Nb und Ti	50 Mn, Si, Cu	60 Cr-Ni mit ≥ 2,0 < 3 % Cr	70 Cr Cr-B	80 Cr-Si-Mo Cr-Si-Mn-Mo Cr-Si-Mo-V Cr-Si-Mn-Mo-V
1		02 / 92 Sonstige, nicht für eine Wärmebehandlung bestimmte Baustähle mit $R_m < 500$ N/mm²	11 Bau-, Maschinenbau-, Behälterstähle mit < 0,50 % C		21 Cr-Si Cr-Mn-Si	31	41 Nichtrostende Stähle mit < 2,5 % Ni mit Mo, ohne Nb und Ti	51 Mn-Si Mn-Cr	61	71 Cr-Si Cr-Mn Cr-Mn-B Cr-Si-Mn	81 Cr-Si-V Cr-Mn-V Cr-Si-Mn-V
2		03 / 93 Stähle mit im Mittel < 0,12 % C oder $R_m < 400$ N/mm²	12 Maschinenbaustähle mit ≥ 0,50 % C		22 Cr-V Cr-V-Si Cr-V-Mn-Si	32 Schnellarbeitsstähle mit Co	42	52 Mn-Cu Mn-V Si-V Mn-Si-V	62 Ni-Si Ni-Mn Ni-Cu	72 Cr-Mo mit < 0,35 % Mo Cr-Mo-B	82 Cr-Mo-W Cr-Mo-W-V
3		04 / 94 Stähle mit im Mittel ≥ 0,12 % < 0,25 % C oder $R_m ≥ 400 < 500$ N/mm²	13 Bau-, Maschinenbau- u. Behälterstähle mit besond. Anforderungen		23 Cr-Mo Cr-Mo-V Mo-V	33 Schnellarbeitsstähle ohne Co	43 Nichtrostende Stähle mit ≥ 2,5 % Ni ohne Mo, Nb und Ti	53 Mn-Ti Si-Ti	63 Ni-Mo Ni-Mo-Mn Ni-Mo-Cu Ni-Mo-V Ni-Mn-V	73 Cr-Mo mit ≥ 0,35 % Mo	83
4			14		24 W Cr-W	34	44 Nichtrostende Stähle mit ≥ 2,5 % Ni mit Mo, ohne Nb und Ti	54 Mo Nb, Ti, V W	64	74	84 Cr-Si-Ti Cr-Mn-Ti Cr-Si-Mn-Ti

Tab. 5.7 (Fortsetzung)

hochfeste schweißgeeignete Stähle

← Nicht für eine Wärmebehandlung beim Verbraucher bestimmte Stähle →

0x / 9x	1x	2x	3x	4x	5x	6x	7x	8x
05 | 95 Stähle mit im Mittel ≥ 0,25 < 0,55 % C oder R_m ≥ 500 < 700 N/mm²	**15** Werkzeugstähle	**25** W-V Cr-W-V	**35** Wälzlagerstähle	**45** Nichtrostende Stähle mit Sonderzusätzen	**55** B Mn-B < 1,65 % Mn	**65** Cr-Ni-Mo mit < 0,4 % Mo + < 2 % Ni	**75** Cr-V mit < 2,0 % Cr	**85** Nitrierstähle
06 | 96 Stähle mit im Mittel ≥ 0,55 % C oder R_m ≥ 700 N/mm²	**16** Werkzeugstähle	**26** W außer Klassen 24, 25 und 27	**36** Werkstoffe mit besonderen magnetischen Eigenschaften ohne Co	**46** Chemisch beständige und hochwarmfeste Ni-Legierungen	**56** Ni	**66** Cr-Ni-Mo mit < 0,4 % Mo + ≥ 2,0 + < 3,5 % Ni	**76** Cr-V mit > 2,0 % Cr	**86**
07 | 97 Stähle mit höherem P- oder S-Gehalt	**17** Werkzeugstähle	**27** mit Ni	**37** Werkstoffe mit besonderen magnetischen Eigenschaften mit Co	**47** Hitzebeständige Stähle mit < 2,5 % Ni	**57** Cr-Ni mit < 1,0 % Cr	**67** Cr-Ni-Mo mit < 0,4 % Mo + ≥ 3,5 < 5,0 % Ni oder ≥ 0,4 % Mo	**77** Cr-Mo-V	**87**
18 | 08 | 98 Stähle mit besonderen physikalischen Eigenschaften		**28** Sonstige	**38** Werkstoffe mit besonderen physikalischen Eigenschaften ohne Ni	**48** Hitzebeständige Stähle mit ≥ 2,5 % Ni	**58** Cr-Ni mit ≥ 1,0 < 1,5 % Cr	**68** Cr-Ni-V Cr-Ni-W Cr-Ni-V-W	**78**	**88**
19 | 09 | 99 Stähle für verschiedene Anwendungsbereiche		**29**	**39** Werkstoffe mit besonderen physikalischen Eigenschaften mit Ni	**49** Hochwarmfeste Werkstoffe	**59** Cr-Ni mit ≥ 1,5 < 2,0 % Cr	**69** Cr-Ni außer Klassen 57 bis 68	**79** Cr-Mn-Mo Cr-Mn-Mo-V	**89**

Fußnoten zu Tabelle 1:

1) Die Einteilungen der Stahlgruppen steht im Einklang mit der Einteilung der Stähle nach EN 10 020
2) In den Feldern der Tabelle sind folgende Angaben enthalten:
   a) Die Stahlgruppennummer (jeweils oben links)
   b) die kennzeichnenden Merkmale der unter der betreffenden Nummer erfassten Stahlgruppe
   c) R_m = Zugfestigkeit
   Die für die chemische Zusammensetzung und die Zugfestigkeit (R_m) angegebenen Grenzwerte gelten als Anhalt.

Tab. 5.8 Sortenklassen nach DIN 17 007-4: für NE-Leichtmetalle

Al und Al-Legierungen (niedrig legiert)	AlCu-Legierungen	AlSi-Legierungen	AlMg-Legierungen	AlZn-Legierungen	Mg + Mg-Legierungen	Reserve	Ti + Ti-Legierungen	Reserve	Reserve
00 Al-Leg. mit Sonst. Zusätzen	10 AlCu-Leg. mit Sonst. Zusätzen	20 AlSi-Leg. mit Sonst. Zusätzen	30 AlMg-Leg. mit Sonst. Zusätzen	40 AlZn-Leg. mit Sonst. Zusätzen	50 Rein-Mg und Mg-Vorlegierungen	60	70	80	90
01	11 AlCu-Leg. (binär)	21 AlSiCu-Leg.	31 AlMgCu-Leg.	41 AlZnCu-Leg.	51 Mg-Leg. mit Selt. Erden, Th, Zn und Zr	61	71	81	91
02 Rein-Al	12 AlCuSi-Leg.	22 AlSiMg-Leg. (binär)	32 AlMgSi-Leg.	42 AlZnSi-Leg.	52 MgMn-Leg. Reserve	62	72	82	92
03 Rein-Al	13 AlCuMg-Leg.	23 AlSiMg-Leg.	33 AlMg-Leg. (binär)	43 AlZnMg-Leg.	53	63	73	83	93
04	14 AlCuZn-Leg.	24 AlSiZn-Leg.	34 AlMgZn-Leg.	44 AlZn-Leg. (binär)	54 MgAlZn-Leg.	64	74	84	94
05 Al-Leg. mit Mn, Cr	15 AlCu-Leg. mit Mn, Cr	25 AlSi-Leg. mit Mn, Cr	35 AlMg-Leg. mit Mn, Cr	45 AlZn-Leg. mit Mn, Cr	55 (und	65 Reserve	75 Titan und Ti-Leg.	85	95 Reserve
06 Al-Leg. mit Pb, Sb, Sn, Bi, Cd, Ca	16 AlCu-Leg. mit Pb, Sb, Sn, Cd, Bi, Ca	26 AlSi-Leg. mit Pb, Sb, Sn, Cd, Bi, Ca	36 AlMg-Leg. mit Pb, Sb, Sn, Cd, Bi, Ca	46 AlZn-Leg. mit Pb, Sb, Sn, Cd, Bi, Ca	56 Sonstige)	66	76	86	96
07 Al-Leg. mit Ni, Co	17 AlCu-Leg. mit Ni, Co	27 AlSi-Leg. mit Ni, Co	37 AlMg-Leg. mit Ni, Co	47 AlZn-Leg. mit Ni, Co	57	67	77	87	97
08 Al-Leg. mit Ti, B, Be, Zr	18 AlCu-Leg. mit Ti, B, Be, Zr	28 AlSi-Leg. mit Ti, B, Be, Zr	38 AlMg-Leg. mit Ti, B, Be, Zr	48 AlZn-Leg. mit Ti, B, Be, Zr	58	68	78	88	98
09 Al-Leg. mit Fe	19 AlCu-Leg. mit Fe	29 AlSi-Leg. mit Fe	39 AlMg-Leg. mit Fe	49 AlZn-Leg. mit Fe	59	69	79	89	99

Tab. 5.9   Sortenklassen nach DIN 17 007-4 für NE-Schwermetalle

Kupfer und Kupferlegierungen		Zn, Cd + Legierungen	Pb, Sn + Legierungen	Ni, Co + Legierungen	Edelmetalle + Legierungen	Hochschm. Metalle + Legierungen	Reserve	Reserve	Reserve
00 Rein-Cu	10 CuSn-Leg. (Bronzen)	20 Rein-Zn	30 Rein-Pb	40 Rein-Ni und Rein-Co	50	60	70	80	90
01	11 CuPb-Leg. Reserve	21 Zn-Leg.	31 Pb und Pb-Leg. für Kabelmäntel	41 Ni- und Co-Leg.	51	61	71	81	91
02 CuZn-Leg.	12 CuAg-Leg. CuAu-Leg. Reserve CuBe-Leg. CuCd-Leg. CuCo-Leg. CuCr-Leg.	22 Zn-Bleche und Bänder	32 Hartblei	42 niedriglegiert	52	62	72	82	92
03 (Messing)	13 Reserve CuFe-Leg. CuMg-Leg. CuMn-Leg. CuO-Leg.	23 Lote auf Zn-Basis	33 Pb-Mehrstoff-Leg.	43 Ni- und Co-Leg. hochlegiert	53	63	73	83	93
04 CuZn-	14 Reserve CuP-Leg. CuPd-Leg. CuPt-Leg. Reserve	24 Cd, Cd-Leg. Lote auf Cd-Basis	34 Weichlote auf Pb-Basis / Reserve	44 NiCu- und CoCu-Leg.	54 Edelmetalle	64 hoch-/schmelzende Metalle	74 Reserve	84 Reserve	94 Reserve
05 + Ni, Mn, Fe, Sn, Al, Si, Sondermessing)	15 CuSe-Leg. CuSi-Leg. CuTe-Leg. Reserve CuTi-Leg. CuZr-Leg.	25 Reserve	35 Rein-Sn / Reserve	45 NiFe- und CoCu-Leg.	55	65	75	85	95
06 Reserve	16 Cu-Leg.	26	36 SnPb-Weichlote	46 Ni-Leg. mit "NIMONIC"	56	66	76	86	96
07 CuNiZn-Leg. (Neusilber)	17 Reserve	27 Reserve	37 Reserve SnPbSb-Druckguss-Leg. SnSbCu-Druckguss-Leg. SnSbCu-Lagermetalle	47 Co, Cr und Mo Co-Leg. mit	57	67	77	87	97
08 CuNi-Leg. z.B. "Monel" "Konstantan"	18 Reserve	28	38 sonstige Sn-Leg.	48 Cr, Ni und Mo	58	68	78	88	98
09 CuAl-Leg. (Al-Bronzen)	19	29 Reserve	39 Reserve	49 Reserve	59	69	79	89	99

Tab. 5.10 Grenzgehalte für die Einteilung in unlegierte und legierte Stähle (Schmelzenanalyse)

Vorgeschriebene Elemente		Grenzgehalt (Massenanteil in %)	Vorgeschriebene Elemente		Grenzgehalt (Massenanteil in %)
Al	Aluminium	0,30	Se	Selen	0,10
B	Bor	0,0008	Si	Silicium	0,60
Bi	Wismut	0,1	Te	Tellur	0,10
Co	Cobalt	0,3	Ti	Titan	0,05
Cr	Chrom	0,3	V	Vanadium	0,10
Cu	Kupfer	0,4	W	Wolfram	0,30
La	Lanthanide		Zr	Zirconium	0,05
	(einzeln gewertet)	0,1			
Mn	Mangan	1,65 [a]	Sonstige (mit Ausnahme von Kohlenstoff, Phosphor, Schwefel, Stickstoff) jeweils		0,1
Mo	Molybdän	0,08			
Nb	Niob	0,06			
Ni	Nickel	0,30			
Pb	Blei	0,40			

[a] Falls für Mangan nur ein Höchstwert festgelegt ist, gilt als Grenzwert 1,80 %.

5.2 Stähle als Konstruktions- und Werkzeugwerkstoffe

5.2.1 Einteilung der Stähle nach DIN EN 10 020:00

Nach DIN EN 10 020 unterscheidet man zwischen *unlegierten Stählen, nichtrostenden Stählen* und *anderen legierten Stählen*. Ein Stahl gilt als *unlegiert*, wenn die in Tab. 5.10 angegebenen Grenzgehalte der einzelnen Elemente nicht erreicht werden. Stahlsorten zählen zu den *anderen legierten Stählen*, wenn sie nicht der Definition für nichtrostende Stähle entsprechen und wenn der Legierungsgehalt für wenigstens ein Element die Grenzwerte von Tab. 5.10 erreicht oder überschreitet. *Nichtrostende Stähle* sind dieser Definition gemäß Stähle mit einem Massenanteil Chrom von mindestens 10,5 % und höchstens 1,2 % Kohlenstoff.

Weiter unterscheidet DIN EN 10 020 als Hauptgüteklassen *Qualitätsstähle* und *Edelstähle*.

Unlegierte oder legierte *Qualitätsstähle* sind Stahlsorten, für die im Allgemeinen Anforderungen an die Zähigkeit, Korngröße oder Umformbarkeit festgelegt sind. Zu den unlegierten Qualitätsstählen gehören insbesondere die in Tab. 5.12 aufgeführten Baustähle nach DIN EN/prEN 10 025-2:05/:11, ein Teil der Stähle für Rohre (Tab. 5.15), ein Teil der normalgeglühten Feinkornbaustähle (DIN EN/prEN 10 025-3:05/11, Abschn. 5.2.3) und der Stähle für den Druckbehälterbau (Tab. 5.14) sowie Feinbleche aus weichen, unlegierten Stählen (Tab. 5.11).

DIN EN 10 020 gibt auch Grenzwerte der chemischen Zusammensetzung an, anhand derer die Feinkornbaustähle in Qualitäts- und Edelstähle unterteilt werden.

Unlegierte Edelstähle andererseits zeichnen sich, insbesondere bezüglich nichtmetallischer Einschlüsse, durch einen höheren Reinheitsgrad als Qualitätsstähle aus und sind in den meisten Fällen für ein Vergüten oder Oberflächenhärten vorgesehen. Ihre durch genaue Einstellung der chemischen Zusammensetzung und besondere Sorgfalt bei der Herstellung verbesserten Eigenschaften ermöglichen hohe oder eng eingeschränkte Streckgrenzen- oder Härtbarkeitswerte, zum Teil verbunden mit der Eignung zum Kaltumformen oder Schweißen. Die Edelstähle entsprechen damit ganz spezifischen Anforderungen, zum Beispiel an einen festgelegten Mindestwert der Kerbschlagzähigkeit im vergüteten Zustand oder bei −50 °C, an eine festgelegte Einhärtungstiefe oder Oberflächenhärte im gehärteten, vergüteten oder oberflächengehärteten Zustand oder an festgelegte Höchstgehalte von Phosphor und Schwefel. Unlegierte Edelstähle sind insbesondere die für Wärmebehandlungen vorgesehenen unlegierten Vergütungs- (Abschn. 5.2.4) und Einsatzstähle (Abschn. 5.2.4) und teilweise normalgeglühte Feinkornbaustähle für Druckbehälter (Abschn. 5.2.3).

Bei *legierten Edelstählen* werden analog durch die genaue Einstellung der Legierungsgehalte und besondere Herstell- und Prüfbedingungen verbesserte Eigenschaften gewährleistet. Zu dieser Gruppe zählen die legierten Vergütungs- und Einsatzstähle, Wälzlagerstähle, legierte und hochlegierte Werkzeugstähle sowie der Großteil der hochfesten Feinkornbaustähle und Feinkorn-, Druckbehälter- sowie Rohrstähle (Abschn. 5.2.3).

Nichtrostende Stähle werden unterteilt in eine Gruppe, die weniger als 2,5 % Nickel enthält, und eine andere Gruppe, die mehr als 2,5 % Nickel enthält, sowie auch nach ihren Haupteigenschaften in korrosionsbeständig, hitzebeständig und warmfest.

Die im Folgenden nach ihren spezifischen Eigenschaften im Zusammenhang mit typischen Anwendungsbereichen geordneten Stahlsorten [5.5, 5.9–5.19] werden als *Konstruktions- (Struktur-)* oder *Werkzeugwerkstoffe* eingesetzt. Auf Stähle als *Funktionswerkstoffe*, z. B. mit besonderen magnetischen Eigenschaften, wird hier nicht eingegangen. Das benutzte Ordnungsschema folgt ansteigenden Anforderungen an die Festigkeit oder an spezielle Eigenschaften der Stähle, die mit zunehmenden Kohlenstoff- und/oder Legierungselementgehalten erfüllt werden. Unterteilungen nach DIN EN 10 020 erscheinen dabei nur teilweise angebracht. Den neuen Stahlbezeichnungen sind vielfach die Bezeichnungen nach älteren Normen in Klammern angefügt.

5.2.2 Weiche Stähle zum Kaltumformen

Bei dieser Stahlgruppe steht eine gute Kaltumformbarkeit, häufig verbunden mit einer optimalen Oberflächenbeschaffenheit, an erster Stelle der angestrebten Eigenschaften.

Tab. 5.11 Kaltgewalzte Feinbleche nach DIN EN 10 130

Stahlsorte		Desoxidation	R_m	R_e
Kurzname	Werkstoff-Nr.		in N/mm^2	in N/mm^2
DC01 (Fe P 01)	1.0330	Freigestellt	270–410	280
DC03 (Fe P 03)	1.0347	Voll beruhigt	270–370	240
DC04 (Fe P 04)	1.0338	Voll beruhigt	270–350	210
DC05 (Fe P 05)	1.0312	Voll beruhigt	270–330	180

Weiche Stähle mit guter Kaltumformbarkeit (DIN EN 10 130:06/07, DIN EN 10 111:08, DIN EN 10 139:97, DIN EN 10 346:09, DIN EN 10 152:03, DIN EN/prEN 10 209:96/10, [5.11])

Feinbleche, z. B. für den Karosseriebau [5.11], müssen als Qualitätsstähle für das Tiefziehen geeignet, also besonders gut kalt umformbar sein. Dies wird am einfachsten erreicht mit Stählen, die durch einen geringen Kohlenstoffgehalt sehr weich und duktil sind. Karosseriebleche benötigen außerdem eine sehr gute Oberflächenqualität. Man unterscheidet bei der Oberflächenbeschaffenheit:

- Oberflächenart A (übliche kaltgewalzte Oberfläche) und
- Oberflächenart B (beste Oberfläche).

Die kaltgewalzten weichen Feinbleche in Tab. 5.11 sind in der DIN EN 10 130 aufgeführt und nach DIN EN 10 027-1 bezeichnet, wobei D für Blech aus weichen unlegierten Stählen zum Kaltumformen steht, C für kaltgewalzt und die Kennzahlen 01 bis 05 für Stähle mit zunehmend besserer Tiefziehfähigkeit (entsprechend der alten Bezeichnung St 12 bis St 15.). Oberflächenveredelte Qualitäten sind in DIN EN 10 346:09 (schmelztauchveredelt) und in DIN EN 10 152:09/AC:11 (elektrolytisch verzinkt) zusammengefasst.

Wichtiges Beispiel und Anwendung: DC04 B (früher Fe P 04 B) gut umformbares Karosserieblech mit bester Oberfläche (B), gegebenenfalls mit Zusatz + ZE für elektrolytisch verzinkt und Anfügen der Schichtdicke auf Unter-/Oberseite.

Für besonders schwierig umzuformende Teile dienen Stähle mit stark reduziertem Kohlen stoffgehalt (z. B. 0,005 % C, interstitial free IF 18) entsprechend DC06 (Fe P 06) oder isotrope Stähle (IHZ 250), bei denen die Zipfelbildung beim Tiefziehen vollkommen unterbleibt.

Warmgewalzte Bleche aus weichen Stählen zum Kaltumformen sind analog in DIN EN 10 111 aufgeführt (Bezeichnung DD 11 bis DD 14 mit zweitem Zusatzsymbol D für warmgewalztes Erzeugnis zur unmittelbaren Kaltumformung). Bei diesen Stählen wird für die Oberflächenart nur gefordert, dass die Bleche frei von Überlappungen, Blasen und Rissen sind.

Zur Verwirklichung von Leichtbaukonzepten ist es das Ziel, die gute Umformbarkeit mit einer möglichst hohen Festigkeit der Bleche zu kombinieren. Feinbleche, die ihre erhöhte Festigkeit erst durch eine Aushärtung (*bake hardening, B*) beim Einbrennlackieren des schon umgeformten Bauteils erlangen, werden im Karosseriebau für Außenhautteile benutzt. Für Strukturteile verwendet man zunehmend spezielle mikrolegierte oder phosphorlegierte (P) höherfeste Feinbleche mit Streckgrenzen zwischen 300 und 420 N/mm^2. Als Stähle mit noch höheren Festigkeiten sind Dualphasenstähle (X) im Einsatz, bei denen 5 bis 20 % harter Martensit in eine weiche Matrix aus 75 bis 90 % Ferrit eingebettet sind (Werksname DP 500, DP 600), außerdem TRIP-Stähle (T, transformation induced plasticity) mit Gefügeanteilen an Ferrit, Martensit und/oder Bainit sowie metastabilem Austenit, der erst beim Kaltumformen festigkeitssteigernd in Martensit umwandelt. In der Normbezeichnung dieser Stähle folgen auf H für kaltgewalzte höherfeste Stähle und die Mindeststreckgrenze die oben genannten Zusatzsymbole B, P, X oder M = thermomechanisch behandelt, Y = IF interstitial free und I = isotrop, z. B. H400M.

Bei den *tailored blanks* sind Feinbleche verschiedener Dicke, Festigkeit oder Oberflächenbeschichtung durch Laserstrahl- oder Quetschnahtschweißen zu Platinen verbunden, die nach dem Umformen der tatsächlichen Beanspruchung angepasste Karosserieteile ergeben.

5.2.3   Baustähle für den Stahl- und Maschinenbau, für Druckbehälter und Rohre [5.10, 5.12–5.15]

Die qualitätsbestimmenden Merkmale für diese Stahlgruppe sind die Streckgrenzenwerte in Verbindung mit der Kerbschlagzähigkeit, vielfach auch bei niedrigen Temperaturen unter 0 °C, sowie die Schweißeignung und eine gute oder zumindest hinreichende Kaltumformbarkeit.

Warmgewalzte unlegierte Baustähle (DIN EN/prEN 10 025-1:05/11, DIN EN/prEN 10 025-2:05/11, DIN EN 10 346:09, [5.12])

Baustähle müssen die im Stahl-, Anlagen- oder Maschinenbau vorliegenden Anforderungen an Festigkeit und Zähigkeit, z. T. auch bei tiefen Temperaturen, erfüllen und müssen vielfach schweißgeeignet sein. Unterschiedlichen Anforderungen tragen die in Tab. 5.12 gemäß DIN EN 10 025-2 zusammengestellten Sorten Rechnung. Die Tabelle enthält auch Stahlsorten und ihre Bezeichnungen aus zurückgezogenen Normen (Z), so dass man erkennen kann, mit welchen Sorten aus der alten Norm die in der neuen Norm enthaltenen Baustahlsorten übereinstimmen. In den Bezeichnungen nach DIN EN 10 027-1 ist die Zahl nach dem ersten Buchstaben der Mindestwert der Streckgrenze für Dicken kleiner als 16 mm in N/mm^2. Für größere Erzeugnisdicken sind die in der Norm angegebenen Streckgrenzenabschläge zu beachten, für deren Ausmaß die Werte für Dicken > 100 mm und ≤ 150 mm in Tab. 5.12 Anhaltspunkte geben. Die aufgeführten Stahlsorten sind in die Gütegruppen JR, JO, J2 unterteilt, wobei die Buchstaben und Zahlen hinter dem Streckgrenzenwert die Kerbschlagarbeit bei bestimmten Temperaturen kennzeichnen (vgl. Tab. 5.3), also das unterschiedliche Zähigkeitsverhalten der Stähle ausdrücken. Die in DIN EN 10 025-2

Tab. 5.12 Sorteneinteilung nach DIN EN 10 025-2, Vergleich mit den Bezeichnungen der früheren Normen DIN EN 10 025:90 + A1:93/Z und DIN 17 100/Z (vgl. Tab. 5.2 und 5.3)

| Stahlsorte: Kurzname und Werkstoffnummer | | | | Mindest-streckgrenze in N/mm^2 Nenndicke | Desoxi-dationsart[1] |
| Nach EN 10 027-1 und CR 10 260 | Nach EN 10 027-2 | Frühere nationale Bezeichnung | | | |
		EN 10 025:1990 + A1:1993	DIN 17 100	> 100 mm ≤ 150 mm	
	1.0035	S185	St 33	165	Freigestellt
S185	1.0037	S235JR	St 37-2		Freigestellt
	1.0036	S235JRG1	USt 37-2		FU
S235JR	1.0038	S235JRG2	RSt 37-2	195	FN
S235JO	1.0114	S235JO	St 37-3 U	195	FN
	1.0116	S235J2G3[2]	St 37-3 N		FF
S235J2	1.0117	S235J2G4[2]	–	195	FF
S275JR	1.0044	S275JR	St 44-2	225	FN
S275JO	1.0143	S275JO	St 44-3 U	225	FN
	1.0144	S275J2G3	St 44-3 N		FF
S275J2	1.0145	S275J2G4	–	225	FF
S355JR	1.0045	S355JR	–	295	FN
S355JO	1.0553	S355JO	St 52-3 U	295	FN
	1.0570	S355J2G3	St 52-3 N		FF
S355J2	1.0577	S355J2G4	–	295	FF
	1.0595	S355K2G3	–		FF
S355K2	1.0596	S355K2G4	–	295	FF
S450JO	1.0590			380	FF
E295	1.0050	E295	St 50-2	245	FN
E335	1.0060	E335	St 60-2	275	FN
E360	1.0070	E360	St 70-2	305	FN

[1] Bezeichnung der Desoxidationsart: Freigestellt: nach Wahl des Herstellers, FN: Unberuhigter Stahl nicht zulässig, FF: Vollberuhigter Stahl mit einem ausreichendem Gehalt an stickstoffabbindenden Elementen (z. B. mindestens 0,020 % Al), FU: Unberuhigter Stahl
[2] G3 stand für Zustand normalisiert, G4 stand für alle anderen Zustände nach Herstellerwahl.

genannten Stähle sind nicht für eine Wärmebehandlung vorgesehen, Spannungsarmglühen ist zulässig.

Um die Schweißeignung zu gewährleisten wird der Kohlenstoffgehalt der Stähle für den Stahl-bau auf 0,24 % begrenzt (Ausnahme S355JR, Stückanalyse) und das für die Beurteilung der Schweißeignung noch wichtigere Kohlenstoffäquivalent CEV[7] auf 0,45 bis 0,49 (vgl. Tab. 5.13). Die höheren Festigkeitswerte werden durch ansteigende Gehalte von Mangan erreicht. S355 und S450 enthält 0,55 bzw. 0,6 % Si (Schmelz- bzw. Stückanalyse). Für

Tab. 5.13 Maximal zulässige Kohlenstoffgehalte in % (Schmelzanalyse), Kohlenstoffäquivalente CEV[1] und Mn-Gehalte der Stähle nach DIN EN 10 025-2, Angaben zur Kerbschlagarbeit

	S235 (JR, J0, J2)	S275 (JR, J0, J2)	S355 (JR, J0, J2, K2)	S450J0
C max. in % [1]	0,17/0,17/0,17	0,21/0,18/0,18	0,24/0,20/0,20/0,20	0,20
CEV max [2]	0,35/0,35/0,35	0,40/0,40/0,40	0,45/0,45/0,45/0,45	0,47
Mn in %	1,40	1,50	1,60	1,70

[1] Die zulässigen C-Gehalte sind nach der Stückanalyse und für Nenndicken > 30 mm etwas höher.
[2] Die zulässigen CEV-Werte für Erzeugnisdicken > 30 mm sind etwas höher. Begrenzung von Begleitelementen auf die folgenden maximalen Werte (Schmelzanalyse): Phosphor: je nach Sorte maximal 0,025 bis 0,035 %, Schwefel: je nach Sorte maximal 0,025 bis 0,035 %, Stickstoff: maximal 0,012 bis 0,025 %, Kupfer: maximal 0,55 %.

die Maschinenbaustähle E295 bis E360 ist die chemische Zusammensetzung in der Norm nicht festgelegt. Sie können ihre Festigkeit durch Kohlenstoffgehalte über 0,24 % erreichen und sind dann nicht schmelzschweißgeeignet.

Als Oberflächenschutz der Baustähle kann Verzinken angewandt werden (vgl. DIN EN 10 271:98 und DIN EN 10 346:09). Bei wetterfesten Baustählen bewirken kleine Legierungsgehalte, z. B. Cu, eine festhaftende Schutzschicht an der Oberfläche (DIN EN 10 025-5:05/DIN prEN 10 025-5:11).

Schweißgeeignete Feinkornbaustähle (DIN EN/prEN 10 025 -3, -4:05/11, DIN EN 10 028-3, -5:09, DIN EN/prEN 10 149-1 bis -3:95/11, DIN EN 10 268:06, [5.12])

Für hochbeanspruchte geschweißte Bauteile im Stahl- oder Fahrzeugbau wurden hochfeste Feinkornbaustähle entwickelt, die auch bei Streck- bzw. 0,2 %-Dehngrenzen bis 500 N/mm² noch schweißgeeignet sind und bei niedrigen Temperaturen einsetzbar. Dabei finden bei abgesenktem Kohlenstoffgehalt neuere, wirksame Konzepte zur Festigkeitssteigerung und Kornfeinung mit gezieltem Mikrolegieren und/oder thermomechanischem Walzen (s. Abschn. 4.3 und 8.1.2) Anwendung. Die Stähle erhalten ihre besonders günstigen Festigkeits- und Zähigkeitseigenschaften bei Kohlenstoffgehalten zwischen 0,1 und 0,2 % durch abgestimmte Gehalte an Mangan (bis zu 1,8 %) und Nickel (bis 0,85 %) sowie an den Mikrolegierungselementen Aluminium, Niob, Titan und Vanadium, die zu feinverteilten Nitrid- und/oder Carbonitridausscheidungen sowie zur Kornverfeinerung und damit zu einer Streckgrenzenerhöhung führen. Die in DIN EN 10 025-3, -4/DIN prEN 10 025-3, -4 enthaltenen Stähle S275, S355, S420 und S460 sind entweder normalgeglüht bzw. normalisierend gewalzt (Zusatzsymbol N) oder thermomechanisch gewalzt (Zusatzsymbol M) lieferbar und besitzen vorteilhafte Eigenschaften auch bei tiefen Temperaturen. Mindestwerte der Kerbschlagarbeit sind in der Norm für die Gütegruppen N und M bis −20 °C festgelegt, für die kaltzähen Gütegruppen NL und ML (zweites Zusatzsymbol L) sogar bis −50 °C. Dies erfordert noch stärker abgesenkte Phosphor- und Schwefelgehalte als in Tab. 5.13 vermerkt (P_{max} = 0,025 %, S_{max} = 0,02 %, in der Schmelzanalyse).

Die Ziffern der Normbezeichnung kennzeichnen wieder die Mindeststreckgrenze für Erzeugnisdicken ≤16 mm. Eine Absenkung der Mindeststreckgrenze mit zunehmender Blechdicke ist zu beachten, aber mit geringerem Betrag als bei den Stählen von Tab. 5.12, z. B. im Dickenbereich zwischen 100 und 150 mm beim S355 N nur auf 285 N/mm^2 und beim S355M (100 bis 120 mm) nur auf 320 N/mm^2.

Hochfeste Baustähle, die besonders für die Kaltumformung geeignet sind, werden in DIN EN 10 149-3/DIN prEN 10 149-3 (normalisierend gewalzte Stähle S260NC bis S420 NC) und DIN EN 10 149-2/DIN prEN 10 149-2 (thermomechanisch gewalzte perlitarme Stähle S315MC bis S700MC, C-Gehalt 0,12 %) genannt. Die Normen enthalten detailliert wichtige Daten zum Kaltumformen (Zusatzsymbol C), Werte für die Kerbschlagarbeit sind nicht explizit festgelegt, die Schweißeignung ist sehr gut. Mikrolegierte Stähle zum Kaltumformen mit hoher Streckgrenze finden sich in DIN EN 10 268. Die Festigkeit dieser Stähle (H240LA bis H400LA, H für hohe Streckgrenze, LA für low alloyed, C-Gehalt 0,1 %) beruht auf den sich einlagernden Mikrolegierungselementen wie Niob, Titan oder Vanadium.

Angewandt werden die hier aufgeführten hochfesten Baustähle im Brückenbau (S 460, Viaduc de Millau, Frankreich), für Schleusentore, für Großrohre bei Pipelines, bei Offshore-Konstruktionen und die gut kaltumformbaren Sorten für Pressteile im Fahrzeugbau.

Schweißgeeignete, wasservergütete Feinkornbaustähle (DIN EN/prEN 10 025-6:09/11, DIN EN 10 028-6:09, [5.13])

Höhere 0,2 leipzig-Dehngrenzen als 500 N/mm^2 lassen sich bei speziell legierten Feinkornbaustählen, die mit begrenztem Kohlenstoffgehalt schweißgeeignet bleiben, sowohl durch Wasservergüten (Härten in Wasser mit vergütendem Anlassen) als auch durch thermomechanisches Walzen mit beschleunigtem Abkühlen erzielen. Es wird ein feines Gefüge aus Martensit und unterer Zwischenstufe angestrebt, das bei großer Festigkeit gute Zähigkeitseigenschaften besitzt. Die höheren Festigkeitsstufen bis zu 0,2 %-Dehngrenzen von über 1000 N/mm^2 werden durch erhöhte Gehalte an Legierungselementen und geringere Anlasstemperaturen beim Wasservergüten erreicht.

Die DIN EN 10 025-6 führt wasservergütete Feinkornbaustähle mit Mindeststreckgrenzen zwischen 460 N/mm^2 und 960 N/mm^2 auf (S460Q bis S960Q mit Q für quenched). Der lieferbare Stahl S1100Q ist nicht in der Norm enthalten, die drei Gütegruppen mit festgelegten Mindestwerten der Kerbschlagarbeit bis −20 °C (Q), bis −40 °C (QL) und bis −60 °C (QL1) unterscheidet. Die in der Stahlbezeichnung gekennzeichnete Mindeststreckgrenze gilt für Nennblechdicken zwischen 3 und 50 mm. Bei größeren Nenndicken sind Abschläge für die Streckgrenzenwerte zu beachten, die wegen der guten Durchhärtbarkeit dieser Stähle aber geringer sind als bei den normalgeglühten hochfesten Feinkornbaustählen.

---

[1] Die Werte für das Kohlenstoffäquivalent CEV berechnen sich nach der folgenden Formel des Internationalen Schweißinstitutes IIW CEV = C + $\frac{Mn}{6}$ + $\frac{Cr+Mo+V}{5}$ + $\frac{Ni}{15}$.

Für das Schweißen der vergüteten Stähle bestehen Vorschriften, die die Wärmeeinbringung, und damit die Abkühlgeschwindigkeit nach dem Schweißen, nach oben und unter so eingrenzen, dass ein Gefüge mit möglichst großem Anteil an unterer Zwischenstufe zurückbleibt. Die Temperaturen für das Spannungsarmglühen und beim Erwärmen zum Warmumformen müssen um 50 °C unterhalb der Vergütungstemperatur des Grundwerkstoffes bleiben.

Anwendung finden die Stähle insbesondere im Mobilkran- und Baggerbau, für Druckbehälter und Druckrohrleitungen oder beim Schildausbau im Untertagebergbau. Beispiele sind (alte Bezeichnungen in Klammern)

- S690Q (StE 690 V) oder S690M (StE 690 TM) an Drehgestellen von IC-Wagen,
- S960Q (StE 960 V) Teleskoparme für Fahrzeugkrane mit Q (quenched) oder V für vergütet und M oder TM für thermomechanisch gewalzt.

Stähle für den Druckbehälterbau (DIN EN 10 028-1:07 + A1:09, -2 bis -6:09, -7:07 DIN EN 10 120:08, DIN EN 10 207:05, [5.14, 5.15])

Für den Bau von Druckbehältern eignen sich Stähle die in ihrer chemischen Zusammensetzung, ihrem Gefüge und ihren Eigenschaften den allgemeinen Baustählen (DIN EN 10 028-2, P235GH bis P355GH) und den schweißgeeigneten Feinkornbaustählen weitgehend entsprechen. Dabei werden bei den normalgeglühten Feinkornbaustählen für den Druckbehälterbau (DIN EN 10 028-3, P275 N bis P460 N), bei den thermomechanisch gewalzten (DIN EN 10 028-5, P355M bis P460M) und bei den vergüteten Feinkornbaustählen (DIN EN 10 028-6, P355Q bis P690Q) außer den Sorten in einer Grundreihe (Zusatzsymbol N, M oder Q) noch Stahlsorten mit besonderer Eignung zum Einsatz bei hohen Temperaturen (warmfeste Reihe, Zusatzsymbol NH und MH) oder bei tiefen Temperaturen (kaltzähe Reihe, Zusatzsymbol NL1, ML1 und QL1 sowie kaltzähe Sonderreihe, Zusatzsymbol NL2, ML2 und QL2) unterschieden.

Für die warmfesten Stähle sind Mindestwerte der 0,2 %-Dehngrenze bis zu Temperaturen von 400 °C (NH) oder 300 °C (QH) festgelegt. Die besonders günstigen Mindestwerte der Kerbschlagarbeit werden bei den kaltzähen Stählen bis zu –40 °C (ML1, QL1), –50 °C (NL1, NL2, ML2) oder –60 °C (QL2) vorgegeben. Da die C-Gehalte unter 0,22 % liegen, sind die Stähle durchweg schweißgeeignet. Für Tiefsttemperatur-Druckbehälter sind kaltzähe Stähle (DIN EN 10 028-4:03) geeignet und die im Abschn. 5.2.6 genannten austenitischen Druckbehälter-Stähle.

Tabelle 5.14 gibt die chemische Zusammensetzung einiger Druckbehälterstähle, insbesondere verschiedener Sorten der Festigkeitsklasse P355 wieder, wobei die unterschiedlichen Legierungskonzepte bei normalgeglühten und bei vergüteten Sorten zum Ausdruck kommen sowie die nötigen Einschränkungen in den C-, P- und S-Gehalten für besonders kaltzähe Sorten.

Für vorgegebene Festigkeitsstufen lassen sich also aus der Gruppe der Druckbehälterstähle sowie der allgemeinen Bau- und Feinkornbaustähle ähnliche, aber je nach Einsatzgebiet und Anforderungsprofil im Detail unterschiedliche Stahlsorten auswählen. Die

Tab. 5.14 Druckbehälterstähle nach DIN EN 10 028-1:07,-2, -3, -5 und -6:09

Stahlsorte: Kurzname	C in %	Mn in %	P in %	S in %	Cr in %	Mo in %	Ni in %	R_m in N/mm^2 bei RT
P235GH[1]	$\leq 0,16$	0,6–1,2	0,025	0,015	$\leq 0,30$	0,08	$\leq 0,30$	360–480
P355GH	0,1/0,22	1,1–1,7	0,025	0,015	$\leq 0,30$	0,08	$\leq 0,30$	510–650
P355 N	0,20		0,030	0,025				490–630
P355NL1	0,18	0,9–1,7	0,030	0,020	0,30	0,08	0,50	Dicke
P355NL2	0,18		0,025	0,015				≤ 70 mm
P355M	0,14	1,60	0,025	0,020		0,20	0,50	450–610
P355ML2	0,14		0,020	0,015				
P355Q	0,16		0,025	0,015				490–630
P355QH	0,16	1,50	0,025	0,015	0,30	0,25	0,50	Dicke
P350QL2	0,16		0,020	0,010				≤ 100 mm

[1] G steht für andere Merkmale.

nachfolgend aufgeführten Beispiele sollen dies für die Festigkeitsstufe 355 N/mm^2 Mindeststreckgrenze unter Einteilung in die vier Gütereihen der Norm veranschaulichen (Bezeichnungen nach alter Norm jeweils in Klammern):

- Grundreihe:

S355JR, JO (StE 355, St 52-3)	für Stahlbau, je nach Forderung an die Kerbschlagarbeit bei +20 °C oder 0 °C, DIN EN 10 025-2, Tab. 5.3 und 5.12
S355N, M (StE 355, StE 355TM)	für Stahlbau bei hoher Beanspruchung, normalgeglüht oder thermomechanisch gewalzt, DIN EN 10 025-3, -4
P355N, M (StE 355, StE 355TM)	für Druckbehälter, normalgeglüht oder thermomechanisch gewalzt, DIN EN 10 028-3, -5, Tab. 5.14
S3355MC	für kaltgeformte Fahrzeugrahmen, thermomechanisch gewalzt, DIN EN 10 149-2/DIN prEN 10 149-2

- Warmfeste Reihe:

P355NH (WStE 355 N)	für Druckbehälter mit erhöhter Temperatur, normalgeglüht, 0,2 %-Dehngrenze wird bis 400 °C gewährleistet

- Kaltzähe Reihe und kaltzähe Sonderreihe:

S355ML (TStE 355TM)	für Stahlbau in kaltem Wasser (Offshore- Konstruktionen), thermomechanisch gewalzt, Mindestkerbschlagarbeit bis 50 °C gewährleistet

Tab. 5.15 Stähle für nahtlose oder geschweißte Rohrleitungen für brennbare Medien

Anforderungen	Norm	Beispiele für Stahlsorten
Anforderungsklasse A, geringe Anforderung	DIN EN 10 208-1	L210GA, L360GA
Anforderungsklasse B, hohe Anforderung	DIN EN 10 208-2	L245NB/MB, L555MB, L555QB

P355ML1 (TStE 355TM)   für Druckbehälter in Frostgebieten, thermomechanisch gewalzt, Mindestkerbschlagarbeit bis –
40 °C gewährleistet

P355QL2 (E StE 355)   für Druckrohre in arktischen Gebieten, wasser-
vergütet, Mindestkerbschlagarbeit bis –60 °C ge-
währleistet

Darüber hinaus verzeichnet die DIN EN 10 028-2 hauptsächlich niedriglegierte Stähle, die vergütet eingesetzt werden können und deren Warmfestigkeit durch die Carbide der Legierungselemente, insbesondere Mo, angehoben ist. Diese vorwiegend im Kesselbau angewandten Stähle fasst Abschn. 5.2.4 zusammen.

Stähle für nahtlose oder geschweißte Rohre (DIN EN 10 208-1, -2:09, DIN EN/prEN 10 216-1 bis -5:04/09, DIN EN/prEN 10 217-1 bis -7:05/09, DIN EN 10 296-1:04,-2:05/AC:07, DIN EN 10 297-1:03,-2:05/AC:07, DIN EN 10 305-1 bis 3:10, -4:11, -5:10, -6:05, DIN EN 10 224:02+A!:05, DIN EN/prEN 10 255:07/10, [5.14])

Den vielfältigen technischen Anforderungen an Rohrleitungen entsprechend sind für nahtlose und für geschweißte Rohre Stähle verschiedenster Art im Einsatz.

Für nahtlose und für geschweißte Rohre zum Transport brennbarer Medien, wie z. B. Erdgas, werden nach DIN EN 10 208-1 in einer niedrigen Anforderungsklasse A Stähle mit Streckgrenzen zwischen 210 N/mm^2 und 360 N/mm^2 (L210GA bis L360GA, L = Stähle für Leitungsrohre, G = andere Merkmale, A = Anforderungsklasse A) verwendet, die mit C-Gehalten zwischen 0,16 und 0,22 % und Mn-Gehalten von 0,90 bis etwa 1,45 % etwa den allgemeinen Baustählen entsprechen. Für die höherwertige Anforderungsklasse B sind in DIN EN 10 208-2 als Stähle für geschweißte Rohre normalisierend geglühte oder gewalzte Sorten (L245NB bis L415NB) und thermomechanisch gewalzte Sorten (L245MB bis L555MB) aufgeführt (Tab. 5.15). Für nahtlose Rohre stehen außer den genannten normalgeglühten auch vergütete Sorten (L360QB bis L555QB) zur Verfügung, deren C-Gehalt fast durchweg auf 0,16 % begrenzt ist und die wie die Feinkornbaustähle mit geringen Gehalten der Elemente V, Nb oder Ti mikrolegiert sind.

Für druckbeanspruchte nahtlose (DIN EN 10 216) oder geschweißte (DIN EN 10 217) Rohre werden den übrigen Anforderungen angepasst unterschiedliche Stähle verwendet: wenn für Raumtemperatur festgelegte Eigenschaften hinreichend sind, unlegierte schweißbare Stähle mit Streckgrenzen zwischen 195 N/mm^2 und 265 N/mm^2 (DIN EN/pr EN 10 216-1 bzw. DIN EN/prEN 10 217-1, P195TR1 bis P265TR1 oder TR2, T = Rohre,

R = Raumtemperatur, 1 oder 2 = ohne oder mit festgelegtem Al-Anteil). Für Beanspruchungen bei erhöhten Temperaturen sind unlegierte (z. B. P265GH) oder legierte Stähle
(z. B.16Mo3) nach DIN EN/prEN 10 216-2 bzw. DIN EN/EN 10 217-2 im Einsatz. Den
Druckbehälterstählen entsprechende mikrolegierte normalgeglühte oder vergütete Feinkornbaustähle (DIN EN/prEN 10 216-3 bzw. DIN EN/pr EN 10 217-3) lassen sich bei
erhöhten oder auch tiefen Beanspruchungstemperaturen einsetzen (z. B. P355NH/NL1
oder NL2).

Für Rohrleitungen im Maschinenbau, z. B. aus kaltgezogenen Präzisionsstahlrohren,
stehen unlegierte Maschinenbaustähle (E155 bis E355 bzw. E420) zur Verfügung, die bei
vorgegebener chemischen Zusammensetzung und C-Gehalten $\leq 0,22\,\%$ schweißbar sind
(DIN EN 10 296-1, DIN EN 10 305-2, DIN EN 10 305-2, -3, -5). Daneben bieten die
Normen DIN EN 10 297-1 und DIN EN 10 305-1 auch höher C-haltige und legierte Stähle
für Rohre im allgemeinen Maschinenbau an. Die DIN EN 10 305-4 und -6 nennt Stähle für nahtlose oder geschweißte kaltgezogene Präzisionsstahlrohre für Hydraulik- und
Pneumatik-Druckleitungen, die DIN EN 10 224 (L235 bis L355) und DIN EN 10 255
(S195 T) unlegierte schweißbare Rohrstähle für Leitungen zum Transport wässriger Flüs-
sigkeiten. Nichtrostende Rohrstähle werden in Abschn. 5.2.6 erwähnt.

5.2.4 Unlegierte und niedriglegierte Stähle für Wärmebehandlungen [5.16]

*Wichtiges Ziel und Qualitätsmerkmal der Wärmebehandlungen dieser Stähle ist entweder
eine optimale Kombination von hoher Streckgrenze und Zugfestigkeit mit einer möglichst
großen Bruchdehnung und Zähigkeit oder eine große Randschichthärte mit hohem Verschleißwiderstand bei guter Kernzähigkeit und -festigkeit. Auch eine hohe Warmfestigkeit kann Ziel
geeigneter Legierungs- und Wärmebehandlungstechnik sein. Anwendung finden die Stähle
aus dieser Gruppe bei verschiedenartigen Maschinenbaukomponenten und Bauteilen mit unterschiedlichen Anforderungsprofilen. Den jeweiligen Anforderungen entsprechend stehen unterschiedlich legierte Stähle zur Verfügung.*

Bei legierten Stahlsorten erreicht oder überschreitet der Legierungsgehalt für wenigstens ein Element die Grenzwerte von Tab. 5.10. Die Bezeichnung *„niedriglegiert"* gilt gemäß
einer früheren Definition für Stähle, bei denen die Summe der Legierungselemente unter
5 % bleibt. Das Benutzen dieser Bezeichnung erscheint nützlich zur Unterscheidung von
der Gruppe der wärmebehandelten *hochlegierten Stähle*.

Niedriglegierte Kesselstähle
(DIN EN 10 028-2:09, DIN EN/prEN 10 216-2:07/09, DIN EN/prEN 10 217-2:05/09)
Legierungselemente wie Molybdän, Vanadium und Wolfram erhöhen die Anlassbestän-
digkeit und damit die Warmfestigkeit durch Carbidbildung. Feine Carbide behindern das
Gleiten und vergrößern dadurch die Festigkeit bei höheren Temperaturen. Die üblichen

Tab. 5.16 Einige als Kesselstähle benutzte Stahlsorten mit Warmstreckgrenze und Zeitstandfestigkeit in N/mm² für Blechdicken < 60 mm

Stahlsorte: Kurzname	Warmstreckgrenze			Zeitstandfestigkeit für 100.000 h				
	20 °C	300 °C	350 °C	400 °C	420 °C	450 °C	500 °C	550 °C
C35	275	186	167	147	108	69	34	–
19Mn5	245	195	170	155	136	85	41	–
13CrMo4-4	230	205	190	180	–	285	137	49
24CrMo5	440	363	333	304	308	226	118	36
21CrMoV5-11	540	481	461	431	410	349	212	92
10CrMo9-10	235	220	205	195	–	221	135	68

Wandtemperaturen bei Kesseln stiegen von 250 °C im Jahre 1900 auf 650 °C bei den heutigen modernen Kesselanlagen an.

Folgende Eigenschaften sind beim Einsatz von Stahl bei höheren Temperaturen von Interesse:

- *hohe Warmstreckgrenze*: Streckgrenze bei erhöhter Temperatur, im Kurzzeitversuch bestimmt (vgl. Tab. 5.16),
- *DVM-Kriechgrenze*: Nach DIN 50 117 ermittelter Werkstoffwert, im 45 h-Versuch bestimmt,
- *hohe Zeitstandfestigkeit*: Beanspruchung, die bei konstanter Temperatur nach 1000, 10.000 oder 100.000 h zum Bruch führt ($R_{m\,1000/\vartheta}$, $R_{m\,100.000/\vartheta}$, vgl. Tab. 5.16),
- *Zeitdehngrenze*: Beanspruchung, die z. B. nach 10.000 h eine bleibende Dehnung von 1 % hervorruft: $R_{p\,1/10.000/\vartheta}$.

Tabelle 5.16 zeigt Beispiele für niedriglegierte Kesselstähle, wobei deutlich wird wie mit ansteigendem Gehalt an Carbildnern, insbesondere an Molybdän, Warmstreckgrenze und Zeitstandfestigkeit bis zu höchsten Werten bei dem Stahl 21CrMoV5-11 zunehmen.

Unlegierte Vergütungsstähle (DIN EN 10 083-1, -2:06)

Diese Stähle mit Kohlenstoffgehalten von mehr als 0,22 % werden zum Erzeugen von Vergütungsgefügen mit einer dem Anwendungszweck angemessenen Kombination von Festigkeit und Zähigkeit bei Bauteilen mit kleineren Querschnitten eingesetzt. Die unlegierten Vergütungsstähle sind als Qualitäts- oder als Edelstähle lieferbar. Bei den Qualitätsstählen wird für den P- und den S-Gehalt 0,045 % Massenanteil angegeben. Bei den Edelstählen ist der P-Gehalt auf 0,035 % begrenzt und für die S-Gehalte gilt die bei den Beispielen genannte Unterscheidung. Um eine verbesserte Bearbeitbarkeit mit Automaten zu ermöglichen, können entweder die Sorten mit dem Zusatzsymbol R (s. unten) bestellt werden oder bei unlegierten und bei legierten Vergütungsstählen (auf Anfrage) auch solche, die bis zu 0,100 % Schwefel enthalten.

Tab. 5.17 Kohlenstoff- und Legierungselementgehalte einiger Vergütungsstähle nach DIN EN 10 083-1:06, Festigkeitswerte für Durchmesser des maßgeblichen Querschnitts $d \geq 40$ mm und $d \leq 100$ mm

	C45E/R	34CrMo4/34CrMoS4	30CrNiMo8
C in %	0,42–0,50	0,30–0,37	0,26–0,34
Si in %	$\leq 0,40$	$\leq 0,40$	$\leq 0,40$
Mn in %	0,5–0,8	0,6–0,9	0,3–0,6
P in %	< 0,035	$\leq 0,035$	$\leq 0,035$
S in %	$\leq 0,035/0,020$ bis 0,040	$\leq 0,035/0,020$ bis 0,040	$\leq 0,035$
Cr in %	$\leq 0,40$	0,9–1,2	1,8–2,2
Mo in %	$\leq 0,1$	0,15–0,30	0,3–0,5
Ni in %	$\leq \leq 0,4$	–	1,8–2,2
R_m in N/mm^2	630–780	800–950	1100–1300
$R_{e,\,min}$ in N/mm^2	370	550	900
A_{min} in %	17	14	10

Beispiele

Qualitätsstähle: C22, C35, C45, C60
Edelstähle: C22E (2 C 22), C45E (2 C 45), C60E (2 C 60) mit maximalem S-Gehalt < 0,035 % C22R (3 C 22), C45R (3 C 45), mit Bereich des S-Gehaltes 0,020 bis 0,040 %

Anwendungsbeispiele sind Schaltgabeln, Hebel, Schrauben und Muttern.

Niedriglegierte Vergütungsstähle (DIN EN 10 083-1:06, -3:06/AC08)

Erhöhte Gehalte an Legierungselementen, z. B. an Chrom oder Nickel, setzen die kritische Abkühlgeschwindigkeit beim Härten herab. Bei den legierten Vergütungsstählen erreicht man dadurch, dass auch die im Kernbereich dickwandiger Bauteile vorliegende geringere Abkühlgeschwindigkeit ausreicht, um ein hochfestes Vergütungsgefüge zu erzeugen. Nur mit legierten Vergütungsstählen lässt sich eine Durchvergütung, d. h. ein Gefüge gleichmäßig hoher Festigkeit und Zähigkeit, bei Werkstückdicken von mehr als 40 mm erreichen.

Beispiele für die Bezeichnung und Zusammensetzung einschließlich der Grenzwerte für die P- und S-Gehalte enthält Tab. 5.17. Zur Kennzeichnung von Sorten, bei denen der S-Gehalt als Spanne von 0,020–0,040 % festgelegt ist und die für eine bessere Bearbeitbarkeit mit Automaten empfohlen sind, wird das Symbol S in der chemischen Zusammensetzung mit angegeben.

Da auch bei legierten Stählen der Querschnitt bei großer Wanddicke nicht vollständig durchvergütet werden kann, ist bei der Konstruktion eine entsprechend niedrigere zulässige Spannung zu wählen. Unter Zugrundelegung eines Sicherheitsbeiwertes wird sie von

Tab. 5.18 Mindeststreckgrenzenwerte der vergüteten Stähle 42CrMo4 und 36CrNiMo4 nach DIN EN 10 083-1:06

Durchmesserbereich d in mm	<16	$16 < d \leq 40$	$40 < d \leq 100$	$100 < d \leq 160$
25CrMo4 $R_{e\,min.}$ in N/mm^2	700	600	450	400
36CrNiMo4 $R_{e\,min.}$ in N/mm^2	900	800	700	600

Tab. 5.19 Streckgrenze und Zugfestigkeit von legierten Vergütungsstählen in N/mm^2 nach DIN EN 10 083-1:06

Stahlsorte: Kurzname	R_e (bis 16 mm) *	R_m (bis 16 mm) *	R_e (16 bis 40 mm) *	R_m (16 bis 40 mm) *
28Mn6	590	800–950	490	700–850
34Cr4	700	900–1100	590	800–950
25CrMo4	700	900–1100	600	800–950
34CrMo4	800	1000–1200	650	900–1100
42CrMo4	900	1100–1300	750	1000–1200
34CrNiMo6	1000	1200–1400	900	1100–1300
30CrNiMo8	1050	1250–1450	1050	1250–1450

* Durchmesser des maßgeblichen Querschnittes.

der Streckgrenze abhängig gemacht, entsprechend

$$\sigma_{zul} = \alpha \cdot R_{e\,H} \quad \text{mit} \quad \alpha < 1 \quad \text{oder} \quad \sigma_{zul} = \frac{1}{\beta} \cdot R_{e\,H} \quad \text{mit} \quad \beta > 1 \, .$$

Die Werte der Streckgrenze in Abhängigkeit von Wanddicke bzw. Durchmesser bei Rundmaterial, die bei der Berechnung zugrunde gelegt werden, gibt Tab. 5.18 am Beispiel der Stähle 25CrMo4 und 36CrNiMo4 wieder.

Festigkeitswerte legierter Vergütungsstähle im vergüteten Zustand sind auch den Tab. 5.18 und 5.19 für unterschiedliche Durchmesserbereiche zu entnehmen. Man beachte, dass nur bei dem am höchsten legierten Stahl 30CrNiMo8 die Festigkeitswerte für Durchmesser unter 16 mm auch bei Durchmessern bis 40 mm noch erreichbar sind, bei Durchmessern über 40 mm aber ebenfalls geringer ausfallen (Tab. 5.19).

Legierte Vergütungsstähle mit einem geringen Masseanteil an Bor, um die Härtbarkeit zu verbessern, sind in DIN EN 10 083-3:06 zusammengestellt. Sie weisen nach dem Vergüten gute Zähigkeitseigenschaften auf.

Wichtige Beispiele mit Anwendung:

- 25CrMo4, 34CrMo4 (Einlassventile),
- 37MnSi5 (Kurbelwellen),
- 30MnB5, 39MnCrB6-2 (0,0008 bis 0,0050 % Bor).

Federstähle (DIN EN 10 089:02, DIN EN 10 092-1:03, DIN EN 10 132-4:00 + AC02, DIN EN 10 270-1, -2:11)

Federn sind elastisch hoch beanspruchbare Bauteile. Für Federn verwendete Stähle müssen deshalb eine sehr hohe Streckgrenze und eine Zugfestigkeit bis in den Bereich von über 2000 N/mm^2 aufweisen. Diese Anforderung lässt sich erfüllen mit Stählen vom Typ Vergütungsstähle mit hinreichend hohen C-Gehalten und Legierungselementen wie Si, Cr, Mn sowie einem Anlassen nach dem Härten bei relativ geringen Temperaturen von 280 °C bis maximal 540 °C.

Beispiele mit Anwendung

- 38Si7 (einfache Blattfedern),
- 60SiCrV7 (Blatt- und Schraubenfedern für Fahrzeuge),
- 50CrV4 (hochbeanspruchte Federn).

Nitrierstähle (DIN EN 10 085:01)

Beim Nitrieren entsteht eine Verbindungsschicht mit Nitriden und mit einer Härte bis zu 1200 HV 1 sowie sehr hohem Verschleißwiderstand, die jedoch sehr dünn ist (0,1 bis 0,3 mm). Damit diese Schicht bei hoher Belastung nicht in die darunter liegende weichere Diffusionszone eingedrückt wird, muss auch der Kern von Nitrierbauteilen eine hinreichende Festigkeit aufweisen, die sich durch Vergüten vor dem Nitrieren erreichen lässt. Nitrierstähle sind deshalb meist Vergütungsstähle mit Gehalten an nitridbildenden Elementen wie Al, Cr, Mo, oder V.

Beispiele mit Anwendung

- 31CrMoV9 (Zahnräder),
- 35CrAl6 (Spindeln von Werkzeugmaschinen),
- 37CrV4 (Nockenwellen)

Unlegierte Einsatzstähle (DIN EN 10 084:08)

Diese Stähle mit Kohlenstoffgehalten von weniger als 0,22 % sind zur Einsatzhärtung (Randschichtaufkohlung und Randschichthärtung) für verschleißbeanspruchte Bauteile vorgesehen. Die einsatzgehärtete Randschicht bewirkt einen großen Widerstand gegen Adhäsions-, Abrasions- und Ermüdungsverschleiß (Oberflächenzerrüttung mit Werkstoffausbrüchen). Die Oberflächenzerrüttung kann als Folge wiederholter hoher Flächenpressungen an den Zahnflanken von Zahnrädern auch ohne abrasiven Verschleiß auftreten. Der nicht aufgekohlte Kern gewährleistet eine hinreichende Zähigkeit, z. B. bei stoßartiger Beanspruchung. Die in der Randschicht entstehenden Druckeigenspannungen begünstigen eine hohe Dauerschwingfestigkeit.

Beispiele:

- C10E (Ck 10) mit C = 0,1 %;
- C15R (Ck 15) mit C = 0,15 %;

Tab. 5.20 Legierte Einsatzstähle mit Festigkeitswerten nach DIN 17 210/Z, vgl. DIN EN 10 084:08

Stahlsorte: Kurzname	Streckgrenze und Zugfestigkeit im Kern nach dem Härten bei 30 mm Durchmesser		Anwendung
	$R_{p\,0,2}$ in N/mm^2	R_m in N/mm^2	
17Cr3	440	690–890	Nockenwellen
16MnCr5	590	780–1080	Kleine Zahnräder
20MnCr5	685	980–1280	Mittelgroße Zahnräder
15CrNi6	635	880–1180	Hochbeanspruchte Zahnräder

Zusatzsymbole: E = vorgeschriebener maximaler Gehalt an Schwefel < 0,035 %,
R = vorgeschriebener Bereich des Schwefelgehaltes 0,020 bis 0,040

Wichtig für die Wärmebehandelbarkeit ist eine große Gleichmäßigkeit des Gefüges und die weitgehende Freiheit dieser Edelstähle von nichtmetallischen Einschlüssen. Anwendungsbeispiele für solche Stähle: Hebel und kleinere Maschinenteile.

Niedriglegierte Einsatzstähle (DIN EN 10 084:08)
Die legierten Einsatzstähle werden zur Einsatzhärtung von verschleißbeanspruchten Bauteilen angewandt, deren Festigkeitsanforderungen mit unlegierten Einsatzstählen nicht mehr erfüllt werden können. Zum Beispiel erfordert eine für hohe Beanspruchungen ausreichende Festigkeit im Kern eine vollständige Durchvergütung auch bei größeren Querschnitten. Tabelle 5.20 gibt unter Rückgriff auf eine alte Norm die im Kern erreichbaren Festigkeitswerte für wichtige Vertreter dieser überwiegend für Zahnräder aller Art eingesetzten Stähle an. Auch bei hochbelasteten Zahnrädern wird eine optimale Zahnflankentragfähigkeit und daneben unter Mitwirkung der Randschicht-Druckeigenspannungen eine hohe Zahnfußdauerfestigkeit erreicht.

Wälzlagerstähle (DIN EN ISO 683-17:99)
Auch bei den überrollungsbedingten Wälz- oder Wälz-/Gleitbeanspruchungen (Auftreten von Schlupf) der Wälzkörper und Ringe von Wälzlagern bewirken die wiederholt auftretenden hohen Hertz'schen Pressungen Ermüdungsverschleiß. Die Lebensdauer der Wälzelemente wird, auch bei Vermeidung abrasiven Verschleißes mit Schmiermitteln, durch Oberflächenrisse und Oberflächenausbrüche (Grübchen- oder Pittingbildung) begrenzt. Die ermüdungsbedingten Anrisse gehen dabei meist von mikroskopischen Kerben, wie nichtmetallischen Einschlüssen, in den Randschichten aus. Für Wälzlager werden daher Stähle eingesetzt, mit denen sich bei einem C-Gehalt von etwa 1 % sehr hohe Härtewerte > 60 HRC erzielen lassen, wenn nach martensitischer Durchhärtung nur entspannend bei 180 bis 200 °C angelassen wird, und die andererseits eine außergewöhnliche Reinheit und Homogenität aufweisen. Der hoch entwickelte Stahl 100Cr6 erfüllt diese Anforderungen vollkommen und wird daher ganz überwiegend für Wälzlager verwendet. Die Norm

nennt als weitere durchhärtende Wälzlagerstähle 100CrMnSi4-4 oder 100CrMo7 sowie auch einsatz- und induktionshärtende Wälzlagerstähle.

5.2.5   Unlegierte und legierte Stähle mit hoher Verschleißfestigkeit [5.16]

Die Hauptanforderung an diese für Werkzeuge wichtige Stahlgruppe, ein hoher Widerstand besonders gegen abrasiven Verschleiß, macht eine möglichst große Oberflächenhärte nötig. Diese wird entweder erreicht durch martensitische Härtung hochkohlenstoffhaltiger unlegierter oder legierter Stähle oder durch Härten von Stählen mit Legierungselementen wie Cr, Mo, V oder W, die Carbide mit einer viel größeren Härte als Fe_3C bilden. Bei solchen meist hochlegierten Stählen kann dann auch ein mittlerer C-Gehalt ausreichend oder sogar nützlich sein.

Kaltarbeitsstähle (DIN EN ISO 4957:99)

Die Kaltarbeitsstähle sind unlegierte oder legierte Werkzeugstähle für Verwendungswecke, bei denen die Werkzeug-Oberflächentemperatur im Allgemeinen unter 200 °C bleibt, wie bei Sägen, Meißeln oder einfachen Schnitt- und Prüfwerkzeugen. Bei diesen Stählen kommt es deshalb vor allem auf einen hohen Verschleißwiderstand an, der durch eine Erhöhung des Carbidgehaltes verstärkt wird, weniger auf Anlassbeständigkeit.

Beispiele mit Anwendung

- unlegierte Stähle C120U (Messer, Gewindebohrer),
- legierte Stähle 145Cr6 (Fräser, Reibahlen), 90MnCrV8 (Bohrer, Härte $\geq$ 60HRC),
- hochlegierte Stähle X40Cr14 (korrosionsbeständig, Messer aller Art), X210Cr12 (Hochleistungsschnittwerkzeuge, Härte $\geq$ 62 HRC).

Schnellarbeitsstähle (DIN EN ISO 4957:99)

Die wichtigste Eigenschaft dieser hochlegierten Werkzeugstähle für hohe Schneidleistungen und Schnittgeschwindigkeiten (vgl. Abb. 6.1), z. B. bei schnell laufenden Fräsern oder Bohrern, ist der Verschleißwiderstand. Er wird in erster Linie von der Schneidstoffhärte auch bei hohen Temperaturen bestimmt, d. h. von der Menge und Härte der Carbide. Besonders wirksam ist das Carbid VC mit einer Härte von 2700 bis 3000 HV. Wegen der entstehenden hohen Temperaturen an den Schneiden (bis 600 °C) ist bei Schnellarbeitsstählen auch eine hohe Warmhärte und gute Anlassbeständigkeit wichtig.

Ein klassischer Stahl ist der HS18-1-2-5 (Werkstoffnummer 1.3255, Bezeichnungsweise siehe Abschnitt 5.1.1) mit 18 % Wolfram, 1 % Molybdän, 2 % Vanadium, 5 % Kobalt, 3,5 bis 4,5 % Chrom und 0,75 bis 1,4 % Kohlenstoff. Die Härtung erfolgt durch Abschrecken von 1200 bis 1300 °C in ein Warmbad und Anlassen auf 530 bis 580 °C. Solche Stähle sind damit bei höchster Warmhärte bis zur angewandten Anlasstemperatur schneidhaltig. Der Kobaltanteil bewirkt eine erhöhte Anlassbeständigkeit.

Nach dem Legierungsaufbau lassen sich die Schnellarbeitsstähle in drei Gruppen einteilen, die mit Beispielen nachfolgend genannt sind:

- Schnellarbeitsstähle auf Wolfram-Grundlage mit 18 bzw.12 % W: z. B. HS18-1-2-5 für Schrupparbeiten mit großer Zerspanungsleistung, HS10-4-3-10 für das Schlichten mit hoher Schnittgeschwindigkeit,
- Schnellarbeitsstähle auf Wolfram-Molybdän-Grundlage mit etwa 6 % W und 5 % Mo: z. B. 6-5-2-5 für Fräser, Bohrer höchster Beanspruchung,
- Schnellarbeitsstähle auf Molybdän-Grundlage mit etwa 9 % Mo und 2 % W: z. B. HS2-9-2 für Bohrer, Metallsägen

Die Stähle aller drei Gruppen enthalten etwa 4 % Chrom, 1 bis 4 % Vanadium bei durchweg hohem Kohlenstoffgehalt (0,75 bis 1,4 %). Sie können zusätzlich mit 2 bis 10 % Kobalt legiert sein. Die Stähle können erschmolzen oder auf pulvermetallurgischem Wege (vgl. Abschn. 8.4) hergestellt werden. Im ersten Fall wird zum Erzielen einer gerichteten Erstarrung und metallurgischen Reinigung das Elektroschlacke-Umschmelzen (s. Abschn. 7.3, Abb. 7.9, ESU) eingesetzt, beim pulvermetallurgischen Verfahren das isostatische Heißpressen mit anschließender Warmverformung. Pulvermetallurgisch hergestellte Schnellarbeitsstähle weisen ein besonders feines Gefüge mit kleinen und gleichmäßig verteilten Carbiden auf.

Warmarbeitsstähle (DIN EN ISO 4957:99)
Die gute Anlassbeständigkeit und Warmfestigkeit der hochwolframhaltigen Schnellarbeitsstähle wird auch für Warmarbeitsaufgaben mit Werkzeug-Oberflächentemperaturen, die häufig erheblich über 200 °C liegen (Gießkokillen, Strangpresswerkzeuge, Gesenkeinsätze), ausgenutzt. Zur Verbesserung der Zähigkeit setzt man bei den Warmarbeitsstählen für stoßbeanspruchte Werkzeuge (Schmiedegesenke) jedoch den Kohlenstoffgehalt gegenüber den Schnellarbeitsstählen deutlich herab. Wolfram wird teilweise durch Molybdän ersetzt.
Beispiele mit Anwendung

- X30WCrV5-3 (Druckgießformen),
- G-X40CrMoV5-3 (Schmiedegesenk),
- X5NiCrTi26-15 (austenitisch, für besonders hohe Temperaturen)

5.2.6 Nichtrostende Chrom- und Chrom-Nickel-Stähle [5.17–5.19]

Hohe Gehalte an Chrom oder Nickel, sowie weiterer Legierungselemente wie z. B. Mn, ermöglichen bei Stählen besondere, herausragende Eigenschaften wie Korrosionsbeständigkeit, Zunder- und Hitzebeständigkeit, hohe Warmfestigkeit und in Verbindung mit hinreichenden C-Gehalten auch außergewöhnlich große Verschleißbeständigkeit oder Beständigkeit bei Schlagbeanspruchung. Stähle mit derartigen besonderen Eigenschaften werden im Folgenden zusammen mit den Anwendungsgebieten behandelt.

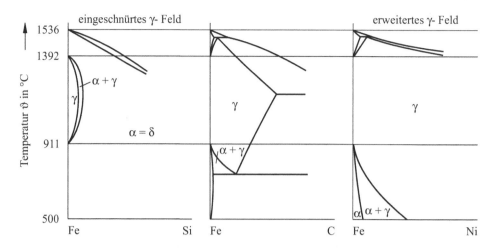

Abb. 5.3 Beeinflussung des γ-Gebietes durch Legierungselemente

Grundlagen und Einteilung der hochlegierten Cr- und CrNi-Stähle

Zur Beurteilung des Zustandes und der Eigenschaften hochlegierter Stähle muss man bei kleinen Kohlenstoffgehalten die binären Zustandsdiagramme Eisen-Legierungselement heranziehen, bei höheren die entsprechenden Dreistoffschaubilder.

Es ist dabei wichtig, zwei Arten der Auswirkung von Legierungselementen auf die Gefügeausbildung von Stählen zu unterscheiden:

- Legierungselemente, die ferritstabilisierend sind und somit das Austenitgebiet im Zustandsdiagramm verkleinern wie Chrom, Molybdän, Silicium, Vanadium, Wolfram, Aluminium, Titan, Tantal, Niob und Phosphor,
- Legierungselemente, die austenitstabilisierend wirken, also das Austenitgebiet vergrößern wie Nickel, Kobalt, Kupfer, Mangan, Kohlenstoff und Stickstoff.

Demgemäß gibt es zwei Grundtypen von Zweistoffschaubildern, Abb. 5.3:

- Das Schaubild mit einer Einschnürung des γ-Feldes
- Das Schaubild mit einem aufgeweiteten γ-Feld

Bei hinreichend hohen Gehalten an ferritstabilisierenden Elementen wie Chrom (Cr-Gehalt > 13 % bei C-armen Stählen erhält man umwandlungsfrei ferritische, also nicht härtbare Stähle. Bei hinreichend hohen Gehalten an austenitstabilisierenden Elementen wie Nickel dagegen liegen voll austenitische Stähle vor, die auch bei Raumtemperatur die Kfz-Modifikation des Eisens aufweisen, die keinen Steilabfall der Zähigkeit bei tiefen Temperaturen zeigt (kaltzähe Stähle). Hochlegierte Stähle mit Gehalten sowohl an ferrit- als auch an austenitstabilisierenden Elementen können ein Gefüge aus Austenit und Ferrit besitzen (metastabil austenitische Stähle).

Abb. 5.4 Veränderung des Existenzbereiches der γ-Phase mit dem Cr-Gehalt [5.19]

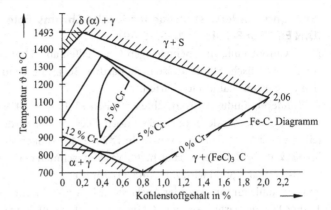

Wie sich der Existenzbereich der γ-Phase mit dem Chromgehalt ändert, kann Abb. 5.4 entnommen werden.

Chromgehalte von mehr als 12 % bewirken die Bildung einer dünnen, dichten und festhaftenden Oberflächenschicht (Passivschicht) aus Chromoxid. Diese schützt die Oberfläche bei Raumtemperatur vor chemischen Angriffen und bei hohen Temperaturen vor Verzunderung. Die letztgenannte Wirkung wird unterstützt durch Silicium und Aluminium. Stähle mit hinreichend hohen Chromgehalten werden damit rost- und zunderbeständig oder mit weiteren Legierungselementen wie Nickel auch säurebeständig.

Bei nicht durch eine Passivschicht geschützten Stählen treten demgegenüber im Bereich hoher Betriebstemperaturen große Diffusionsgeschwindigkeiten von Sauerstoff (von außen nach innen) und von Eisen (von innen nach außen) auf. Dadurch bilden sich Eisenoxidschichten, die mit der Zeit dicker werden, als Folge einer starken Volumenvergrößerung aber leicht abblättern, wozu Volumenänderungen des Stahls bei den Phasenumwandlungen zusätzlich beitragen können.

Die Einteilung der hochlegierten Cr- und CrNi-Stähle nach den Eigenschaften bzw. dem Verwendungszweck ist nicht deckungsgleich mit der Einteilung nach dem Gefügezustand. Die Normen benennen *nichtrostende Stähle* (DIN EN 10 088-1 bis -5), die gemäß DIN EN 10 020 als Stähle mit mindestens 10,5 % Chrom und höchstens 1,2 % C definiert sind, *hochwarmfeste austenitische* Stähle (vgl. DIN 17 460/Z, DIN EN 10 302:08) und *hitzebeständige Stähle* (DIN EN 10 095:99). Zu den nichtrostenden Stählen zählen sowohl rein ferritische und martensitische als auch austenitische und austenitisch-ferritische Stähle, analoges gilt für die Gruppe der nichtrostenden Druckbehälterstähle (DIN EN 10 028-7:07) und der Stähle für nahtlose (DIN EN 10 216-5:04/AC:08, DIN prEN 10 216-5:09) und geschweißte Rohre (DIN EN/pr EN 10 217-7:05/09) für Druckbeanspruchungen. Die hochwarmfesten austenitischen und der größere Teil der hitzebeständigen Stähle erfüllen auch die Definition der nichtrostenden Stähle.

Rost- und zunderbeständige ferritische Chromstähle
(DIN EN 10 088-1 bis -3:11, -4, -5:09)

Reine Chromstähle sind bei geringen C-Gehalten ab 13 % Chrom umwandlungsfrei ferritisch („ferritische Stähle"), also nicht härtbar. Bei mittleren und hohen C-Gehalten lassen sich die Chrom-Stähle auch härten.

Zunderbeständige Chromstähle enthalten 13, 17 oder 24 % Chrom. Al- und Si-Gehalte verbessern ihre Zunderbeständigkeit noch. Diese Stähle werden für hitzebeständige Ofenteile (X10CrAl24), Turbinenschaufeln (X20CrMo13) aber auch als korrosionsbeständige Stähle, z. B. für Behälter in Haushalts-Waschmaschinen (X6Cr17) eingesetzt.

Als härtbarer Stahl wird z. B. X40Cr13 für Messer und Werkzeuge verwendet. Auch der Teil der Stähle für Einlass- oder Auslassventile von Verbrennungskraftmaschinen (DIN EN 10 090:98) mit martensitischem Gefüge, z. B. X45CrSi9-3, gehört in diese Gruppe.

Rost- und säurebeständige austenitische Stähle (DIN EN 10 088-1 bis -3:11, -4, -5:09, DIN EN 10 296-2:05/AC:07, DIN EN 10 297-2:05/AC:07)

Bei der Herstellung werden die austenitischen Chromnickelstähle von 1050 °C abgeschreckt, um möglichst reinen Austenit ohne Carbidausscheidungen zu erhalten. Bei langsamer Abkühlung bilden sich Chromcarbide auf den Korngrenzen, die zur Versprödung und einer verminderten Korrosionsbeständigkeit führen. Zu unterscheiden sind die folgenden Typen:

- metastabil austenitische CrNi-Stähle mit einem Gefüge aus Austenit und Ferrit, die beständig gegen organische Säuren (typische Beispiele X10CrNiTi18-9 oder X10CrNiNb18-9) oder auch gegen anorganische Säuren (X6CrNiMoTi17-12-2) sind, und dementsprechend in der Haushalts- und Lebensmittelindustrie, für Arztbestecke und Zahnersatz oder aber in der chemischen und petrochemischen Industrie eingesetzt werden. Für höchste Korrosionsbeständigkeit wird den Stählen noch Mo zulegiert. Die Erwärmung beim Schweißen von CrNi-Stählen bringt die Gefahr der Bildung von Cr-Carbiden und damit einer Verarmung an im Gitter gelöstem Chrom (< 12 %) entlang der Korngrenzen mit sich. Damit es nicht zu einer derart bedingten Minderung der Korrosionsbeständigkeit (interkristalline Korrosion) kommt, sind die Stähle entweder bei C-Gehalten ≤ 0,1 % mit anderen starken Carbidbildnern wie Ti oder Nb legiert und damit stabilisiert oder der C-Gehalt ist extrem stark auf ≤ 0,02 % abgesenkt (ELC, Extra Low Carbon Qualitäten, z. B. X2CrNi18-9).
- Duplex-Stähle, die mit Chrom und Nickel so legiert sind, dass sie etwa gleiche Anteile an Ferrit und Austenit besitzen, und in der Textil- und Lederindustrie oder für Wasserentsalzungsanlagen Verwendung finden (X2CrNiMoN22-5-3).
- Vollaustenitische CrNi-Stähle, die hoch hitze- und korrosionsbeständig sind und dementsprechend z. B. in Rauchgasentschwefelungsanlagen zum Einsatz kommen (Ti-stabilisiert: X3CrNiMoTi25-25, ELC-Stahl: X1NiCrMoCu(N)25-20-6). Für den Tiefsttemperatureinsatz geeignete vollaustenitische Druckbehälterstähle, für die in

Abb. 5.5 Ausdehnungskoeffizient der Eisen-Nickel-Legierungen [5.20]

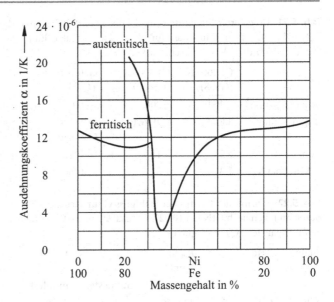

DIN EN 10 028-7:07 Bruchdehnungs- und Kerbschlagarbeitswerte bei −196 °C angegeben werden.

- Austenitische Mangan-Hartstähle für schlagbeanspruchte Teile an Weichen, Steinbrechern, Mahlplatten oder Fahrzeug-Kettengliedern (X120Mn12).

Stähle mit „einstellbarer" Wärmeausdehnung

Eisen-Nickel-Legierungen haben je nach Nickelgehalt eine sehr unterschiedliche Wärmeausdehnung, Abb. 5.5. Sie ist z. B. bei 36 % Nickel fast Null, bei 50 % entspricht sie derjenigen von Platin (∼ $1 \cdot 10^{-5}$ 1/K). Dies gilt für Temperaturen bis etwa 100 °C.

Anwendung: z. B. Rohrleitungen zum Transport von flüssigem Sauerstoff für Raketen-Versuchsanlagen. Bei Temperaturschwankungen zwischen Tag (Sonneneinstrahlung) und Nacht sollten die Wärmedehnungen und die dadurch verursachten Spannungen in den Rohrleitungen möglichst klein sein.

5.3 Stahlguss als Konstruktionswerkstoff

Stahlguss (DIN EN 1559-2:00, [5.21]) ist in Formen vergossener Stahl. Seine Kennzeichen sind hohe Festigkeit und Zähigkeit (wichtig z. B. bei Stoßbeanspruchung). Stahlguss kann in gleicher Weise wärmebehandelt, also normalgeglüht oder vergütet werden, wie Walzstahl. Die besten mechanischen Gütewerte liegen nach dem Vergüten vor. Die in Tab. 5.21 eingetragenen Werte mechanischer Eigenschaften für unlegierte und legierte Sorten gelten bei Raumtemperatur. Mit niedriglegiertem vergütetem Stahlguss lassen sich bei sehr

Tab. 5.21 Unlegierter Stahlguss gemäß DIN EN 10 293:05 bzw. DIN 1681/Z, Bezeichnung nach DIN EN 10 027-1 mit E für Maschinenbau, N = normalgeglüht, QT = vergütet, Festigkeitswerte für Dicken ≤ 100 mm, KV = Kerbschlagarbeit

	GE200+N (GS38)	GE300+N (GS-60)	G20Mn5+N/ +QT	G26CrMo4+QT	G32NiCrMo 8-5-4+QT 2
$R_{p0,2}$ in N/mm^2	≥ 200	≥ 300	≥ 300	≥ 450	≥ 950
R_m in N/mm^2	380–530	520–670	480–620/ 500–650	600–750	1050–1200
A in %	≥ 25	≥ 15	≥ 20/22	≥ 16	≥ 10
KV in J bei RT	≥ 35	≥ 31	≥ 50/60	≥ 40	≥ 35

Tab. 5.22 Warmfester ferritischer Stahlguss G für Druckbehälter P nach DIN EN 10 213:07/prA1, Bezeichnungen nach DIN EN 10 027-1, Zusatzsymbole G = andere Merkmale, H = Hochtemperatur, N = normalisiert, QT = vergütet

Stahlgusssorte	R_m in N/mm^2	A in %	KV in J	$R_{p\,0,2}$ in N/mm^2 mindestens		
	mindestens	mindestens	mindestens	300 °C	400 °C	500 °C
GP240GH+N/+QT[1]	420–600	22	27/40	145	130	–
GP280GH+N/+QT[1]	480–649	22	27/35	190	160	–
G20Mo5+QT[1]	440–590	22	27	165	150	135
G17CrMo5-5+QT[1]	490–690	20	27	230	200	175
G17CrMoV5-10+QT[2]	590–780	15	27	365	335	300
GX23CrMoV12-1+QT[2]	740–880	15	50	430	390	340

[1] max. Dicke 100 mm
[2] max. Dicke 150 mm

guter Zähigkeit Zugfestigkeitswerte bis über 1000 N/mm^2 erreichen (vgl. DIN EN/prEN 10 293:05/12).

Die Stahlgusssorten sind eingeschränkt schweißgeeignet mit der Maßgabe, dass nicht nur der Werkstoff, sondern auch Form und Abmessungen der Bauteile Einfluss auf die Schweißbarkeit haben. DIN EN 10 293 und DIN EN 10 213:07/prA1:11 enthalten detaillierte Angaben zur Vorwärm- und Zwischenlagentemperatur beim Schweißen. Stahlgusssorten mit besonderer Zähigkeit zum Einsatz bei tiefen Temperaturen sind in DIN 10 213:07/prA1:11 aufgeführt (Beispiele G20Mn5+QT, Kerbschlagarbeit 27 J bei –40 °C, G9Ni14+QT, Kerbschlagarbeit 27 J bei –90 °C).

Unlegierter oder legierter Stahlguss wird im Temperaturbereich von –10 bis +300 °C eingesetzt. Für höhere Temperaturen bis 550 °C, insbesondere für Druckbehälter (Symbol P), steht warmfester niedrig- oder hochlegierter Stahlguss zur Verfügung (Tab. 5.22).

Stahlguss findet im Maschinenbau vielfache Anwendung für Gussbauteile, bei denen eine größere Zähigkeit gefordert wird als Gusseisensorten aufweisen. Beispiele sind Gussknoten im Stahlhoch- und Stahlbrückenbau [5.20], Gehäuse von Dampf- und Gasturbinen, Formstücke im Druckbehälterbau, hochbelastete Wellen, Armaturen und Fittings. Für Sonderanforderungen sind korrosionsbeständige (DIN EN 10 213:07/prA1:11, DIN EN 10 283:10, Bsp. GX2CrNi19-11) oder hitzebeständige Stahlgussorten verfügbar (DIN EN 10 295:02, Beispiel: GX30CrSi7).

Voraussetzung für den Einsatz von Stahlguss ist eine entsprechende Losgröße, weil sich die Herstellung der für den Gießprozess erforderlichen Modelle und Formen lohnen muss. Auch Verbundkonstruktionen, bei denen Stahlguss- und gewalzte Formteile durch Schweißen miteinander verbunden werden, sind möglich.

5.4 Gusseisensorten als Konstruktionswerkstoffe

5.4.1 Möglichkeiten der Gefügeausbildung

Je nach Behandlung beim Vergießen und Art der Wärmebehandlung lassen sich bei den in DIN EN 1559-1:11, -3:11 und in DIN EN 1560:11 aufgeführten Gusseisensorten [5.2–5.4, 5.6, 5.21–5.23] sehr unterschiedliche Gefüge erzeugen und damit ergeben sich recht unterschiedliche Eigenschaften und Anwendungsmöglichkeiten.

Wie das von E. Maurer 1924 aufgestellte Diagramm in Abb. 5.6 zeigt, wird die Gefügeausbildung von Eisengusslegierungen primär durch den Kohlenstoff- und außerdem auch durch den Siliciumgehalt bestimmt.

Das Gefüge hängt aber zusätzlich von der Abkühlgeschwindigkeit ab, und damit von der Wanddicke von Gussstücken. Daher kann das Diagramm quantitativ nur begrenzt zutreffen. Bei kleinen Silicium- (und hohen Mangan-) Gehalten erstarrt, wie in Abschnitt 4.1.4

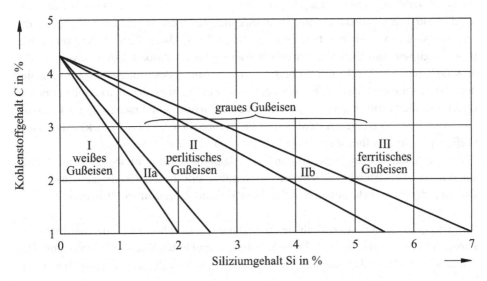

Abb. 5.6 Maurerdiagramm zur Gefügeausbildung von Eisen-Gusslegierungen ([4.8] in Kap. 4). *IIa* meliertes Gusseisen, *IIb* ferritisch-perlitisches Gusseisen

angeführt, das Gussgefüge nach dem metastabilen System als weißes Gusseisen. Wegen des hohen Gehaltes an sprödem Zementit ist weißes Gusseisen für technische Anwendungen ungeeignet und wird deshalb durch Glühbehandlung in *Tempergusseisen* mit knotenförmigem Graphit und recht guter Verformbarkeit überführt.

Das nach dem stabilen System erstarrte graue Gusseisen bildet je nach Siliciumgehalt und Abkühlgeschwindigkeit ein perlitisches oder ferritisches Grundgefüge aus. Je nach Graphitform unterscheidet man *Gusseisen mit Lamellengraphit* und die durch Impfen mit bestimmten Legierungselementen erzeugbaren *Gusseisensorten mit Vermicular- oder Kugelgraphit* mit besseren Verformungseigenschaften. Die Bezeichnungsweise für die verschiedenen Gusseisensorten nach DIN EN 1560 und nach den alten Normen DIN 1691 bis DIN 1693, die auch hier wieder mit aufgeführt sind, ist in Abschnitt 5.1.2 erläutert.

5.4.2 Gusseisen mit Lamellengraphit (GG nach DIN 1691/Z oder EN-GJL nach DIN EN 1561:11)

Die Gefügeausbildung von üblichem Grauguss mit Lamellengraphit ist in Abschn. 4.1.4 beschrieben. Graugusssorten (vgl. Tab. 5.23) enthalten außer 2,8 bis 4,5 % Kohlenstoff im Allgemeinen 1,0 bis 2,8 % Silicium, 0,5 bis 1,0 % Mangan, 0,3 bis 1,5 % Phosphor und 0,06 bis 0,1 % Schwefel.

Für die Gusseisensorten in Tab. 5.23 sind in DIN EN 1561 die aufgeführten von der Wanddicke abhängigen Zugfestigkeiten angegeben. Die Bruchdehnungen dieser Sorten betragen zwischen 0,8 bis 0,3 %.

Wanddickenabhängigkeit von Zugfestigkeit und Härte bei Gusseisen Das Gefüge und damit die Festigkeitseigenschaften werden maßgeblich durch die Abkühlgeschwindigkeit, die von der Wanddicke abhängt, bestimmt. In Abb. 5.7 sind daher Zugfestigkeit und Härte in Abhängigkeit vom Durchmesser getrennt abgegossener Probestücke bzw. vom Modul $M = O/V$ (O = Oberfläche des Probestabes, V = Volumen des Probestabes) für verschiedene Gusseisensorten dargestellt. Dabei bestimmt das Volumen den Wärmeinhalt und die Oberfläche die Wärmeabgabe bei und nach der Erstarrung. Die Erstarrungszeit kann mit $t_{er} = K \cdot (V/O)^2$ beschrieben werden. Der Proportionalitätsfaktor K berücksichtigt dabei Gießtemperatur und thermische Eigenschaften von Metall und Formstoff.

Da die Abkühlung im Gussstück anders verläuft als in getrennt abgegossenen Probestücken, ist das Schaubild nur begrenzt anwendbar, um die Festigkeitseigenschaften als Funktion der Wanddicke vorauszusagen. Es liefert jedoch brauchbare Richtwerte.

Sättigungsgrad Silicium und ähnliche die Bildung von Graphit fördernde Elemente (z. B. Phosphor) vermindern die Löslichkeit des flüssigen und festen Eisens für Kohlenstoff. Der eutektische Punkt wird zu kleineren Kohlenstoffgehalten im Zustandsdiagramm verschoben.

Tab. 5.23 Graugusssorten nach DIN 1691/Z (Auszug) bzw. DIN EN 1561 mit Werten für die Zugfestigkeit

Graugusssorte: Kurzname DIN 1691/DIN EN 1561	Wanddicke in mm	Erwartungswert im Gussstück in N/mm^2
	2,5–5	180
	5–10	155
GG-15/EN-GJL 150	10–20	130
	20–40	110
	40–80	95
	80–150	80
	2,5–5	230
	5–10	205
GG-20/EN-GJL 200	10–20	180
	80–150	115
	5–10	250
GG-25/EN-GJL 250	…	…
	80–150	155
	5–10	270
GG-30/EN-GJL 300	…	…
	80–150	195
	10–20	315
GG-35/EN-GJL 350	…	…
	80–150	225

Der so genannte Sättigungsgrad S_c kennzeichnet den Einfluss der Legierungselemente auf die eutektische Konzentration.

$$S_c = \frac{C\,\%}{4,3 - 1/3 \cdot (Si\,\% + P\,\%)}$$

$S_c < 1$: Untereutektisch, meist üblich
$S_c = 1$: Eutektisch,
$S_c > 1$: Übereutektisch

Wachsen von Grauguss Bei hohen Temperaturen und Anwesenheit von Sauerstoff kommt es zu einer Oxidation des Eisens in der Umgebung der Graphitblätter (innere Oxidation). Folge: Volumenvergrößerung. Bei langzeitiger Erwärmung über 200 bis 300 °C kann der Zementit des Perlits zu Graphit und Ferrit zerfallen, was ebenfalls mit einer Volumenvergrößerung verbunden ist.

Anwendungen Sein Hauptanwendungsgebiet hat Grauguss mit Lamellengraphit bei kompakten Maschinenbauteilen mit komplizierter Form und/oder großer Masse, bei denen

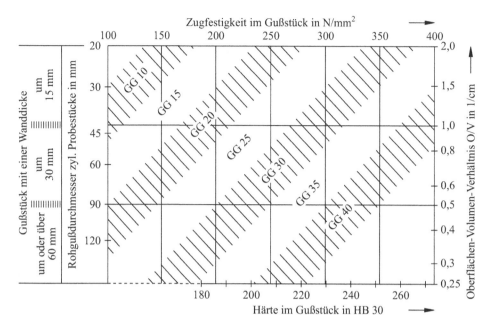

Abb. 5.7 Schaubild zur Abschätzung der Zugfestigkeit und Härte von Gusseisen in Abhängigkeit von der Wanddicke

die günstige Herstellung durch Gießen bei niedrigen Gießtemperaturen von Vorteil ist und bei denen keine extremen Festigkeits- und Zähigkeitsanforderungen vorliegen. Solche Bauteile sind Getriebe- und Kurbelgehäuse oder Motorblöcke von Dieselmotoren. Für weitere Anwendungen von Gusssorten ist eine Reihe von besonderen Eigenschaften ausschlaggebend, die diesen Werkstoff auszeichnen. Der durch die Graphitlamellen bedingten schwingungsdämpfenden Wirkung verdankt Grauguss seine Anwendung für die Gestelle von Werkzeug-, Prüf- und Schwermaschinen sowie Pressen. Seine bei perlitischer Grundmasse gute Verschleißbeständigkeit machen den Werkstoff zusammen mit der großen Druckfestigkeit für Walzen, Führungsbahnen und andere druckbeanspruchte Teile geeignet. Die Schmierwirkung des Graphits ergibt gute Notlaufeigenschaften wie sie für Lager, Gleitbahnen und Zahnräder erforderlich sind. Die geringe Rostempfindlichkeit (Gusshaut) ermöglicht die Anwendung von Grauguss für Reaktionsgefäße, Pumpenteile im chemischen Apparatebau, Kessel und Radiatoren (vergleiche Abschn. 8.3.6, Stoffgerechter Entwurf). Legierte Graugusssorten werden bei erhöhten Anforderungen an Festigkeit und Zähigkeit (z. B. GG-340 CuMo-8-4 für Motorblöcke) eingesetzt.

5.4.3 Gusseisen mit Kugelgraphit
(GGG nach DIN 1693/Z oder EN-GJS nach DIN EN 1563:11, [5.23])

Beispiel für die Zusammensetzung dieser auch *Sphäroguss* genannten Gusseisenart:

- 3,7 % C
- 2,5 % Si

Beim Fehlen gewisser Störelemente (vor allem Schwefel) führt Impfen mit Magnesium (Zugabe in Form von Vorlegierungen) oder Cer in Kombination mit Calcium zu einer kugelförmigen Ausbildung des Graphits bei der Erstarrung (Abb. 5.8 und 5.9).

Die Gefügestruktur mit globularer Graphitausbildung bringt Festigkeits-, Verformbarkeits- und Zähigkeitswerte, die erheblich besser sind als bei Grauguss und die Werte von Stählen erreichen (siehe Bruchdehnungswerte und Kerbschlagarbeiten in Tab. 5.25). Die Festigkeit wird durch den Ferrit- bzw. Perlitanteil im Grundgefüge bestimmt, der sich durch Glühbehandlungen einstellen lässt. Tabelle 5.24 gibt die mechanischen Eigenschaften zweier Gusseisensorten mit Kugelgraphit wieder. Die Bruchdehnung fällt mit zunehmender Zugfestigkeit auf geringe Werte ab. Dämpfung und Wärmeleitfähigkeit von Sphäroguss sind geringer als bei Grauguss.

Besonders hohe Zugfestigkeiten, bis in den Bereich vergüteter Stähle, lassen sich in Verbindung mit relativ günstigen Zähigkeitswerten bei bainitischem Gusseisen (DIN EN 1564:11) durch eine Wärmebehandlung erreichen, die zu einem bainitisch-ferritischen Grundgefüge mit Kugelgraphit führt. Beispiele: EN-GJS-800, EN-GJS-1200-2.

Anwendungen Seinen günstigen Eigenschaften entsprechend wird Gusseisen mit Kugelgraphit für Gussbauteile eingesetzt, bei denen eine größere Festigkeit und Zähigkeit erforderlich ist als mit Grauguss zu erreichen und die andererseits höhere Anforderungen an die Gießbarkeit stellen als mit Stahlguss gegeben. Das Anwendungsfeld für Sphäroguss ist daher sehr weit und umfasst im Motoren-, Turbinen- und Pumpenbau auch mechanisch und thermisch stark belastete Bauteile (Kolben für Dieselmotoren).Die gute Schwingfestigkeit erlaubt die Anwendung von Sphäroguss für hochwertige Kurbelwellen in Pkw-Motoren (GGG-80). Sphäroguss mit bainitischem Grundgefüge wird in der Antriebstechnik für Zahnräder benutzt.

5.4.4 Gusseisen mit Vermiculargraphit
(GGV oder EN-GJV nach DIN EN 1560:11)

Form und Entstehung von Vermiculargraphit liegen entsprechend Abb. 5.10 zwischen Kugel- und Lamellengraphit. Abbildung 5.11 zeigt eine Gefügeaufnahme. Es gibt verschiedene Herstellungsverfahren, z. B.:

Abb. 5.8 Gefüge von Gusseisen mit Kugelgraphit GGG-42 (Wärmebehandlung 3 h 920 °C Ofenabkühlung), geätzt mit alkoh. HNO$_3$

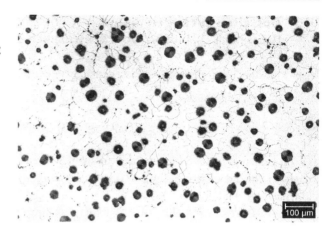

Abb. 5.9 GGG-42 Bruchfläche, Rasterelektronenmikroskopaufnahme

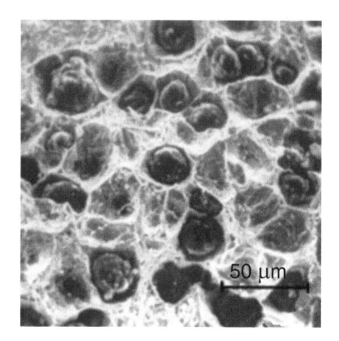

Tab. 5.24 Gusseisen mit Kugelgraphit nach DIN 1693/Z oder DIN EN 1563

Gusssorte: Kurzname	R_m in N/mm^2	R_e in N/mm^2	A in %
GGG-35-22 EN-GJS-350-22	350	220	22
GGG-70 EN-GJS-700-2	700	420	2

Abb. 5.10 Verschiedene Formen der Graphitausbildung. Form I und II Lamellengraphit, Form III Vermiculargraphit, Form IV und V knotenförmiger Graphit (Temperguss), Form VI Kugelgraphit

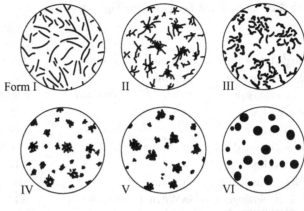

Abb. 5.11 Gefügeaufnahme von Gusseisen mit Vermiculargraphit, geätzt mit Nital

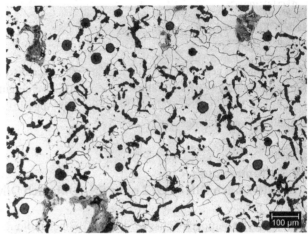

- Behandlung mit Magnesium unter Zusatz von z. B. Titan, das die Ausbildung von Kugelgraphit behindert und die Entstehung von Vermiculargraphit (vermiculus = Würmchen) begünstigt.
- Behandlung mit Cer-Mischmetall oder seltenen Erden bei sehr sauberem Basiseisen.

Die bei Vermiculargraphit gegenüber Lamellengraphit fehlenden Querverbindungen zwischen den einzelnen Graphitteilchen führen zu einem erhöhten Elastizitätsmodul und zu einer guten Schwingfestigkeit. GGV (GJV) verbindet höhere Festigkeit und Zähigkeit gegenüber GG (GJL) mit höherer Wärmeleitfähigkeit und besserer Dämpfung gegenüber GGG (GJS). Tabelle 5.25 enthält eine Gegenüberstellung wichtiger Eigenschaften der verschiedenen Gusseisensorten. Die bessere Vergießbarkeit von GGV gegenüber GGG ist ein Hauptgrund für den Einsatz von GGV, insbesondere bei dünnwandigen Bauteilen wie z. B. Zylinderköpfen, bei denen der noch besser vergießbare Grauguss (GG) keine hinreichende Festigkeit bringen würde.

Tab. 5.25 Gegenüberstellung wichtiger Eigenschaften der verschiedenen Gusseisenwerkstoffe

		GG/EN-GJL (DIN EN 1561)	GGV/EN-GJV (DIN EN 1560)	GGG/EN-GJS (DIN EN 1563)
Zugfestigkeit	in N/mm^2	100–400	300–500	400–1000
0,2 %-Dehngrenze	in N/mm^2		240–440	250–750
Druckfestigkeit	in N/mm^2	500–1400	600–700	600–1200
Bruchdehnung	in %		5–2	27–2
Härte HB 30		100–300	130–280	120–335
Elastizitätsmodul	in kN/mm^2	75–155	120–160	160–185
Kerbschlagarbeit	in J		~ 10	10–18
Biegewechselfestigkeit	in N/mm^2		160–200	160–400
Wärmeleitfähigkeit (20 °C bis 400 °C)	in W/(cm K)	0,46–0,59	0,43–0,35	0,42–0,25

Nach H. Kowalke und W. Knothe.

Aufgrund des gegenüber GGG relativ geringen thermischen Ausdehnungskoeffizienten und der besseren Wärmeleitfähigkeit besitzt GGV eine gute Temperaturwechselbeständigkeit. Der Werkstoff wird daher bevorzugt für Abgaskrümmer und Zylinderköpfe von Großdieselmotoren eingesetzt.

5.4.5 Temperguss (GT nach DIN 1692/Z oder EN-GJM nach DIN EN 1562:12)

Weiß erstarrter Temperrohguss wird einer Glühbehandlung zur Umwandlung des ledeburitischen Zementits in knotenförmigen Graphit und Ferrit unterzogen. Die Verformbarkeit und Zähigkeit von Temperguss ist als Folge der andersartigen Graphitausbildung besser als diejenige von Gusseisen mit Lamellengraphit. Besonders hohe Festigkeitswerte lassen sich durch Vergüten erreichen (Beispiel GTS-70-02/EN GJMB-700-2).

Anwendungen Die mit guten Festigkeitswerten verknüpften Eigenschaften ermöglichen die Anwendung von Temperguss für viele dünnwandige und kompliziert geformte Maschinenbau- und Kfz-Serienbauteile, die eine gute Gießbarkeit erfordern und mit besserer Zähigkeit als Grauguss stoßfest sein müssen. Anwendungsbeispiele sind Rohrverbindungsstücke, Hebel, Hinterachs- und Lenkgehäuse, Radnaben oder das Fangmaul von Anhängerkupplungen. Die verschiedenen Sorten sind in DIN 1692/Z bzw. DIN EN 1562 genormt.

Abb. 5.12 Endgefüge eines weißen Tempergusses, geätzt mit alkoh. HNO_3

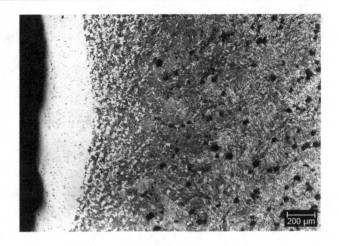

Weißer Temperguss (GTW oder EN-GJMW)

Rohguss: 2,80 bis 3,40 % C
0,40 bis 0,80 % Si
0,20 bis 0,50 % Mn
0,12 bis 0,25 % S

Glühen in oxidierender, entkohlender Atmosphäre 60 bis 120 h bei 980 bis 1060 °C, rasche Abkühlung. Randentkohlung über die Gasphase.

Endgefüge (Abb. 5.12): Ferritische Randzone, anschließend Ferrit und Perlit + Temperkohle, innen Perlit + Temperkohle.

Beispiele und Anwendungen GTW-35-04/EN-GJMW-350-4, GTW-40-05/EN-GJMW-400-5, GTW-45-07/EN-GJMW-450-7. Die angehängten Ziffern 04, 05 und 07 bzw. 4, 5, 7 geben die Bruchdehnung A_3 ($L_0 = 3 \cdot d$) an und gelten ebenso wie die Nennfestigkeitswerte für einen Probestabdurchmesser von 12 mm. Für kleinere Probendurchmesser ist bei weißem Temperguss die Zugfestigkeit geringer und die Bruchdehnung größer.

GTW ist bei kleinen Querschnitten schweißbar, jedoch müssen die Schwefel- und Siliciumgehalte hinreichend niedrig sein. GTW-S 38-12/EN-GJMW-360-12 zum Beispiel lässt sich bis 8 mm Wanddicke ohne Nachbehandlung schweißen. Bei dieser Sorte wird der Kohlenstoffgehalt bis zur angegebenen Wanddicke auf weniger als 0,3 % gesenkt. Die Schweißbarkeit wird bei der Anwendung für Landmaschinenteile (Reparaturen) ausgenutzt.

Abb. 5.13 Endgefüge eines
schwarzen Tempergusses, geätzt mit alkoh. HNO_3

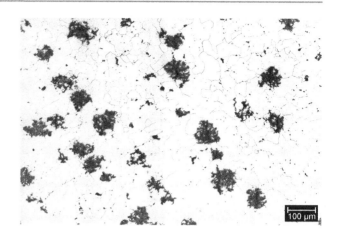

Schwarzer Temperguss (GTS oder EN-GJMB)

Rohguss: 2,20 bis 2,80 % C
        1,00 bis 1,60 % Si
        0,20 bis 0,50 % Mn
        0,12 bis 0,18 % S

Glühen in neutraler Atmosphäre:

1. Glühstufe: Ca. 20 h bei 950 °C (Zerfall der ledeburitischen Carbide).
2. Glühstufe: Ofenabkühlung mit 3 bis 5 °C/h im Bereich von 760 bis 680 °C (dadurch fer-
              ritisches Grundgefüge). Bei schnellerer Abkühlung enthält das Grundgefüge
              zunehmend Perlit.

Endgefüge (Abb. 5.13): Ferrit (+ Perlit) + Temperkohle. Keine Randentkohlung.
Beispiele:

- GTS-35-10/EN-GJMB-350-10,
- GTS-45-06/EN-GJMB-450-6,
- GTS-70-02/EN-GJMB-700-2.

Die Zugfestigkeits- und Bruchdehnungswerte dieser Sorten gelten für Probendurchmesser von 12 oder 15 mm.

Tab. 5.26 Hochlegierte austenitische Gusseisensorten

Gusssorten: Kurzname nach DIN EN 13 835:02 + A1:06	Zusammensetzung in %				Eigenschaften
	C	Ni	Cr	Mn	
EN-GJSA-XNiCr30-3	< 0,3	20	3	–	Korrosions-, hitze-, erosions-beständig:
EN-GJLA-XNiMn13-7	< 0,3	13	–	7	Unmagnetisierbar, Gehäuse Schaltanlagen

5.4.6 Hochlegiertes Gusseisen (DIN EN 12 513:11, DIN EN 13 835:12)

Gusseisensorten, die gute Verschleiß-, Korrosions-, Erosions- und Hitzebeständigkeit oder besondere magnetische Eigenschaften aufweisen sollen, sind hochlegiert. Sorten mit bis zu 27 % Cr sowie Mo erhalten eine besonders große Verschleißbeständigkeit hauptsächlich durch die sehr harten Carbide dieser Elemente (Beispiele DIN 1695/Z, DIN EN 12 513:11, G-X 300 CrMo 27 1, gehärtet bzw. vergütet 600 HV 30 oder G-X 330 NiCr 4 2 = EN-GJN-HV550 nach DIN EN 12 513, gehärtet bzw. vergütet 550 HV 30).Gute Korrosions-, Hitze- und Erosionsbeständigkeit wird mit austenitischem Gusseisen bei Ni-Gehalten über 12 % erreicht (DIN 1694/Z, jetzt DIN EN 13 835:12, Tab. 5.26), das z. B. für korrosionsbeanspruchte Pumpenbauteile, Kessel und Ventile eingesetzt wird. Wie ebenfalls in Tab. 5.26 vermerkt, gibt es unmagnetisierbare austenitische Gusseisensorten und außerdem für Tieftemperaturanwendungen kaltzähe Sorten. Austenitisches Gusseisen kann Lamellen- (L) oder Kugelgraphit (S) enthalten.

5.5 Nichteisenmetalle als Konstruktions-/Funktionswerkstoffe

Die Gruppe der Nichteisenmetalle (NE-Metalle) wird unterteilt in Leicht- und Schwermetalle.

5.5.1 Leichtmetalle als Konstruktionswerkstoffe [5.24–5.37]

Aluminium und Aluminiumlegierungen (DIN EN 515:93, DIN EN 573-1:04, -2:94, -3:09, -5:07, DIN EN 12 258-1:12, -2:04, -3:03, [5.24–5.32])

Vorkommen und Herstellung

Wichtigstes Leichtmetall, das erstmals durch F. Wöhler 1827 dargestellt wurde, ist das Aluminium mit seinen Legierungen. Wie alle Leichtmetalle wird es durch Elektrolyse gewonnen. Zur Herstellung von 1 t Aluminium benötigt man 5 t des Minerals *Bauxit*, das hauptsächlich aus Aluminiumoxid mit chemisch gebundenem Wasser besteht. Die bedeutendsten Förderländer für Bauxit sind Australien, Brasilien, Guinea, Jamaika sowie Russland, Ungarn und Bosnien.

Aus Bauxit gewinnt man zunächst reines Aluminiumoxid (Bayer-Verfahren). Es wird in Natriumaluminiumfluorid (Kryolith Na_3 Al F_6) gelöst zur Erleichterung des Schmelzvorgangs für die Elektrolyse, bei der sich das Aluminium an der den Boden bildenden Kathode abscheidet. Die Erzeugung von *Hüttenaluminium (Primäraluminium)* nach diesem Verfahren, das auf eine Erfindung von Ch. Hall und T. Héroult zurückgeht, benötigt viel Energie. Gezielte Verbesserungen bei der Prozesssteuerung ermöglichten große Einsparungen, so dass heute nur noch $13 \cdot 10^3$ bis $15 \cdot 10^3$ kWh für die Elektrolyse einer Tonne Aluminium erforderlich sind.

Stark zunehmende wirtschaftliche Bedeutung hat die Aufarbeitung von Alt- und Abfallmaterial. Die einwandfreie Verarbeitung des Schrotts in besonderen Schmelzhütten macht ein sorgfältiges Sortieren vor dem Umschmelzen nötig, da es sehr aufwändig ist, metallische Verunreinigungen, wie Kupfer und Eisen, aus der Schmelze zu entfernen. Das aus Schrott gewonnene Aluminium nennt man *Sekundäraluminium*. Für dessen Gewinnung werden nur noch 5 % der Energie für die Primäraluminiumerzeugung benötigt. Der Gesamtverbrauch von Hütten- und Sekundäraluminium betrug 1934 in Deutschland 34.000 t. 2006 lag die Aluminiumproduktion in Deutschland bei insgesamt $1,3 \cdot 10^6$ t ($515 \cdot 10^5$ t Primär-, $795 \cdot 10^5$ t Sekundäraluminium) und erreichte 2011 nach Schwankungen $1,1 \cdot 10^6$ t ($432 \cdot 10^5$ t Primär-, $634 \cdot 10^5$ t Sekundäraluminium).Weltweit dagegen stieg die Primäraluminiumproduktion von $34 \cdot 10^6$ t (2006) auf $41 \cdot 10^6$ t (2010) an, bei etwa konstanter Sekundäraluminiumerzeugung (ca. $9 \cdot 10^6$ t).[2]

Physikalische Kennwerte

Dichte:	$2,7\,g/cm^3$
E-Modul:	$72.000\,N/mm^2$
Schmelzpunkt:	660 °C
Kristallgitter:	Kfz
hohe Elektrische Leitfähigkeit:	$37,6\,m/(\Omega \cdot mm^2)$
gute Wärmeleitfähigkeit:	$232\,W/(m \cdot K)$

Man unterscheidet zwischen *Reinst-* und *Reinaluminium* sowie nach der Art der Verarbeitung zwischen *Aluminium-Knetlegierungen* und *Aluminium-Gusslegierungen*. Die Festigkeit lässt sich durch Legieren, Wärmebehandeln (Aushärten), Kaltverfestigen oder Kombinationen dieser Maßnahmen erhöhen. Nach der Möglichkeit der Wärmebehandlung wird zwischen *nicht aushärtbaren* und *aushärtbaren Legierungen* unterschieden

Reinaluminium (DIN EN 573-1:04, -2:94, -3:09,) *Reinaluminium* ist Aluminium mit einem Reinheitsgrad von 99 bis 99,9 %. *Reinstaluminium* wird nach einem besonderen Verfahren gewonnen und besitzt einen Reinheitsgrad von 99,99 % für *Masseln* und 99,98 % für

---

[2] ALUINFOS & NEWS: Aluminium in Zahlen. Gesamtverband der Aluminiumindustrie e. V.

Tab. 5.27 Reinaluminium DIN 1790/Z

Bezeichnung	Werkstoff-nummer	Zugfestigkeit in N/mm^2	Bruchdehnung $A_{11,3}$ in %	Brinellhärte HB	Zustandshinweis
Al 99,9 W 4	3.0305.10	40	25	15	Weich
F 7	3.0305.26	70	8	20	Gezogen
F 11	3.0305.30	110	4	25	Gezogen

Halbzeuge [5.24]. Die Serie 1000 nach DIN EN 573-3 enthält Sorten mit Gehalten zwischen 99,0 % und 99,99 %, wobei die beiden letzten Ziffern bei dieser Serie den Mindestanteil an Al in % angeben. Mit steigendem Reinheitsgrad nimmt die Festigkeit des Aluminiums ab, gleichzeitig nimmt die chemische Beständigkeit zu. Durch eine Kaltverformung sind Festigkeitssteigerungen von mehr als 100 % möglich. Diese Festigkeitszunahmen können durch eine Glühung bei 300 bis 400 °C rückgängig gemacht werden. Der Zustand des Werkstoffs wird in der Werkstoffbezeichnung mit angegeben, wobei in Tab. 5.27 nach der alten Norm Zusatzsymbole mit eingetragen sind. Erläuterungen hierzu finden sich in der Beschreibung zu Tab. 5.30.

Die Hauptanwendungsgebiete liegen im chemischen Apparatebau, im Verpackungswesen und in der Elektrotechnik.

Aluminium-Knetlegierungen (DIN EN 573-1:04, -2:94, -3:09, -5:07) Knetlegierungen werden durch Umformung in vielfältige Formen gebracht [5.27]. Strangpressen (siehe Abschn. 8.1), das neben dem Walzen zu Blechen (DIN EN 485-1:08 + A1:09, -2:08) wichtigste Umformverfahren für Aluminium-Knethalbzeuge, ermöglicht die Herstellung von Stangen und Rohren sowie der verschiedensten Voll- und Hohlprofile (DIN EN 755-1 bis -9:08). Strangpressprofile aus Aluminium-Knetlegierungen sind in Konkurrenz zu hochfesten Stählen wichtige Elemente für Leichtbaukonstruktionen (Beispiel ICE-Züge). Auch bei Strangpressprofilen wird der Festigkeitszustand in der Kurzbezeichnung mit angegeben (vgl. Erläuterungen zu Tab. 5.30). Neben Strangpressprodukten haben gezogene Stangen und Rohre Bedeutung (DIN EN 754-1 bis -8:08), ebenso Schmiedestücke (DIN EN 586-1:97, -2:94, -3:01). Für Drähte gilt DIN EN 1301-1:08 und DIN EN 1301-2:08.

Nicht ausscheidungshärtbare Legierungen

Technisch wichtige, nicht ausscheidungshärtbare Knetlegierungen vom Typ Al Mg, Al Mn und Al MgMn sind in Tab. 5.28 mit ihren Eigenschaften und Anwendungsgebieten zusammengestellt. Den eingetragenen Legierungsbezeichnungen nach DIN EN 573-2 mit chemischen Symbolen und nach dem Nummernsystem der DIN EN 573-1 ist jeweils EN AW- voranzustellen.

Tabelle 5.30 zeigt im Vergleich die Festigkeits- und Verformungskennwerte nicht ausscheidungshärtbarer und ausscheidungshärtbarer Knetlegierungen. Wie man sieht, lassen sich bei nicht ausscheidungshärtbaren Legierungen durch Kaltwalzen beträchtliche Fes-

Tab. 5.28 Beispiele für nicht ausscheidungshärtbare Aluminiumlegierungen (DIN EN 573-2, -1)

Bezeichnung EN AW-	Eigenschaften und Anwendungsbeispiele
Al Mn1/3103	sehr gut kaltverformbar, schweißbar, korrosionsbeständig. Tiefziehteile
Al Mg3/5754Al Mg5/5019	gut kaltverformbar, schweißbar, sehr gut seewasserbeständig. Schiff-, Kraftfahrzeugbau
Al Mg4,5Mn0,7/5083	hohe Korrosionsbeständigkeit, gute Warmfestigkeit. Chem. Apparate-, Tankfahrzeuge, Schiff- (Bleche für Rohbauten), Schienenfahrzeugbau

tigkeitssteigerungen erzielen, allerdings verbunden mit einer starken Abnahme der Bruchdehnung.

Ausscheidungshärtbare Legierungen

Zur *Ausscheidungshärtung* von Aluminiumlegierungen als dreistufiger Wärmebehandlung erfolgt zunächst ein Lösungsglühen bei 470 bis 530 °C, je nach Legierung, das eine Lösung der Legierungszusätze mit gleichmäßiger Verteilung im Aluminiumgitter bewirkt. Dieser Zustand wird beim nachfolgenden Abschrecken auf Raumtemperatur eingefroren. Der an Legierungselementen übersättigte Aluminium-Mischkristall befindet sich dann nicht im Gleichgewicht. Bei der anschließenden Kalt- oder Warmauslagerung treten daher Entmischungs- und Ausscheidungsvorgänge auf, die in ebenfalls noch metastabilen Zwischenzuständen zu maximalen Festigkeitswerten führen.

Technisch von Bedeutung sind ausscheidungshärtbare Aluminiumlegierungen mit drei (ternär) oder vier (quaternär) Komponenten. Tabelle 5.29 gibt einen Überblick über übliche Zusammensetzungen, Eigenschaften und Anwendungsgebiete solcher Legierungen. Man erkennt, dass die Bezeichnungen mit chemischen Symbolen nach *DIN 1712* und nach DIN EN 573-2 etwas unterschiedlich sind und eine Umschlüsselung den Rückgriff auf einschlägige Tabellen erfordert (z. B. in [5.8, 5.24]). Zusätzlich sind in der Tabelle die Bezeichnungen nach dem Nummernsystem von DIN EN 573-1 vermerkt.

Wie aus Tab. 5.30 hervorgeht, lassen sich mit ausscheidungshärtbaren Aluminiumlegierungen Festigkeitskennwerte erzielen, die bis in den Bereich der warmgewalzten unlegierten Baustähle reichen. Dabei werden die angegebenen Werte z. B. von der in Tab. 5.29 mit aufgeführten Legierung Al Zn5,5MgCu noch übertroffen ($R_m = 570$ N/mm^2, $R_{p\,0,2} = 505$ N/mm^2, $A = 10$ %) und die Bruchdehnungen betragen noch 10 % und mehr. Zu beachten ist bei der Auslegung von Konstruktionen aber, dass der E-Modul von Aluminiumlegierungen nur etwa 1/3 des Wertes von Stahl erreicht. Die Zustandsbezeichnungen sind in Tab. 5.30 nach DIN EN 515:93 angegeben (vgl. Abschn. 5.1.3) und zusätzlich in Klammern entsprechend der zurückgezogenen DIN 1725-1/Z, dabei steht W für weichgeglüht, F für kaltverfestigt oder ausgehärtet mit der folgenden Kennzahl für 1/10 des Zugfestigkeitswertes.

Aluminium-Gusslegierung (DIN EN 1559-4:99, DIN EN 1706:10, DIN EN 1780-1 bis -3:02)

Bei den Gusslegierungen [5.25, 5.30, 5.32] steht die Forderung nach brauch-

Tab. 5.29 Ausscheidungshärtbare Aluminiumlegierungen (DIN 1712/Z, DIN EN 573-2, -1)

Bezeichnung nach DIN 1712/EN AW-	Eigenschaften und Anwendungsbeispiele
Typ Al MgSi/6000er Serie	Fahrzeugbau, Bauwesen (z. B. Fenster)
Al MgSi0,5/Al MgSi/6060	Besonders gut pressbar. In Space-Frame-Technik mit Al-Druckgussknoten verschweißt (AUDI A8)
Al MgSi0,7/Al SiMg(A)/6005 A	Gut verformbar, gut korrosionsbeständig
Al MgSi1/Al Si1MgMn/6082	Schienenfahrzeug-Leichtbau (verschweißte Strangpressprofile, ICE, S-Bahn ET 423)
Typ Al ZnMg und Al ZnMg-Cu/7000er Serie	Flugzeug-Zellenbau
Al Zn4,5Mg1/Al Zn4,5Mg1/7020	Warmaushärtbare Legierung sehr hoher Festigkeit, weniger korrosionsbeständig, nach dem Schweißen selbstaushärtend, AlZn4,5Mg1 F 36 früher im Schienenfahrzeugbau
Al ZnMgCu1,5/Al Zn5,5MgCu/7075	Höchstbeanspruchte Teile im Maschinenbau, nicht schweißbar
Typ Al CuMg und Al Cu-SiMn/2000er Serie	Flugzeug-Zellenbau, hochbeanspruchte Teile im Fahrzeugbau
Al CuMg2/Al Cu4Mg1/2024 Al CuSiMn/Al Cu4SiMg/2014	Kaltaushärtbare Legierungen sehr hoher Festigkeit, wenig korrosionsbeständig durch Cu-Gehalt, nicht schweißbar (Cu-Gehalte > 0,25 % erschweren Schweißbarkeit), mechanische Fügeverfahren

Tab. 5.30 Festigkeits- und Verformungskennwerte von Aluminium-Knetlegierungen (DIN EN 573-2 und DIN EN 515:93 bzw. DIN 1725-1/Z für Zustandssymbole, s. Abschn. 5.1.3)

Bezeichnung EN AW- + Zustands-symbol DIN EN 515 (DIN 1725-1)	Werk-stoff-nummer	Zugfestig-keit R_m in N/mm^2	0,2 %-Dehngrenze $R_{p\ 0,2}$ in N/mm^2	Bruch-dehnung A in %	Bruch-dehnung $A_{11,3}$ in %	Brinell-härte HB	Zu-stand
Al Mg3-O (W19)	3.3535.10	190–230	80	20	17	50	w
Al Mg3-H111 (F19)	3.3535.07	190	80	12	–	50	kg
Al Mg3-H16 (F29)	3.3535.30	290	250	3	2	85	kg
Al Si1MgMn-O (W)	3.2315.10	150	85	18	15	35	w
Al Si1MgMn-T4 (F21)	3.2315.51	205	110	16	14	65	ka
Al Si1MgMn-T6 (F30)	3.2315.72	295	245	9	–	95	wa
Al Zn4,5Mg1-T6 (F36)	3.4335.71	350	275	10	8	105	wa
Al Cu4MgSi-T4 (F40)	3.1325.51	390	265	15	11	100	ka

w (weich); kg (kaltgewalzt); ka (kaltausgehärtet); wa (warmausgehärtet).

Tab. 5.31 Aluminium-Gusslegierungen (DIN 1725-2/Z[1] und DIN EN 1706)

Gießart	Bezeichnung G-[1], GK-[1], GD-[1] (bzw. EN AC-… S, K, D nachgestellt)	Werk-stoffnum-mer	Eigenschaften und Anwen-dungsbeispiele
Sandguss, Kokillenguss Druckguss	G-Al Si12, GK-Al Si12 GD-Al Si12	3.2581 3.2582	Sehr gut gießbar, dünn-wandige Rippenkörper, Pumpengehäuse
Sandguss, Kokillenguss Druckguss	G-Al Si10Mg, GK-Al Si10Mg GD-Al Si10Mg	3.2381 3.2382	Gut bis sehr gut gießbar, Zy-linderköpfe, Kurbelgehäuse, Bremsbacken
Kokillenguss	GK-Al Si18CuMgNi	nicht genormt	Gut gießbar, hohe Verschleiß- und Warmfestigkeit, gute Gleiteigenschaften, Kolbenle-gierung
Sandguss, Kokillenguss	G-Al Mg5, GK-Al Mg5	3.3561	Geräte für chemische Industrie und Nahrungsmit-telindustrie, Haushaltsgeräte
Druckguss	GD-Al Mg9	3.3292	Haushalts- und Büromaschi-nengehäuse, Zierteile

baren Gießeigenschaften im Vordergrund. Deshalb weichen die Zusammensetzungen der Gusslegierungen zum Teil erheblich von denen der Knetlegierungen ab. Günstige Gießeigenschaften ergeben sich beispielsweise, bedingt durch das bei 12,5 % liegende Al-Si-Eutektikum, bei Zusatz von 5 bis 20 % Silicium. Dem Gießverfahren (siehe Ab-schn. 8.3.3. und 8.3.4) entsprechend unterscheidet man die jeweiligen Legierungen nach der DIN Norm mit Hilfe der Kurzzeichen G für Sandguss, GK für Kokillenguss und GD für Druckguss und fügt die chemische Zusammensetzung an. In der europäischen Norm steht EN AC für Aluminium-Gusslegierungen mit C für casting und die in der Tab. 5.31 in Klammern gesetzten Kurzzeichen für die Gießart folgen den chemischen Symbolen.

Die Tab. 5.31 enthält Angaben über die Eigenschaften und Anwendungsgebiete einiger wichtiger Al-Gusslegierungen. Um auch Sekundärlegierungen mit erhöhtem Kupfergehalt vergießen zu können, wurde unter anderem die Legierung G-Al Si9Cu3 genormt, wobei allerdings in AlSi-Legierungen schon ab 0,08 % Kupfer die Korrosionsbeständigkeit ver-ringert wird.

Mit ausscheidungshärtbaren Aluminium-Gusslegierungen – z. B. Legierungen vom Typ Al SiMg mit mehr als 0,1 % Magnesium – können 0,2 %-Dehngrenzen bis 180 N/mm^2 und Zugfestigkeiten bis über 300 N/mm^2 erreicht werden. Dabei gilt auch für Aluminium-Gussteile, dass mit zunehmender Erstarrungsgeschwindigkeit in der Gießform – z. B. bei geringer Wanddicke der Gussteile – Festigkeit und Bruchdehnung ansteigen. Analog besit-zen Kokillengussteile ein feinkörnigeres Gefüge und damit höhere Festigkeits- und Bruch-dehnungswerte als Sandgussteile.

Bei den Druckgusslegierungen wird durch gezielt eingestellte Eisengehalte (je nach Legierung zwischen 0,1 und 0,9 %) dem „Kleben" der Gussteile in der Form entgegengewirkt. Zunehmende Eisengehalte verringern aber die Bruchdehnung merklich. Der bisherige Nachteil einer geringen Duktilität von Druckgussteilen lässt sich mit neuen Legierungen vom Typ Al Si9MgMn(Sr) oder Al Mg5Si2Mn (Eisengehalte ≤ 0,15 %) vermeiden. Diese Legierungen ermöglichen Bruchdehnungen von über 10 %. Die bei geeigneter Herstellung gasarmen und damit schweißbaren Druckgussteile aus solchen Legierungen werden im Automobilbau zunehmend eingesetzt (mit Strangpressprofilen verschweißte Druckgussknoten der Space-Frame-Technologie, Hinterachs-Querträger).

Eigenschaften von Aluminiumlegierungen bei Temperatur- oder Korrosionseinwirkung

Mit steigender Temperatur nehmen Zugfestigkeit, Dehngrenze und Härte der Aluminiumlegierungen ab, während Bruchdehnung und Brucheinschnürung im Allgemeinen zunehmen. Unter Einwirkung höherer Temperaturen können kaltverfestigte oder ausgehärtete Werkstoffe eine bleibende Veränderung ihres Gefügezustandes und damit eine Festigkeitsabnahme erfahren. Außerdem kann der Werkstoff bei ruhender Belastung und höheren Temperaturen kriechen.

Bei tiefen Temperaturen zeigt das kubisch flächenzentrierte Aluminium keinen Steilabfall der Kerbschlagarbeit. Zugfestigkeit und 0,2 %-Dehngrenze steigen mit abnehmender Temperatur an, Brucheinschnürung und Bruchdehnung sinken.

Häufig werden Bauteile aus Aluminium unter korrosiven Beanspruchungen eingesetzt. Entscheidend für die Korrosionsbeständigkeit ist die Reinheit des Materials, die im Apparatebau nicht unter 99,5 % Al liegen sollte. Aber auch Aluminiumlegierungen besitzen eine gewisse Korrosionsbeständigkeit. In Ausnahmefällen, wie bei Al-Mg-Legierungen in Meerwasser, ist die Korrosionsbeständigkeit der Legierungen sogar besser als die von Reinaluminium.

Aluminium ist an sich ein unedles Metall. Die Beständigkeit gegenüber einer Vielzahl von Korrosionsmedien verdankt es einer ca. 0,7 µm dünnen Oberflächenoxidschicht, die sich spontan an Luft bildet. Verunreinigungen, Beimengungen und Legierungselemente stören den Aufbau dieser Oxidschicht, es können sich Lokalelemente an der Oberfläche ausbilden und der Werkstoff neigt dann zur Korrosion. Besonders ungünstig wirken sich Kupfer- und Eisenbeimengungen aus. Das Korrosionsverhalten der Aluminiumwerkstoffe lässt sich durch anodische (elektrolytische) Oxidation (Anoxieren, Eloxieren) verbessern (DIN EN ISO 7599:10). Hierbei wird die schützende Oxidschicht in der Regel auf 10 bis 30 µm verstärkt.

Aluminium-Verbundwerkstoffe Zur Erhöhung der Festigkeit von Bauteilen werden heute auch Aluminium-Verbundwerkstoffe hergestellt. Bei den dispersionshärtenden Verbundwerkstoffen verstärken dispers eingebrachte oder durch Reaktion entstandene Teilchen (Oxide oder Carbide) die Aluminiummatrix. Dabei ist zusätzlich auch eine Ausscheidungshärtung möglich. Pulvermetallurgisch hergestellte Legierungen dieses Typs

(z. B. Al ZnMg2,5CuCo0,4) erreichen Zugfestigkeiten bis $670\,N/mm^2$. Bei den Faser-verbundwerkstoffen werden keramische Fasern (z. B. SiC, B_4C) pulvermetallurgisch in die Metallmatrix eingebettet oder es werden Einlagerungen verstreckt oder Faserkörper z. B. im Druckgießverfahren von Aluminiumschmelze durchtränkt. Anwendung findet faserverstärktes Aluminium bei Pleueln und bei Kolbenböden. Auch durch gerichtete Er-starrung einer eutektischen Schmelze aus zwei oder mehreren Komponenten lassen sich Faser-Verbunde mit Aluminiummatrix erzeugen.

Magnesium und Magnesiumlegierungen (DIN EN 1559-5:97, DIN 1729-1:82, DIN EN 1753:97, DIN EN 1754:97, DIN 9715:82, [5.32–5.36])

Vorkommen und Herstellung

Magnesium findet sich in Mineralien, wie Magnesit ($MgCO_3$) oder Dolomit ($CaCO_3$ und $MgCO_3$), und in Salzen, wie Karnallit (Magnesiumkaliumchlorid). Die Gewinnung von Magnesium erfolgt elektrolytisch durch Abscheidung aus einer Schmelze von Karnallit mit Flussspat (CaF_2) bei etwa 700 °C.

Physikalische Kennwerte

Dichte: $1,74\,g/cm^3$
E-Modul: $44.000\,N/mm^2$
Schmelzpunkt: 649 °C
Kristallgitter: hexagonal

Magnesiumlegierungen Magnesium wird in Form von Gusslegierungen für Sand- und Kokillenguss und zum größten Teil für Druckguss verwendet (DIN EN 1559-5, DIN EN 1753). Aus Knetlegierungen (DIN 1729-1) werden Strangpressprofile (DIN 9711-1 bis -3:63) und Gesenkschmiedestücke (DIN 9005-1/Z, -2/Z, -3/Z) hergestellt. Auch Blechwerkstoffe gewinnen zunehmend an Bedeutung. Halbzeuge aus Mg-Knetlegierungen sind in DIN 9715:82 genormt.

Die gebräuchlichsten Legierungen bauen auf den Systemen Mg-Al, Mg-Zn und Mg-Al-Zn auf. Je höher der Aluminium- und der Zinkanteil ist, desto höher sind auch die in der betreffenden Herstellungsart erreichbaren Festigkeiten, wobei der maximal mögliche An-teil bei ca. 10 % Aluminium liegt. Der Zinkgehalt wird auf 1 % begrenzt, da durch höhere Gehalte bei Anwesenheit von Aluminium die Heißrissneigung (vgl. unter 8.3.1 „Werkstof-fabhängige Fehlerscheinungen") steigt.

Beispiele für Guss- und Knetlegierungen mit Vergießungsart sowie Festigkeits- und Verformungskennwerten gibt die Tab. 5.32 in der übersichtlichen Bezeichnungsweise nach DIN 1729-1 und 1729-2/Z wieder. In der Tabelle sind die häufig benutzten Bezeichnungen nach der U.S.-Norm ASTM B275-96 mit eingetragen. Hierbei werden nur die zwei Haupt-legierungselemente durch einen Buchstaben gekennzeichnet (A = Aluminium, Z = Zink,

Tab. 5.32 Magnesium-Guss- und Knetlegierungen (DIN 1729-1 und -2/Z, vgl. DIN EN 1753)[1]

Werkstoff-Kurzzeichen DIN 1729	Werkstoff-Nummer DIN 1729/	ASTM B275-96	Herstellungs-art	Zugfestigkeit R_m in N/mm^2	0,2%-Dehn-grenze $R_{p\,0,2}$ in N/mm^2	Bruch-dehnung A_5 in %
GD-MgAl9Zn1	3.5912	AZ91	Druckguss	230	150	3
GK-MgAl9Zn1	3.5912	AZ91	Kokillen-,	275	145	6
G-MgAl9Zn1	3.5912	AZ91	Sandguss			
MgAl3Zn1	3.5312	AZ31	Knetwerk-stoff	260	200	15
MgAl3Zn1	3.5312	AZ31	Blech	290	220	15
MgAl6Zn1	3.5612	AZ61	Knetwerk-stoff	310	230	16

[1] Festigkeits- und Verformungskennwerte nach ASM Specialty Handbook: Magnesium and Magnesium Alloys 1999.

M = Mangan, E = seltene Erden). Die darauf folgenden Zahlen stellen den Anteil der Elemente in Prozent dar. Nach DIN EN 1753 lautet die korrekte Bezeichnung der genannten Gusslegierung: EN-MCMgAl9Zn1 oder EN-MC21120 (mit MC für Mg-Gusslegierungen analog zu AC- für Al-Gusslegierungen).

Anwendung finden Gussteile aus Magnesiumlegierungen wegen ihres geringen Gewichtes vorzugsweise in Kraftfahrzeugen, als Getriebegehäuse, Lenkräder, Instrumententräger und Sitzkomponenten.

Titan und Titanlegierungen (DIN 17 850:90, DIN 17 851:90, DIN 17 860:10, DIN 17 862:12, DIN 17 864:12, DIN 17 869:92, [5.33, 5.37])

Vorkommen und Herstellung

In der Natur findet sich Titan vor allem als TiO_2 (Rutil). Bei der Gewinnung wird Titan, ähnlich wie Magnesium, aus einer Natrium-Titanchloridschmelze unter Schutzgas (Helium) elektrolytisch abgeschieden.

Physikalische Kennwerte

Dichte: 4,51 g/cm^3
E-Modul: 106.000 N/mm^2
Schmelzpunkt: 1670 °C
Kristallgitter: hexagonal (α-Titan), krz (β-Titan, oberhalb 882 °C)

Reintitan und technisch reines Titan (DIN 17 850) Die gute Korrosionsbeständigkeit von technisch reinem Titan führt zum Einsatz im chemischen Apparatebau, wobei handelsübliche Halbzeuge wie Bänder und Bleche, Rohre, Stangen, Drähte sowie auch Schmiedestücke benutzt werden können. Durch geringe Gehalte an Sauerstoff oder Stickstoff ist

Tab. 5.33 Titanlegierungen, Festigkeits- und Dehnungswerte, DIN 17 862/Stangen und DIN 17 869

Werkstoff-Kurzzeichen DIN 17 869	Werkstoff-Nummer DIN 17 869	Zugfestigkeit R_m in N/mm^2	0,2 %-Dehngrenze $R_{p\,0,2}$ in N/mm^2	Bruchdehnung A in %
TiAl6V4 F90	3.7165.10	min. 900–1000	830	8–10
TiAl5Sn2,5 F79	3.7115.10	min. 790–935	760	8–10

die Festigkeit gegenüber Reintitan beträchtlich erhöht. Durch Wasserstoffgehalte größer als 0,010 % versprödet Titan sehr stark.

Titanlegierungen (DIN 17 851) Bei den Titanlegierungen sind solche mit α-Gefüge (Ti-Al5Sn2,5, α-stabilisierend wirken Aluminium, Sauerstoff, Stickstoff), α- und β-Gefüge (Ti-Al6V4) und β-Gefüge (TiV13Cr11Al3, β-stabilisierend wirken Vanadium, Chrom, Eisen, Molybdän) zu unterscheiden.

Wie Tab. 5.33 am Beispiel wichtiger Titanlegierungen zeigt, sind die Festigkeitseigenschaften mit den entsprechenden Werten von vergüteten Stählen vergleichbar. Die Festigkeitswerte der Titanlegierungen sinken bis 300 °C nur unwesentlich ab und bleiben bis 500 °C noch beachtlich. Einige Legierungen – z. B. TiAl6V4 – sind warmaushärtbar.

Warmumformen durch Schmieden, Pressen, Walzen oder Ziehen ist bei 700 bis 1000 °C möglich, Kaltumformen bei Reintitan ebenfalls, bei den Legierungen nur beschränkt. Die Halbzeugarten für technisch reines Titan sind auch bei der Mehrzahl der Legierungen lieferbar.

Wegen des besonders günstigen Verhältnisses von Festigkeit zu Dichte bei relativ hohem Preis finden Titanlegierungen vorzugsweise im Luft- und Raumfahrzeugbau Anwendung.

Ganz neue Hochtemperaturwerkstoffe geringen Gewichtes sind pulvermetallurgisch unter erhöhtem Druck und Schutzgas hergestellte *Titanaluminide*, die aus intermetallischen Verbindungen vom Typ Ti_3Al, $TiAl$ oder $TiAl_3$ bestehen.

5.5.2 Schwermetalle als Konstruktions- und Funktionswerkstoffe [5.32, 5.38–5.44]

Als Konstruktionswerkstoffe für den Maschinenbau spielen die größte Rolle die Kupfer- und Nickelbasislegierungen. Hinzu kommen für Hochtemperaturbeanspruchung auch Kobaltbasislegierungen und für geringer beanspruchte Massenbauteile Zinklegierungen (Druckguss).

Kupfer und Kupferlegierungen (DIN EN 1173:08, DIN EN 1412:95)

Vorkommen und Herstellung

Kupfer kommt in geringem Umfang gediegen vor, häufiger in meist schwefelhaltigen Erzen (Kupferkies: $CuFeS_2$, Kupferglanz: Cu_2S). Bei der Gewinnung von Kupfer entfernt zunächst das Rösten solcher Erze den größten Teil des Schwefels. Das entstehende Gemisch aus Cu_2S und FeS mit 30 bis 50 % Kupfer wird durch oxidierendes Verblasen in einem Konverter und reduzierendes Schmelzen zu Hüttenkupfer weiterverarbeitet. Dieses wird bei der Raffination zu Elektrolyt-Kupfer mit 99,95 % Reinheit umgewandelt.

Physikalische Kennwerte

Dichte:	$8,93 \, g/cm^3$
E-Modul:	$125.000 \, N/mm^2$
Schmelzpunkt:	$1083 \, °C$
Kristallgitter:	Kfz
sehr gute elektrische Leitfähigkeit:	$59,8 \, m/(\Omega \cdot mm^2)$
sehr gute Wärmeleitfähigkeit:	$397 \, W/(m \cdot K)$

Kupferlegierungen (DIN EN 1173:95, DIN EN 1412:95, DIN EN 1982:08, [5.38-5.41])
Durch Legierungselemente wird die niedrige Festigkeit des Kupfers erhöht, die hohe elektrische und Wärme-Leitfähigkeit aber verringert. Die gute Beständigkeit des Kupfers gegen wässrige Korrosion kann durch Legierungselemente noch verbessert und auf stärker korrosive Medien wie Seewasser ausgeweitet werden. Für die in Tab. 5.34 aufgeführten Legierungen sind noch die alten DIN Normen angegeben, die auf die einzelnen Legierungssorten zugeschnitten waren (vgl. [5.32, 5.38–5.41]. Kupferlegierungen für Gussstücke sind in DIN EN 1982:98 aufgeführt (Beispiel: CuZn39Pb1Al-C entspricht GK-CuZn37Pb nach DIN 1709/Z, DIN EN 1982:08).

CuZn-Legierungen (Messinge) zeichnen sich besonders durch gute Kaltumformbarkeit aus. Als homogen einphasige Knetlegierungen finden sie vielseitige Anwendung für feinmechanische Zwecke in der Uhren- und Elektroindustrie, für Tiefziehteile (DIN EN 1652:98, DIN EN 1653:97 + A1:00) und für Musikinstrumente. In der Tabelle ist eine der meistbenutzten CuZn-Legierungen mit dem für homogene Legierungen maximalen Zn-Gehalt von 37 % eingetragen. Mit geringen Bleizusätzen verbessert sich die Spanbarkeit, die Kaltumformbarkeit wird jedoch etwas schlechter. CuZn-Gusslegierungen (DIN EN 1982:08) finden Verwendung z. B. bei hochbelasteten Gleitlagern.

CuSn-Legierungen (Zinnbronzen) sind zusammen mit den CuAl- (Aluminiumbronzen) und den CuNi-Legierungen von Bedeutung aufgrund ihrer guten Korrosions- und z. T. Seewasserbeständigkeit. Als homogene, einphasige Knetlegierungen können sie bis 8 % Sn oder Al enthalten, Ni ist vollkommen löslich in Cu (vgl. Abb. 4.4). Die hohe Verschleißfestigkeit von heterogen mit spröden zweiten Phasen aufgebauten CuSn- und CuAl-Gusslegierungen (DIN EN 1982) macht sie als Lagerwerkstoffe und für Gleitelemente be-

Tab. 5.34 Kupferlegierungen (Beispiele, Anwendungsgebiete)

Legierungstyp	DIN-Nr./alle Z	Werkstoff-Kurzzeichen	Werkstoff-Nummer	Hauptbe-standteile (Richtwerte) in %	Eigenschaften und Anwendungs-beispiele
Kupfer-Zink (Messing)	17 660/Z	CuZn37	2.0321	37 Zn	Für Kaltumformen durch Tiefziehen, Drücken, Stauchen, Gewinderollen
Kupfer-Zinn (Zinnbronze)	17 662/Z	CuSn8	2.1030	8 Sn	Feder- und Lagerele-mente
Kupfer-Alumi-nium (Alumi-niumbronze)	17 665/Z	CuAl10Fe3 Mn2	2.0936	10 Al 2–4 Fe 1,5–3,5 Mn < 1 Ni	Schrauben, Lager-buchsen, Schnecken-räder, Konstrukti-onsteile für chem. Apparatebau
Kupfer-Nickel	17 664/Z	CuNi10Fe1Mn	2.0872	10 Ni 1–2 Fe 0,5–1 Mn	Seewasserbeständig, gut schweißbar
Kupfer-Nickel-Zink (Neusilber)	17 663/Z	CuNi18Zn20	2.0740	18 Ni 20 Zn	Tiefziehteile, Federn
Niedriglegierte Kupferlegierungen	17 666/Z	CuMg0,7	2.1323	0,5–0,8 Mg	Leitungsteile für Elektrotechnik
		CuNi2Be	2.0850	1,4–2 Ni	Aushärtbar, Wider-stands-Schweißelek-troden, Federn

sonders geeignet. CuNiZn-Legierungen (Neusilber) sind gut kalt- oder aber warmformbar und finden Anwendung in der Feinmechanik.

Bei niedriglegiertem Kupfer wird die gute elektrische Leitfähigkeit gegenüber Reinkupfer nur wenig verringert. Legierungen dieses Typs dienen deshalb vielfach als Leitungsteile, wobei die sonst niedrige Festigkeit bei aushärtbaren Legierungen angehoben ist (CuNiBe-Legierung für Elektroden zum Widerstandpressschweißen).

Nickel und Nickellegierungen (DIN 17 740:02 bis 17 745:02,[5.42, 5.43])

Vorkommen und Herstellung

Nickel kommt gediegen in Eisenmeteoriten vor. Gewinnung aus schwefelhaltigen Erzen (Fe-Ni-Kies in Verbindung mit Cu-Kies), Oxid- oder Arsenerzen, die durchweg nur einen geringen Nickelgehalt (1 bis 10 %) haben. In Anreicherungsverfahren, wie Rösten, wird zunächst der Nickelgehalt stufenweise erhöht, danach erfolgt ein reduzierendes Schmelzen, z. B. mit Koks im Schachtofen, und in weiteren Verfahrensschritten die Abtrennung von Eisen und Kupfer.

Physikalische Kennwerte

Dichte: $8{,}91 \text{ g/cm}^3$
E-Modul: 202.000 N/mm^2
Schmelzpunkt: $1453\,°C$
Kristallgitter: Kfz
Ferromagnetismus schwächer als bei Eisen

Nickellegierungen (DIN 17 741, DIN 17 742, DIN 17 743, DIN 17 744, DIN 17 745)
Nickelsorten mit einem Massengehalt von 99,2 oder 99,6 % an Nickel werden für korrosionsbeständige Bauteile eingesetzt (DIN 17 740). Niedriglegierte Nickellegierungen finden Anwendung als Bauteile mit hoher Temperaturbelastung, Thermoelemente, Einbauteile für Glühlampen oder als Elektrodenwerkstoff für Zündkerzen [5.33].

Die Legierungen mit höheren Gehalten an Fremdelementen zeichnen sich durch besonders hohe Korrosions- oder Hitze- und Zunderbeständigkeit aus und zum Teil auch durch hohe Warmfestigkeit. Sie werden dementsprechend einerseits im chemischen Apparatebau verwendet, wenn die Beständigkeit von CrNi-Stählen oder von Kupferlegierungen nicht mehr ausreicht, z. B. NiCu- (Monel) und NiCuAl-Legierungen für Meerwasserarmaturen und -pumpen. Besondere Oxidationsbeständigkeit besitzen NiCr-Legierungen für Ofenbauteile und Heizleiter (NiCr8020). Gute Beständigkeit gegen Heißgaskorrosion, wie sie z. B. für Brennkammern wichtig ist, bringen NiCrFe- und NiCrMo-Legierungen mit sich.

Legierungen, die zur außergewöhnlichen Korrosions- und Oxidationsbeständigkeit auch noch hochwarmfest sind, werden Superlegierungen genannt. Sie erreichen die große Warmfestigkeit hauptsächlich durch kohärente Ausscheidungen der intermetallischen Phase Ni_3 (Al, Ti). Wichtige Superlegierungen für gleichzeitig mechanisch, thermisch und korrosiv hoch beanspruchte Scheiben und Schaufeln in Dampf-/Gasturbinen (Triebwerke) sind NiCr-Legierungen (Nimonic), NiCrFe-Legierungen (Inconel) und NiMo- sowie NiCrFeMo-Legierungen (Hastelloy).

Tabelle 5.35 gibt einen Überblick über Eigenschaften und Anwendungen einiger Legierungen.

Zink (DIN EN 988:96, DIN EN 1179:03, DIN EN 1559-6:98, DIN EN 1774:97, DIN EN 12 441-1:01 + A1:04 bis -10:04, DIN EN 12 844:98, DIN EN 13 283:02, [5.44])

Vorkommen und Herstellung
Zink kommt mineralisch als Zinkblende ZnS vor. Zur Gewinnung wird entweder nach dem Rösten sulfidischer Erze Zinkoxid durch Kohle bei starker Wärmezufuhr reduziert oder Zink elektrolytisch aus einer Sulfatlösung abgeschieden. Das so gewonnene *Primärzink* wird meist in Form von Blöcken vergossen (DIN EN 1179). *Sekundärzink* wird durch kontrolliertes Umschmelzen von zinkhaltigen Sekundärmaterialien erzeugt (DIN EN 13 283).

Tab. 5.35 Nickellegierungen (Beispiele, Anwendungen)

Legierungstyp	DIN-Nr.	Werkstoff-Kurzzeichen	Werkstoffnummer	Hauptbestandteile (Richtwerte) in %	Eigenschaften und Anwendungsbeispiele
Niedriglegierte Nickellegierungen	17 741	NiMn3Al	2.4122	1–2 Al 1–3 Mn	Thermoelemente
Nickel-Kupfer	17 743	NiCu30Al	2.4375	27–34 Cu 2,2–3,5 Al	Aushärtbar, korrosionsbeständig, Messer
Nickel-Chrom	17 742	NiCr15Fe	2.4816	14–17 Cr 6–10 Fe	Hitze- und korrosionsbeständige Bauteile, Zündkerzen
Nickel-Chrom-Molybdän	17 744	NiCr22Fe18Mo	2.4610	20,5–23 Cr 17–20 Fe 8–10 Mo	Hochhitzebeständige Bauteile, Brennkammern
Nickel-Eisen	17 745	NiFe16CuMo	2.4520	12–16 Fe 4–6 Cu 2–5 Mo	Weichmagnetisch, niedrigste Koerzitivfeldstärke, Magnetköpfe, Stromwandler

Physikalische Kennwerte

Dichte: $7{,}14\,\text{g/cm}^3$
E-Modul: $105.000\,\text{N/mm}^2$
Schmelzpunkt: $419{,}5\,^\circ\text{C}$
Kristallgitter: hexagonal

Zink lässt sich gut warmverformen. Unter dem Einfluss der Atmosphäre bilden sich festhaftende Deckschichten aus Zinkhydroxidcarbonat und Zinkoxid, die unter üblichen Umgebungsbedingungen (pH-Wert zwischen 6 und 12) die Oberfläche vor weiterem Angriff schützen. Zink wird deshalb als Korrosionsschutz auf Stahlbleche und Drähte aufgebracht (Feuerverzinken). Im gewalzten Zustand hat es eine Zugfestigkeit von etwa $200\,\text{N/mm}^2$ bei etwa 20 % Bruchdehnung. Zink neigt bereits bei Raumtemperatur zum Kriechen. Durch Zusatz von 0,1 bis 0,2 % Titan wird die Zugfestigkeit gesteigert. Die hinreichend biegbaren Titanzinkbleche werden für Fallrohre und Metalldächer verwendet.

Zink wird für nicht stark beanspruchte Massenbauteile häufig im Druckgießverfahren verarbeitet. Die Druckgussteile sind von hoher Maßhaltigkeit, jedoch empfindlich gegen Korrosion.

Tab. 5.36 Zusammensetzung üblicher Hartmetalle

Typ	Zusammensetzung in %						
	WC	Co	TiC	TaC	Mo	Ni	Cr_3C_2
WC-Co	Rest	2–30					
TiC-TaC-WC-Co	Rest	5–20	3–60				
TiC-Mo-Ni	Rest		70–75		Rest	10–18	
WC-Ni	Rest					2–30	
WC-Cr_3C_2-Ni	Rest					10–20	2–90
WC-Cr_3C_2-CO	Rest	10–20					2–90

5.5.3 Hartmetalle als Werkzeugwerkstoffe

Als Werkstoffe für Werkzeuge finden bei sehr hohen Anforderungen an Schnittleistung und Standzeit Hartmetalle Anwendung. Sie sind Verbundwerkstoffe aus spröden, aber extrem verschleißfesten Carbiden, und einem Bindemetall wie z. B. Kobalt, in das diese eingebettet sind. Bei der spangebenden Formgebung werden einfache sowie titancarbidhaltige Wolframcarbid-Kobalt-Legierungen eingesetzt, bei der spanlosen Verformung vor allem Wolframcarbid-Kobalt-Legierungen, die zum Teil noch Tantalcarbid enthalten. Mit steigendem Hartstoffanteil nehmen Härte und Verschleißwiderstand zu und die Zähigkeit sinkt. Hartmetalle werden pulvermetallurgisch durch Herstellen eines Formkörpers aus Carbid- und Metallpulver und anschließendes isostatisches Heißpressen in Autoklaven erzeugt (siehe Abschn. 8.4 Pulvermetallurgie). Übliche Hartmetallsorten, auch solche auf Nickelbasis, sind in der Tab. 5.36 zusammengestellt.

Seit einiger Zeit werden Hartmetallschneidplatten mit nitridischen, carbidischen oder oxidischen Schichten versehen, wobei als Schichtwerkstoffe TiC, TiCN, Al_2O_3 und HfN in Betracht kommen. Die verschleißfesten Schichten weisen Dicken von 3 bis 10 µm auf.

Literatur

Bezeichnungssysteme

[5.1] Friederici, I.: Metallische Werkstoffe und Erzeugnisse. Europäische und deutsche Bezeichnungssysteme – Technische Lieferbedingungen – Qualitätsnachweise, 3. Aufl. Expert Verlag, Renningen (2005)

[5.2] DIN Deutsches Institut für Normung e. V. (Hrsg.): DIN Taschenbuch 401. Stahl und Eisen Gütenormen 1. Allgemeines, 5. Aufl. Beuth Verlag, Berlin (2009)

[5.3] DIN Deutsches Institut für Normung e. V. (Hrsg.): DIN-Normenheft 3. Werkstoff-Kurznamen und Werkstoff-Nummern für Eisenwerkstoffe. Neubearbeitet von H. Langehenke, 10. Aufl. Beuth Verlag, Berlin (2007)

[5.4] Stahlinstitut VDEh (Hrsg.): Taschenbuch der Stahl-Eisen-Werkstoffblätter, 10. Aufl. Verlag Stahleisen, Düsseldorf (2006)

[5.5] Stahlschlüssel. 22. Auflage. Verlag Stahlschlüssel Wegst, Marbach (2010)

[5.6] Marks, P., Deutsches Institut für Normung e. V. (Hrsg.): Europäische Gusseisensorten. Bezeichnungssystem und DIN-Vergleich. Beuth Verlag, Berlin (2001)

[5.7] Hesse, W.: Aluminium-Werkstoff-Datenblätter, 6. Aufl. Beuth Verlag, Berlin (2011)

[5.8] Wenglorz, H.-W.: Europäische Aluminiumwerkstoffe, 2. Aufl. Beuth Verlag, Berlin (2013)

Eisenwerkstoffe

[5.9] Berns, H., Theisen, W.: Eisenwerkstoffe – Stahl und Gusseisen, 4. Aufl. Springer-Verlag, Berlin (2008)

[5.10] Eube, J., DIN Deutsches Institut für Normung e. V. (Hrsg.): Praxishandbuch Stahlnormen, 3. Aufl. Beuth Verlag, Berlin (2012)

[5.11] Stahl-Informations-Zentrum Merkblatt 109: Stahlsorten für oberflächenveredeltes Feinblech. Stahl-Informations-Zentrum, Düsseldorf (2009)

[5.12] Stahl-Informations-Zentrum Dokumentation 570: Grobblech – Herstellung und Anwendung. 1. Aufl. Stahl-Informations-Zentrum, Düsseldorf (2001)

[5.13] DIN Deutsches Institut für Normung e. V. (Hrsg.): DIN Taschenbuch 402. Stahl und Eisen Gütenormen 2. Bauwesen, Metallverarbeitung, 5. Aufl. Beuth Verlag, Berlin (2009)

[5.14] DIN Deutsches Institut für Normung e. V. (Hrsg.): DIN Taschenbuch 403/1. Stahl und Eisen Gütenormen 3/1. Druckgeräte, Rohrleitungen, 5. Aufl. Beuth Verlag, Berlin (2009)

[5.15] DIN Deutsches Institut für Normung e. V. (Hrsg.): DIN Taschenbuch 403/2. Stahl und Eisen Gütenormen 3/2. Druckgeräte, Behälterbau, 1. Aufl. Beuth Verlag, Berlin (2009)

[5.16] DIN Deutsches Institut für Normung e. V. (Hrsg.): DIN Taschenbuch 404. Stahl und Eisen Gütenormen 4. Maschinenbau, Werkzeugbau, 5. Aufl. Beuth Verlag, Berlin (2009)

[5.17] DIN Deutsches Institut für Normung e. V. (Hrsg.): DIN Taschenbuch 405. Stahl und Eisen Gütenormen 5. Nichtrostende und andere hochlegierte Stähle, 5. Aufl. Beuth Verlag, Berlin (2009)

[5.18] Gümpel, P.: Rostfreie Stähle. Grundwissen, Konstruktions- und Verarbeitungshinweise, 4. Aufl. Expert Verlag, Renningen (2008)

[5.19] Rapatz, F.: Edelstähle, 5. Aufl. Springer Verlag, Berlin (1962)

[5.20] Nickel-Informationsbüro. Physikalische Eigenschaften der Eisen-Nickel-Legierungen. Düsseldorf (1964)

[5.21] DIN Deutsches Institut für Normung e. V. (Hrsg.): DIN Taschenbuch 454. Gießereiwesen 1 – Stahlguss und Gusseisen, 3. Aufl. Beuth Verlag, Berlin (2013)

[5.22] Steidl, G.: Guss im konstruktiven Ingenieurbau. Bauteile aus Eisen- und Aluminiumwerkstoffen in Tragwerken, 1. Aufl. DVS-Verlag, Düsseldorf (2006)

[5.23] Bartels, C. et al.: Gusseisen mit Kugelgraphit. Herstellung – Eigenschaften – Anwendung. Konstruieren + Giessen **32**(2), 2–101 (2007). Bundesverband der Deutschen Gießerei-Industrie (2007)

Nichteisenmetalle

[5.24] Kammer, C.: Aluminium Taschenbuch, 16. Aufl. Bd. 1. Beuth Verlag, Berlin (2009)

[5.25] Drossel, G., Friedrich, S., Kammer, C.: Aluminium Taschenbuch, 16. Aufl. Umformen, Gießen, Oberflächenbehandlung, Recycling und Ökologie, Bd. 2. Beuth Verlag, Berlin (2009)

[5.26] Kammer, C., Aluminium Zentrale Düsseldorf: Aluminium Taschenbuch, 16. Aufl. Weiterverarbeitung und Anwendung, Bd. 3. Aluminium-Verlag, Düsseldorf (2003)

[5.27] Ostermann, F.: Anwendungstechnologie Aluminium, 2. Aufl. Springer-Verlag, Berlin (2007)

[5.28] DIN Deutsches Institut für Normung e. V. (Hrsg.): DIN Taschenbuch 450/1. Aluminium 1. Bänder, Bleche, Platten, Folien, Butzen, Ronden, geschweißte Rohre, Vormaterial, 3. Aufl. Beuth Verlag, Berlin (2009)

[5.29] DIN Deutsches Institut für Normung e. V. (Hrsg.): DIN Taschenbuch 450/2. Aluminium 2. Stangen, Rohre, Profile, Drähte, Vormaterial, 2. Aufl. Beuth Verlag, Berlin (2009)

[5.30] DIN Deutsches Institut für Normung e. V. (Hrsg.): DIN Taschenbuch 450/3. Aluminium 3. Hüttenaluminium, Aluminiumguss, Schmiedestücke, Vormaterial, 1. Aufl. Beuth Verlag, Berlin (2012)

[5.31] DIN Deutsches Institut für Normung e. V. (Hrsg.): DIN Taschenbuch 450/4. Aluminium 4. Oberflächenbehandlung – Anodisieren, Beschichten, 1. Aufl. Beuth Verlag, Berlin (2012)

[5.32] DIN Deutsches Institut für Normung e. V. (Hrsg.): DIN Taschenbuch 455. Gießereiwesen 2 – Nichteisenmetallguss, 2. Aufl. Beuth Verlag, Berlin (2005)

[5.33] DIN Deutsches Institut für Normung e. V. (Hrsg.): DIN Taschenbuch 459/1. Magnesium, Nickel, Titan und deren Legierungen, 2. Aufl. Beuth Verlag, Berlin (2012)

[5.34] Kammer, C.:Aluminium-Zentrale Düsseldorf (Hrsg.): Magnesium-Taschenbuch, 1. Aufl. Aluminium-Verlag, Düsseldorf (2000)

[5.35] Kainer, K.U. (Hrsg.): Magnesium Alloys and their Applications, 1. Aufl. Wiley-VCH Verlag, Weinheim. Proc. 7th Int. Conf. on Magnesium Alloys and their Applications (2006)

[5.36] Friedrich, H.E., Mordike, B.L.: Magnesium Technology: Metallurgy, Design Data, Applications. Springer Verlag, Berlin/Heidelberg (2006)

[5.37] Peters, M., Leyens, C. (Hrsg.): Titan und Titanlegierungen, 3. Aufl. Wiley-VCH Verlag, Weinheim (2002)

[5.38] DIN Deutsches Institut für Normung e. V. (Hrsg.): DIN Taschenbuch 456/1 Kupfer 1 – Prüfnormen, Grundnormen, 1. Aufl. Beuth Verlag, Berlin (2012)

[5.39] DIN Deutsches Institut für Normung e. V. (Hrsg.): DIN Taschenbuch 456/2 Kupfer 2 – Walzprodukte und Rohre, 1. Aufl. Beuth Verlag, Berlin (2012)

[5.40] DIN Deutsches Institut für Normung e. V. (Hrsg.): DIN Taschenbuch 456/3 Kupfer 3 – Stangen, Drähte, Profile, Gussstücke und Schmiedestücke, 1. Aufl. Beuth Verlag, Berlin (2012)

[5.41] Davis, J.R. (Hrsg.): ASM Specialty Handbook: Copper and Copper Alloys. Publ. ASM International, Materials Park, Ohio (2001)

[5.42] Heubner, U., Klöwer, J.: Nickelwerkstoffe und hochlegierte Sonderedelstähle. Eigenschaften, Verarbeitung, Anwendungen, 5. Aufl. Expert-Verlag, Renningen (2012)

[5.43] Davis, J.R. (Hrsg.): ASM Specialty Handbook: Nickel, Cobalt and their Alloys. Publ. ASM International, Materials Park, Ohio (2000)

[5.44] DIN Deutsches Institut für Normung e. V. (Hrsg.): DIN Taschenbuch 459/2. Blei, Zink, Zinn und deren Legierungen, 2. Aufl. Beuth Verlag, Berlin (2012)

Nichtmetallische Werkstoffe

6

Zusammenfassung

Hinweisen auf Naturstoffe folgen Angaben zur Herstellung von synthetischen Stoffen auf nichtmetallisch-anorganischer Basis, den keramische Werkstoffen. Ausführungen zu den typischen Eigenschaften verschiedener Sorten zeigen die speziellen Einsatzgebiete wie Hochtemperatur-, Verschleiß-, Temperaturwechsel- oder korrosive Beanspruchungen oder als Wärmedämmschichten, bei denen sie metallischen Werkstoffen überlegen sind.

Bei den Polymerwerkstoffen wird neben den Herstellungsverfahren Polymerisation, Polykondensation, Polyaddition der typische Aufbau auf organischer Basis beschrieben, bei dem in den linearen oder ringförmigen Ketten von Kohlenstoff- und Wasserstoffatomen andere Atomarten, z. B. Chlor oder Fluor, eingebaut sein können. Im Zusammenhang mit den verschiedenen Bindungskräften innerhalb und zwischen Molekülketten werden Unterschiede im temperaturabhängigen Formänderungs- und Festigkeitsverhalten amorpher und teilkristalliner Thermoplaste und Duroplaste erläutert. Die Beschreibung der Vielzahl verschiedener Kunststoffsorten nennt typische Erzeugnisformen und Anwendungsfälle und für die mit Glas- oder Kohlenstofffasern verstärkten Verbunde ihre hohen Festigkeitswerte. Lehrziel ist Verständnis der durch den spezifischen Aufbau bedingten, speziellen Eigenschaften der Kunststoffe und damit ihrer besondere Anwendungsmöglichkeiten. Die Auswahl bestimmter Kunststoffsorten für Bauteile muss den starken Temperatureinfluss auf ihre Eigenschaften berücksichtigen.

6.1 Reine und abgewandelte Naturstoffe

Naturstoffe wie Sand, Ton oder Holz werden z. B. in der Formerei benötigt. Durch physikalische Veränderung dieser Naturstoffe erhält man neue Stoffe (Glas, Porzellan, Papier) mit vollkommen neuen Eigenschaften. Durch chemische Veränderung und Überführung in eine höhere Molekularform gelangt man zu weiteren Werkstoffen, wie etwa zu Zellulo-

J. Ruge und H. Wohlfahrt, *Technologie der Werkstoffe*, DOI 10.1007/978-3-658-01881-8_6,
© Springer Fachmedien Wiesbaden 2013

Abb. 6.1 Entwicklung der
Schneidstoffe und der mit
ihnen erreichbaren Schnittgeschwindigkeiten

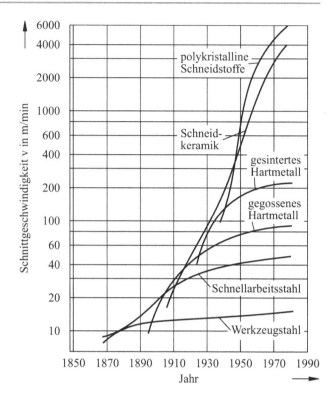

se-Abkömmlingen (aus Holz, Stroh, Baumwolle) oder Proteinabkömmlingen (aus Eiweiß-
stoffen). Dabei werden heute in zunehmendem Maße biotechnologische Verfahren für die
Aufbereitung der Naturstoffe eingesetzt. Produkte aus nachwachsenden Rohstoffen gewinnen stark an Bedeutung z. B. für Innenauskleidungen oder Polsterungen im Kfz-blau.

   Als reiner Naturstoff wird Diamant (kristalliner Kohlenstoff) in Schleifscheiben und
als Werkstoff für Ziehdüsen verwendet. Synthetisch hergestellter polykristalliner Diamant
(PKD) oder auch synthetisch erzeugtes kubisches Bornitrid (CBN), häufig auf Hartmetall-
Grundkörper aufgesintert, erlauben höchste Schnittgeschwindigkeiten, auch bei der Bearbeitung von harten Werkstoffen. Die in Abb. 6.1 dargestellte Entwicklung von Schnittgeschwindigkeiten zeigt die Überlegenheit dieser Schneidwerkstoffe und der Schneidkeramik
(vgl. Abschn. 6.2) deutlich. Die erreichbaren Schnittgeschwindigkeiten sind natürlich vom
Werkstückwerkstoff abhängig und die Angaben im Diagramm etwa bis zum Jahr 1980
stellen pauschale Höchstwerte dar, die beim heute industriell eingesetzten Hochgeschwindigkeitsspanen praktisch nicht mehr übertroffen werden. Für Stähle liegen die Praxiswerte
der Schnittgeschwindigkeit beim Hochgeschwindigkeitsfräsen oder Einstechdrehen [6.1]
in der Größenordnung von 3000 m/min, bei Untersuchungen zum Drehen an Vergütungs-
stahl wurden bis zu 6000 m/min angewandt und beim Fräsen an Aluminiumlegierungen
bis zu 7000 m/min erreicht [6.1].

6.2 Keramische Werkstoffe als Konstruktions- und Funktionswerkstoffe[1]

Bei vielen Werkstoffanwendungen im Motoren- und Turbinenbau, in der Hochtemperatur- und Verfahrenstechnik sowie z. T. auch in der Medizintechnik stoßen metallische Werkstoffe an Grenzen der Beanspruchbarkeit oder Anwendbarkeit. Bei derartigen extremen thermischen und gleichzeitig mechanischen oder chemischen Anforderungen bietet moderne *Hochleistungskeramik (DIN EN 14 232:09)* mit günstigen Kombinationen außergewöhnlicher Eigenschaften optimale Alternativen zu metallischen Werkstoffen [6.2–6.10] Dabei sollen nachfolgend unter dem Begriff Keramik nur diejenigen nichtmetallisch-anorganischen Werkstoffe mit kristalliner oder teilkristalliner Struktur verstanden werden, die in der Regel durch Sinterprozesse aus natürlichen oder synthetischen Rohstoffpulvern erzeugt werden. Davon zu unterscheiden sind die anorganischen *Gläser* als unterkühlte Schmelzen in Form amorpher Festkörper.

6.2.1 Herstellung keramischer Werkstoffe [6.2–6.10]

Seit dem Altertum werden zur Herstellung von Gebrauchskeramik (Ziegel, Steinzeug, Steingut) Sinterverfahren benutzt. Darunter versteht man Verfahren, bei denen aus pulverigen Stoffen geformte und gepresste Körper bei hohen Temperaturen zu festen Körpern gebrannt werden. Mit modernen Methoden dieser Technologie werden heute sowohl keramische Hochleistungswerkstoffe als auch metallische Sinterwerkstoffe oder Verbunde aus Metall und Keramik mit besonderen Eigenschaften erzeugt.

Die Verfahrensschritte der Sintertechnologie sind für keramische und metallische (vgl. Abschn. 8.4) Sinterwerkstoffe im Wesentlichen dieselben:

- Pulverherstellung, Mischen der Ausgangsstoffe, Einarbeiten von Zusätzen wie Binde-, Plastifizierungs- oder Gleitmittel
- Formen und Verdichten der Ausgangsstoffe, Gieß- oder Pressverfahren
- Brennen (Sintern) der Formteile zum festen Sinterkörper
- Nachbehandeln

Pulverherstellung
Die Pulverherstellung erfolgt bei den für Keramikprodukte verwendeten Rohstoffen hauptsächlich durch Mahlen auf eine für ein gutes Endprodukt günstige Größe der Pulverkörner. Bei einer besonderen feinkeramischen Aufbereitung werden die Pulver noch gereinigt und ihre Korngröße durch Sieben begrenzt.

---

[1] Kapitel über keramische Werkstoffe finden sich auch in den zu Kapitel 2 zitierten Lehrbüchern.

Formgebung und Verdichten

Für das Formen stehen je nach Rohmasse verschiedene Verfahren zur Verfügung, wie das *Schlickergießen* für gießfähig breiige, als Schlicker bezeichnete Suspensionen, das Formpressen und das Strangpressen (vgl. Abschn. 8.1.2) oder Extrudieren. Die Auswahl des angewandten Verfahrens richtet sich auch nach der Geometrie des zu formenden Bauteils und nach der zu fertigenden Stückzahl.

Das Schlickergießen ist hauptsächlich für das Formen silikatkeramischer, tonhaltiger Massen und für die Herstellung kompliziert geformter Teile im Einsatz (Beispiel Sanitärkeramik). Die Schlickermasse (Wassergehalt 25 bis 40 %) wird in eine poröse Gipsform gegossen, die den wasserhaltigen, tonigen Randschichten rasch Wasser entzieht, so dass sich eine festere Schale bilden kann. Die wasserhaltigen Rohprodukte müssen einen besonderen Trocknungsprozess durchlaufen, da sich sonst beim Brennen Schädigungen durch Wasserdampfbildung einstellen würden. Um das Schrumpfen, das bei der Trocknung durch weiteren Wasserentzug eintritt, gering zu halten, ist man bestrebt, unnötig hohe Wassergehalte zu vermeiden oder durch Zusätze auch bei geringem Wassergehalt noch gießfähige Schlicker zu erhalten. Das Schlickergießen von Oxid- und Nichtoxikeramik setzt eine geeignete Schlickerflüssigkeit voraus.

Zähe breiige, tonige Formmassen (Wassergehalt ≤ 25 %) oder mit geeigneten Plastifizierungs-, Binde- und Gleitmittelmitteln (Thermoplaste, Wachse, Paraffine) versetzte Formmassen der Oxid- und Nichtoxidkeramiken können mit den von der Kunststoffverarbeitung bekannten Verfahren (vgl. Kap. 9) *Formpressen* sowie *Strangpressen* oder *Extrudieren* und *Spritzgießen* geformt werden. Nach der Plastifizierung in einem beheizten Zylinder werden die Rohmassen beim Strangpressen oder Extrudieren durch eine den Bauteil- oder Halbzeugquerschnitt bestimmende Matrize gepresst und beim Spritzgießen in eine entsprechende Form hinein. Die gepressten Teile besitzen einen losen Zusammenhalt und ein noch relativ großes Porenvolumen von z. B. 35 bis 45 %.

Das Formpressen trockener oder feuchter Pulver oder Granulate wird als typisches Verfahren für nicht silikatische Massen verwendet. Dabei ist eine möglichst starke Verdichtung des Pulvers oder Granulats erwünscht, da sie das folgende Sintern fördert. Beim einseitigen Pressen in eine Form nimmt als Folge der Reibung zwischen Formwand und Pulver und im Pulver selbst der Druck in Pressrichtung ab und damit auch die Pulververdichtung. Um dadurch bedingte Eigenschaftsunterschiede im späteren Sinterkörper gering zu halten, werden deshalb mit einfachem Pressen nur geometrisch einfache Teile mit geringem Verhältnis von Höhe zu Breite hergestellt.

Eine durchweg gleichmäßige Verdichtung erhält man bei allseitiger Druckeinwirkung. Für ein solches *istostatisches Pressen* wird das in eine elastische Form (gummielastischer Werkstoff) gefüllte Pulver einem meist recht hohen hydrostatischen Druck in einer Flüssigkeit ausgesetzt. Man erhält damit Pressteile mit gleichmäßiger Dichte und guter Qualität (Beispiel Keramikkörper von Zündkerzen).

Beim *Heißpressen* für Teile einfacher Geometrie aus schlecht sinternden Ausgangsstoffen wird der Pressdruck während des Sintervorganges aufgebracht, wodurch niedrigere Sintertemperaturen möglich sind und ein feinkörniger porenarmer Sinterkörper entsteht.

Für ausgewählte, z. B. kompliziert geformte Produkte kann auch das isostatische Pressen bei hohen Temperaturen kombiniert mit dem Sintervorgang durchgeführt werden. Das Pulver wird bei diesem *heißisostatischen Pressen (HIP)* in ein bei den hohen Sintertemperaturen beständiges, gasdichtes und elastisches Hüllmaterial (z. B. Tantal) eingeschlossen und der hohe Pressdruck über ein Inertgas in einem Autoklaven aufgebracht (vgl. Abb. 8.99).

Zum Erreichen der nötigen Maß- und Formgenauigkeit kann der ausreichend formstabile, aber noch nicht kompakte oder hochharte Pressling, der so genannte „Grünkörper", spanend bearbeitet werden („Grünbearbeitung").

Brennen (Sintern) der Formteile

Beim Brennen der meist gepressten Formkörper ist zu unterscheiden, ob der Sintervorgang un-ter Bildung einer flüssigen Phase wie bei ton- und feldspathaltiger Silikatkeramik abläuft oder als Festphasensintern wie bei Oxid- und Nichtoxidkeramik.

Das Brennen von Silikatkeramik erfolgt meist bei Temperaturen zwischen 900 °C und etwa 1400 °C, wobei die tonhaltigen Stoffe ab etwa 600 °C Wasser abgeben, das durch Poren entweicht. Durch Rektion eines Feldspatanteils mit den anderen Bestandteilen der Formmasse können Phasen entstehen, die schon ab 925 °C schmelzflüssig werden. Diese schmelzflüssig gewordenen Phasen erstarren beim Wiederabkühlen glasartig, so dass das Gefüge von Silikatkeramiken neben kristallinen Anteilen im Allgemeinen auch eine amorphe Glasphase aufweist, deren Mengenanteil von den Ausgangsstoffen und von der Brenntemperatur abhängt.

Das Brennen der Oxid- und Nichtoxidkeramik erfolgt im Allgemeinen bei hohen Temperaturen über 1400 °C (Oxidkeramik 1600 °C bis 1800 °C, Nichtoxidkeramik bis 1500 °C), um eine möglichst geringe Porosität des Sinterteils zu erzielen. Eine flüssige Phase tritt dabei nicht auf, so dass die Gefüge der Sinterkörper rein polykristallin sind. Das Sintern von Oxidkeramik kann in oxidierender Atmosphäre erfolgen, die auch zum Ausbrennen organischer Bindemittelzusätze vor dem wirklichen Sintervorgang geeignet ist. Das Sintern von Carbid- und Boridkeramik erfordert eine Inertgasatmosphäre im Brennofen und das Sintern von Nitridkeramik wird als Reaktionssintern in Stickstoffatmosphäre durchgeführt. Dabei bildet sich durch die Reaktion mit dem Stickstoff, z. T. in einem zweistufigen Sinterprozess, zunehmend Si_3N_4 bis alles Silicium umgewandelt ist.

Während des Sinterns wachsen die Pulverkörner durch Diffusionsvorgänge zusammen. Wesentliche treibende Kraft ist die Verringerung der großen Oberflächenenergie feiner Pulverteilchen. Mit zunehmender Sintertemperatur und -zeit nimmt die Dichte des Sinterkörpers zu, so dass aus dem Roh- oder Grünkörper mit losem Zusammenhang der Pulverteilchen und großem Porenanteil (35 bis 45 %) ein kompakter Sinterkörper mit nur noch geringer Porosität (5 bis 10 %) entsteht. Die im Endstadium des Brennvorganges noch vorhandenen Poren begrenzen das Kornwachstum. Als Endbearbeitung der harten Keramikkörper ist Schleifen möglich.

6.2.2   Eigenschaften keramischer Werkstoffe (DIN EN 843, [6.4, 6.6, 6.10])

Nachfolgende Liste gibt zunächst einen allgemeinen Überblick über hervorstechende Eigenschaften keramischer Werkstoffe und daraus resultierende Anwendungsfelder. Detailangaben zu den Eigenschaften und Einsatzgebieten einzelner Keramiksorten finden sich im darauf folgenden Abschnitt.

- Hohe und höchste Härte- (z. B. bis 3000 HV 0,1) und Warmhärtewerte und in Verbindung damit
- große Verschleißfestigkeiten auch bei hohen Temperaturen ermöglichen den Einsatz als Schneidwerkstoffe mit überragenden Schnittleistungen (vgl. Abb. 6.1) sowie als Ziehdüsen.
- Eine geringe Dichte aufgrund des Aufbaus aus Elementen geringer Dichte bringt Gewichtsvorteile bei schnell bewegten Maschinenteilen, z. B. Rotoren, wobei ein
- hoher E-Modul (meist größer als bei Stahl) eine große Steifigkeit gewährleistet.
- Große Festigkeit (Druckfestigkeit > Zugfestigkeit) auch noch bei hohen Temperaturen,
- große Kriechfestigkeit und
- sehr hohe Schmelztemperaturen machen keramische Werkstoffe besonders geeignet als Hochtemperaturwerkstoffe bei thermisch und mechanisch hochbeanspruchten Maschinenbauteilen mit dem Ziel einer Steigerung der Einsatztemperaturen gegenüber Metallen (Wirkungsgraderhöhung bei Gasturbinen). Dabei sind Keramiksorten zu bevorzugen, die eine
- große Temperaturwechsel- und Temperaturschockbeständigkeit aufgrund
- meist sehr geringer Wärmedehnungen besitzen.
- Durch ausnahmsweise große Wärmedehnungen und E-Modulwerte im Bereich von Stahl eignen sich bestimmte Keramiksorten besonders für Verbunde mit Metallen.
- Die meist geringe Wärmeleitfähigkeit macht den Einsatz als Wärmedämmschichten möglich.
- Die gute Korrosions- und chemische Beständigkeit nutzt man bei Tiegelauskleidungen und bei der Sanitärkeramik.
- Die geringe elektrische Leitfähigkeit wird für Porzellanisolatoren genutzt.
- Das spröde Verhalten ohne plastische Verformungen unter Belastung ist bei allen Anwendungen von Keramikbauteilen zu beachten.

Diese Eigenschaften der keramischen Werkstoffe sind eine Folge ihrer nichtmetallischen Strukturen in komplizierten Kristallgittern mit Ionenbindung (Oxide), Elektronenpaarbindung (Nitride) oder Mischformen von Elektronenpaar- und Metallbindung (Carbide) bei kleinen Atomradien und kleinen Abständen im Kristallgitter. Da in diesen Gittern keine Gleitmöglichkeiten bestehen, sind keramische Werkstoffe nicht plastisch verformbar. Spannungsspitzen an Kerbstellen können somit nicht abgebaut werden und das Versagen tritt durch Sprödbruch ein. Die gegenüber der Druckfestigkeit der keramischen Werkstoffe geringe Zugfestigkeit ist zur Kennzeichnung der Festigkeitseigenschaften weniger geeignet als die einfacher zu bestimmende Biegefestigkeit (DIN EN 843-1, -2:06, -3, -4:05, -5:07, ISO 14 704:08, ISO 15 490:08).

Die Herstellung der keramischen Werkstoffe in Sintertechnik bedingt Gefügeinhomogenitäten wie Poren und Mikrorisse. Als Folge solcher innerer Kerben in einem spröden Gefüge sind die Festigkeitseigenschaften keramischer Werkstoffe durch eine große Streuung gekennzeichnet und müssen unter Anwendung geeigneter statistischer Verfahren, z. B. unter Zugrundelegung einer Weibull-Verteilung der Festigkeitswerte, ermittelt werden (DIN EN 843-5:07). Wichtig für die Bauteilauslegung ist die Kenntnis der Festigkeit für eine sehr kleine Bruchwahrscheinlichkeit. Außerdem zu beachten, dass die Festigkeitswerte von Größe und Form der Keramikbauteile abhängig sind, wobei die Festigkeit mit zunehmendem Volumen abnimmt

6.2.3 Arten keramischer Werkstoffe (DIN EN 14 232:09, [6.4–6.10])

Nach den jeweiligen Anwendungsgebieten unterscheidet man von der schon im Altertum hergestellten *Gebrauchskeramik* die *Hochleistungskeramik* oder *technische Keramik (Ingenieurkeramik)*, die sich in *Funktions-* und *Strukturkeramik (Konstruktionskeramik)* unterteilen lässt. Zur Gebrauchskeramik gehört die heutige Sanitärkeramik, zur Funktionskeramik sind Isolatoren, Dichtungen oder Dämmschichten (DIN EN 60 672-1:96, -2:00, -3:99) zu rechnen, die Strukturkeramik umfasst Bauteile des Maschinenbaus wie Turbinenschaufeln oder Ventile, die Belastungen standhalten müssen.

Wichtige Vertreter keramischer Werkstoffe sind chemische Verbindungen von Metallen oder Halbmetallen geringen Atomgewichts mit Sauerstoff, Stickstoff oder Kohlenstoff. Nach der chemischen Zusammensetzung werden unterschieden

- Silicatkeramik
- Oxidkeramik
- Nichtoxidkeramik
- Cermets (Mischkeramik)

Manche der einzelnen Keramiksorten finden Anwendung sowohl als Struktur- als auch als Funktionskeramik.

Silicatkeramik
Die herkömmliche Gebrauchskeramik und typische Vertreter der Funktionskeramik bestehen aus Silicatkeramischen Massen mit einem Hauptanteil an tonigen Substanzen sowie unterschiedlichen Anteilen an Wasser und mineralischen Zusatzstoffen. Zu dieser Gruppe gehören als schon alte keramische Werkstoffe Ziegel (aus Lehm, Ton, tonigen Massen). Weiter zählen zur *Silicatkeramik* feuerfeste Steine (Schamotte aus Korund und Kieselsäure und Silica aus mehr als 92 % SiO_2), Steinzeug (Sanitärkeramik) und Porzellan (Isolatoren).

Oxidkeramik

Vielfach eingesetzt werden *oxidkeramische Werkstoffe*, worunter man Oxide von Aluminium, Zirconium, Magnesium, Beryllium, und Thorium versteht. Sie haben sehr hohe Schmelzpunkte von knapp unter 2000 °C und bis über 3000 °C, sie sind feuerbeständig und widerstandsfähig gegenüber Korrosion und Verschleiß. Anstelle von Hartmetallen lassen sie sich als Schneidwerkzeuge einsetzen.

Größte technische Bedeutung kommt *Aluminiumoxid Al_2O_3 (Sinterkorund)* und seinen Varianten zu. Beim Einsatz von Aluminiumoxid als Schneidkeramik werden die große Härte und Druckfestigkeit, Warmfestigkeit und Verschleißfestigkeit z. B. für Schneidplatten genutzt. Mit Zumischung von bis zu 15 % ZrO_2 als Schneidstoff ergibt sich eine verbesserte Zähigkeit. Die Aluminiumoxid-Schneidkeramik ist hinsichtlich der erreichbaren hohen Schnittgeschwindigkeiten zwischen Hartmetall einerseits und den polykristallinen Schneidstoffen PKD und CBN andererseits einzuordnen (vgl. Abb. 6.1) und eignet sich zur Bearbeitung von Hartguss, Cr-Ni-legiertem Gusseisen und ähnlichen schwer zu bearbeitenden Werkstoffen. Die sehr gute Verschleißbeständigkeit ist auch wichtig für Ziehdüsen bei der Drahtherstellung und für Fadenführer in der Textilindustrie, für die auch TiO_2 verwendet wird. Die relativ große Wärmedehnung und die mäßige Wärmeleitfähigkeit bedingen eine schlechte Temperaturwechselbeständigkeit von Al_2O_3. In körniger Form findet sich Aluminiumoxid als Schleifmittel in Korundschleifscheiben.

Aluminiumtitanat Al_2TiO_5 besitzt aufgrund eines für Keramiken kleinen E-Moduls sowie geringer Wärmedehnung und Wärmeleitfähigkeit eine gute Beständigkeit gegen Thermoschock- und Temperaturwechselbeanspruchung bei ebenfalls sehr guter Wärmedämmung. Damit bietet sich ein breites Anwendungsfeld bei thermisch hochbeanspruchten Bauteilen, z. B. als Einsatz für die Böden von Al-Kolben zur Verbesserung der thermischen Belastbarkeit. Die Biegefestigkeit ist allerdings erheblich niedriger als bei Al_2O_3.

Zirconoxid ZrO_2 besitzt eine monokline Hochtemperaturphase, die beim Abkühlen in eine tetragonale bzw. kubische Struktur umwandelt. Diese Phasenumwandlung ist mit einer 5 bis 8%igen Volumenänderung verbunden, die zu Rissen bei der Abkühlung der Formteile vom Sinterprozess führen würde. Deshalb müssen den Formkörpern Stoffe wie MgO oder CaO zugesetzt werden, die die tetragonale bzw. kubische Phase bei Raumtemperatur stabilisieren. Je nach Stabilisierungsgrad (Teil- oder Vollstabilisierung) und Porosität weist ZrO_2-Keramik deutlich unterschiedliche Festigkeits- und E-Modulwerte auf. Die Wärmeleitfähigkeit bleibt in jedem Fall sehr gering, weshalb ZrO_2-Keramik bevorzugt für Wärmedämmschichten an thermisch hoch belasteten Bauteilen verwendet wird. Der große Wärmeausdehnungskoeffizient und der für Keramik kleine E-Modul mit Werten im Bereich von Stahl machen ZrO_2 für Metall-Keramik Verbunde z. B. bei Verbrennungsmotoren interessant, da thermisch bedingte Spannungen zwischen den Verbundkomponenten gering bleiben. Dank seiner hohen Härte und damit guten Verschleißbeständigkeit eignet sich Zirconoxid auch für Zieh- und Umformwerkzeuge. Große Bedeutung hat das an der Atmosphäre beständige und bis 2400 °C einsetzbare ZrO_2 außerdem für Auskleidungen von

Tiegeln für Stahl- und Metallschmelzen. Eine Sonderanwendung in der Medizintechnik ist der Einsatz für Hüftgelenksprothesen.

Nichtoxidkeramik [6.9]

Für hoch beanspruchte Bauteile im Hochtemperatureinsatz, z. B. ungekühlte Gasturbinen-schaufeln mit Prozesstemperaturen von 1200 bis 1400 °C, wurden neue *nichtoxidische kera-mische Werkstoffe* wie Siliciumnitrid Si_3N_4 und Siliciumcarbid SiC entwickelt. Aus Grün-den einer unzureichenden Sinterfähigkeit werden bei der Herstellung dieser Keramikwerk-stoffe die nachfolgend jeweils genannten Verfahren angewandt, die zu einer unterschied-lichen Porigkeit führen. Für eine bestmögliche Festigkeit und Zähigkeit ist eine möglichst geringe Porigkeit nötig. Die sehr hohe Härte und die damit verbundene Verschleißfestig-keit machen diese Keramiksorten ebenso wie die Hartstoffe Borcarbid B_4C und kubisches Bornitrid CBN auch als Schneidwerkstoffe geeignet.

Siliciumnitrid Si_3N_4 hat mit den für Keramik höchsten Werten von Biegefestigkeit und Zähigkeit besondere Bedeutung als Strukturwerkstoff mit Einsatztemperaturen bis zu 1400 °C. Alle Herstellungsvarianten enthalten neben polykristallinem Si_3N_4 eine amor-phe oder teilkristalline Korngrenzenphase. Über den Anteil dieser zweiten Phase (2 bis 30 Vol. %) lassen sich die Eigenschaften modifizieren und dem Anforderungsprofil anpassen. Je nach angewandter Sintertechnologie hat man zu unterscheiden zwischen gesintertem (SN), gasdruckgesintertem (GPSN), heißgepresstem (HPSN), heißisostatisch gepresstem (HIPSN) oder gesintertem reaktionsgebundenem Si_3N_4 ((RBSN). Die Porig-keit ist bei heißisostatisch gepresstem und bei gasdruckgesintertem Siliciumnitrid am geringsten und damit Dichte und Festigkeit am größten. Die Produkteigenschaften sind auch durch die Art der Ausgangspulver und Additive beeinflussbar. Feinkörnige Gefüge führen auf höchste Festigkeiten und Härten bei Raumtemperatur, grobkörnige Gefüge auf die beste Festigkeit und Kriechbeständigkeit bei hohen Temperaturen. Si_3N_4 besitzt eine relativ hohe Bruchzähigkeit für einen keramischen Werkstoff, die sich durch Additive beim Sintern noch verbessern lässt, sowie eine bessere Thermoschockbeständigkeit als SiC und wird für Brenner, Injektionsdüsen für Verbrennungsmotoren, Leitschaufeln und Rotoren für Gasturbinen, Wälzkörper, Kugellager höchster Drehzahl sowie als Schneidkeramik für unterbrochenen Schnitt und Schruppfräsen mit Kühlschmierstoffen angewandt. Beim Hochtemperatureinsatz von Si_3N_4-Keramik muss beachtet werden, dass die Oxidations-beständigkeit nicht durch erhöhte Additivmengen zur Verbesserung des Sinterverhaltens verschlechtert wird.

Siliciumcarbid SiC zeichnet sich durch große Härte und hohe thermische Beständigkeit aus und eignet sich für den Einsatz bei hohen Temperaturen bis zu etwa 1750 °C. Durch die Bildung einer SiO_2-Deckschicht liegt eine gute Oxidationsbeständigkeit bis etwa 1500 °C vor. Von den Herstellungsvarianten gesintert (SSC), Si-infiltriert (SiSiC), heißgepresst (HP-SiC) erreicht heißisostatisch gepresstes SiC (HIPSiC) die höchste Dichte und Biegefestig-keit. Die Temperaturwechselbeständigkeit ist besser als bei anderen Keramikwerkstoffen.

SiC findet für Schleifscheiben, Düsen und Gleitringdichtungen an Pumpen für aggressive Medien Verwendung.

Borcarbid B$_4$C zeigt als Hartstoff mit extremer Härte (3000 bis 4000 HV) auch einen außergewöhnlich großen Widerstand gegen abrasiven Verschleiß und wird dementsprechend eingesetzt, z. B. bei Düsen für die Strahltechnik. Als loses oder pastengebundenes Korn dient B$_4$C zum Läppen und Feinschleifen.

Kubisches Bornitrid CBN mit einer Härte zwischen Diamant und Borcarbid lässt sich aus weichem hexagonalem Bornitrid BN in einem der Diamantsynthese ähnlichen Verfahren unter hohem Druck herstellen. CBN dient vorwiegend als Schneidstoff, z. B. in Schneidwerkzeugen auf Hartmetall-Grundkörper aufgesintert, und ermöglicht ähnlich hohe Schnittleistungen wie polykristalliner Diamant (vgl. Abb. 6.1).

Cermets (Mischkeramik)

Die hier mit betrachteten *Cermets (Mischkeramik)* sind Gemenge von metallischen mit keramischen Phasen, z. B. auf der Basis Mo-ZrO$_2$, und gehören zur Gruppe der Verbundwerkstoffe. Sie eignen sich mit hochschmelzender Metallphase einerseits als Hochtemperaturwerkstoffe, weil auch die keramische Phase – häufig ein hochschmelzendes Oxid – bis zu ihrer Schmelztemperatur beständig bleibt, und sind andererseits aber auch als Schneidkeramik einsetzbar.

6.3   Polymerwerkstoffe als Konstruktions- und Funktionswerkstoffe[2]

Unter Polymerwerkstoffen (Kunststoffe, Plaste) versteht man aus monomeren Verbindungen hergestellte *hochmolekulare Werkstoffe* mit mehr als 1000 Atomen je Molekül [6.11–6.45].

Kunststoffe werden heute im weitesten Umfang im Maschinenbau (Gehäuse, Zahnräder, Laufräder von Gebläsen, Transportketten, Transportbänder, Kupplungsteile, Behälter, Dichtungen, Schutzkappen, korrosionsbeständige Auskleidungen, Rohrleitungen, Fahrzeugaufbauten usw.), in der Verpackungsindustrie, Textilindustrie, chemischen Industrie, im Schiffbau und Flugzeugbau angewendet. Die Weltproduktion stieg von etwa $1,5 \cdot 10^6$ t im Jahre 1950 und $50 \cdot 10^6$ t im Jahre 1976 auf $200 \cdot 10^6$ t im Jahre 2003 an (Deutschland $18 \cdot 10^6$ t 2005).

Nach dem Verhalten bei Erwärmung unterscheidet man zwischen *Thermoplasten* und *Duroplasten*.

Thermoplaste gehen bei Erwärmung in einen breiigen und z. T. flüssigen Zustand über. Der Vorgang ist unterhalb der Zersetzungsgrenze reversibel. Duroplaste härten nach Durchlaufen eines plastischen Bereiches irreversibel aus.

---

[2] Ausführliche Kapitel über Polymerwerkstoffe finden sich auch in den zu Kap. 2 zitierten Lehrbüchern der Werkstoffkunde und Werkstoffwissenschaften.

Einige typische Vertreter dieser beiden Gruppen von Kunststoffen enthält die nachfolgende Tabelle.

Thermoplaste	*Polyvinylchlorid* (PVC)	*Polystyrol* (PS)	*Polyethylen* (PE)
Duroplaste	*Phenoplaste* (PF)	*Polyester* (UP)	*Melaminharze* (MF)

6.3.1 Herstellung der Polymerwerkstoffe [6.11]

Polymerisation

Sie führt zu Thermoplasten (s. Abb. 6.19) und besteht aus einer Verkettung gleichartiger monomerer Grundmoleküle zu Molekülgruppen verschiedenen Aufbaus ohne Abspaltungsvorgänge nach dem Schema

$$A + A \rightarrow B$$

Beispiele für die Monomere des Typs

$$
\begin{array}{cc}
H & H \\
| & | \\
C & = C \\
| & | \\
H & R
\end{array}
$$

Dabei steht R für einen Substituenten, der den Charakter des Monomers bestimmt.

Substituent R	H	Cl	CH_3COO	C_6H_5
Bezeichnung	Ethylen (Äthen)	Vinylchlorid	Vinylacetat	Styrol
Strukturformel	$\begin{array}{cc} H & H \\ | & | \\ C & = C \\ | & | \\ H & H \end{array}$	$\begin{array}{cc} H & H \\ | & | \\ C & = C \\ | & | \\ H & Cl \end{array}$	$\begin{array}{cc} H & H \\ | & | \\ C & = C \\ | & | \\ H & CH_3COO \end{array}$	$\begin{array}{cc} H & H \\ | & | \\ C & = C \\ | & | \\ H & C_6H_5 \end{array}$

Die Polymerisation erfolgt unter Anwendung von Wärme und Druck. Reaktionsablauf am Beispiel des Polystyrols:

Startreaktion

Das monomere Molekül wird angeregt zum Radikal, d. h. es wird aktiviert, z. B. durch „Aufklappen" der Doppelbindung. Der Vorgang kann durch Zugabe von „Beschleunigern" oder durch Bestrahlung mit γ-Strahlen unterstützt, durch Inhibitoren gebremst werden (Abb. 6.2).

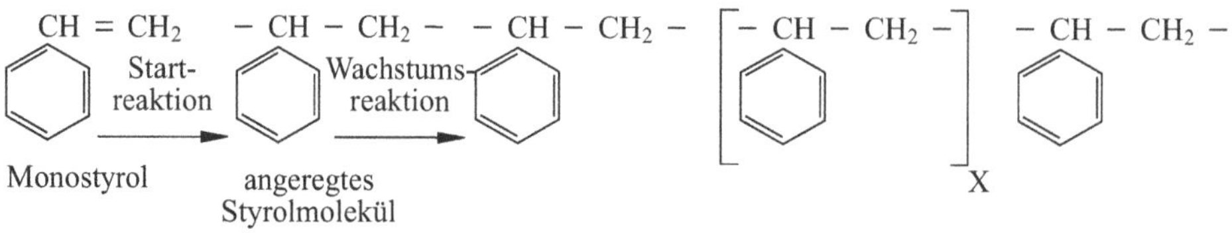

CH = CH₂   – CH – CH₂ –   – CH – CH₂ –   ⎡ – CH – CH₂ – ⎤   – CH – CH₂ –

$$CH = CH_2 \quad -CH-CH_2- \quad -CH-CH_2- \quad \left[-CH-CH_2-\right]_X \quad -CH-CH_2-$$

Monostyrol   angeregtes
                  Styrolmolekül

Abb. 6.2 Start- und Wachstumsreaktion

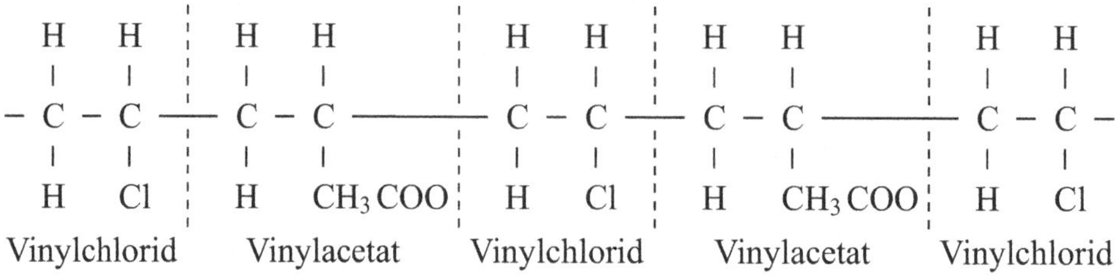

$$
\begin{array}{cccccccccc}
H & H & H & H & H & H & H & H & H & H \\
| & | & | & | & | & | & | & | & | & | \\
-C-C- & & C-C- & & C-C- & & C-C- & & C-C- \\
| & | & | & | & | & | & | & | & | & | \\
H & Cl & H & CH_3COO & H & Cl & H & CH_3COO & H & Cl
\end{array}
$$

Vinylchlorid   Vinylacetat   Vinylchlorid   Vinylacetat   Vinylchlorid

Abb. 6.3 Mischpolymerisation (Vinylchlorid und Vinylacetat)

Wachstumsreaktion

Als Wachstumsreaktion bezeichnet man die Anlagerung mehrerer Radikale unter Bildung einer Molekülkette. Es entstehen Makroradikale.

Abbruchreaktion

Bei der Abbruchreaktion geht das Makroradikal in ein Makromolekül über, z. B. durch Wanderung eines H-Atoms, durch Reaktion mit Fremdstoffen (O₂) oder durch einen Ringschluss.

Mischpolymerisation Unter Mischpolymerisation versteht man die gemeinsame Polymerisation von zwei oder mehr chemisch verwandten Monomeren (z. B. Vinylchlorid + Vinylacetat), die zur Polymerisation fähig sind (Abb. 6.3) Die Eigenschaften der Mischpolymerisate können sich erheblich von denjenigen der reinen Polymere (PVC, PVAC) unterscheiden.

Je nach Aufbau kann man zwischen

statistischen Copolymerisaten,   AABABBABAAA

alternierenden Copolymerisaten,   ABABABAB...

Block- oder Segment-Copolymerisaten und   AAAABBBBAAAA...

Pfropf-Copolymerisaten   AAAAAAAAAAAA
                                                  B   B
                                                  B   B
                                                  B   B

unterscheiden.

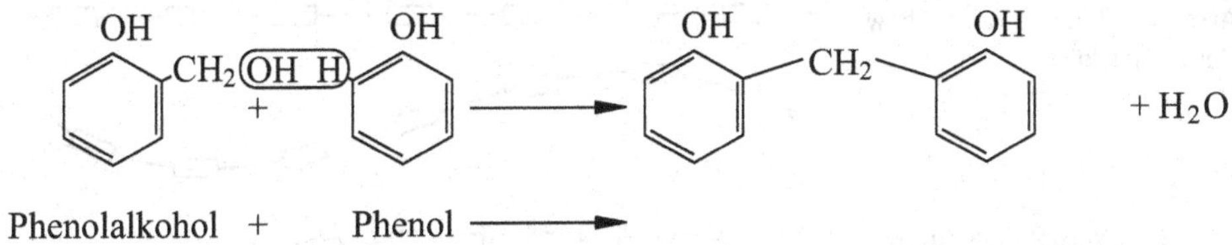

Phenolalkohol   +   Phenol ⟶

Abb. 6.4 Kondensationsreaktion am Beispiel der Phenoplaste

$$HO-R-OH+O=C=N-R-N=C=O+HO-R-OH+O=C=N-R-N=C=O+ ...$$

Abb. 6.5 Polyaddition am Beispiel des Polyurethan

Physikalische Mischungen (Blends, DIN 16 780-1:88. -2:90, [6.12]) Physikalische Mischungen aus verschiedenen Polymeren werden als Polymer-Blends bezeichnet. Dadurch lassen sich bestimmte Eigenschaften dem jeweiligen Anwendungsgebiet anpassen. Am häufigsten wird auf diese Weise das Ziel verfolgt, eine gute Schlagzähigkeit auch bei tiefen Temperaturen zu erhalten. Charakteristische Beispiele sind Blends auf der Grundlage thermoplastischer Polyester, des Polycarbonats, Polyacetats und des Polyamids.

Polykondensation

Sie führt zu Duroplasten oder zu Thermoplasten (s. Abb. 6.19) und besteht aus der Vereinigung zweier gleich- oder verschiedenartiger reaktionsfähiger Monomere zu Molekülgruppen unter Abspalten anderer Stoffe (meist Wasser oder Alkohol) nach dem Schema

$$D$$
$$\nearrow$$
$$A + B \rightarrow C$$

Den Reaktionsablauf zeigt Abb. 6.4 am Beispiel der Thermoplaste.

Polyaddition

Sie besteht aus der Vereinigung gleich- oder verschiedenartiger Monomere zu Molekülgruppen ohne Abspalten von anderen Stoffen. Es können Thermoplaste oder Duroplaste entstehen (Abb. 6.19). Der Vorgang ist durch eine zwischenmolekulare Umlagerung einer Komponente und Verknüpfung mit der anderen über Heteroatome (Wasserstoff) nach folgendem Schema gekennzeichnet:

$$A + B \rightarrow C$$

Den Reaktionsablauf zeigt Abb. 6.5 am Beispiel des Polyurethans.

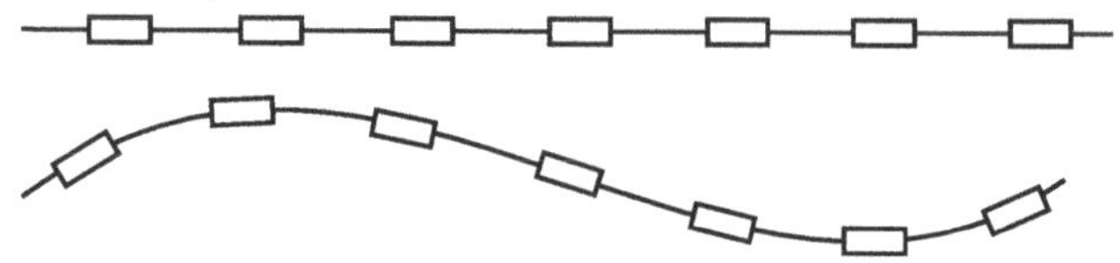

Abb. 6.6 Lineare Faden- bzw. Kettenmoleküle

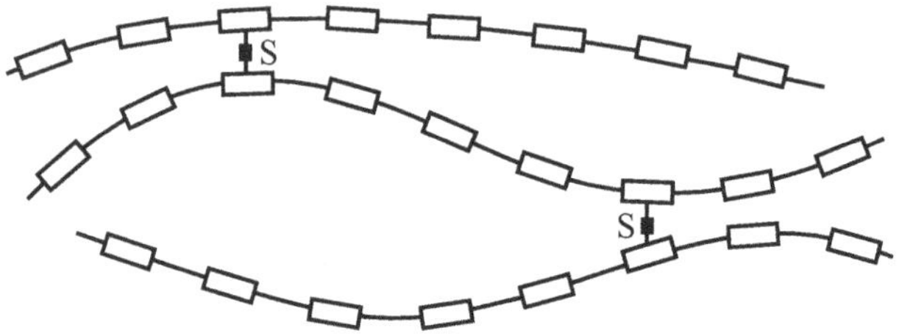

Abb. 6.7 Vernetzung durch Schwefelatome bei Kunstkautschuk

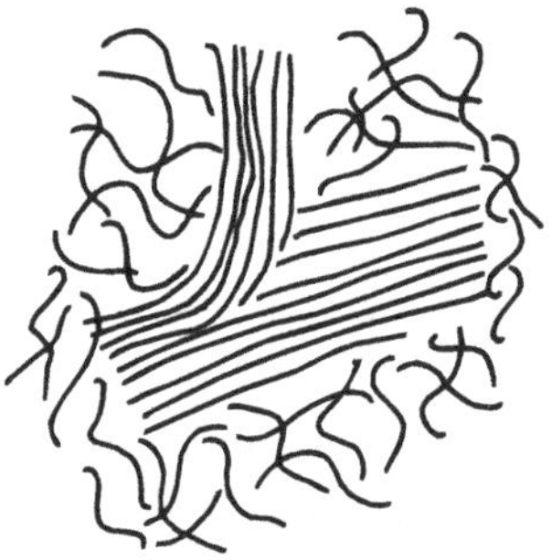

Abb. 6.8 kristalliner Aufbau: kristalliner Bereich in amorpher Umgebung

6.3.2 Der innere Aufbau der Polymerwerkstoffe [6.15, 6.21–6.25]

Kettenmoleküle und Vernetzung Thermoplaste bestehen aus langen, linearen Faden-
und Kettenmolekülen (Abb. 6.6). Die Fadenmoleküle können ungeordnet durcheinander
liegen, in Teilbereichen auch durch Kettenfaltung geordnet nebeneinander (teilkristalliner Aufbau, Abb. 6.8). Die Grundmoleküle können aber auch an mehr als zwei Stellen
aktiv sein, d. h. weitere Monomere anlagern. Sie werden als (2)-, (3)- oder polyreaktiv
bezeichnet, wenn sie an zwei, drei oder mehr Stellen reagieren und deshalb räumlich vernetzte Strukturen bilden können, wie z. B. Phenol-Formaldehydharz, das (2,3)-reaktiv ist.
Durch eine solche Vernetzung wird ein Gleiten der Makromoleküle bei einer Erwärmung
verhindert (Duroplaste).

Möglichkeiten der Vernetzung durch Strahlen sind in [6.23] aufgezeigt. Eine Vernetzung durch Brücken, z. B. durch Schwefelatome (Abb. 6.7), dient bei Kunstkautschuk zur
Erhöhung der Wärmebeständigkeit.

Bindungskräfte Als *Hauptvalenzen* oder primäre Bindekräfte bezeichnet man Kräfte
im Molekül (Zusammenhalt eines Fadens, Vernetzung), die energiereich sind. Bei einem
Atomabstand von $(1 \text{ bis } 1,5) \cdot 10^{-8}$ cm beträgt die Bindungsenergie 200 bis 800 kJ/mol.

Arten der Hauptvalenzen:

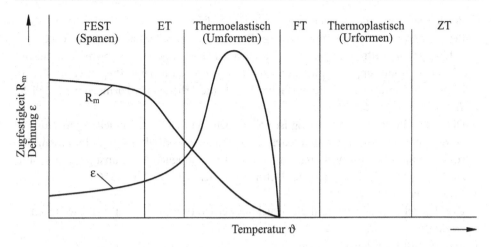

Abb. 6.9 Formänderungs- und Festigkeitsverhalten amorpher Thermoplaste in Abhängigkeit von der Temperatur

a) Heteropolare oder Ionenbindung (durch Aufnahme oder Abgabe von Elektronen zur Bildung einer stabilen Edelgas-Konfiguration).
b) Homöopolare oder Atom- oder kovalente Bindung (durch Paarbildung von Valenzelektronen, die zwei Atomen gemeinsam angehören).

Als *Nebenvalenzen* oder sekundäre Bindekräfte bezeichnet man Kräfte zwischen den Fadenmolekülen. Sie sind energieärmer. Bei einem Atomabstand von $(3$ bis $4) \cdot 10^{-8}$ cm beträgt die Bindungsenergie 4 bis 40 kJ/Mol. Die Nebenvalenzen nehmen bei einer Temperaturerhöhung weiter ab.
Die Folge ist ein Gleiten der Linearmoleküle bei Thermoplasten $\Rightarrow$ Plastizität.
Arten der Nebenvalenzen:

a) Dipole und Multipole (Ionen oder Moleküle, in denen die Schwerpunkte positiver und negativer Ladungen nicht zusammenfallen).
b) Dispersionskräfte (durch kurzperiodische Bewegung der Elektronen in den Atomen werden dauernd wechselnde Dipole geschaffen („Austauschwirkung")).
c) Wasserstoffbrücken.

Abbildung 6.9 veranschaulicht das elastoplastische Verhalten von *amorphen Thermoplasten*.

- *Bereich FEST*
  Die Zugfestigkeit R_m sinkt mit zunehmender Temperatur bei ansteigender Dehnung ε. Die Gestalt der Fadenmoleküle ist „eingefroren" (Glaszustand). Hier ist eine spangebende Formgebung (Bohren, Fräsen, Drehen, Sägen) möglich.

- *Bereich der Erweichungs- oder Einfriertemperatur ET*
  Bereich der Erweichungstemperatur (bei Erwärmung) bzw. Einfriertemperatur (bei Abkühlung). Die Einfriertemperatur wird auch als Glastemperatur bezeichnet. Molekülteile oder Atomgruppen beginnen zu schwingen und zu rotieren (beginnende Mikro-Brown'sche Bewegung). In diesem Gebiet sind keine Arbeiten zur Formgebung möglich.
- *Thermoelastischer Bereich*
  Die Mikro-Brown'sche Bewegung ist voll ausgebildet. Die Fadenmoleküle sind in sich beweglich, aber an Haftpunkten fixiert. Noch findet kein Abgleiten statt. In diesem Bereich ist eine Warmformgebung um mehrere 100 % möglich. Die günstige Temperatur zur Formgebung ist bei maximaler Dehnung erreicht (PVC: 92 bis 95 °C).
- *Bereich der Fließtemperatur FT*
  Die Haftstellen lösen sich und die Moleküle werden beweglich (Makro-Brown'sche Bewegung).
- *Thermoplastischer Bereich*
  Der Werkstoff ist teigig bis zähflüssig. Dies ist der Temperaturbereich für das Schweißen, Spritzen und Kalandrieren.
- *Bereich der Zersetzungstemperatur ZT*
  Die Zersetzung setzt ein mit einem Kettenabbau und endet mit der vollständigen Zerstörung.

Die Bindungskräfte können je nach Anordnung der Fadenmoleküle in unterschiedlicher Weise wirksam werden.

Wie Abb. 6.10 zeigt, unterscheidet sich das Formänderungs- und Festigkeitsverhalten *teilkristalliner Thermoplaste* deutlich von dem amorpher Thermoplaste (Abb. 6.9). Polyolefine, Polyamide und Polyacetate sind die wichtigsten Vertreter von Polymeren, die teilkristallin aufgebaut sind. Sie enthalten kleinste, in Kristallgittern geordnete Bereiche. Daneben ist der Werkstoff amorph (Abb. 6.8). Die Bildung der kristallinen Bereiche hat man sich durch Kettenfaltung vorzustellen, wodurch sich eine lamellenartige Mikrostruktur ergibt. Bei der Kristallisation aus der Schmelze können Sphärolite mit einem Durchmesser von einigen Zehntel Millimetern entstehen. Ein Beispiel hierfür ist Polypropylen. Ob und bis zu welchem Grade ein Polymer kristallisiert, hängt von Struktur, Symmetrie entlang der Hauptkette, Zahl und Länge der Seitenketten und von der Wärmeführung ab. Geht bei der Wiedererwärmung der geordnete Charakter verloren, was sich z. B. durch Differentialthermoanalyse (DTA) bestimmen lässt, so ist der *Kristallitschmelzpunkt* erreicht worden.

Das von amorphen Thermoplasten abweichende Verhalten der kristallinen Thermoplaste umfasst gemäß Abb. 6.10 folgende Stadien:

- Bereich FEST
  Eingefrorener Zustand, der sich vom Glaszustand der amorphen Thermoplaste nicht unterscheidet, es sei denn, dass die kristallinen Thermoplaste in diesem Bereich besonders spröde sind (z. B. Polystyrol).
- Bereich der Erweichungs- oder Einfriertemperatur ET

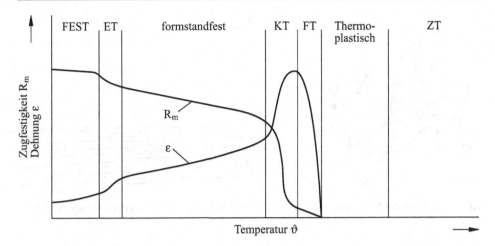

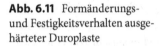

Abb. 6.10   Formänderungs- und Festigkeitsverhalten teilkristalliner Thermoplaste

Abb. 6.11   Formänderungs-
und Festigkeitsverhalten ausge-
härteter Duroplaste

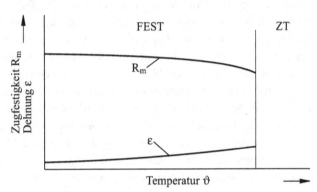

Im Einfrierbereich werden die amorphen Bestandteile zunehmend viskoelastisch, während die kristallinen Bezirke noch fest bleiben. Der Festigkeitsabfall mit zunehmender Temperatur wird dadurch merklich gebremst. Der Werkstoff bleibt formsteif bis nahe an den *Kristallitschmelzpunkt KT* heran. Im Gegensatz zu den amorphen Thermoplasten lassen sich die kristallinen daher oberhalb des Einfrierbereiches einsetzen. Bei Erreichen des Kristallitschmelzpunktes schmelzen die Kristalle auf und der Werkstoff geht in den thermoplastischen Zustand über.

Das Formänderungs- und Festigkeitsverhalten von *Duroplasten* geht aus Abb. 6.11 hervor. Es handelt sich um vernetzte Kunststoffe, eine übereinandergleitende Bewegung der Moleküle, d. h. ein Schmelzen und Fließen, ist nicht mehr möglich. Der Glaszustand bleibt bis zur Zersetzungstemperatur erhalten, so dass es bei Erreichen dieser Temperatur fast übergangslos zur Zersetzung kommt.

a   b

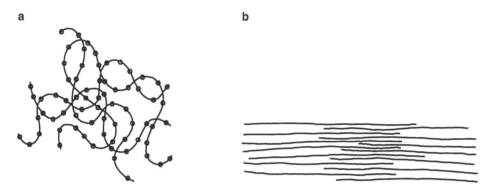

Abb. 6.12 Form der Makromoleküle. **a** Moleküle in Knäuelform, **b** Längsgerichtete Fadenmoleküle

Form und Orientierung der Makromoleküle Im amorphen Zustand liegen die Faden-moleküle ungeordnet neben- und durcheinander. Die Entfernungen zwischen den Makro-molekülen sind groß und Nebenvalenzen sind nur an wenigen Stellen, den Kreuzungs-punkten, wirksam. Dieser Zustand ist dann erwünscht, wenn eine leichte Beweglichkeit der Kettenmoleküle gefordert wird, z. B. bei Spachtelmassen. Man spricht von einer *Wat-tebauschstruktur*, wie sie in Abb. 6.12a wiedergegeben ist.

Bei der Verarbeitung können die Ketten jedoch ausgerichtet werden. Das ist bei den meisten üblichen Verarbeitungsverfahren, wie Kalandrieren, Extrudieren oder Spritzgie-ßen, der Fall. Dadurch kommt es zu einer gewissen Anisotropie der Eigenschaften. Beson-ders stark ausgeprägt ist die Ausrichtung der Makromoleküle nach einem an die Herstel-lung anschließenden *Verstrecken* (Recken), Abb. 6.12b. Bei Folien kann dieses Verstrecken auch biaxial erfolgen. Die Zugfestigkeit lässt sich durch Verstrecken, wobei die Fasern um das 8- bis 10 f.ache gelängt werden, wesentlich verbessern. Dabei ist die Festigkeit in Reck-richtung höher als senkrecht dazu. Das Recken erfolgt bei amorphen Kunststoffen knapp oberhalb der Glastemperatur, bei kristallinen knapp unterhalb der Kristallitschmelztem-peratur.

6.3.3 Eigenschaften der Polymerwerkstoffe [3.4, 6.13, 6.15, 6.21, 6.25–6.32]

Mechanische Eigenschaften

Einfluss der Temperatur Erheblich stärker als bei Metallen macht sich der Tempe-ratureinfluss bemerkbar. Abbildung 6.13 zeigt am Beispiel des Polystyrols und eines Styrol-Acrylnitril-Copolymerisates Spannungs-Dehnungs-Schaubilder, die bei Tempe-raturen zwischen +40 und +80 °C aufgenommen wurden.

Noch deutlicher wird der Temperatureinfluss im Zeitstandversuch (Abb. 6.14). Der Konstrukteur muss daher schon bei Raumtemperatur auf Lebensdauer des Bauteils be-

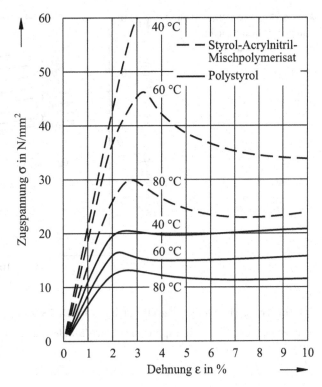

Abb. 6.13 Temperaturabhängigkeit der Festigkeit von Kunststoffen [6.31]

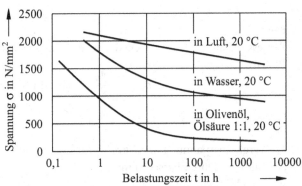

Abb. 6.14 Ergebnisse des Zeitstandversuchs an Polystyrol in Abhängigkeit vom Prüfmedium [6.31]

messen. Dabei spielt auch das umgebende Medium (Luft, Wasser, Chemikalien, aggressive Gase) eine wesentliche Rolle.

Die Prüfung des Langzeitverhaltens erfolgt im Zeitstandversuch; Kunststoffe kriechen, die Belastbarkeit sinkt also mit der Belastungsdauer

Abb. 6.15 Zeitstandfestigkeit innendruckbeanspruchter Rohre aus PE hart [6.32]

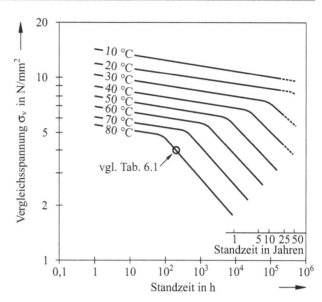

Tab. 6.1 Festigkeitsanforderungen für PE hart nach DIN 8075:11

Prüftemperatur in °C	Beanspruchungsdauer (Mindeststandzeit) in h	Prüfspannung σ_0 in N/mm^2
80	170	4

Beispiel

Bemessung auf 50 Jahre Lebensdauer (Zeitstandfestigkeit) bei Trinkwasserrohren aus PE hart.

$$\sigma_v = p \cdot \frac{d_m}{2 \cdot s} < \sigma_{zul} \quad \text{in N/mm}^2$$

mit:

σ_v: Vergleichsspannung in N/mm^2;

d_m: mittlerer Durchmesser in mm;

s: Wanddicke in mm;

p: Innendruck in N/mm^2

Vergleiche die untere Grenze der Zeitstandfestigkeit innendruckbeanspruchter Rohre aus PE hart in Abb. 6.15 und die Festigkeitsanforderungen gemäß DIN in Tab. 6.1.

Polymerisationsgrad Unter Polymerisationsgrad versteht man die Zahl der Monomere je Makromolekül. Die Festigkeit nimmt mit dem Polymerisationsgrad zu (Abb. 6.16), da bei langen Ketten eine größere Kohäsionsfläche (Abb. 6.17) vorhanden ist, in welcher Nebenvalenzen wirksam sind. Dementsprechend wächst die Reißlänge l_R mit der Kettenlänge. Bei

Abb. 6.16 Bruchfestigkeit als
Funktion des Polymerisationsgrades

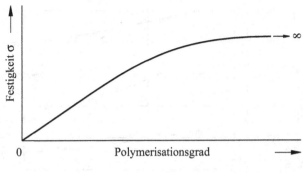

Abb. 6.17 Veränderung der
Kohäsionsfläche bei verschieden langen Ketten

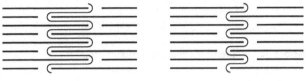

Folien wird die Reißlänge als Festigkeitsmaß gewählt, da die Dicke und damit der Quer-
schnitt des Probestreifens nur ungenau bestimmt werden kann. Sie gibt an, bei welcher
Länge ein Stab oder Band des betreffenden Werkstoffs, frei aufgehängt, unter der eigenen
Last zu Bruch gehen würde.

$$l_R = \frac{F_R \cdot 10^3}{b \cdot G_A} \quad \text{in m}$$

mit:

l_R: Probenlänge, bei der die Gewichtskraft der Probe gleich der Reißlast ist;
F_R: Kraft im Augenblick des Reißens in N;
b: ursprüngliche Breite der Probe in mm;
G_A: Flächen-Gewichtskraft in N/m^2

Vernetzung [6.23] Wie bereits erwähnt, steigt die Festigkeit durch Vernetzung, weil ein
Teil der Nebenvalenzen durch Hauptvalenzen ersetzt wird. Dies gilt auch für die Warmfestigkeit.

- *Enge Vernetzung*
  Glasartig ausgehärtete Duroplaste mit erhöhter Warmfestigkeit.
- *Lose Vernetzung*
  Chemische Verknüpfung zwischen den Fäden (Brücken) führt zu einem elastischen Ver-
  halten, auch bei höheren Temperaturen: Gummielastizität der *Elaste*.

Schwingbeanspruchung Üblich ist die Prüfung im Wöhlerversuch mit Grenzschwing-
spielzahlen von 3 bis $4 \cdot 10^7$. Dabei ergibt sich ein starker Einfluss von Orientierung, Kristal-

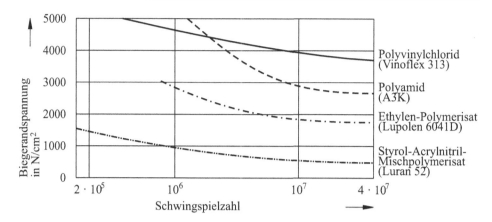

Abb. 6.18 Wöhlerlinien einiger Kunststoffe [6.31]

lisationsgrad, Molekulargewicht, Feuchtigkeitsgehalt, Verarbeitungsbedingungen und Eigenspannungen auf das Festigkeitsverhalten. Abbildung 6.18 kennzeichnet das Biegewechselverhalten einiger Kunststoffe. Bei Biegebeanspruchung von Kunststoffen ist allerdings eine Belastungsverringerung durch relaxierende Randschichten zu berücksichtigen.

Elektrische Eigenschaften

Die Kunststoffe gehören zu den Isolatoren.

Spezifischer *Durchgangswiderstand* ρ_D von einigen Leitern und Isolierstoffen:

Werkstoff	Cu	Al	Stahl	PF [1]	PA [1]	ABS [1]	PS [1]
ρ_D in $\Omega\,cm$	$0{,}018 \cdot 10^{-4}$	$0{,}03 \cdot 10^{-4}$	$0{,}13 \cdot 10^{-4}$	10^{10}	10^{12}	10^{15}	10^{17}

[1] Kurzzeichen siehe Tab. 6.3.

Bei einem hohen spezifischen Durchgangswiderstand ($\rho_D > 10^{13}\ \Omega\,cm$) fließen elektrische Ladungen von der Oberfläche nicht mehr ab, es kommt zu einer *elektrostatischen Aufladung*. Sie entsteht dadurch, dass es bei Reibung im Bereich der Grenzflächen zu einer Ladungsverschiebung kommt, die bei dem einen Körper zu Elektronenmangel, beim anderen zu Elektronenüberschuss führt. Die Reibung strömender Luft auf textilen Bodenbelägen kann hierfür schon ausreichen. Beim Begehen solcher aus synthetischen Fasern hergestellter Bodenbeläge kann sich der Körper auf- und bei Berührung mit einer Erdung wieder entladen. Wegen der geringen Kapazität des menschlichen Körpers sind die auftretenden Ladungsmengen zwar unbedeutend und ungefährlich, die Spannungen können jedoch mehrere tausend Volt betragen und zu einem unangenehmen Schlag führen. Da die Entladung mit Funkenbildung verknüpft sein kann, muss eine elektrostatische Aufladung in Räumen mit explosiblen Staub- oder Gasgemischen vermieden werden. Durch Beimischung, z. B. von Ruß, kann der Oberflächenwiderstand in solchen Fällen ausreichend

Tab. 6.2 Dielektrischer Verlustfaktor und Dielektrizitätszahl verschiedener Kunststoffe

Kunststoff	Dielektrischer Verlustfaktor $10^4 \tan \delta$	Dielektrizitätszahl ε_r
Polyethylen	1,2	2,28
Polystyrol	1	2,5
Styrol-Acrylnitril	80	2,9
ABS-Polymerisate	200	3,2
Polyamide	200–300	3,6–3,8
PVC hart	230	2,8
PVC weich	400	4,5
Ungesättigte Polyester	200	3,3

herabgesetzt werden („leitfähige Beläge"). In harmlosen Fällen genügt die Verwendung üblicher Reinigungsmittel, die einen dünnen Oberflächenfilm bilden, der Feuchtigkeit bindet und dadurch eine elektrostatische Aufladung für längere Zeit verhindert.

Kunststoffe haben eine *hohe Durchschlagfestigkeit* (DIN EN 60 243-1:12, -2:01, -3:02, VDE 0303-21 bis -23) von 10 bis 100 kV/mm. Liegt ein Kunststoff als Isolierstoff in einem Wechselfeld, so ist der auf das Volumen bezogene Energieverlust

$$N = E^2 \cdot 2\pi \cdot f \cdot \varepsilon_0 \cdot \varepsilon_r \cdot \tan \delta \quad \text{in W/m}^3$$

mit:

E: Feldstärke in V/m;

f: Frequenz des Wechselfeldes in Hz;

ε_r: Dielektrizitätszahl;

$\tan \delta$: dielektrischer Verlustfaktor

Tabelle 6.2 gibt einige Anhaltswerte für $\tan \delta$ und ε_r (Richtwerte bei 23 °C und 1 MHz). Stoffe mit einem hohem Produkt $\varepsilon_r \cdot \tan \delta$ ($>10^{-2}$) sind gut zum Schweißen durch Hochfrequenz-Erwärmung geeignet.

Beispiele

a) Polyethylen $\varepsilon_r = 2,28$

$\tan \delta = 1,2 \cdot 10^{-4}$

$\varepsilon_r \cdot \tan \delta = 2,74 \cdot 10^{-4}$

Also nicht mit Hochfrequenzerwärmung zu schweißen, aber guter Hochfrequenzisolierstoff.

b) PVC hart $\varepsilon_r = 2,8$

$\tan \delta = 23 \cdot 10^{-3}$

$\varepsilon_r \cdot \tan \delta = 6,4 \cdot 10^{-2}$

Also gut mit Hochfrequenzerwärmung zu schweißen, ungeeignet als Hochfrequenzisolierstoff.

6.3.4 Die wichtigsten Polymerwerkstoffe und ihre Anwendung [6.34–6.37]

Hinsichtlich ihrer Anwendung werden die Kunststoffe in *Massen-Kunststoffe* (Standardkunststoffe) und *Technische Kunststoffe* gegliedert (vgl. DIN 7708-1:80). Hinzu kommen noch *Reaktionsharze* (Duroplaste) und *Kautschuke* (Elastomere).

Massen-Kunststoffe werden in großen Mengen hergestellt. In der westlichen Welt entfallen auf sie etwa 30 Millionen Tonnen pro Jahr. Ihr Anwendungsgebiet liegt vorzugsweise bei Verpackungsfolien, Fasern, Isolierungen und Konsumartikeln. Zu dieser Gruppe gehören das PVC, PE, PP und PS. *Technische Kunststoffe* werden in geringerem Umfang erzeugt, ihr Anteil beträgt etwa eine Million Tonnen im Jahr. Es handelt sich um Konstruktionswerkstoffe mit besonderen Anforderungen an mechanische Festigkeit, Steifigkeit, Schlagzähigkeit, gegebenenfalls auch bei Einsatz im Bereich erhöhter Temperaturen oder unter dem Einfluss korrodierender Medien. Die wichtigsten Vertreter dieser Gruppe sind die (teil-) kristallinen Polyacetale, Polyamide und Polyester und das nichtkristalline Polycarbonat und modifiziertes Polyphenylenoxid. Unter den hochwarmfesten Kunststoffen erreichen die Polyimide die größte Produktionsmenge.

Eine Übersicht über die dem Konstrukteur zur Verfügung stehenden Kunststoffe bietet Abb. 6.19 [6.38–6.40]. Tabelle 6.3 enthält nach DIN 7728-1/Z vorgesehene und in DIN EN ISO 1043-1:11 genormte und übliche Kurzzeichen. Nur die wichtigsten der in Abb. 6.19 zusammengefassten Kunststoffe werden hier behandelt, wobei die Gliederung nach der Herstellungsart (Polymerisation, Polykondensation und Polyaddition) erfolgt.

Polymerisate
Durch Polymerisation werden in Anwesenheit von Katalysatoren ausschließlich Thermoplaste gewonnen.

**Polyethylen (PE), Polypropylen (PP) (DIN EN ISO 1872-1:99, -2:07,
DIN EN ISO 14 632:98, DIN EN ISO 15 013:07, DIN prEN ISO 15 013:06,
DIN EN ISO 7214:12)**
Das Polyethylen $[-CH_2]_n$ gehört neben Phenoplasten, Polystyrol und Polyvinylchlorid zu den vier wichtigsten Vertretern der Plaste. Es bildet zusammen mit Polypropylen und den Buten- bzw. Butadien-Polymeren die Gruppe der Polyolefine. Gasförmiges Ethylen C_2H_4, aus Erdölprodukten über Verflüssigung in der Kälte oder aus Acetylen gewonnen, wird vorwiegend nach zwei Verfahren zu Polyethylen polymerisiert:

	Druck	Temperatur in °C	Katalysator
Hochdruck-Polyethylen nach ICI (PE-LD), PE weich	2000–3000	80–300	Sauerstoff
Niederdruck-Polyethylen nach Ziegler (PE-HD), PE hart	10–50	20–70	Nickel

Tab. 6.3 Kurzzeichen der wichtigsten Kunststoffe laut DIN 7728/Z, vgl. DIN EN ISO 1043-1:11

Kurzzeichen	Erklärung	Kurzzeichen	Erklärung
ABS	Acrylnitril-Butadien-Styrol-Copolymere	PIB	Polyisobutylen
		PMMA	Polymethylmetacrylat
AMMA	Acrylnitril-Methylmethacrylat-Copolymere	POM	Polyoxymethylen; Polyformaldehyd (Polyacetal)
CA	Celluloseacetobutyrat	PP	Polypropylen
CAB	Celluloseacetopropionat	PTFE	Polytetrafluorethylen
CF	Kresolformaldehyd	PUR	Polyurethan
CMC	Carboxymethylcellulose	PVAC	Polyvinylacetat
CN	Cellulosenitrat	PVAL	Polyvinylalkohol
CP	Cellulosepropionat	PVB	Polyvinylbutyral
CS	Kasein	PVC	Polyvinylchlorid
EC	Ethylcellulose	PVCA	Vinylchlorid-Vinylacetat-Copolymere
EP	Epoxid	PVDC	Polyvinylidenchlorid
MF	Melaminformaldehyd	PVF	Polyvinylfluorid
PA	Polyamid	PVFM	Polyvinylformal
PBT	Polybutylenterephthalat	SAN	Styrol-Acrylnitril-Copolymere
PC	Polycarbonat		
PCTFE	Polychlortrifluorethylen	S/B	Styrol-Butadien-Copolymere
PDAP	Polydiallylphthalat	SI	Silicon
PE	Polyethylen	S/MS	Styrol-a-Methylstyrol-Copolymere
PET	Polyethylenterephthalat	UF	Harnstoffformaldehyd
PF	Phenolformaldehyd	UP	Ungesättigte Polyester

In der Praxis haben sich neben den erwähnten Kurzzeichen noch einige andere eingeführt, die zu einer weiteren Differenzierung dienen sollen:
PE-LD Low Density Polyethylen = Polyethylen niederer Dichte
PE-HD High Density Polyethylen = Polyethylen hoher Dichte
E-PVC Emulsions-PVC
S-PVC Suspensions-PVC
ASA Acrylester-Styrol-Acrylnitril-Copolymer
EPS Expandierbares Polystyrol
EVA Ethylen-Vinylacetat-Copolymer
GFK Glasfaserverstärkte Kunststoffe (allgemein)
GUP Glasfaserverstärkte, ungesättigte Polyesterharze

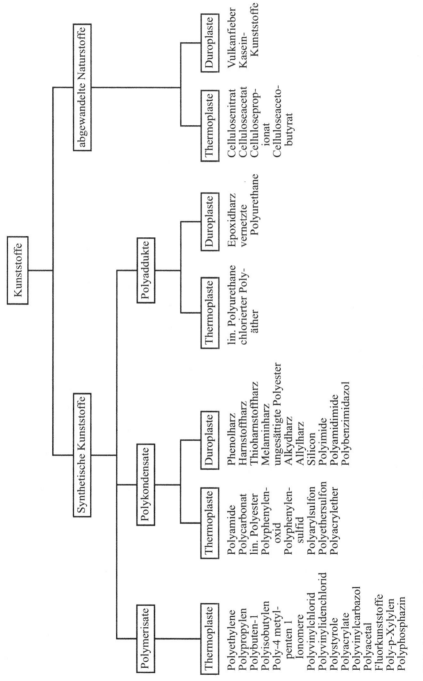

Abb. 6.19   Die wichtigsten Kunststoffe, genormte Kurzzeichen dazu in Tab. 6.3

Tab. 6.4 Dichte und Erweichungstemperatur von Polyethylen und Polypropylen

Kunststoff	Dichte in g/cm^3	Erweichungsbeginn in °C
Hochdruck PE	0,91–0,925	112
Niederdruck PE	0,941–0,965	130
Polypropylen	0,90	165

Je nach Herstellungsart sind unterschiedliche Eigenschaften bedingt. Durch Vergrößern des Polymerisationsgrades (= Zahl der Grundbausteine, die zu Makromolekülen vereinigt werden) lässt sich die Warmfestigkeit erhöhen. Eine Vernetzung ist möglich durch ein Elektronen-Bombardement (1 MeV). Eine höhere Warmfestigkeit hat der Werkstoff *Polypropylen* (Tab. 6.4).

$$-\left[CH_2 - \underset{\underset{CH_3}{|}}{CH}\right]_n-$$

Propylen: $C_3 H_6$

Anwendung

- Folien und Platten (36 % der PE-Gesamtproduktion), hergestellt in Breitschlitzextrudern oder im Schlauchspritzverfahren. Gute Durchlässigkeit für O_2 und CO_2 (Lebensmittelverpackung).
- Auskleidungen im chemischen Apparatebau.
- Fäden: Netze, Seile (wasserfest).
- Rohre: Von Kabeltrommeln aus verlegte Wasserrohre bis 2 km Einzellänge, korrosionsbeständig, frostsicher. Nicht beständig gegen tierische Fette.
- PP für Kunstrasen.
- Formkörper: Flaschen (unzerbrechlich, leicht), Eimer, Becher, Armaturen, Dichtungen, Transportbehälter.

Verarbeitungsverfahren[3] Spritzgießen, Extrudieren, Hohlkörperblasen, Kalandrieren.

Fluor-Polymerisate
Fluor-Kohlenstoffverbindungen, Fluorcarbone. Typischer Vertreter Polytetrafluorethylen (PTFE)

$$-\left[CF_2\right]_n-$$

---

[3] Die Verarbeitungsverfahren für Polymerwerkstoffe sind in Kap. 9 beschrieben.

Hochchemikalienfester Apparatebaustoff und Trennmittel mit hoher Warmfestigkeit (dauerwärmebeständig bis 250 °C). Vorzügliche elektrische Eigenschaften.
Polyfluorcarbone sind nicht benetzbar.

Anwendung Kolbenringe für Gaskompressoren, korrosionsbeständige Auflage. Keine Schmiermittel erforderlich, da niedriger Reibungskoeffizient, wartungsfrei.

	Schmelzviskosität in Pa s
PTFE	10^9
PFEP	10^3–10^4

Wegen seiner hohen Schmelzviskosität bereitet die Verarbeitung von PTFE durch Spritzgießen und Extrudieren Schwierigkeiten. Dagegen kann fluorierter Ethylen-Propylen-Kunststoff PFEP nach diesen Verfahren verarbeitet werden.
Struktur von PFEP:

Hexafluorpropylen-Tetrafluorethylen-Copolymerisat
Weitere Fluorkunststoffe:

Polychlortrifluorethylen PCTFE	
PTFE-PE-Copolymerisat PETFE	
PCTFE-PE-Copolymerisat PECTFE	
Polyvinylidenfluorid PVDF	

Tab. 6.5 Wärmeleitzahl von Polystyrolschaum für 20 g/(l Raummasse)

Temperatur in °C	Wärmeleitzahl in kJ/(m · h · K)
−50	0,096
0	0,117
+20	0,126
+50	0,138

Polystyrol (PS) (DIN EN ISO 2897-1:99, -2:03, DIN EN ISO 14 631:99)

Die Eigenschaften sind vom Polymerisationsgrad abhängig. Die Molekulargewichte (= Summe der in der Moleküleinheit vorhandenen Atomgewichte) liegen zwischen 180.000 und 800.000. Polystyrol hat nur eine geringe Wärmebeständigkeit von 60 bis 90 °C.

$$\left[\begin{array}{c} CH - CH_2 \\ \bigcirc \end{array} \right]_n$$

Anwendung

- Formteile: Spritzgussteile in der Elektrotechnik, da sehr gute dielektrische Eigenschaften.
- Fäden, Folien, Platten: Abdeckplatten, Schaugläser, Drucktasten, Schaumstoffe mit geschlossenen Poren zur verfestigenden Ausfüllung der Hohlräume in den Tragflächen von Flugzeugen, zur Wärmeisolierung in der Lebensmittel-, Chemischen- und Bauindustrie. Schwimmwesten, Rettungsringe, vgl. Tab. 6.5

Verarbeitungsverfahren Spritzgießen, Extrudieren, Tiefziehen, Hohlkörperblasen, Dampfstoß-Schäumen.

Acryl-Polymerisate

Polymethylmethacrylat (PMMA) (DIN EN ISO 7823-1, -2:03, -3:07)

$$-\left[CH_2 - \overset{\overset{\displaystyle CH_3}{|}}{\underset{\underset{\displaystyle COOCH_3}{|}}{C}} \right]_n$$

Anwendung Tafeln, Blöcke, „Plexiglas" zur Verglasung der Kanzeln von Flugzeugen, Dachverglasung mit Welltafeln, durchsichtige Modelle (gläserner Mensch, gläserner Motor), Knochen- und Speiseröhrenersatz in der Chirurgie, da gewebefreundlich, Augenhaftgläser, wetterbeständig.

Polyacrylnitril (PAN)

Die Makromoleculargewichte liegen bei 60.000 bis 100.000.

$$-\left[CH_2-\underset{\underset{CN}{|}}{CH}\right]_n$$

Anwendung

- Fasern (Orlon, Dralon)
- Mottenfeste, hautverträgliche Chemiefaser. Säureschutzanzüge, Planen, Gardinen. Verarbeitungsverfahren: Extrudieren, Spritzen.

Polyvinylester

Polyvinylchlorid (PVC) (DIN EN ISO 2898-1:99, -2:08)

Einer der wichtigsten Kunststoffe, gekennzeichnet durch gute Verarbeitungseigenschaften einschließlich Schweißbarkeit, durch gute Alterungsbeständigkeit und Beständigkeit gegenüber vielen Chemikalien, bei allerdings nur geringer Wärmebeständigkeit (Erweichen ab 80 °C). Bei gleichzeitiger mechanischer Beanspruchung beginnt die plastische Verformung schon bei 50 bis 60 °C.

$$-\left[CH_2-\underset{\underset{Cl}{|}}{CH}\right]_n$$

PVC hart: ohne Weichmacher,
PVC weich: mit 20 bis 60 % Weichmacher.

Die Herstellung erfolgt aus Acetylen unter Anlagerung von Salzsäure, die aus Kochsalz und Schwefelsäure gewonnen wird.

$$2\,NaCl + H_2SO_4 \rightarrow Na_2SO_4 + 2\,HCl$$
$$CH \equiv CH + HCl \rightarrow CH_2 = \underset{\underset{Cl}{|}}{CH}$$

Polymerisation unter Anwendung von Wärme und Druck Bei der Erzeugung von VC und der Verarbeitung zu PVC soll die Konzentration an monomerem VC in der Atemluft so klein wie möglich sein. Für die Atemluft, in der PVC als Feinstaub auftreten kann, beträgt der MAK-Wert 5 ppm. Dabei entspricht 1 ppm einem Wert von 1 mg/kg. VC wirkt toxisch und gilt als krebserzeugend. In der von der Deutschen Forschungsgemeinschaft

Tab. 6.6 Ertragbare Vergleichsspannung für 50-jährigen Betrieb von Rohren aus PVC-HI, Typ 1, in N/mm^2

Temperatur	in °C	(0)	(16)	20	30	40	50	60
ertragbare Mindestvergleichsspannung	a_v	(22)	(16,5)	14,5	12	9,5	8	7

Klammerwerte extrapoliert aus DIN 8081.

herausgegebenen MAK- und BAT-Werte-Liste[4] wird als TRK-Wert 8 mg/m^3 beim Auftreten von partikelförmigem VC in bestehenden Anlagen für die VC- und PVC-Herstellung genannt (MAK = maximale Arbeitsplatzkonzentration, BAT = Biologische Arbeitsstofftoleranzwerte, TRK = Technische Richtkonzentration). Bei VC-haltigen Dämpfen und Gasen gilt als TRK-Wert 3 ml VC/m^3. Die TRK-Werte, die für krebserzeugende und krebsverdächtige Stoffe aufgestellt werden, stellen keine Höchstwerte für den Erhalt der Gesundheit dar, sondern geben an, welche Konzentrationen beim Stand der Verfahrenstechnik und guter Lüftung noch auftreten. Bei der Verarbeitung von PVC und beim Umgang mit PVC-Erzeugnissen sind keine Gesundheitsschädigungen bekannt geworden.

Anwendung

- Folien und Bahnen, im Kalanderverfahren hergestellt. Korrosionsfeste Auskleidungen, PVC-beschichtete Bleche, Förderbänder, Fußbodenbeläge, selbstklebende Folien.
- Schläuche, Kabelmäntel.
- Rohre, Profile, Fassadenbekleidungen (DIN 8080:09).

Zeitstandfestigkeit für 50-jährigen Betrieb von Rohrleitungen aus PVC-HI, Typ 1, siehe Tab. 6.6.

Die zulässige Zeitstandbeanspruchung ergibt sich als Quotient aus der ertragbaren Zeitstandfestigkeit und dem Sicherheitsbeiwert, der in der Regel 1,5 beträgt.

Formteile

- Lacke, Klebstoffe: Selten reines PVC, meist Mischpolymerisate.
- Fasern, Borsten: Chemisch beständig, aber geringe Festigkeit und Wärmebeständigkeit.

Verarbeitungsverfahren Kalandrieren, Extrudieren, Spritzgießen, Blasen, Tiefziehen.

PVC-Modifikationen Zur Erzielung besonderer Eigenschaften können zahlreiche Copolymerisate auf der Grundlage von PVC erzeugt werden. Zur Verbesserung der *Schlagzähigkeit* in der Kälte dienen Mischungen mit Butadien, Ethylen, Acrylester, Vinylacetat. Die *Verarbeitbarkeit* wird verbessert durch Mischungen mit Propylen, Acrylaten, ABS. Die *Warmfestigkeit* lässt sich durch Copolymerisation mit Acrylnitril erhöhen.

---

[4] Wiley-VCH-Verlag, Weinheim, 2001.

Polyvinylalkohol (PVAL)
Polyvinylalkohol entsteht durch Lösen von PVAC in Methanol (Verseifung).

$$-\begin{bmatrix} CH_2-CH \\ \quad\ | \\ \quad\ OH \end{bmatrix}_n$$

Polyvinylalkohol ist in Wasser löslich, in den üblichen Lösungsmitteln dagegen nicht. Dies bedingt die Anwendung zur wasserlöslichen Verpackung von Farbstoffen.

Polyacetal (POM) (DIN 16 978/Z: DIN EN 15860:12, DIN 16 781-2:89, DIN EN ISO 9988-1:06)
Polyformaldehyd, Polyoximethylen. Unter Polyacetalen versteht man Homo- und Copolymerisate von Aldehyden mit cyclischen Acetalen.

$$-\begin{bmatrix} H \\ | \\ C-O \\ | \\ H \end{bmatrix}_n$$

Das Acetal-Homopolymerisat wird mit verschiedenen anderen Monomeren copolymerisiert. Es zeichnet sich durch gute Festigkeitseigenschaften und Formbeständigkeit bei Erwärmung sowie hohen Abriebwiderstand aus. Auch glasfaserverstärkte Copolymerisate werden als Konstruktionswerkstoffe verwendet.

Synthesekautschuk (DIN ISO 1629:04, DIN 78 082-1:91)

Polybutadiene (BR) (DIN 16 771-1/ZDIN EN ISO 2897-1:99, DIN EN ISO 2897-1:99, DIN EN ISO 2580-1:02, -2:03)
Kunststoffe, deren elastoplastisches Verhalten dem des Naturkautschuks ähnlich ist, bezeichnet man auch als *Elastomere*.

$$-\begin{bmatrix} H & H \\ | & | \\ C-C \\ | & | \\ H & CH \\ & \| \\ & CH_2 \end{bmatrix}_n$$

Die Polymerisation mit Natrium als Katalysator führte zu *Buna*. Zahlenbuna: Buna 32, Buna 85, Buna 115. Die Ziffer bezeichnet den Polymerisationsgrad. Heute modernere Herstellungsverfahren (Niewland, Benzolverfahren, Dehydrierung von Raffinerie- und Erdgas). Kennzeichnend für die Butadiene sind die vier C-Atome des Monomers, also eine $(C_4)_n$-Gruppe.

Tab. 6.7 Eigenschaften von Naturkautschuk und SBR

	Vulkanisationsmischung aus	
	Naturkautschuk	SBR
Reißfestigkeit in N/cm^2	2500	2700
Reißdehnung in %	600	550
Rückprallelastizität in %	45	50
Shorehärte	60	65

Die Eigenschaften werden stark davon beeinflusst, an welcher Stelle die Polymerisation erfolgt:

$$\overset{①\,②\,③\,④}{-C-C=C-C-}\quad \text{1,4-Polymerisation}$$

$$\overset{①\,②}{-C-C-}\qquad\qquad \text{1,2-Polymerisation}$$
$$\begin{array}{c}|\\ C\;③\\ \|\\ C\;④\end{array}$$

Je nach Stellung der Seitengruppe kann der Aufbau unterschiedlich erfolgen:

isotaktisch   gleiche Stellung der Seitengruppen,
syndiotaktisch alternierende Stellung der Seitengruppen,
ataktisch   Anordnung der Seitengruppen ohne Symmetrie.

Beispiel: 1,2-Polybutadien (Abb. 6.20)
Vielfache Anwendung von *Mischpolymerisaten*:

α) Butadien-Styrol-Mischpolymerisat (SBR)
β) Butadien-Acrylnitril-Mischpolymerisat (NBR)
γ) Acrylnitril-Butadien-Styrol-Mischpolymerisat (ABS) (DIN EN ISO 2580-1:02, -2:03)

Anwendung Gehäuse und Abdeckungen aller Art, Lüfterräder, Armaturenteile, Beschlagteile (evtl. galvanisiert).

Verarbeitungsverfahren Spritzgießen, Extrudieren, Tiefziehen.
Eigenschaftsvergleich mit Naturkautschuk siehe Tab. 6.7.

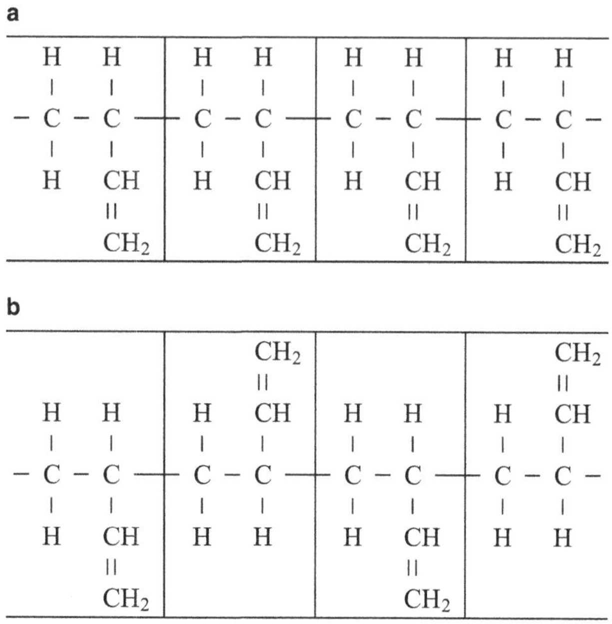

Abb. 6.20 Iso- und syndio-
taktischer Aufbau bei der
Polymerisation von 1,2 Polybutadien **a** isotaktisch,
b syndiotaktisch

a

H H	H H	H H	H H
| |	| |	| |	| |
– C – C –	C – C –	C – C –	C – C –
| |	| |	| |	| |
H CH	H CH	H CH	H CH
||	||	||	||
CH$_2$	CH$_2$	CH$_2$	CH$_2$

b

		CH$_2$		CH$_2$
		||		||
H H	H CH	H H	H CH
| |	| |	| |	| |
– C – C –	C – C –	C – C –	C – C –
| |	| |	| |	| |
H CH	H H	H CH	H H
||		||	
CH$_2$		CH$_2$	

Polyisobutylen (PIB) (DIN 16 731/Z, DIN 16 935/Z:)
Weitgehend gesättigt, also keine Doppelbindungen mehr vorhanden. Daher gute Bestän-
digkeit gegen Chemikalien, auch gegenüber oxydierenden Medien. Häufig Mischung mit
Füllstoffen, u. a. mit Hochdruckpolyethylen.

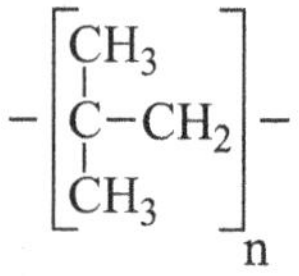

$$
-\left[\begin{array}{c} CH_3 \\ | \\ C-CH_2 \\ | \\ CH_3 \end{array}\right]_n
$$

Anwendung

- Folien, Bahnen, Auskleidung im chemischen Apparatebau, Folien im Bauwesen
- Kitte, Leime, Klebstoffe

Tab. 6.8 Weltverbrauch an Natur- und Synthesekautschuk [6.41]

	1970	1980	1990	1998	2003	2007
Naturkautschuk (Mio. t)	3,1	3,8	5,0	6,2	7,6	9,71[2]
Synthesekautschuk (Mio. t)	5,6	8,0	9,9	10,83	11,45[1]	13,19[2]

Anteil synthetischen Kautschuks am Gesamtbedarf: etwa 60 %,
[1] Fischer Weltalmanach,
[2] Internat. Rubber Study Group (IRSG).

Butylkautschuk (IIR)

Butylkautschuk enthält eine geringe Zahl von Doppelbindungen und ist dadurch vulkanisationsfähig. Kommt dem Naturkautschuk in seinen Eigenschaften bereits sehr nahe. Sein Anteil an der Erzeugung von Kunstkautschuk steigt ständig, vgl. Tab. 6.8, Naturkautschuk ist Polyisopren.

Polykondensate

Phenoplaste (PF) (DIN EN ISO 14 526-1 bis -3:99)
Phenoplaste sind Duroplaste, die aus Phenolen und Aldehyden in Gegenwart von Katalysatoren hergestellt werden.

Es gibt drei Zustandsformen, je nach Grad der Vernetzung:

A- oder Resolzustand: Alkohollöslich und in der Wärme schmelzbar.
B- oder Resitolzustand: Nicht mehr alkohollöslich, noch schmelzbar.
C- oder Resitzustand: Weder alkohollöslich, noch schmelzbar.

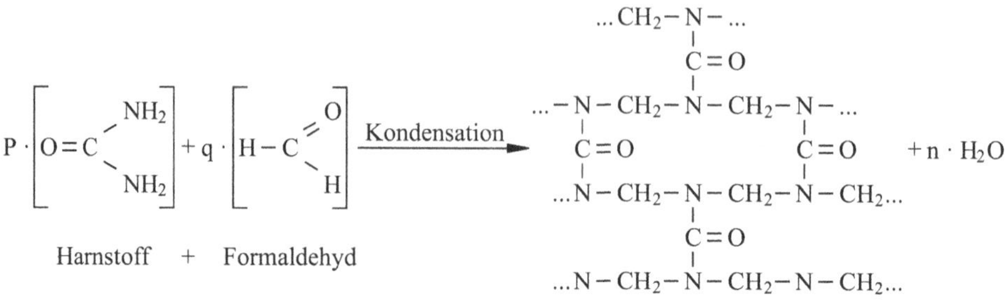

$$P \cdot \begin{bmatrix} O = C \overset{NH_2}{\underset{NH_2}{\diagdown}} \end{bmatrix} + q \cdot \begin{bmatrix} H - C \overset{O}{\underset{H}{\diagup}} \end{bmatrix} \xrightarrow{\text{Kondensation}} \begin{array}{c} \ldots CH_2 - N - \ldots \\ | \\ C = O \\ | \\ \ldots - N - CH_2 - N - CH_2 - N - \ldots \\ | \qquad\qquad\qquad | \\ C = O \qquad\qquad C = O \\ | \qquad\qquad\qquad | \\ \ldots N - CH_2 - N - CH_2 - N - CH_2 \ldots \\ | \\ C = O \\ | \\ \ldots N - CH_2 - N - CH_2 - N - CH_2 \ldots \end{array} + n \cdot H_2O$$

$$\text{Harnstoff} \quad + \quad \text{Formaldehyd}$$

Abb. 6.21 Strukturformel von Harnstoffharz, hergestellt aus Harnstoff und Formaldehyd

Anwendungen

- *Pressmassen*
  Harze auf Pulverform zerkleinert, mit Füllstoffen versetzt und in B-Zustand überführt (Füllstoffe: Gesteinsmehl, Holzmehl, Papier, Baumwolle). Armaturenbretter, Gehäuse, Schalen, Walzen für Druckmaschinen, Profile, Pressteile für Elektrotechnik.
- *Harze*
  Lacke, Schaumstoffe. Mit Füllstoffen: Brems- und Kupplungsbeläge, Bindemittel für Schleifscheiben, Bestandteil von Metallklebern, Modelle für spannungsoptische Untersuchungen, Croning-Maskenguss (Sand + 4 bis 8 % Phenolharz), Dämmplatten.
- *Schichtpressstoffe*
  - *Hartgewebe* (Hgw)
    Bremsbacken, Keilriemenscheiben, Kupplungsteile, Kugellagerkäfige, Lager mit guten Notlaufeigenschaften ($p_{zul} = 15$ bis $20\,N/mm^2$).
  - *Hartpapier* (Hp)
    Gedruckte Schaltungen (Aufpressen einer Kupferfolie, Aufdrucken der Schaltung mit säurefesten Farben, Abätzen des restlichen Kupfers, Neutralisieren, Trocknen).
  - *Schichtpressholz*
    Verdichtetes Lagenholz mit mehr als 8 % Phenolharz. Keilriemen- und Seilscheiben, Sitze, Lehnen, Armaturenbretter.

Verarbeitungsverfahren Formpressen, Spritzpressen, Extrudieren.

Aminoplaste (DIN EN ISO 14 527-1 bis -3:99, DIN EN ISO 14 528-1 bis -3:99)
Amine = Abkömmlinge des Ammoniaks NH_3

a) *Harnstoffharze* (UF)
  Hergestellt aus Harnstoff und Formaldehyd (Abb. 6.21).
b) *Melaminharze* (MF)
  Hergestellt aus Melamin und Formaldehyd (Abb. 6.22). Einsatz und Verarbeitung ähnlich wie bei Phenoplasten.

Abb. 6.22 Strukturformel von
Melamin

$$NH_2$$
$$|$$
$$C$$

(Strukturformel von Melamin)

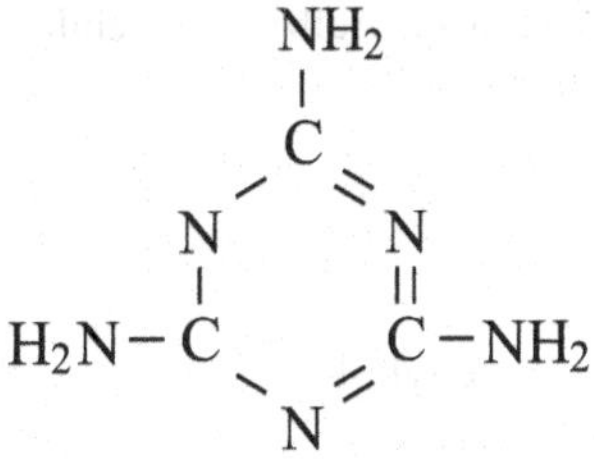

Silicone (SI)

Die bisher vorgestellten Kunststoffe haben als Basis organische Kohlenwasserstoffverbindungen. Silicone sind grundsätzlich anders aufgebaut. An der entscheidenden Stelle in der Kette befindet sich hier nicht ein Kohlenstoffatom, das die Beanspruchbarkeit in der Wärme begrenzt. Die hochwärmebeständigen Silicone stehen an der Grenze zwischen organischen und anorganischen Verbindungen. Sie bestehen aus einer Kette von Si-O-Si-O-Atomgruppen, denen lediglich als Seitengruppen Kohlenstoff enthaltende Radikale verschiedenen Aufbaus angegliedert sind. Die Silicone können mit anorganischen Füllstoffen versetzt und zu Formteilen und Schichtpressstoffen unter Druck und Wärme geformt werden.

Beispiel: Oktamethylzyklotetrasiloxan

$$(CH_3)_3Si-O - \begin{bmatrix} CH_3 \\ | \\ Si-O \\ | \\ CH_3 \end{bmatrix}_n - Si(CH_3)_3$$

Anwendung

- Vulkanisierbarer Siliconkautschuk, verwendbar zwischen 95 und 200 °C: Dichtungen für Vakuumgeräte (keine Zersetzungsprodukte bei höheren Temperaturen), Kabelmäntel.
- Harze: Farben, Lacke, Imprägnierungen. Mit Füllstoffen auch für Formteile.
- Schichtpressstoffe: Hartgewebe aus Siliconlack und Glasfaserbahnen. Teile für den Elektromaschinenbau.
- Öle, Fette: Gute Schmiereigenschaften, Wasser abstoßend, chemikalienfest. Imprägnieren von Mauerwerk, gute dielektrische Eigenschaften.

Polyester (UP) (DIN EN ISO 14 530-1 bis -3:99)

Unter Polyestern werden Substanzen verstanden, die durch mehrfach wiederholten Ablauf einer Esterbildungsreaktion aus geeigneten Ausgangsstoffen entstehen. Diese Ausgangsstoffe gehören chemisch den organischen Säuren und den Alkoholen an. Die Esterbildung ist der chemische Umsatz von Alkohol und Säuren als Kondensationsreaktion unter Abspalten von Wasser. Wenn Alkohol und Säure nur je eine reaktionsfähige Gruppe (OH-

Abb. 6.23 Aufbau eines einfachen Esters

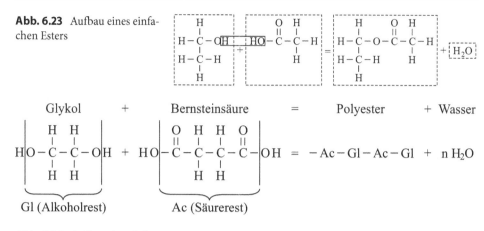

Glykol   +   Bernsteinsäure   =   Polyester   + Wasser

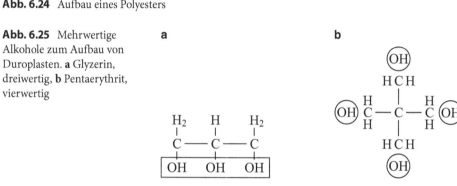

Gl (Alkoholrest)   Ac (Säurerest)

Abb. 6.24 Aufbau eines Polyesters

Abb. 6.25 Mehrwertige Alkohole zum Aufbau von Duroplasten. **a** Glyzerin, dreiwertig, **b** Pentaerythrit, vierwertig

Gruppe bzw. abspaltbares H-Ion) haben, so entstehen einfache Ester (Abb. 6.23). Besitzen beide Partner mindestens je zwei reaktionsfähige Gruppen, so bilden sich Makromoleküle, die als Polyester (Abb. 6.24) bezeichnet werden.

Werden lineare Makromoleküle gebildet, ist das Ergebnis ein Thermoplast (Beispiele PET, PBT). Liegt eine Vernetzung vor, die durch den Einbau mehrwertiger Alkohole mit drei oder vier reaktionsfähigen Hydroxylgruppen ermöglicht wird, entstehen Duroplaste (Abb. 6.25).

Auch durch Polymerisation ungesättigter Polyester, sofern sie noch polymerisationsfähige Doppelbindungen enthalten, kann ein räumliches Netzwerk von Makromolekülen entstehen, so dass aus einem zunächst thermoplastischen Kunststoff ein duroplastischer gebildet wird.

Von besonderer Bedeutung sind *glasfaserverstärkte Polyester* (GFK, z. B. DIN 16 868-1, -2:94, DIN 16 869-1, -2:95). Glasfasern von 10 µm werden in Strängen von z. B. 60 · 200 Elementarfäden, „Rovings", abgespult. Die Stränge durchlaufen ein Tränkbad aus flüssigem Reaktionsharz und werden – etwa zur Herstellung eines Behälters – auf einen Stahldorn im Links- und Rechtsschraubengang aufgewickelt. Gepresste Böden werden eingeklebt. Danach findet eine Aushärtung statt. Die höchste Festigkeit liegt bei Beanspruchung in Faserrichtung vor, also anisotropes Festigkeitsverhalten. Andere Formen sind Glasfasermatten (z. B. für den Bootsbau), Glasgewebe, Glasfaservliese (sehr dünne Matten aus ungebündelten Glasfasern). Vorimprägnierte, verarbeitungsfertige Glasfaser/Harz-Kombinationen mit begrenzter Lagerfähigkeit werden als *Prepregs* bezeichnet.

Festigkeit von Glasfasern:

E-Glas: 1300 bis 1700 N/mm^2 Aluminiumborosilicatglas
S-Glas: ca. 4500 N/mm^2 Magnesiumaluminiumsilicatglas

Die Entwicklung geht in Richtung höchstfester Fasern (C, B).

Anwendung

- *Textilfasern*
  (Terylene, Trevira, Diolen) sind ungesättigte Polyester, temperaturfest bis 120 °C.
- *Lacke, Klebstoffe*
- GFK
  Fahrzeugbauten (LKW, Tankwagen, Omnibusse, Kühlwagen). Behälter für chemische Industrie, Druckgasspeicher, Flüssiggasbehälter, Bootskörper, Flugzeugbau.
- *Gießharze*
  zum Beispiel chemikalienfeste Beschichtung aus Polyesterharz von Betonrohren. Schicht härtet nach dem Aufspritzen aus.
- *Formpressmassen*
  Ungesättigte Polyester mit Füllstoffen für Anwendung in der Elektrotechnik.
- *Schichtpressstoff*

Polyamide (PA) (DIN EN ISO 1874-1:10, DIN EN ISO 1874-2:06/A1:10, DIN 16 982:74)
Lineare, durch Kondensation gebildete Thermoplaste auf der Grundlage von dem Eiweiß verwandten Ausgangsstoffen. Beispiel: Reaktion von Diaminen und Dicarbonsäuren.

$$n \cdot (H_2N \cdot R \cdot NH_2) + n \cdot (HOOC \cdot R_1 \cdot COOH),$$

wobei R und R_1 unterschiedlich aufgebaute Kohlenwasserstoffketten sind. Die beiden Bestandteile werden gemischt und erwärmt. Dabei kondensieren sie

$$-\overset{H}{\underset{H}{N}} + \overset{OH}{\underset{O}{C}}-$$

unter Bildung von Makromolekülen. Wie Polyester mit Glasfasern verstärkbar.

Anwendung

- Chemiefaser
  Perlon, bis etwa 90 °C beständig, Fallschirme, Netze, Feuerwehrschläuche, Förderbänder.
- Folien
  Extrudiert oder aus gespritzten Schläuchen hergestellt. Verpackung.
- Formteile
  Polyamidpulver mit Füllstoffen als Ausgangsstoff zum Formpressen und Spritzgießen geräuscharme Zahnräder für feinwerktechnische Geräte, Gleitlager, Kurvenscheiben, Kettenräder, Laufräder für Gebläse, Transportketten, Laufrollen, Kupplungsteile, tragende Maschinengehäuse, Transportbehälter, Schutzhelme, Ventile für Kühlwasserpumpen, Schiffsschrauben.

Verarbeitungsverfahren Spritzgießen, Extrudieren, Hohlkörperblasen, druckloses Gießen, Schleuderguss.

Polycarbonat (PC) (DIN EN ISO 7391-1, -2:06, DIN EN ISO 11 963:95, DIN prEN ISO 11 963:11)
Polycarbonat entsteht durch eine Kondensationsreaktion von Dihydroxydiphenylalkanen mit Kohlensäure:

Anwendung Kugelsicheres Panzerglas. Schweißbar und zäh, bis zu tiefen Temperaturen. Zahlreiche Anwendungsgebiete in Maschinenbau und Elektrotechnik, auch mit Glasfasern verstärkt.

Polyimid (PI)
Polyimid ist die wichtigste Gruppe der hochwärmebeständigen Polymerwerkstoffe. Die Gebrauchstemperaturen können kurzzeitig, je nach Typ und Verarbeitung, bis 500 °C, für den Dauereinsatz bis 360 °C betragen. Polyimide sind gekennzeichnet durch die charakteristische Gruppe

Polyimide entstehen durch Polykondensation und Polyaddition.

Polykondensate beruhen auf der Reaktion eines aromatischen Diamins mit aromatischem Dianhydrid, als Duro- und Thermoplaste verfügbar. Beispiel: Polykondensat aus Tetracarbonsäureanhydrid und aromatischem Diamin. Das Diamin wird bei 20 bis 40 °C in DMF (Dimethylformamid) gelöst. Stark exotherme Reaktion führt zu in DMF gelöster Amidcarbonsäure, die zunächst im Stickstoffstrom und später bis zu 300 °C im Vakuum getrocknet wird. Dabei bildet sich pulverförmiges Polyimid, das bei Temperaturen bis 800 °C und hohen Drücken zu Formteilen gesintert wird.

Besonderheit Thermoplastische Polyimide sind nicht in schmelzflüssigen Zustand überführbar, weil ihre Schmelztemperatur über ihrer Zersetzungstemperatur liegt. Polyaddukte nur als Duroplaste.

Abgewandelte Polyimide Zum Beispiel wasserstofffreies Polyimid (bis 600 °C an Luft beständig), Polybismaleinimid, Polyamidimid, Polyesterimid, mit bis zu 50 % Masseanteil Textilglas verstärkte Polyimide.

Pyrromellithanhydrid   20 - 40 °C   aromatisches Diamin

Amidcarbonsäure

Amidcarbonsäure

150 bis 300 °C $-H_2O$

Polyimid

Lieferformen Durch Pulversintertechnik hergestellte Halbzeuge und bei einigen Typen als Masse für Pressformen.

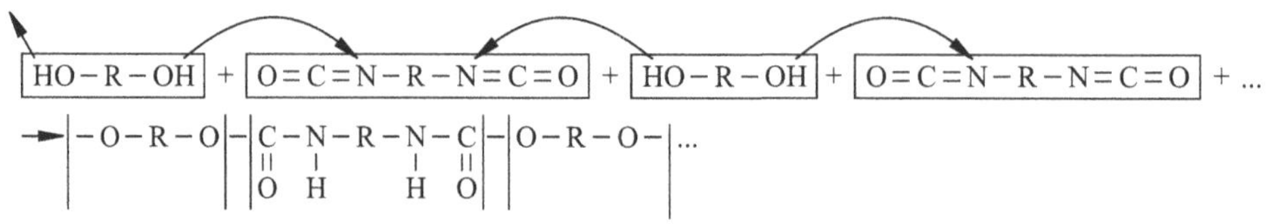

$$\overrightarrow{\boxed{\text{HO}-\text{R}-\text{OH}}} + \boxed{\text{O}=\text{C}=\text{N}-\text{R}-\text{N}=\text{C}=\text{O}} + \boxed{\text{HO}-\text{R}-\text{OH}} + \boxed{\text{O}=\text{C}=\text{N}-\text{R}-\text{N}=\text{C}=\text{O}} + \dots$$

$$\longrightarrow \left| -\text{O}-\text{R}-\text{O} \right| \begin{array}{l} \text{C}-\text{N}-\text{R}-\text{N}-\text{C} \\ \underset{\text{O}}{\overset{\parallel}{}} \; \underset{\text{H}}{\overset{|}{}} \qquad \underset{\text{H}}{\overset{|}{}} \; \underset{\text{O}}{\overset{\parallel}{}} \end{array} \left| -\text{O}-\text{R}-\text{O}- \right| \dots$$

Abb. 6.26 Aufbau von Polyurethanen

Anwendung Beschichtungen für wärmebeständige Überzüge, z. B. auf Aluminium, Nylongewebe und Folien, Klebstoffe für Aluminium, Titan und austenitischen Stahl, öl- und fettfreie Lager- und Gleitelemente (Reibwert sinkt mit zunehmender Temperatur), Kolbenringe, Ventilsitze, Dichtungen, Schweißbrennerhandgriffe, Formteile für Strahltriebwerke. Körper für elektrische Spulen, Abdeckungen, Autozubehörteile.

Polyaddukte

Polyurethane (PUR)

Die Erzeugung findet durch Umsetzung von Isocyanaten und Alkoholen satt. Sind diese Bestandteile bifunktionell, entstehen lineare Ketten, d. h. Thermoplaste.

Isocyanat: R–N=C=O
Alkohol: R′–OH

Bei der Umsetzung entsteht im einfachsten Fall unter Verschiebung des H-Atoms des Alkohols an die O=C=N-Atomgruppe des Isocyanates ein Urethan

$$\text{R}-\text{N}=\underset{\underset{\text{O}}{\parallel}}{\text{C}} + \text{HO}-\text{R}' \longrightarrow \text{R}-\text{NH}-\underset{\underset{\text{O}}{\parallel}}{\text{C}}-\text{O}-\text{R}'$$

Polyurethane werden entsprechend durch Reaktion von mehrfunktionellen Isocyanaten und Alkoholen gebildet (Abb. 6.26). Diisocyanate und Polyalkohole oder Dialkohol und Polyisocyanate führen zu vernetzten Strukturen und damit zu Duroplasten.

Anwendung

- Fasern, Folien, Lacke: Zweikomponentenlacke mit hoher Durchschlagfestigkeit,
- Klebstoffe (z. B. DIN EN 15 416-4:06)
  Zweikomponentenkleber, auch für etwas erhöhte Temperaturen geeignet (bei 100 °C haben sie 50 bis 60 % der Festigkeit bei Raumtemperatur),
- Formteile
  Je nach Art der Herstellung schlagfeste und Weichgummi ähnliche Platten und Formteile. Dichtungen (DIN EN 681-4:00 +A1:02 + A2:05), Membrane, Reifen,

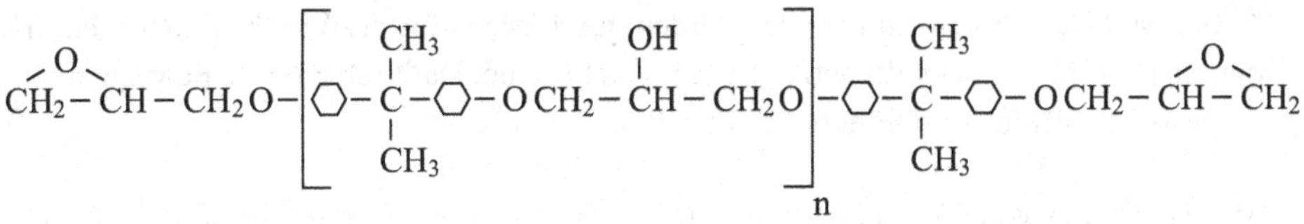

$$CH_2-CH-CH_2O-\left[\langle\rangle-\underset{CH_3}{\overset{CH_3}{\underset{|}{\overset{|}{C}}}}-\langle\rangle-OCH_2-\underset{}{\overset{OH}{\underset{|}{CH}}}-CH_2O\right]_n-\langle\rangle-\underset{CH_3}{\overset{CH_3}{\underset{|}{\overset{|}{C}}}}-\langle\rangle-OCH_2-CH-CH_2$$

Abb. 6.27 Aufbau eines Klebharzes

- Schaum-Wärmedämm- (z. B. DIN EN 14 315-2:06) und Leichtstoffe für Leichtbau. Etwa 50 % der Schaumstoffe sind Polyurethane, chemisch beständig, formtreu, nicht für feuchtwarme Umgebung geeignet.

Epoxidharze (EP) (DIN EN ISO 15 252-1 bis -3:99, DIN EN ISO 3673-1, -2:99, DIN prEN ISO 3673-2:11)

Herstellung aus Alkoholen und Äthylenoxidverbindungen. Meist Grundharz plus Härter, der kurz vor der Verarbeitung zugesetzt wird. Ihren Namen verdanken diese Kunststoffe der sehr reaktionsfähigen Epoxidgruppe (Abb. 6.27).

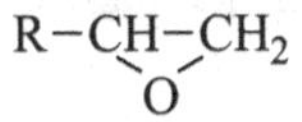

$$R-\underset{O}{CH-CH_2}$$

Anwendung

- Lacke
  Mit Epoxidlacken (DIN EN ISO 7142:07) behandelte Bleche können ohne Beeinträchtigung des Überzugs gestanzt und weitgehend durch Biegen und Tiefziehen verformt werden. Also gute Haftung. Wärmebeständig bis 120 °C.
- Kleber
  Zahlreiche Variationen, teils kalt, teils warm aushärtend. Auch Metallkleber.
- Gießharze
  Mit Füllstoffen in der Elektrotechnik angewendet.

6.3.5 Weichmacher (DIN EN ISO 1043-3:99), Gleitmittel, Füllstoffe (DIN EN ISO 1043-2:11), Antistatika [6.30]

1. Innere Weichmachung.
   Änderung der mechanischen Eigenschaften durch Mischpolymerisation von weichen und harten Komponenten.
2. Äußere Weichmachung.
   Änderung der mechanischen Eigenschaften durch Zugabe niedermolekularer Substanzen. Sie müssen eine gewisse chemische Verwandtschaft zu den Hochpolymeren aufweisen, bzw. in ihnen löslich sein. Die Anteile liegen zwischen einigen Prozenten und 40 %.

Aktive Moleküle der Hochpolymere werden durch Moleküle des Weichmachers gebunden, so dass sie nicht zur Vernetzung beitragen können. Dadurch größere Beweglichkeit der Makromoleküle und höhere Elastizität der Kunststoffe.

Wird sehr viel Weichmacher hinzugefügt, kann der Werkstoff plastisch werden und fließen. Dadurch ist die maximale Konzentration an Weichmacher gegeben. Folgende Substanzen kommen in Betracht:

a) *Monomere Weichmacher*:
   Adipinsäureester, Phosphorsäureester, Sulfonsäureester, Essigsäureester
b) *Polymere Weichmacher*:
   Polyester, Polybutadienacrylnitril

Gleitmittel sind hochmolekulare Wachse zur Verbesserung der Formfüllung. Mit *Füllstoffen* wie Kaolin, Sand, Carbonaten, Sulfaten, Silicaten, Ruß usw. lassen sich die Eigenschaften der Kunststoffe variieren. Durch Zusatz gut leitender *Antistatika* kann der Oberflächenwiderstand z. B. von PE auf weniger als 10^9 W erniedrigt werden, so dass die Voraussetzungen für eine Ableitung bzw. gleichmäßige Verteilung von Oberflächenladungen geschaffen werden [6.30].

6.3.6 Schaumstoffe

Zahlreiche Kunststoffe wie PUR, PS, PVC, PF, UP, UF und PA lassen sich verschäumen. Zu diesem Zweck wird der Kunststoff erwärmt, mit Treibmitteln versetzt, für die FCKW (Fluor-Chlor-Kohlenwasserstoffe) wie Frigen oder Freon nicht mehr verwendet werden sollen, und in Formen oder im Extruder aufgeschäumt. Die Eigenschaften der Schaumstoffe sind abhängig von der Größe und Zahl der Poren. Schaumstoffe mit geschlossenen Poren werden für maritime Anwendungen, z. B. für Auftriebskörper in Booten und Schwimmwesten, mechanische Stützungen und für den Wärmeschutz, solche mit offenen Poren für den Schallschutz, für Polsterungen und Schwämme, eingesetzt.

Ein interessantes Anwendungsgebiet stellt das Ausschäumen von Stützkernen in Sandwich-Waben-Konstruktionen dar. Die Außenhaut dieser sehr steifen und dabei leichten Elemente besteht aus Metallfolie, Kunststoff oder Holz.

6.3.7 Faserverstärkte Kunststoffe (DIN 16 868-1, -2:94, DIN 16 869-1, -2:95, [6.42–6.45])

Fasern aus hochfesten Stoffen (Glas, Aramid, Kohlenstoff) können im Verbundwerkstoff der Beanspruchung entsprechend unidirektional oder kreuzweise angeordnet werden. Sie erhöhen die Festigkeit von Kunststoffteilen wesentlich und führen damit zum Leichtbau

Tab. 6.9 Glasfasern für die Kunststoffverstärkung

Bezeichnung	Typ	Dichte in g/cm^3	Zugfestigkeit R_m in N/mm^2	E-Modul in N/mm^2
E-Glas	Al-B-Silicatglas	2,52	1300–1700	$0,79 \cdot 10^5$
S-Glas	Mg-Al-Silicatglas (mit etwas ZrO_2 u. Na_2O)	2,48	4500	$0,88 \cdot 10^5$
HM-Glas		2,84	3500	$1,24 \cdot 10^5$

durch günstiges Verhältnis von Festigkeit zu Masse. Vielfach werden harzvorlaminierte Halbzeuge, so genannte Prepregs, verwendet.

Glasfasern mit unterschiedlicher Zugfestigkeit, Tab. 6.9, werden zu Rovings, Gewebe, Vliesen, Bändern usw. verarbeitet und in dieser Form zur Verstärkung herangezogen (GFK).

Aramidfasern, vom Polyamid abgeleitet, werden aus dem Reaktor oder einer Polymerlösung heraus gesponnen, gewaschen, neutralisiert und getrocknet (Niedermodulfaser) oder zusätzlich verstreckt (Hochmodulfaser). Der aramidverstärkte Kunststoff wird mit AFK bezeichnet.

Kohlenstofffasern für CFK werden bevorzugt aus Polyacrylnitril (PAN) durch Pyrolyse (thermo-chemische Spaltung bei hoher Temperatur unter Sauerstoffausschluss) erzeugt. Je nach Verfahren sind Elastizitätsmodul und Festigkeit unterschiedlich, Tab. 6.10. GFK wird in der Technik in großem Umfang eingesetzt, vorzugsweise für Rohre (DIN 16 868-1, -2:94, DIN 16 869-1, -2:95) oder Behälter auch großer Abmessungen, während sich die Verwendung von AFK und CFK wegen der hohen Materialkosten auf den Bau von Flugzeugkomponenten und Sportgeräten sowie Maschinenbauteilen beschränkt, die große Beschleunigungen erfahren. Anwendungen in Kraftfahrzeugen werden zurzeit vorbereitet. Großflächige Kunststoffteile, meist aus Polyester, werden in Flachbahnanlagen hergestellt und mit Glasfasermatten oder Endlosrovings (Faserbündel) verstärkt. Auch Kombinationen aus Matten und Rovings sind möglich. Die Weiterverarbeitung erfolgt durch Pressen, Spritzgießen oder Spritzpressen. Für dieses Verfahren hat sich die Bezeichnung SMC (sheet-molding-compound) bei massiv, also nicht in Form von Flachmaterial verarbeiteten Teilen, auch BMC (bulk-molding-compound) eingeführt. Bei der SMC-Technik treten zuweilen Lackierprobleme auf, die sich dadurch vermeiden lassen, dass man nach dem Aushärten des Pressteils das Werkzeug um 3 bis 5 mm öffnet und in den entstehenden Spalt PUR-Lack einspritzt. Anschließend wird das Werkzeug bei verringertem Pressdruck erneut geschlossen, um den eingespritzten Lack zu verteilen und auszuhärten. Dabei dringt der Lack in Poren an der Oberfläche ein und füllt sie aus (IMC = in-mold-coating).

Festigkeitswerte für textile Spinnfasern, Kabel, Garne, Faserbänder und Folien liegen oft im TEX-System (DIN 60 905-1:85) vor. Hierbei wird die längenbezogene Masse statt in

Tab. 6.10 Kohlenstoff- und Aramidfasern für die Kunststoffverstärkung

Bezeichnung	Typ	Dichte ρ in g/cm^3	Zugfestigkeit R_m in N/mm^2	E-Modul in N/mm^2
	Hochmodulfaser	1,95	1750–2270	$3,5 \cdot 10^5$–$4,2 \cdot 10^5$
HT-Faser	Hochfestigkeitsfaser	1,76	2460–3160	$2,46 \cdot 10^5$–$2,94 \cdot 10^5$
HST-Faser	Hochdehnungsfaser	1,77	4400–4800	$2,4 \cdot 10^5$
			cN/dtex	cN/dtex
Aramid-Faser	Kevlar*	1,44	18–21	300–400
Aramid-Faser	Kevlar 29*	1,44	19	408
Aramid-Faser	Kevlar 49*	1,45	19	900–1000
Aramid-Faser	X-500*	1,45–1,47	12–14	700–800

* Handelsname.

Tab. 6.11 Einheiten des TEX-Systems

Name	Zeichen	Beziehung
Millitex	mtex	= 1 mg/km
Dezitex	dtex	= 1 dg/km
Tex	tex	= 1 g/km
Kilotex	ktex	= 1 kg/km

kg/m in g/km angegeben, d. h.

$$1\,\text{tex} = 1\,\text{g/km} = 10^{-6}\text{kg/m},$$

und es gelten die Einheiten gemäß Tab. 6.11.

Die längenbezogene Masse wird als Feinheit Tt bezeichnet. Sie folgt aus

$$Tt = \frac{m}{l} = \frac{\rho \cdot A \cdot l}{l} = \rho \cdot A$$

mit:

A: Faserquerschnitt;

ρ: Dichte;

l: Länge;

d: Faserdurchmesser

Für eine Faser gilt:

$$Tt = \frac{d^2 \cdot \pi}{4} \cdot \rho \cdot 10^{-6}\ \text{dtex}$$

mit:

d: in cm;
ρ: in g/cm³

bzw.

$$\frac{d^2 \cdot \pi}{4} \cdot \rho \cdot 10^{-2} \, \text{dtex}$$

mit:

d: in µm;
ρ: in g/cm³

Im Zugversuch wird eine Zerreißkraft F in cN gemessen. Dann ist die auf die Dichte ρ bezogene Zugfestigkeit

$$R = \frac{F}{A \cdot \rho} = \frac{F}{\frac{\pi \cdot d^2}{4} \cdot \rho} \quad \text{in} \quad \frac{\text{N cm}}{\text{g}}$$

bzw.

$$R = \frac{F}{\frac{\pi \cdot d^2}{4} \cdot \rho} \cdot 10^3 \quad \text{in} \quad \frac{\text{cN km}}{\text{g}} = \frac{\text{cN}}{\text{tex}}$$

mit:

F: in cN;
d: in µm;
ρ: in g/cm³

Die sonst üblicherweise bei Metallen bestimmte Zugfestigkeit ergibt sich zu

$$R_m = R_\rho \cdot \frac{\text{daN}}{\text{mm}^2}$$

Beispiel Kevlar:

$$R = 20 \, \text{cN/dtex} = 200 \, \text{cN/tex}$$

$$R_m = R_\rho = 200 \cdot 1{,}44 = 288 \frac{\text{daN}}{\text{mm}^2} = \underline{\underline{2880 \, \text{N/mm}^2}}$$

6.3.8 Metallisieren von Polymerwerkstoffen

Kunststoffe können mit verschiedenen Verfahren mit einer festhaftenden Metallbeschichtung versehen werden, z. B. zur Abschirmung von Gehäusen oder für preiswerte Hohlleiter.

Stromlose Verfahren

Bei Schichtdicken von 3 bis 5 µm können Kunststoffe im Hochvakuum mit Aluminium, Kupfer, Silber oder Gold bedampft werden.

Als chemische Verspiegelung bezeichnet man ein Verfahren, bei dem auf die gereinigte und sensibilisierte Kunststoffoberfläche mit einer Zweikomponenten-Spritzpistole eine Silbersalzlösung und ein Reduktionsmittel aufgesprüht werden. Bei Vereinigung der beiden Komponenten scheidet sich ein Silberfilm ab.

Für beide Verfahren ergeben sich Anwendungen, bei denen es auf optische und dekorative Effekte ankommt: Reflektoren, reflektierende Folien, Rückstrahler.

Galvanische Verfahren

Anwendung vor allem bei ABS-Kunststoffen, besonders für Schichtdicken über 10 μm. Durch Beizen der Oberfläche erhält man ein submikroskopisches System von Kanälen und Kavernen, in dem sich nach anschließender Aktivierung die aus einem stromlosen Metallisierungsbad abgeschiedene, etwa 0,5 μm dicke leitende Metallschicht fest verankert. Auf dieser Schicht kann dann nach den in der Galvanotechnik üblichen Methoden eine Metallauflage beliebiger Art und Dicke niedergeschlagen werden. Wie bei der Metallgalvanisierung wird im Allgemeinen Kupfer, Nickel und Chrom in dieser Reihenfolge abgeschieden.

Literatur

Metallische Werkstoffe
[6.1] Tönshoff, H.K., Hollmann, F. (Hrsg.): Hochgeschwindigkeitsspanen metallischer Werkstoffe, S. 17, S. 4. Wiley-VCH Verlag, Weinheim (2005)

Keramische Werkstoffe
[6.2] Rahaman, M.N.: Sintering of Ceramics. Publ. CRC Taylor, London (2007)

[6.3] Rahaman, M.N.: Ceramic processing. Publ. CRC Taylor, London (2006)

[6.4] Telle, R. Salmang, H., Scholze, H. (Hrsg.): Keramik, 7. Aufl. Springer-Verlag, Berlin/Heidelberg (2007)

[6.5] Riedel, R.: Ceramics. Science and Technology, Bd. 2. Wiley-VCH Verlag, Weinheim (2010)

[6.6] Kollenberg, W.: Technische Keramik: Grundlagen, Werkstoffe, Verfahrenstechnik. Vulkan-Verlag, Essen (2004)

[6.7] Somiya, S. (Hrsg.): Handbook of Advanced Ceramics, Vol. 1. Materials Science, Vol. 2. Processing and their Application. Bd. 1+2. Elsevier Academic Press, London (2003)

[6.8] Heinrich, J.G. (Hrsg.): Symposium Keramik im Fahrzeugbau. Stuttgart 6./.7 Mai 2003. Dt. Keramische Gesellschaft, Köln (2003)

[6.9] Mingos, D.M.P., Jansen, M. (Hrsg.): High Performance Non-Oxide Ceramics. Structure and Bonding, 1. Aufl., Bd. I and II. Springer-Verlag, Berlin (2000)

[6.10] Munz, D., Fett, T.: Ceramics: Mechanical Properties, Failure Behaviour, Materials Selection, 2. Aufl. Springer-Verlag, Berlin/Heidelberg (2001)

Kunststoffe
[6.11] Braun, D., Cherdron, H., Rehahn, M., Ritter, H., Voit, B.: Theory and Practice. Fundamentals, Methods, Experiments, 5. Aufl. Springer-Verlag, Berlin/Heidelberg (2013)

[6.12] Robeson, L.M.: Polymer Blends. Hanser Verlag, München (2007)

[6.13] Domininghaus, H., Eyerer, P., Elsner, P., Hirth, T. (Hrsg.): Die Kunststoffe. und ihre Eigenschaften, 8. Aufl. Springer-Verlag, Berlin (2012)

[6.14] Kaiser, W.: Kunststoffchemie für Ingenieure, 3. Aufl. Hanser Verlag, München (2011)

[6.15] Ehrenstein, G.W.: Polymer-Werkstoffe. Struktur – Eigenschaften – Anwendung, 3. Aufl. Hanser Verlag, München (2011)

[6.16] Menges, G., Haberstroh, E., Michaeli, W., Schmachtenberg, E.: Werkstoffkunde Kunststoffe, 6. Aufl. Hanser Verlag, München (2011)

[6.17] Hellerich, W., Harsch, G., Baur, E.: Werkstoff-Führer Kunststoffe, 10. Aufl. Hanser Verlag, München (2010)

[6.18] Michaeli, W., Greif, H., Wolters, L., Vossebürger, F.-J.: Technologie der Kunststoffe, 3. Aufl. Hanser Verlag, München (2008)

[6.19] Eyerer, P., Hirth, T., Elsner, P.: Polymer Engineering. Technologien und Praxis. Springer Verlag, Berlin/Heidelberg (2008)

[6.20] Brinkmann, S., Osswald, T.A., Schmachtenberg, E., Baur, E. (Hrsg.): Saechtling Kunststoff Taschenbuch, 30. Aufl. Hanser Verlag, München (2007)

[6.21] Schwarz, O., Ebeling, F.-W. (Hrsg.): Kunststoffkunde. Aufbau, Eigenschaften, Verarbeitung, Anwendungen der Thermoplaste, Duroplaste und Elastomere, 9. Aufl. Vogel Verlag, Würzburg (2007)

[6.22] Strobl, G.R.: The Physics of Polymers: Concepts for Understanding their Structures and Behavior, 3. Aufl. Springer-Verlag, Berlin/Heidelberg (2007)

[6.23] Ehrenstein, G.W., Schmachtenberg, E., Brocka, Z. (Hrsg.): Strahlenvernetzte Kunststoffe. Verarbeitung, Eigenschaften, Anwendung. Springer-VDI-Verlag, Düsseldorf (2006)

[6.24] Nicholson, J.W.: The Chemistry of Polymers. Series RSC Paperbacks, 3. Aufl. Publ. Royal Society of Chemistry. Springer-Verlag, Berlin (2006)

[6.25] Peacock, A.J., Calhoun, A.: Polymer Chemistry. Properties and Applications, 1. Aufl. Hanser Verlag, München (2006)

[6.26] Pongratz, S., Ehrenstein, G.W.: Die Beständigkeit von Kunststoffen, 1. Aufl. Hanser Fachbuchverlag, München (2007)

[6.27] Mark, J. (Hrsg.): Physical Properties of Polymers Handbook, 2. Aufl. Springer-Verlag, Berlin/Heidelberg (2007)

[6.28] DIN Deutsches Institut für Normung e. V. (Hrsg.): Handbuch Kunststoffe. Mechanische und thermische Eigenschaften. Prüfnormen – Grundwerk – Loseblattwerk, Bd. 1. Beuth Verlag, Berlin (2011)

[6.29] DIN Deutsches Institut für Normung e. V. (Hrsg.): Handbuch Kunststoffe. Chemische und optische Gebrauchseigenschaften, Verarbeitungseigenschaften. Prüfnormen – Grundwerk – Loseblattwerk, Bd. 2. Beuth Verlag, Berlin (2012)

[6.30] Ehrenstein, G.W., Drummer, D. (Hrsg.): Hochgefüllte Kunststoffe mit definierten magnetischen, thermischen und elektrischen Eigenschaften. Springer-VDI-Verlag, Düsseldorf (2002)

[6.31] BASF Werkstoffblätter: Kunststoffe in der Prüfung

[6.32] DIN 8075

[6.33] Ehrenstein, G.W., Riedel, G., Trawiel, P.: Praxis der thermischen Analyse von Kunststoffen, 2. Aufl. Hanser Verlag, München (2003)

[6.34] DIn Deutsches Institut für Normung e. V. (Hrsg.): Handbuch Kunststoffe. Thermoplastische Kunststoff-Formmassen – Grundwerk – Loseblattwerk, Bd. 3. Beuth Verlag, Berlin (2011)

[6.35] DIN Deutsches Institut für Normung e. V. (Hrsg.): Handbuch Kunststoffe. Duro plastische Kunststoff-Formmassen und verstärkte Kunststoffe – Grundwerk – Loseblattwerk, Bd. 4. Beuth Verlag, Berlin (2011)

[6.36] DIN Deutsches Institut für Normung e. V. (Hrsg.): DIN Taschenbuch 52. Kunststoffe 5. Rohre, Rohrleitungsteile und Rohrverbindungen aus thermoplastischen Kunststoffen, Grundnormen, 6. Aufl. Beuth Verlag, Berlin (2011)

[6.37] DIN Deutsches Institut für Normung e. V. (Hrsg.): DIN Taschenbuch 51, Halbzeuge aus thermoplastischen Kunststoffen, 5. Aufl. Beuth Verlag, Berlin (2001)

[6.38] Erhard, G.: Konstruieren mit Kunststoffen, 4. Aufl. Hanser Verlag, München (2008)

[6.39] Feulner, R.W., Dallner, C.M., Ehrenstein, G.W., Schmachtenberg, E.: Maschinenelemente aus Kunststoff. Lehrstuhl für Kunststofftechnik, Erlangen (2007)

[6.39] Ehrenstein, G.W., Künkel, R.: Maschinenelemente aus Kunststoffen. Springer-VDI-Verlag, Düsseldorf (2005)

[6.40] Ehrenstein, G.W.: Mit Kunststoffen konstruieren, 3. Aufl. Hanser Verlag, München (2007)

[6.41] NN: Verbrauchsprognosen für Kautschukrohstoffe nach unten korrigiert. Kunststoffe **72**(11), 738 (1982)

[6.42] Schürmann, H.: Konstruieren mit Faser-Kunststoff-Verbunden. Reihe VDI Buch. Springer-Verlag, Berlin/Heidelberg (2007)

[6.43] Ehrenstein, G.W.: Faserverbund-Kunststoffe, 2. Aufl. Hanser Verlag, München (2006)

[6.44] Rosato, D.V., Rosato, D.V.: Reinforced Plastics Handbook, 3. Aufl. Elesevier Advanced Technology, Oxford (2004)

[6.45] Neitzel, M., Mitschang, P.: Handbuch Verbundwerkstoffe. Hanser Verlag, München (2004)

Herstellung von Eisen und Stahl

7

Zusammenfassung

Die Herstellung von Stahl erfolgt in einem zweistufigen Prozess, bei dem die Reduktion von Erzen mit Hilfe von Koks zunächst zu Roheisen mit ungünstig hohem Kohlenstoffgehalt führt und dann ein Frischverfahren zur Verringerung des Kohlenstoffgehaltes angeschlossen wird. Nur durch Absenkung der Kohlenstoffgehalte unter 2,06 % beim Frischen lassen sich die besonders vorteilhaften Festigkeits-, Verformungs- und Verarbeitungseigenschaften der Stähle erreichen. Eine alternative Methode zu den verschiedenen Frischverfahren ist die Stahlerzeugung im Elektroofen, bei der beim Einschmelzen von Schrott die Reaktion von Eisenoxiden mit dem Kohlenstoff des Bades zu einer gewissen Entkohlung führt. Die Erzeugung höchstwertiger Stahlqualitäten erfordert als Sekundärmetallurgie bezeichnete Zusatzmaßnahmen, bei denen sich z. B. durch Entgasen von Stahlschmelzen im Vakuum besonders niedrige Sauerstoff oder Schwefelgehalte ergeben. Schließlich erfolgt das Vergießen des Stahls entweder als Blockguss in Kokillen oder heute vielfach im Stranggussverfahren, mit dem sehr wirtschaftlich Brammen oder Knüppel erzeugt werden.

Lernziel bei diesem Kapitel ist das Verständnis der chemischen Vorgänge bei der Roheisen- und Stahlerzeugung und der Bedeutung aller Maßnahmen für die Beschaffenheit von Stahlprodukten.

Das folgende Schema zeigt den Ablauf aller Teilschritte bei der Stahlherstellung bis zur Formgebung durch Gießen oder Umformen [7.1–7.17].

J. Ruge und H. Wohlfahrt, *Technologie der Werkstoffe*, DOI 10.1007/978-3-658-01881-8_7,
© Springer Fachmedien Wiesbaden 2013

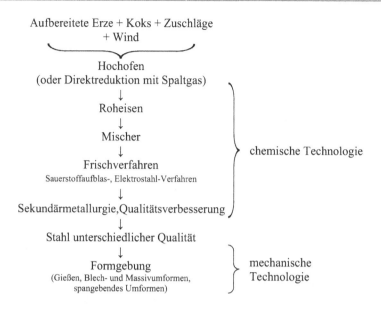

7.1   Erzeugung von Roheisen

7.1.1   Der Hochofen

Zur Roheisenerzeugung müssen gemäß obiger Übersicht dem Hochofen aufbereitete Erze mit einer Beimischung von Zuschlägen zugeführt werden, sowie Koks und Heißluft (Wind) zum Erreichen der für die Reduktionsvorgänge nötigen Temperatur durch Koksverbrennung. Die Zuschläge sollen die als Gangart bezeichneten Verunreinigungen der Erze und die Asche des Brennstoffs in eine niedrig schmelzende, leichtflüssige Schlacke überführen, wobei saure Gangarten wie Quarzsand oder Tonschiefer basische Zuschläge benötigen, basische Gangarten wie Kalk, Dolomit oder Flussspat jedoch saure Zuschläge. Heißluft mit Temperaturen bis 1250 °C wird in Winderhitzern (Cowpern) erzeugt und über Windformen (Abb. 7.1) dem Hochofen zugeführt.

Der prinzipielle Aufbau eines heutigen Hochofens mit Temperaturangaben für die verschiedenen Bereiche Gicht, Schacht, Rast und Gestell ist in Abb. 7.1 wiedergegeben. Moderne Hochöfen erreichen bei Gestellweiten von 6 bis 15 m Durchmesser, Höhen von 20 bis über 40 m. Der Nutzinhalt beträgt 1300 bis 5000 m^3, die Tageserzeugung 1500 bis 10.000 t Roheisen.

Der heutige Hochofen hat frühe Vorläufer (Rennöfen, Stücköfen), die teigiges Eisen erzeugten. Erst mit Holzkohle-Hochöfen konnte man nach 1400 flüssiges Roheisen herstellen. Mit der durch Holzkohleknappheit mit bedingten Umstellung auf Koks (ab 1709, A. Darby) nutzte man die Vorteile dieses Brennstoffs aus (hoher Heizwert, gute Durchgasbarkeit). Weiteren Fortschritt bedeuteten große Gebläse zur Erzeugung des für die Koksverbrennung und das Erreichen hinreichen hoher Temperaturen nötigen Windes.

Chemische Vorgänge im Hochofen

Indirekte und direkte Reduktion der Erze

Im Hochofen werden die Erze zu Eisen reduziert. Man unterscheidet

a) *Indirekte Reduktion* = Reduktion durch *Kohlenmonoxid*

$$Fe_3O_4 + CO \rightarrow 3FeO + CO_2$$
$$FeO + CO \rightarrow Fe + CO_2 - 246 \, kJ/kg \, Fe \qquad \text{(exotherm)}$$
$$Fe_3O_4 + 4CO \rightarrow 3Fe + 4CO_2 - 104 \, kJ/kg \, Fe$$

b) *Direkte Reduktion* = Reduktion durch *Kohlenstoff*, z. B.

$$Fe_2O_3 + 3\,C \rightarrow 2Fe + 3CO + 4200 \, kJ/kg \, Fe \qquad \text{(endotherm)}$$

Die endotherme Reduktion läuft erst oberhalb von 1000 °C ab und erfolgt damit in der Rast Man bemüht sich, die schon ab 400 °C mögliche, also im Schacht ablaufende, exotherme indirekte Reduktion zu fördern.

Oberhalb von 800 °C nimmt Eisen Kohlenstoff auf. Dadurch wird der Beginn der Erstarrung von 1536 °C bei reinem Eisen auf etwa 1200 °C bei ca. 4 % Kohlenstoff erniedrigt (Abb. 7.2). Der Kohlenstoff in Form von Koks, hat somit drei wichtige Aufgaben zu erfüllen:

Abb. 7.1 Aufbau eines Hochofens (schematisch)

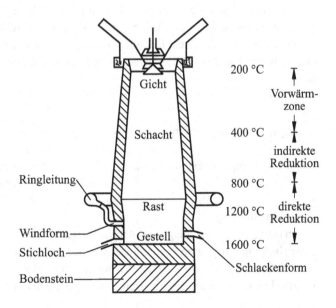

Abb. 7.2 Erstarrungstempe-
ratur von Eisen-Kohlenstoff-
Legierungen (die Buchstaben
A, B und C entsprechen
Abb. 4.22)

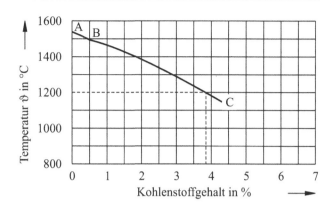

- Lieferung der für die Reduktion nötigen Wärme,
- Lieferung des Reduktionsgases CO,
- Aufkohlung des Eisens zur Erniedrigung der Schmelztemperatur.

Reduktion der Beimengungen des Roheisens

Silicium, Mangan und *Phosphor* – in Form von Oxiden im Erz vorhanden – werden gemäß
folgenden Gleichungen direkt reduziert:

$$MnO + C \rightarrow Mn + CO$$

$$SiO + 2C \rightarrow Si + 2CO$$

$$P_2O_5 + 5C \rightarrow 2P + 5CO$$

P_2O_5 wird vollständig reduziert, MnO in großen Mengen und SiO_2 nur, wenn hohe
Temperaturen vorliegen und Eisen zur Lösung in der Nähe ist. Alle drei Elemente lösen
sich in reiner Form im Eisen. Der Siliciumgehalt und damit die Art der Erstarrung (grau
oder weiß, vgl. Abschn. 4.1.4) hängen somit von der Temperatur im unteren Teil der Rast
ab.

Man erhält:

bei geringeren Temperaturen in der Rast: siliciumarmes, weißes Roheisen
  (Roheisen für die Stahlherstellung).
bei höheren Temperaturen in der Rast: siliciumreiches, graues Roheisen
  (Gießerei-Roheisen).

Schmelzenführung

Je nach Gangart und Zuschlägen erfolgt ein basisches oder saures Schmelzen. Das Verhältnis von basischen zu sauren Bestandteilen bestimmt die Basizität, die durch den *Basengrad*
$(CaO + MgO)/SiO_2$ definiert ist. Ist der Basengrad größer als 1 liegt basisches Schmelzen
vor, ist er kleiner als 1 saures Schmelzen. Bei basischem Schmelzen (basische Schlacke) wird

der aus dem Koks stammende Schwefel im flüssigen Roheisen abgebunden, z. B. gemäß

$$FeS + CaO + C \ (Koks) \rightarrow CaS \ (Schlacke) + Fe + CO$$

Bei saurem Schmelzen (saurer Schlacke) muss der Schwefel bei der Weiterbehandlung des flüssigen Roheisens noch entfernt werden, da er festes Roheisen stark verspröden würde.

Hochofenbetrieb

Bei der Beschickung des Hochofens werden Erz, vermischt mit Zuschlägen (Möller), und Koks schichtweise eingefahren.

Während des Schmelzvorgangs sammelt sich das flüssige Roheisen im unteren Teil des Gestells, die Schlacke mit geringerer Dichte schwimmt darüber. Alle 2 bis 3 Stunden erfolgt ein Abstich, der etwa 15 bis 20 Minuten dauert. Dazu wird das Stichloch für das Roheisen mit einer Sauerstofflanze, die durch sehr hohe Temperaturen den keramischen Stopfen schmilzt, oder mit Pressluftwerkzeugen geöffnet. Der Schlackenabstich erfolgt durch ein gesondertes Stichloch. Die Stichlochstopfmaschine setzt nach dem Abstich neue Pfropfen ein.

Nach 5 bis 6 Jahren sind die Hochöfen reparaturbedürftig, so dass sie „ausgeblasen" und überholt werden müssen.

Moderne Hochöfen sind mit Prozessrechnersystemen ausgestattet, die den Betrieb überwachen und steuern. Sie sorgen insbesondere für die Einhaltung aller Sollwerte für die Einsatzstoffe und reagieren schnell auf Änderungen, erkennen Fehler, protokollieren Betriebsdaten und steuern den Cowperbetrieb.

7.1.2 Erzeugnisse des Hochofens

Roheisen (DIN EN 10 001:90)

Eigenschaften des Roheisens und Roheisensorten

Roheisen ist spröde, stark bruchempfindlich und nicht verformbar. Es wird vorwiegend zur Stahlherstellung verwendet, ein geringerer Teil als Gusseisen weiterverarbeitet.

Weißes Roheisen Das Eisen enthält viel Mangan (0,5–1,5 %) und wenig Silicium (0,3–0,5 %). Der Kohlenstoff (3,2–3,7 %) liegt daher teils gelöst, teils in Form von Fe_3C (Zementit) vor, und die Bruchfläche des Roheisens sieht weiß aus. Die Phosphor- und die Schwefelgehalte sind mit 1,8–2,2 % und 0,05 0,12 % relativ hoch.

Graues Roheisen Der Siliciumgehalt ist relativ hoch (2,0–2,5 %), der Mangangehalt (0,5–1,0 %) niedrig. Der Kohlenstoff (3,5–4,2 %) liegt daher zum großen Teil in Form von Graphit vor, und die Bruchflächen des Roheisens zeigen ein graues Aussehen. Phosphor- und Schwefelgehalte liegen bei 0,5–0,8 % und 0,02–0,04 %.

Abb. 7.3 Roheisenmischer

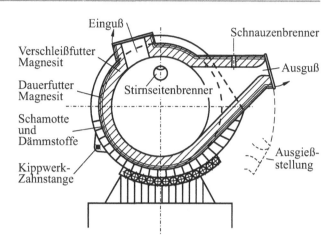

Stahleisen mit 3,0–4,0 % Kohlenstoff (2.0–6.0 % Mn, 0,3–1.0 % Si, 0,1 % P, bis 0,04 % S) wird zu Stahl weiterverarbeitet.

Weiterbehandlung des flüssigen Roheisens

Sauer erschmolzen enthält das flüssige Roheisen 0,3 bis 0,5 % Schwefel, der mit Soda entsprechend folgender Gleichung entfernt wird

$$FeS + Na_2CO_3 + 2C \rightarrow Na_2S + Fe + 3CO \ .$$

Die Sodazugabe kann in der Hochofenrinne, in Transportpfannen auf dem Weg zum Mischer oder während des Ausfüllens aus dem Mischer oder einer Torpedo-Transportpfanne erfolgen.

Der *Mischer* (Abb. 7.3) dient als Sammelbehälter für das flüssige Roheisen (800 bis 1000 t Fassungsvermögen), der gleichmäßig zusammengesetztes Eisen für das Stahlwerk liefert. Auch im Mischer findet eine Entschwefelung statt, gemäß:

$$FeS + Mn \rightarrow MnS + Fe$$

Es ist möglich, bereits im Roheisen Schwefelgehalte von 0,020 % zu erzielen.

Schlacke und Gichtgas

Je Tonne Roheisen produziert der Hochofen etwa 0,4 bis 0,8 t Schlacke. Sie wird granuliert und verschiedenen Verwendungszwecken zugeführt (Wegebau, Mörtelherstellung und Zement oder Schlackenwolle für Isolierzwecke).

Der Heizwert der in großen Mengen anfallenden Gichtgase ist mit 3750 bis 4200 kJ/m^3 [1] zwar relativ gering. Sie werden aber nach einer Reinigung von Staub außer für Winderhitzer für viele andere technische Erhitzungsprozesse benutzt.

---

[1] Bezogen auf den Normalzustand nach DIN 1343 ($T_n = 0\,°C$, $p_n = 1{,}0133\,bar$).

7.1.3 Entwicklungen im Hochofenbau und Hochofenbetrieb

Die Entwicklung zu erhöhter Wirtschaftlichkeit im Hochofenbetrieb verlief und verläuft mit den Zielen größere Hochöfen, Hochdruckverfahren, Zusatz von Hilfsreduktionsmitteln, Heißwind bis 1400 °C, verbesserte Prozesssteuerung [7.4] sowie kontinuierlicher Prozess.

Bezüglich der *Ofengröße* ist man mit 15 m Gestellweite wahrscheinlich an der Grenze des wirtschaftlich Sinnvollen und technisch Machbaren angelangt.

Das *Hochdruckverfahren* bringt eine Steigerung der Wirtschaftlichkeit um bis zu 15 %. Durch eine Drosselung des Gichtgasabganges werden dabei im Inneren des Hochofens ein höherer Druck und eine geringere Gasgeschwindigkeit erreicht. Alle modernen Hochöfen werden heute mit Gegendruck an der Gicht betrieben (2,3 bis 5,5 bar absolut). Man benötigt dabei weniger Koks und erhält ein fast staubfreies Gichtgas.

Durch Zusatz von *Hilfsreduktionsmitteln* (Schweröl, Kohlenstaub, Erd-, Koksgas, Altkunststoffkugeln, Teer) wird der Verbrennungsvorgang vor den Wind-Formen beschleunigt und die Hochofenleistung gesteigert. Die Reduktionsmittel je t Roheisen können sich z. B. so zusammensetzen: 350 kg Koks, 110 kg Einblaskohle, 20 kg eingeblasenes Öl und 4 kg Erdgas.

Eine Steigerung der *Windtemperatur* um 100 K erhöht die Flammentemperatur um etwa 70 K und mindert den Koksverbrauch um 2 bis 4 %. Durchschnittswindtemperatur in BRD: 1150 °C.

Die *kontinuierliche Roheisenerzeugung* wird angestrebt, ist bisher jedoch in der Produktion noch nicht verwirklicht worden.

7.1.4 Gasreduktionsverfahren zur Herstellung von Roheisen

Als wichtige Alternative zur Erzreduktion im Hochofen hat sich die Direktreduktion fester Erze [7.5] in sogenannten *Gasreduktionsverfahren* bewährt. Die Reduktion fester Stückerze oder Agglomerate (Pellets) erfolgt dabei mit Hilfe von Spaltgasen (z. B. Methan CH_4 aus Erdgas) in einem *Schachtofen* nach dem Gegenstromprinzip ohne Verflüssigung der Erze. Heiße Reduktionsgase (Temperatur unterhalb 1100 °C), wie CO und H_2, durch Umsatz von CH_4 mit Wasserdampf oder CO_2 erzeugt, strömen mit optimaler thermischer und chemischer Ausnutzung von unten nach oben, während das Erz abwärts wandert.

Ergebnis ist ein *Eisenschwamm* mit etwa 85 bis über 95 % Fe. Da die Gangart weitgehend mitgeschleppt wird und sich im Eisenschwamm wieder findet, ist ein hoher Eisengehalt der Erze über ca. 68 % erforderlich. Die Weiterverarbeitung des Eisenschwamms erfolgt im Lichtbogenofen, wobei die Gangart als Schlacke aufschwimmt und abgezogen werden kann.

Für den Einsatz der Direktreduktion sind geringe Kosten für Erz, Reduktionsmittel (Erdgas anstatt teurerem Koks) und elektrische Energie maßgeblich. Die geringen Investitionskostenmachen das Verfahren vorzugsweise für geringere Leistungen geeignet

(z. B. 0,6 Mill. Jato, Ministahlwerke). Das Verfahren hat insbesondere Bedeutung in Ländern, in denen die oben genannten Voraussetzungen gegeben sind.

7.2 Stahlherstellung

Definition: Stahl sind alle ohne Nachbehandlung schmiedbaren Eisenwerkstoffe.

Zusammensetzung von Stahl

C-Gehalt ≤2 %, außerdem Beimengungen von Silicium, Mangan, Phosphor und Schwefel. Bei Schmiedetemperatur enthält unlegierter Stahl somit keine spröden Phasen, wie z. B. Zementit (vgl. Abschn. 4.1.4).

Drei besonders kohlenstoffarme Stahlsorten werden nicht ganz korrekt als Eisen bezeichnet, nämlich Weicheisen mit 0,04 % C, Armco-Eisen für Versuchszwecke mit 0,015 % C und Reinst-Eisen mit 0,001 % C.

Eigenschaften des Stahles Große Zähigkeit, Festigkeit, Schmiedbarkeit, gute Verformbarkeit, hoher Schmelzbereich.

7.2.1 Chemische Vorgänge beim Frischen

Zur Stahlerzeugung wird der Kohlenstoffgehalt und die Menge der Begleitelemente des Roheisens durch verschiedene Verfahren herabgesetzt. Man nennt diese Verfahren *Frischen*. Alle Frischverfahren beruhen auf denselben chemischen Vorgängen. Die im Roheisen enthaltenen Beimengungen werden in der angegebenen Reihenfolge *nacheinander* durch Eisen-Sauerstoff- Verbindungen (indirekt) oxidiert und aus dem Roheisen entfernt:

$$Si + 2FeO \rightarrow SiO_2 + 2Fe$$

$$Mn + FeO \rightarrow MnO + Fe$$

$$C + FeO \rightarrow CO + Fe$$

$$P + 5FeO \rightarrow P_2O_5 + 5Fe$$

SiO_2 und MnO wandern in die durch Kalkzufuhr basische Schlacke, an die auch P_2O_5 gebunden wird, CO entweicht gasförmig. Etwa vorhandener Schwefel wird in geringen Mengen gasförmig an den Sauerstoff (SO_2) oder in fester Form an Mangan oder Kalk gebunden.

Da der versprödende Phosphor weitestgehend entfernt werden muss und die Kohlenstoffreduzierung vor der Phosphoroxidation abgeschlossen ist (Abb. 7.5), muss der im fertigen Stahl gewünschte Kohlenstoffgehalt nach dem Frischen wieder eingestellt werden

Abb. 7.4 LD-Konverter

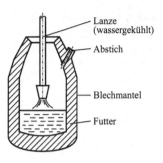

Lanze
(wassergekühlt)

Abstich

Blechmantel

Futter

(Rückkohlung durch den Kohlenstoffgehalt des für die Desoxidation benutzten Ferromangans, Zugabe von Kohlenstoff in Pulverform oder in Form von Kohleziegeln).

7.2.2 Frischverfahren

Zur Stahlherstellung wurde eine ganze Reihe von Frischverfahren entwickelt, denen allen dasselbe chemische Prinzip zur Reduzierung des ungünstig hohen Kohlenstoffgehaltes des Roheisens zu Grunde liegt. Beim *Windfrischen* (Bessemer, 1855, Thomas, 1877) wurde die Oxidation des Kohlenstoffs im flüssigen Roheisen durch Einblasen von Luft durch Öffnungen im Boden eines Konverters erreicht. Beim *Herdfrischen* (Siemens-Martin-Verfahren, 1864) erfolgte der Frischprozess mit gemeinsam im Ofen eingeschmolzenem Roheisen und Schrott (Sauerstoffträger) bei den zur Flüssigstahlerzeugung nötigen Temperaturen von 1700 bis 1750 °C.

Alle diese Verfahren wurden durch die heutigen Sauerstoffblas- und Elektrostahlverfahren verdrängt.

Sauerstoffblasverfahren

Sauerstoffaufblas- (LD-) Verfahren

Das moderne Stahlwerk stützt sich auf das *Sauerstoffaufblasverfahren*, das Anfang der 1950er Jahre von der Firma VOEST in Linz gemeinsam mit der Österreichischen Alpine Montangesellschaft in Donawitz (LD-Verfahren) entwickelt wurde. Bereits Bessemer hatte ein ähnliches Verfahren vorgeschlagen, konnte es aber nicht zur Produktionsreife führen.

Man verwendet eine wassergekühlte Lanze mit einem Kupfermundstück, um Sauerstoff von oben auf die Schmelze zu blasen (Abb. 7.4). Ausgangsmaterial ist phosphorarmes Erz, das z. B. in Österreich reichlich vorhanden ist.

Die Blaszeit beträgt zwischen 10 und 20 Minuten (vgl. Abb. 7.5). Man kann hierbei den Stickstoffgehalt klein halten (abhängig von O_2-Reinheit), so dass ein hochwertiges Produkt entsteht.

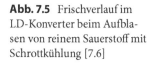

Abb. 7.5 Frischverlauf im LD-Konverter beim Aufblasen von reinem Sauerstoff mit Schrottkühlung [7.6]

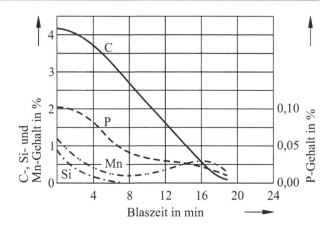

LD-AC-Verfahren (AC: ARBED CNRM)

Zur Verarbeitung von phosphorreichen Erzen musste das Verfahren modifiziert werden. Beim LD-ACVerfahren werden Sauerstoff und Kalk gleichzeitig eingeblasen, so dass eine frühzeitige Schlackenbildung zur rechtzeitigen Entphosphorung erfolgt. Der Schmelzverlauf ist durch zwei Perioden gekennzeichnet:

Erster Abschnitt Phosphor wird auf 0,2 % und Kohlenstoff auf 0,7 % erniedrigt. Die Schlacke mit hohem P_2O_5-Gehalt wird abgezogen (Düngemittel);

Zweiter Abschnitt Kühlmittelzugabe (Schrott oder Erz, sonst zu hohe Temperaturen wegen der stark exothermen Phophoroxidation). Weitere Herabsetzung von Phosphor und Schwefel auf das gewünschte Maß.

Sauerstoffbodenblasverfahren, bodenblasender Konverter nach dem OBM-Prinzip

Beim bodenblasenden Sauerstoffkonverter (OBM = Oxygen-Boden-Metallurgie) wird reiner Sauerstoff von unten, also analog zum ursprünglichen Thomas-Verfahren, durch einen Düsenboden in die Schmelze geblasen. Damit wird eine intensivere Durchmischung und demzufolge eine kürzere Schmelzfolge erreicht als beim LD-Verfahren. Eine Zerstörung der Bodendüsen lässt sich dadurch verhindern, dass der Sauerstoffstrahl von einem kohlenwasserstoffhaltigen Schutz- und Kühlmedium umgeben wird. Üblicherweise leitet man den Sauerstoff durch Düsen aus zwei konzentrischen Rohren ein. Dabei strömt durch das Innenrohr der Sauerstoff und durch den umgebenden Ringspalt z. B. Propan oder Erdgas. Vorteile des Verfahrens sind auch in der raschen Schrottauflösung und der sicheren Kontrolle des Frischablaufes zu sehen. Ein Nachteil ist der geringere mögliche Schrottumsatz gegenüber dem LD-Verfahren (vgl. Abb. 7.6).

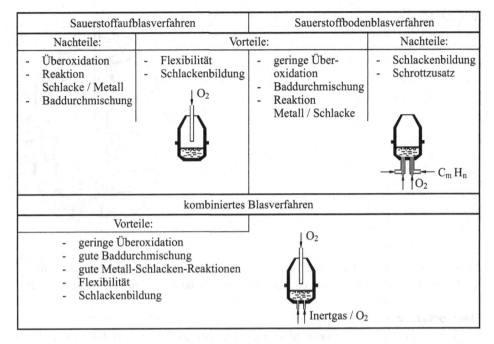

Sauerstoffaufblasverfahren		Sauerstoffbodenblasverfahren	
Nachteile:	Vorteile:		Nachteile:

- Überoxidation
- Reaktion
  Schlacke / Metall
- Baddurchmischung
	- Flexibilität
	- Schlackenbildung
		- geringe Über-
		  oxidation
		- Baddurchmischung
		- Reaktion
		  Metall / Schlacke
			- Schlackenbildung
			- Schrottzusatz

kombiniertes Blasverfahren	
Vorteile:	
- geringe Überoxidation - gute Baddurchmischung - gute Metall-Schlacken-Reaktionen - Flexibilität - Schlackenbildung	

Abb. 7.6 Charakteristische Merkmale der Sauerstoffblasverfahren nach Wiemer, Delhey, Sperl, Weber

Kombinierte Verfahren: LD-Verfahren mit Inertgasspülung oder Sauerstoffblasen durch den Behälterboden

Die Vorteile von Aufblas- und Bodenblasverfahren lassen sich miteinander kombinieren, wenn von oben mit Sauerstoff und von unten mit Inertgas, eventuell zusätzlich mit Schlackebildnern, oder auch mit Sauerstoff geblasen wird.

Dadurch kann bei guter Baddurchmischung und einem um 25 % beschleunigtem Blaszyklus mehr Schrott als beim nur bodenblasenden Konverter zugesetzt werden. Weitere Vorteile sind eine homogene Schmelze und ein schnelles Auflösen des Schrottes, ein höheres Ausbringen an Eisen und Legierungselementen (es geht weniger in die Schlacke), ein Ansteigen des Mangangehaltes am Blasende (niedriger Oxidationszustand der Schlacke) und ein verbesserter Reinheitsgrad, insbesondere eine intensivere Entschwefelung. Diese Vorteile haben dazu geführt, dass heute das kombinierte Blasen allgemein bevorzugt wird.

Beim Bodenspülen mit Inertgas wird der Sauerstoffverbrauch gesenkt. Man verwendet dabei Gasspülsteine, z. B. mit gerichteten Schlauchporen, durch die Argon mit 0,01 bis 0,3 m^3/(min · t) geblasen wird. Phosphor kann nur aus dem Bad entfernt werden, wenn die Aktivität seines Oxids durch CaO erniedrigt worden ist, das in der Schlacke gelöst vorliegen muss. Trotz der Zusatzkosten für Gas, Investitionen und Wartung ergibt sich ein Kosten-

Abb. 7.7 LD-Konverter mit
Bodenspülsteinen für Inertgas
nach Weidner, Hüttler und
Grabner

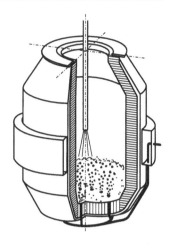

vorteil für das kombinierte Blasen. Abbildung 7.7 gibt einen Konverter für diesen Prozess
wieder, in Abb. 7.6 sind die verschiedenen Verfahrensvarianten einander gegenübergestellt.

Elektrostahl-Verfahren [7.7]

Bei den Elektrostahl-Verfahren wird in Elektrolichtbogen- oder in Induktionsöfen die
nötige Wärme durch Umwandlung elektrischer Energie erzeugt und zum Aufschmelzen
von Schrott und/oder von Eisenschwamm benutzt. Folgende Ofentypen sind im Einsatz
(Abb. 7.8).

Bei den im Allgemeinen kleineren *indirekten Lichtbogenöfen* (Stassano, 1 bis 5 t Fassungsvermögen) erfolgt der Wärmeübergang ausschließlich durch Strahlung, während bei
den *direkten Lichtbogenöfen* (Heroult, Girod, Fassungsvermögen bis 300 t) der Lichtbogen zwischen Graphitelektroden und dem Einsatz (Schrott, Schmelze) brennt, die elektrische Energie also auch im Stromdurchgang in Wärme umgewandelt und auf Stahlbad und
Schlacke übertragen wird. Bei den *Induktionsöfen* ist der dünnwandige Stahl- oder Kera-
miktiegel von einer Induktionsspule aus wassergekühltem Kupferrohr umgeben. Die durch
diese fließenden Mittel- oder Hochfrequenz-Wechselströme induzieren in der Schmelze
Wirbelströme, wodurch das als Widerstand wirkende Schmelzgut erwärmt wird (Fassungsvermögen einige kg bis ca. 100 t).

Etwa 95 % des Elektrostahls werden in Lichtbogenöfen erzeugt. Die entstehenden Temperaturen von bis zu 3500 °C ermöglichen die Auflösung schwer schmelzender Legierungselemente. Der Lichtbogenofen ist deshalb besonders geeignet für die Erschmelzung legierter Stahlsorten. Mit ihrem Fassungsvermögen von bis zu 300 t sind Lichtbogenöfen jedoch
heute so leistungsfähig, dass mit ihnen nicht nur legierte, sondern auch unlegierte Stähle
wirtschaftlich erschmolzen werden können.

Die hohe elektrische Leistung des Lichtbogens wird heute fast ausschließlich zum Einschmelzen des Schrotts, Eisenschwamms oder des Roheisens benutzt. Beim Einschmelzen
erfolgt durch die Reaktion von Eisenoxiden mit dem Kohlenstoff des Bades eine gewisse

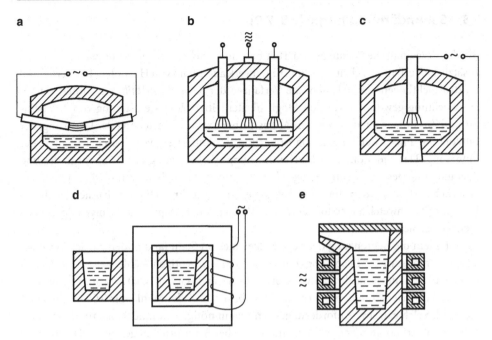

Abb. 7.8 Elektroöfen. **a** Stassano **b** Héroult **c** Girod **d** Kjellin **e** Kernloser Induktionsofen

Entkohlung und eine Entphosphorung durch Ausspülen aus der durch das gebildete CO zum Kochen gebrachten Schmelze. Der Hauptteil der *metallurgischen Arbeit* (Entfernen unerwünschter Begleitelemente, insbesondere Entschwefelung, Zugabe von Legierungselementen) wird aber außerhalb des Lichtbogenofens durch eine sekundärmetallurgische Behandlung vorgenommen.

Die Beschickung des Lichtbogenofens erfolgt bei abgehobenem Deckel aus Chargierkörben (50 t). Zuschläge werden durch die Arbeitsöffnung vor oder während des Frischprozesses eingebracht oder eingeblasen (Kalk). Zum Abgießen über eine Schnauze wird der gesamte Ofen mittels einer Kippvorrichtung geneigt.

Hauptvorteile des Elektrolichtbogenofens sind die durch große Energiezufuhr bedingte kurze Einschmelzzeit, die sich durch Einblasen von Brenngas-Sauerstoffgemischen auf 40 min verringern lässt. Außerdem seine Anpassungsfähigkeit an unterschiedliche Einsätze und gute Regelbarkeit, die es gestattet, die Legierungselemente bestmöglich auszunutzen und jede gewünschte Stahlzusammensetzung exakt zu erschmelzen, sowie sein hoher Wirkungsgrad. Ein Nachteil kann sein, dass der Abbrand der Graphitelektroden zu einer Aufkohlung führt.

Bei der Weiterentwicklung der Lichtbogenöfen spielen die Erhöhung der elektrischen Leistung, die Wasserkühlung von Deckel und Wänden, die Vorwärmung des Schrottes mit Hilfe der Prozesswärme und die Prozesssteuerung eine Rolle.

7.3   Sekundärmetallurgie [7.8, 7.9]

Bei der Erzeugung der heute geforderten besonders hochwertigen Stahlqualitäten haben zusätzliche Verfahrensschritte, die im Hüttenwerk außerhalb von Hochofen, Konverter und Elektro-Lichtbogenofen ablaufen, die Verfahren der *Sekundärmetallurgie,* immer stärker an Bedeutung gewonnen Mit den Möglichkeiten einer Homogenisierung von Temperatur und Zusammensetzung vor dem Abguss, einer exakten Einstellung der Legierung, der Entkohlung, Entschwefelung, Entphosphorung, des Entfernens von Spurenelementen, der Entgasung, Desoxidation, Einschlusseinformung, Verbesserung des Reinheitsgrades und Beeinflussung des Erstarrungsgefüges können durch diese Verfahren höchste Qualitätsansprüche erfüllt werden. Insbesondere lassen sich mit ihrer Hilfe niedrigste Gehalte an Kohlenstoff, Schwefel, Sauerstoff, Stickstoff, Wasserstoff, Phosphor und einigen Spurenelemente einstellen [7.8].

Vor allem die Begrenzung des Schwefelgehaltes im Stahl fand in den zurückliegenden Jahren immer stärkere Beachtung. Ein großer Teil der heutigen Stähle weist einen Gehalt unter 0,015 % auf, je nach Stahlwerk etwa 20 % einen Gehalt <0,010 % und bei einzelnen spezialisierten Stahlherstellern enthalten bis zu 11 % der Stähle nur 0,003 bis 0,005 % Schwefel. Solch extreme Anforderungen sind dann nötig, wenn die Stähle für dickwandige Stahlkonstruktionen vorgesehen sind und dabei Beanspruchungen in Dickenrichtung aufgenommen werden müssen.

Ein gebräuchliches Verfahren der Sekundärmetallurgie ist die *Pfannenmetallurgie ohne Vakuum,* bei der metallurgische Maßnahmen in stehenden oder transportablen, basisch ausgekleideten Pfannen vorgenommen werden. Dabei kann *Inertgasspülen* hilfreich sein, z. B. zum Abbau des Temperaturprofils der Schmelze in der Pfanne vor dem Abguss (wichtig vor allem für Stranggguss), als Rührhilfe bei der homogenen Verteilung der Legierungs- und Oxidationsmittel und beim Entschwefeln mit Soda oder Kalk sowie bei der Verbesserung des Reinheitsgrades durch den Transport der nichtmetallischen Verunreinigungen in die Schlacke.

Bei der *Vakuummetallurgie* wird der flüssige Stahl vor dem Vergießen einer Vakuumbehandlung unterzogen. Damit lassen sich insbesondere die Gehalte an Wasserstoff, Sauerstoff und Stickstoff verringern, was bei der Erzeugung von Edelstählen und schweren Schmiedestücken von Bedeutung ist. Der Stahl kann, je nach Variante, direkt aus der im Vakuumgefäß stehenden Gießpfanne entgasen (infolge des niedrigen Gaspartikeldrucks über der Schmelze) oder besonders intensiv, wenn aus der Gießpfanne oder dem Konverter direkt in eine Kokille im Vakuumgefäß vergossen wird und der Gießstrahl in feine Tröpfchen mit großer Oberfläche zerstäubt. Bei der Umlaufentgasung und beim Vakuumhebeverfahren gelangt der Stahl über in die Schmelze tauchende Stutzen ins Vakuumgefäß zur Entgasung.

Weil sich bei der Herstellung hochlegierter, nichtrostender Stähle der Kohlenstoff nur bei sehr hohen Temperaturen und/oder niedrigen Sauerstoffpartialdrucken herausfrischen lässt, werden *Sonderverfahren* eingesetzt, die das Erzielen sehr niedriger Gehalte an Kohlenstoff, Schwefel und Sauerstoff oder Stickstoff ermöglichen und so eine gute Kaltverform-

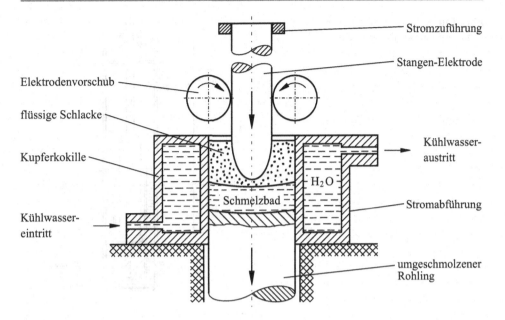

Abb. 7.9 Elektroschlacke-Umschmelzen (ESU)

barkeit bei niedrigem Verhältnis von Streckgrenze zu Zugfestigkeit gewährleisten. Beim *AOD-Verfahren (Argon-Oxygen-Dekarburierung)* wird der im Elektroofen erschmolzene Einsatz im Argon-Sauerstoff-Strom entkohlt und nach Abschalten des Sauerstoffs durch Zugabe von CaO und Silicium entschwefelt und desoxidiert. Beim konkurrierenden *VOD-Verfahren (Vakuum-Oxygen-Decarburierung)* bläst zusätzlich zur Standentgasung eine Lanze Sauerstoff auf.

Zur Entfernung unerwünschter oder schädlicher Spurenelemente und zur Herstellung von Blöcken, die möglichst frei von Blockseigerungen (siehe Abschn. 7.5), Innenfehlern und nichtmetallischen Einschlüssen sind, werden normal abgegossene Blöcke einem *Umschmelzverfahren* unterzogen. Umgeschmolzene Stähle zeichnen sich durch höchste Reinheit und verbesserte technologische Eigenschaften (Warmverformbarkeit, gute Querzähigkeitswerte als Sicherheit gegen Terrassenbruch) aus, wobei sich die erzwungene gerichtete Erstarrung günstig auswirkt.

Beim *Elektroschlacke-Umschmelzen* (Abb. 7.9) wird ein solcher Block als Abschmelzelektrode in ein Bad flüssiger Schlacke getaucht und die zum Schmelzen benötigte Wärme beim Durchgang des Stromes durch das als Widerstand wirkende Schlackenbad erzeugt. Der flüssige Stahl tropft durch die heiße, reaktionsfähige Schlacke, wird dabei gereinigt und erstarrt anschließend rasch in einer wassergekühlten Kokille. Eine geeignete Schlackenzusammensetzung (CaO, CaF_2 als Flussmittel, Al_2O_3 zur Widerstandserhöhung) ermöglicht eine starke Verringerung der Schwefel- und Sauerstoffgehalte des Stahles sowie der nichtmetallischen Einschlüsse.

Abb. 7.10 Vakuum-
Lichtbogenofen-Umschmelzen

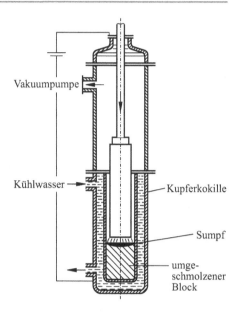

In einer anderen Variante, beim *Umschmelzen im Vakuum-Lichtbogenofen* (Abb. 7.10) kommt der Rohblock als negativer Pol zum Einsatz und wird in einer wassergekühlten Kupferkokille als positivem Pol durch einen Lichtbogen abgeschmolzen. Die von der sich selbst verzehrenden Elektrode abfallenden Metalltropfen erfahren eine intensive Entgasung.

Mit einem *Plasma- oder Elektronenstrahl* an Stelle des Lichtbogens im Vakuumofen werden vorzugsweise Nichteisenmetalle umgeschmolzen.

7.4 Produktionszahlen, Energieeinsatz, Umweltschutz, Nachhaltigkeit

Die Weltjahresproduktion an Rohstahl betrug 2011 über 1,5 Milliarden Tonnen und ist damit fast auf das Zehnfache seit 1948 gestiegen. Ähnlich stark nahm die Weltjahresproduktion an Roheisen auf 1.08 Milliarden t zu. In Deutschland stieg nach schwankender Produktion – zwischen ca. 51 Millionen Tonnen 1980 und ca. 32 Millionen Tonnen 2009 – die Jahresproduktion an Stahl wieder auf 44,3 Millionen t im Jahr 2011 an, bei knapp 28 Millionen t produziertem Roheisen [7.10]. Etwa 70 % des Rohstahls werden in Deutschland mit Sauerstoffblasverfahren und etwa 30 % als Elektrostahl hergestellt [7.11]. Der Schrottanteil an der Rohstahlerzeugung in Deutschland betrug dabei im Jahr 2010 45 %, wodurch etwa 60 % weniger Energie benötigt wird als für die Stahlerzeugung aus Erz [7.1, 7.12].

Dies spielt bei den insgesamt für Eisen- und Stahlprodukte benötigten beträchtlichen Energiemengen von ca. 7,5 % der gesamten weltweiten Energienachfrage eine bedeutende Rolle [7.13]. Eine Senkung des Energiebedarfs musste daher ein wichtiges ökonomisches und ökologisches Anliegen sein, obwohl der spezifische Energieaufwand je Tonne erzeugten Stahls im Vergleich zu anderen Metallen gering ist. Tatsächlich konnte durch optimale Energieausnutzung in allen Erzeugungsstufen von Roheisen und Stahl der Primärenergiebedarf je t Rohstahl von 1960 bis 2010 um über 38 % auf jetzt etwa $5 \cdot 10^3$ kWh/t Rohstahl verringert werden [7.11]. Dazu beigetragen haben Maßnahmen zur Wärmerückgewinnung und Abwärmenutzung, sowohl im Umfeld der Hochöfen als auch im Stahlwerk [7.14]. Im Vergleich dazu betrug und beträgt der Verbrauch an Primärenergie für die Elektrolyse von einer Tonne Aluminium mit heute $13 \cdot 10^3$ bis $15 \cdot 10^3$ kWh nahezu das Dreifache und der Energiebedarf für die Magnesium oder Titanerzeugung ist vergleichbar oder noch höher.

Die moderne Stahlproduktion erfüllt auch die Anforderungen des Umweltschutzes und der Nachhaltigkeit. Der Schwerpunkt liegt dabei auf einer Verringerung der gasförmigen und der Staubemissionen. Letztere konnten von 9 kg/t Rohstahl in 1960 auf etwa 0,5 kg/t Rohstahl gesenkt werden, die spezifischen CO_2-Emissionen zwischen 1960 und 2010 von 2.44 kg auf 1.39 kg CO_2 je Tonne Rohstahl oder um 43,1 %. Der Wasserverbrauch ist in zwanzig Jahren auf etwa ein Drittel verringert worden, wobei 80 bis 90 % des eingesetzten Wassers gereinigt und wieder verwendet werden [7.11, 7.12]. Der Umweltschutz ist so mit annähernd 1 % bis 2 % am gesamten für die Erzeugung des Rohstahls notwendigen Energieverbrauch beteiligt. Mit dem fast ohne Qualitätsverlust üblichen Recycling von Schrott und der Weiterverwertung der anfallenden Nebenstoffe (Schlacke, Gichtgas) ist die Roheisen- und Stahlherstellung seit jeher durch Nachhaltigkeit geprägt.

7.5 Vergießen von Stahl

Ein Teil des Stahles wird als *Blockguss* in Kokillen vergossen, z. B. im Gespann gemäß Abb. 7.11, der größere Teil – 95 % heutzutage in Deutschland – jedoch als *Strangguss* verarbeitet.

7.5.1 Blockguss

Unberuhigtes Vergießen

Flüssiger Stahl kann größere Mengen an Sauerstoff lösen. Sinkt die Temperatur der Schmelze nach dem Vergießen in die Kokille (Abb. 7.11), so nimmt die Löslichkeit für Sauerstoff ab. Das gebildete FeO und der Kohlenstoff reagieren unter Bildung von CO wie folgt:

$$C + FeO \rightarrow CO + Fe .$$

Das nach oben entweichende Gas bringt das Bad zum „Kochen".

Der Erstarrungsvorgang beginnt außen, wo sich Dendriten bilden und ins Innere der Kokille hineinwachsen. Verunreinigungen, die die Erstarrungstemperatur erniedrigen rei-

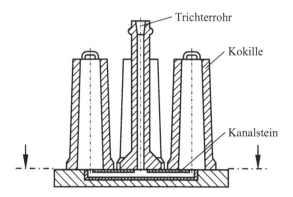 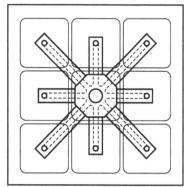

Abb. 7.11 Gespannguss

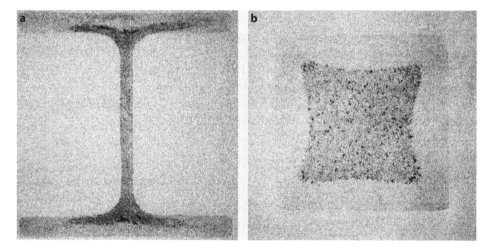

Abb. 7.12 Nachweis von Seigerungen in unberuhigt vergossenem Stahl mit Baumann-Abdrucken: im Kern eines Blockes (**a**) und nach dem Auswalzen in einem Profil (**b**)

chern sich an der Erstarrungsfront an, werden also nach innen und durch das „Kochen" des Bades nach oben gedrängt, und konzentrieren sich daher im Innern und bevorzugt im Kopf des Blockes.

Diese Entmischung über den Blockquerschnitt nennt man *Blockseigerung*. Im Kern sind Phosphor und Schwefel angereichert, während der Randbereich weniger Verunreinigungen enthält, als es der Pauschalzusammensetzung des Stahles entspricht. Am Kopf des Blockes bildet sich als Folge des Schwindens bei der Erstarrung ein Erstarrungslunker (Kopflunker).

Beim Auswalzen des Blockes bleibt die Seigerung im Innern erhalten (Abb. 7.12). Die reine, saubere Außenschicht nennt man *Speckschicht*.

Schwefel- oder Phosphor-Seigerungen sind oft schon am ungeätzten grob- oder fein-geschliffenen Stahlteil unter dem Mikroskop erkennbar und können durch gebräuchliche Ätzmittel (Heyn'sches oder Oberhoffer'sches Ätzmittel, vgl. Abschn. 4.2.1, [4.21]) noch deutlicher hervorgehoben werden.

Schwefelseigerungen lassen sich mit Hilfe eines Baumann-Abdruckes direkt auf Foto-papier darstellen. Das „Abbildungsprinzip" beruht darauf, dass in H_2SO_4 getauchtes Foto-papier mit der Bildschicht auf die feingeschliffene Oberfläche des Stahlteiles aufgelegt wird. Dies führt zu einer Reaktion z. B. mit MnS, wobei sich H_2S bildet, das wiederum mit dem AgBr der Bildschicht eine Braunfärbung durch Ag_2S ergibt (Abb. 7.12).

Ein Teil der freiwerdenden Gase sammelt sich in Randblasen zwischen den Dendriten. Bei sinkender Temperatur wird verunreinigte Schmelze in die Gasräume hineingesaugt (*Gasblasenseigerung*).

Beruhigtes Vergießen

Um das „Kochen" und damit die Entstehung von Seigerungen zu vermeiden, muss der frei werdende Sauerstoff zu einer festen Verbindung abgebunden werden. Als Desoxidati-onsmittel verwendet man Silicium und Mangan oder das besonders stark desoxidierende Aluminium. Da keine gasförmigen Reaktionsprodukte entstehen, erstarrt das Bad ruhig, d. h. ohne Kochen. Man spricht infolgedessen von beruhigtem Vergießen. Die Verunreini-gungen sind in diesem Falle ziemlich gleichmäßig über den Querschnitt verteilt, und man findet weder Block- noch Gasblasenseigerungen. Allerdings ist der Kopflunker bei beru-higt vergossenem Stahl wesentlich tiefer (Beeinträchtigung der Wirtschaftlichkeit, da beim Auswalzen ein „gedoppelter" Stahl entsteht, falls man den Kopf nicht tief genug abschnei-det).

Wird zusätzlich Aluminium zur Desoxidation verwendet, so bindet dieses Element nicht nur Sauerstoff, sondern auch Stickstoff ab, so dass ein alterungsbeständiger Stahl entsteht. Al_2O_3 und AlN bilden ferner Keime, welche die Ausbildung eines feinen Korns bewirken (gute Zähigkeit bei erhöhter Festigkeit).

Oberhalb 0,25 % Kohlenstoff und bei Anwesenheit bestimmter Legierungselemente kann der Stahl nicht unberuhigt vergossen werden, weil Randblasen auftreten. FeS und FeO machen den Stahl rotbrüchig und warmrissanfällig, da der Schmelzpunkt der zuletzt erstarrenden hiermit verunreinigten Schmelze auf weniger als 1000 °C sinkt, was für eine Warmverformung bereits zu tief liegt.

Ist die Vergießungsart nicht bekannt, kann man durch eine Analyse feststellen, um welchen Stahl es sich den Festlegungen der DIN 17 100/Z gemäß handelt: um einen un-beruhigten (U), bei dem die Analyse nur Mn anzeigt, um einen beruhigten (R) mit den Analysewerten Mn + Si >0,15 % oder Mn + Al > 0,02 % oder einen stark beruhigten (RR) Stahl mit dem Analyseergebnis Mn + Si + Al > 0,02 %.

Abb. 7.13 Vertikal-
Stranggießanlage

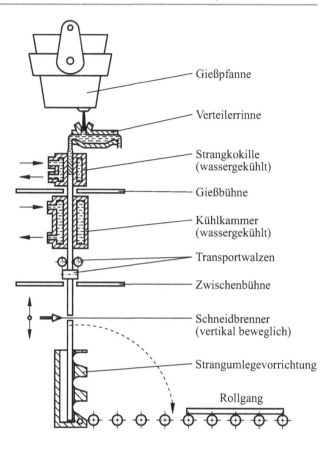

Gießpfanne

Verteilerrinne

Strangkokille
(wassergekühlt)

Gießbühne

Kühlkammer
(wassergekühlt)

Transportwalzen

Zwischenbühne

Schneidbrenner
(vertikal beweglich)

Strangumlegevorrichtung

Rollgang

7.5.2 Strangguss [7.1, 7.2, 7.15–7.17]

Seit 1952 wird Stahl auch im Strang-gussverfahren vergossen (Abb. 7.13). Der Anteil des
Stranggießens liegt in der Bundesrepublik heute bei mehr als 95 %, weltweit bei etwa 85 %.

Aus der Gießpfanne gelangt der flüssige Stahl über Verteilerrinnen in die wassergekühlte, bei Gießbeginn unten verschlossene Kokille. Während des Gießens wird der Ver-
schluss abgesenkt, so dass der erstarrende Strang nach unten austreten und durch Transportwalzen weiterbefördert werden kann. Die Kokille oszilliert während des Gießvorgangs
in Laufrichtung des Stranges, damit dieser nicht an der Kokillenoberfläche anhaftet. Wenn
der Gussstrang aus der Gleitkokille austritt, hat er eine erstarrte Schale von 10 bis 30 mm
Dicke, während der Kern noch flüssig ist. Die Gießgeschwindigkeiten betragen zwischen
0,6 und 6 m/min. Der Strang wird durch mitlaufende Schneidbrenner auf Länge getrennt.
Die Querschnitte des Stahlstranges sind rechteckig, quadratisch oder vieleckig. Hohlquer-
schnitte werden seltener vergossen.

Die Stranglänge ist grundsätzlich nicht begrenzt, sie ergibt sich aus dem Pfanneninhalt.
Es werden mehrere Pfannen als Sequenzguss hintereinander abgegossen, so dass Stahl-

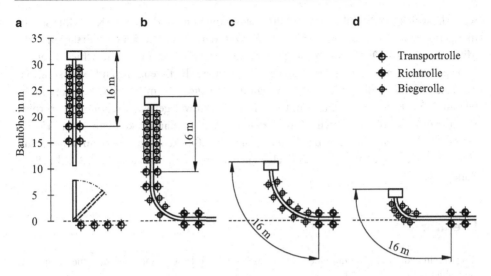

Abb. 7.14 Verschiedene Bauformen von Stranggießanlagen [7.17]. **a** Vertikal-Stranggießanlage, Erstarrungshöhe 5,5–16,5 m, Bauhöhe 17–30 m, **b** Biege-Richt-Stranggießanlage, Bauhöhe 10–18,5 m, **c** Kreisbogen-Stranggießanlage und **d** Ovalbogen-Stranggießanlage, Bauhöhe 4–11 m

verluste nur am Anfang und Ende des Gusses auftreten. Die Abmessungen der über 2 m langen Kokillen und damit der vergossenen Brammen betragen bis etwa 2500×400 mm^2. Stranggussformate für Knüppel-Halbzeug sind auch 100×100 mm^2 oder 450×650 mm^2. Um Poren und Randblasen zu vermeiden, wird der Kohlenstoffgehalt im Allgemeinen auf 0,20 % begrenzt und vor dem Abgießen desoxidiert.

Das Herstellen von Walzprodukten als Stranggguss führt zu einer Verbesserung der Gesamtausbringung um 8 bis 10 % gegenüber Blockguss und einer Einsparung von Vorwalzkosten.

Die Verfahrensart und die Querschnittsgröße sind maßgebend für die Bauhöhe der Stranggießanlagen, (Abb. 7.14), [7.17]. Außer beim *Vertikal-Stranggießen (V)*, mit einer zwangsweise großen Bauhöhe der Gießanlage, sind zum *Biege-Richt-Stranggießen (BR)* und zum *Kreisbogen-* oder *Ovalbogen-Stranggießen (B)* Anlagen mit geringerer Bauhöhe möglich Ein *horizontales Stranggießen* findet nur bei Grauguss und Stählen Anwendung, die sich beim normalen Stranggießen nicht biegen lassen. Wichtige Funktionen der Stranggießanlagen sowie der Verfahrensablauf werden heute automatisch geregelt (DIN EN 14 753:03).

Das sich im Stranggguss einstellende Gefüge, das die Eigenschaften des Erzeugnisses bestimmt, hängt in starkem Maße von den Erstarrungsbedingungen ab. Durch Wasserkühlung in der Kokille und der anschließenden Sekundärkühlzone wird eine wesentlich höhere Erstarrungsgeschwindigkeit als beim Blockguss erreicht. Das Seigerungsbild ist deshalb in beiden Fällen sehr unterschiedlich. Bei Strangguss kann es zu ausgeprägten *Mittenseigerungen* kommen, die aber durch Überwachung der Anlagen, der Gießtemperatur und der Kühlungsverhältnisse beherrschbar sind. Auch mittels eines elektromagnetischen Rührwerks lässt sich die Ausbildung von Mittenseigerungen behindern, weil Konvektionsströmungen erzeugt werden. Dies reißen die Spitzen der bei der gerichteten Erstarrung zur Mitte wachsenden Dendriten, die angereicherte Restschmelze vor sich herschieben, ab.

Die weitere Entwicklung des Stranggießens zielt auf die Erzeugung endabmessungsnaher Flachprodukte. Bisher hat sie zum *Dünnbrammengießen* mit Gießdicken von 50 bis 90 mm geführt, das im Verbund mit mehreren Warmwalzgerüsten schon eine erprobte Produktionstechnologiedarstellt. Das *Vorbandgießen* mit Banddicken von 10 bis 15 mm befindet sich im Pilotstadium, das *Bandgießen* für Gießdicken von 1 bis 5 mm arbeitet mit einem Zweiwalzenverfahren in Labor- aber auch in Produktionsanlagen (vgl. Abschn. 8.3.4 Bandgießen).

Literatur

[7.1] Verein deutscher Eisenhüttenleute, Stahlinstitut VDEh (Hrsg.): Stahlfibel. Ausgabedatum. Verlag Stahleisen, Düsseldorf 2009 (2007)

[7.2] Taube, K.: Stahlerzeugung kompakt. Grundlagen der Eisen und Stahlmetallurgie. Vieweg Verlag, Braunschweig/Wiesbaden (1998)

[7.3] Cramb, A., ASM (Hrsg.): The Making, Shaping and Treating of Steel, 11. Aufl. Association for Iron and Steel Technology, Warrendale, Pa. (2003)

[7.4] Zeisel, H.: Mathematische Modellierung und numerische Simulation der Vorgänge im Hochofen. Trauner, Linz (1995). zugl. Diss. Universität Linz 1995

[7.5] Fineman, J.R., MacRae, D.R. (Hrsg.): Direct Reduced Iron. American Iron and Steel Institute (AISI), Washington D.C. (1999)

[7.6] Akademischer Verein Hütte e. V.: Hütte, Taschenbuch für Eisenhüttenleute, 5. Aufl. Verlag von Wilhelm Ernst u. Sohn, Berlin (1961)

[7.7] Heinen, K.H. (Hrsg. im Auftrag des Stahlinstituts VDEh): Elektrostahl-Erzeugung, 4. Aufl. Verlag Stahleisen, Düsseldorf (1997)

[7.8] Scheel, R., Pluschkell, W., Heinke, R., Steffen, R.: Sekundärmetallurgie zur Erzielung niedrigster Gehalte an Begleitelementen in Stahlschmelzen. Krupp Tech. Ber., 607–615 (1985)

[7.9] Stolte, G.: Secondary Metallurgy. Fundamentals, Processes, Applications. Verlag Stahleisen, Düsseldorf (2002)

[7.10] World Steel Association: Statistics Archive

[7.11] Zentrum, Technik und Forschung, Energie und Umwelttechnik, Energiewirtschaft (2011)

[7.12] Wirtschaftsvereinigung Stahl/Stahlinstitut VDEh: Leitbild Nachhaltigkeit Stahl 2011, Indikatoren für eine nachhaltige Entwicklung. November (2011)

[7.13] Gerspacher, A., Arens, M., Eichhammer, W.: Zukunftsmarkt Energieeffiziente Stahlherstellung, Fallstudie Fraunhofer Institut für System- und Innovationsforschung (ISI), Karlsruhe, Okt. (2011)

[7.14] International Iron and Steel Institute (IISI): Energy Use in the Steel Industry. IISI Committee on Technology, Brussels (1998)

[7.15] Müller, H.R. (Hrsg.): Continuous Casting 2005, 1. Aufl. Wiley-VCH, Weinheim (2005)

[7.16] Marti, H.: Innovation and Excellence in Continuous Casting. Verlag Stahleisen, Düsseldorf (2003)

[7.17] Ende, V.H., Speith, K.G.: Stranggießen von Stahl. Z. f. Metallkunde **60**(4), 258–266 (1969)

Verarbeitung metallischer Werkstoffe

8

Zusammenfassung

Abbildung 8.1 enthält ein Ordnungssystem für die Fertigungsverfahren in Anlehnung an DIN 8580:03. Diese systematische Einordnung aller Verfahren, die Umformverfahren detailliert nach den Kraftrichtungen unterteilt, dient der allgemeinen Übersicht. Die Darstellung der teils auf Vor-, teils auf Endprodukte abzielenden Fertigungsverfahren in den folgenden Abschnitten orientiert sich stark an ihrer jeweiligen praktischen Bedeutung. Die Ausführungen und Angaben gelten vielfach allgemein für metallische Werkstoffe der technischen Praxis. Der besonderen Bedeutung der Stähle entsprechend wird häufig speziell auf deren Verarbeitung eingegangen. Im Hinblick auf Besonderheiten bei der Verarbeitung von Aluminiumwerkstoffen sei auf [5.25,5.26] verwiesen.

Nach Erläuterung des Werkstoffverhaltens bei der Warmformgebung wird das Schmieden mit seinen Varianten als Verfahren vorgestellt, das endkonturnahe Produkte ermöglicht. Das Warmwalzen von Stählen erzeugt dagegen weiter zu verarbeitende Halbzeuge. Der Beschreibung der Herstellung nahtloser Rohre folgt diejenige geschweißter Rohre sowie als Massivumformverfahren das Strangpressen für Stahl- oder NE-Metallprodukte. Kaltformgebungsverfahren (Biegen, Tief-, Streckziehen, Drücken) bringen vielfach Bleche in eine gewünschte Endform oder stellen aus Vorprodukten, z. B. durch Ziehvorgänge (Draht-, Präzisionsrohrziehen), Endprodukte her. Durch Massivumformen beim Fließpressen werden zylindrische Voll- oder Hohlkörper erzeugt [7.1,8.1–8.23].

Mit dem Gießen als wichtigem Urformverfahren kann man Großbauteile produzieren, aber auch Präzisionsbauteile. Arbeitsschritte und Gestaltungsregeln sind angeführt. Für schmelzmetallurgisch schwer herstellbare Bauteile ist als Urformverfahren die pulvermetallurgische Fertigung aufgeführt [8.24–8.46]. Beschrieben wird weiter wie Beschichtungsverfahren Eigenschaften der Bauteiloberflächen verbessern [8.47–8.52]. Viele Bauteile lassen sich wirtschaftlich nur unter Anwendung von Fügeverfahren fertigen. Die Ausführungsweisen der Fügetechniken Schweißen, Löten Kleben und Fügen

J. Ruge und H. Wohlfahrt, *Technologie der Werkstoffe*, DOI 10.1007/978-3-658-01881-8_8,   245
© Springer Fachmedien Wiesbaden 2013

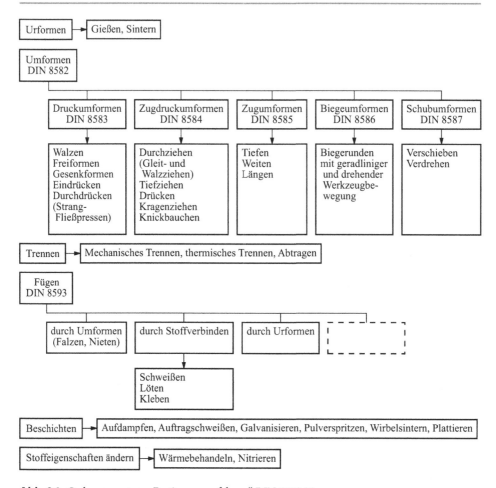

Abb. 8.1 Ordnungssystem „Fertigungsverfahren" DIN 8580:03

durch Umformen sowie typische Anwendungsfälle, Vor- und Nachteile werden erörtert [8.53–8.73].

Lernziel ist es, aus den dargestellten Verarbeitungsverfahren je nach benötigtem Werkstoff das für ein bestimmtes Bauteil geeignetste und wirtschaftlichste gezielt auswählen zu können.

8.1 Warmformgebung

8.1.1 Werkstoffverhalten beim Umformen [8.1–8.8]

Temperaturbereiche für die Warmformgebung von Stahl:

weicher Stahl   1100 bis 1200 °C (Weißglut)
harter Stahl   1000 bis 1100 °C (Gelbglut)
untere Erwärmungsgrenze 800 bis 900 °C (Rotglut)

Eine unzweckmäßige Wärmeführung kann die Eigenschaften des Walzgutes beeinträchtigen:

Überhitzung Wird Stahl längere Zeit bei hohen Temperaturen gehalten, so kommt es zu Grobkornbildung und bei Luftzutritt zu Entkohlung und Verzunderung.

Verbrennen Bei Temperaturen oberhalb 1200 °C beginnt eine Oxidation auf den Korngrenzen, die nicht rückgängig gemacht werden kann.

Blaubruch Bei einer Verformung im Bereich von 300 bis 500 °C kann es infolge verminderter Verformbarkeit zu Rissbildung kommen.

Andererseits ergibt sich bei richtig durchgeführter Warmformgebung eine Qualitätsverbesserung durch die Einstellung gleichmäßigerer Werkstoffeigenschaften: erhöhte Dichte (z. B. durch Verschweißen von Gasblasen), verbesserte Zähigkeit, günstigere Gefügeausbildung.

In der Festigkeitslehre rechnet man mit Werkstoffkennwerten, die dem Spannungs-Dehnungs-Diagramm entnommen werden, das üblicherweise im Zugversuch aufgenommen wird (vgl. Abschn. 3.2.2). Man bezieht dabei die Kraft F auf den Ausgangsquerschnitt S_0 der Probe. Weil sich dieser aber während des Versuchs laufend ändert, werden nicht die wahren Spannungen ermittelt.

Um bei einem Umformvorgang plastisches Fließen des Werkstücks in der Umformzone einzuleiten bzw. aufrechtzuerhalten, müssen die tatsächlich wirkenden Spannungen eine bestimmte charakteristische Größe erreichen. Deshalb ist es zur Ermittlung von Werkstoffkennwerten in der Umformtechnik üblich, die wirkende Kraft F auf die tatsächliche Fläche S zu beziehen. Die Spannung

$$k_f = \frac{F}{S}$$

heißt im Bereich des plastischen Fließens „Fließspannung", der zugehörige Werkstoffwiderstand „Formänderungsfestigkeit". Sie ist diejenige Spannung, die bei einem einachsigen Spannungszustand das Eintreten, bzw. nach schon vorangegangener Umformung das Aufrechterhalten des plastischen Zustands bewirkt.

Abb. 8.2 Formänderungswiderstand unlegierter Stähle
bei Warmverformung (30 %
Stauchung) [7.6]

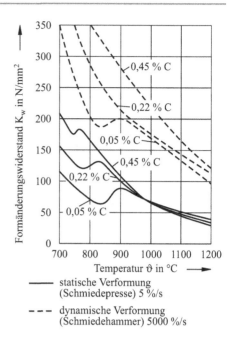

statische Verformung
(Schmiedepresse) 5 %/s

- - - dynamische Verformung
(Schmiedehammer) 5000 %/s

Nach der Schubspannungshypothese tritt dann Fließen, d. h. plastische Verformung ein,
wenn die Differenz zwischen größter und kleinster Hauptspannung gleich der Formänderungsfestigkeit k_f des Werkstoffes ist, also wenn

$$\sigma_1 - \sigma_3 = k_f \qquad \text{(Tresca-Fließkriterium)}$$

mit $\sigma_1 > \sigma_2 > \sigma_3$. Man nimmt dabei an, dass die mittlere Spannung σ_2 ohne Einfluss auf den
Eintritt des plastischen Zustandes ist. Die *Formänderungsfestigkeit k_f* ist eine Werkstoff-
kenngröße, abhängig von der Temperatur, der Formänderungsgeschwindigkeit und dem
Umformgrad φ. Berücksichtigt man die Verluste (Reibung) durch den Formänderungswirkungsgrad η_F, so ist der *Formänderungswiderstand*

$$K_w = \frac{1}{\eta_F} \cdot k_f$$

Aus Abb. 8.2 kann man entnehmen, dass der für verschiedene Stähle unterschiedliche
Formänderungswiderstand mit wachsender Temperatur ab- und mit wachsender Formänderungsgeschwindigkeit stark zunimmt. Dies spielt eine Rolle, wenn man etwa das Pressenschmieden mit dem Hammerschmieden vergleicht.

Der *Umformgrad φ* eignet sich zur Beschreibung großer plastischer Formänderungen
besser als die in der Festigkeitslehre übliche, auf die Ausgangslänge bezogene Dehnung ε.
Bezieht man, z. B. im Zugversuch, die Längenänderung dl definitionsgemäß auf die augen-

blickliche Länge l, so gilt:

$$d\varphi = \frac{dl}{l}$$

Integriert man $d\varphi$ über dem Umformweg, so ergibt sich der Umformgrad:

$$\varphi = \int\limits_{l_0}^{l_1} \frac{dl}{l} = \ln\frac{l_1}{l_0}$$

Geht man davon aus, dass beim Stauchen eines Rechtkants keine Volumenänderung auftritt, so bedeutet dies bei den Abmessungen

Rechtkant vor dem Stauchen: $h_0, l_0, b_0,$
Zwischenform: $\qquad\qquad h, l, b,$
Endform: $\qquad\qquad\quad h_1, l_1, b_1,$

dass das Volumen

$$V = h_0 \cdot l_0 \cdot b_0$$
$$= h \cdot l \cdot b = h_1 \cdot l_1 \cdot b_1 = \text{konst.}$$

oder

$$\frac{h_1 \cdot l_1 \cdot b_1}{h_0 \cdot l_0 \cdot b_0} = \left(\frac{h_1}{h_0}\right) \cdot \left(\frac{l_1}{l_0}\right) \cdot \left(\frac{b_1}{b_0}\right) = 1$$

$$\ln\frac{h_1}{h_0} + \ln\frac{l_1}{l_0} + \ln\frac{b_1}{b_0} = \varphi_1 + \varphi_2 + \varphi_3 = 0$$

Dabei ist

$\varphi_1 = \ln\frac{h_1}{h_0}$: logarithmische Stauchung

$\varphi_2 = \ln\frac{l_1}{l_0}$: logarithmische Längung

$\varphi_3 = \ln\frac{b_1}{b_0}$: logarithmische Breitung

und es gilt: Die Summe der logarithmischen Formänderungen in den 3 Hauptrichtungen ist bei der bildsamen Formgebung gleich Null. In Abb. 8.3 ist die Abhängigkeit der Formänderungsfestigkeit k_f von der logarithmischen Stauchung für verschiedene Werkstoffe dargestellt. Die *Fließkurven* wurden im Zylinderstauchversuch aufgenommen. Sie kennzeichnen die Neigung zur Verfestigung der Werkstoffe bei plastischer Verformung im Bereich der Raumtemperatur. In guter Annäherung gilt

$$k_f = \alpha \cdot \varphi^n$$

mit α und n als werkstoffabhängigen Konstanten.

Bei doppeltlogarithmischer Auftragung ergeben sich demnach für die Fließkurven Geraden, deren Steigung durch den *Verfestigungsexponenten* n gekennzeichnet ist.

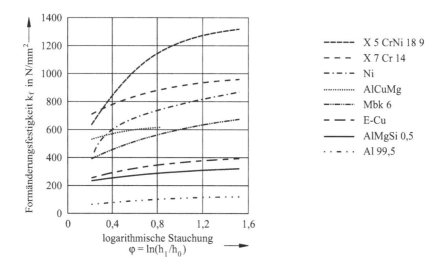

Abb. 8.3 Formänderungsfestigkeit als Funktion der logarithmischen Stauchung [8.9]

8.1.2 Verfahren zur Warmformgebung [7.1, 8.1–8.8]

Schmieden (DIN 8583-1:03, [8.10])

Das Schmieden stellt ein Druckumformverfahren mit gegeneinander bewegten Werkzeugen dar. Man unterscheidet zwischen Freiform- (DIN 8583-3:03, DIN EN 10 250-1:99, DIN 7527 -1, -2, -3:71, -4, -5:72, -6:75) und Gesenkschmieden (DIN 8583-4:03, DIN EN 10 254:99), wobei die Werkzeuge die Form des Werkstücks nicht oder nur teilweise (= Freiformen) bzw. ganz oder zu einem wesentlichen Teil (= Gesenkformen) enthalten. In Abb. 8.4 sind verschiedene Freiformverfahren und in Abb. 8.5 verschiedene Gesenkformverfahren dargestellt.

Bei der Einteilung der Schmiedemaschinen wird nach der Art, in der die Kraft- und Energiekenngrößen bereitgestellt werden, unterschieden. Demnach gibt es weggebundene, kraftgebundene und arbeits- bzw. energiegebundene Maschinen. Wie Abb. 8.6 zu entnehmen, gibt es Schmiedehämmer und Schmiedepressen. Die Formgebung unter dem Hammer erfolgt in mehreren Stufen, d. h. mit mehreren Schlägen. Man verwendet das Freiformschmieden für Einzelfertigung und kleinere Serien, das Gesenkschmieden für die Massenfertigung. Die Schmiedehämmer wiederum unterteilt man in Schabotten- und Gegenschlaghämmer. In Abb. 8.7 sind die verschiedenen, heute gängigen Bauarten dargestellt.

Beim Betrieb eines Hammers ist seine Steuerung entscheidend

- zum Verändern der Schlagstärke,
- zum schnellen Lösen des Obergesenkes vom Schmiedestück nach dem Schlag durch Umsteuern des Bären.

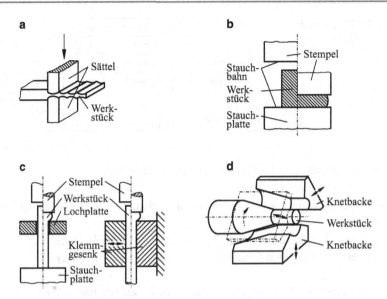

Abb. 8.4 Schmiedeverfahren, Beispiele für Freiformverfahren. Nach DIN 8583-3:03, DIN 7527-1:71 bis -6:75. **a** Recken von Vollkörpern, **b** Stauchen, **c** Anstauchen, **d** Rundkneten im Vorschubverfahren

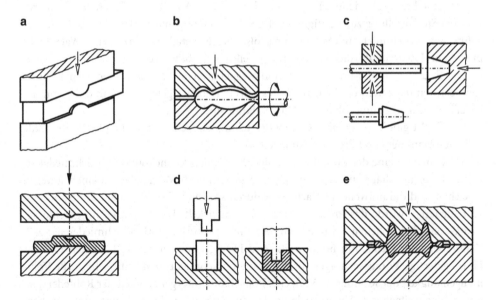

Abb. 8.5 Schmiedeverfahren, Beispiele für Gesenkformverfahren. Nach DIN 8583-4:03. **a** Formstauchen, **b** Reckstauchen, **c** Anstauchen im Gesenk, **d** Formpressen ohne Grat, **e** Formpressen mit Grat

Abb. 8.6 Klassifizierung der
Schmiedemaschinen

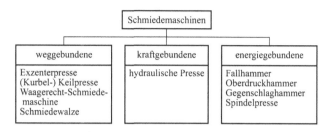

Somit ergeben sich drei Aufgaben für eine Hammersteuerung:

- Umsteuern der Bewegung des Bären im oberen und unteren Totpunkt als Funktion von Weg und Zeit,
- Erzeugung einer bestimmten Schlagfolge (Reihen- oder Einzelschlag),
- Erzeugung einer bestimmten Schlagart (Setz-, Kleb- oder Prellschlag).

Das Schmieden unter der *Presse* ist geeignet für große Formänderungen in einer Stufe. Man unterscheidet:

Pressen mit *unmittelbarem Antrieb,* Abb. 8.8 (Spindelpressen, Kurbelpressen, Exzenterpressen, Kniehebelpressen, DIN 8650:85, DIN 8651:90, DIN 55 181:83, DIN 55 184:85), und Pressen mit *mittelbarem Antrieb,* Abb. 8.9 (hydraulische Pressen). Die hydraulischen Pressen sind kraftgebundene Schmiedemaschinen, siehe Abb. 8.6, bei denen die Nennkraft bei jeder Stößelstellung zur Verfügung steht. Sie werden wegen der relativ langen Druckberührzeiten vornehmlich zum Schmieden großer Leichtmetallteile, ferner zum Warmfließpressen und Zwischenformen relativ großer Teile aus Stahl verwendet.

Die Exzenter- und Kurbelpressen sind weggebundene Pressen, deren gemeinsames Kennzeichen der durch die Kinematik des Kurbeltriebs festgelegte Weg und die von der jeweiligen Stößelstellung abhängige Maximalkraft sind.

Tabelle 8.1 gibt in Form einer Gegenüberstellung einige kennzeichnende Unterschiede zwischen Hammer- und Pressenschmieden wieder.

Mit dem Ziel, eine der Kontur des Fertigteils möglichst nahekommende Schmiedeteilkontur (near net shape) in wenigen Schmiedestufen, nach Möglichkeit in einer Stufe, zu erreichen und die notwendige Nacharbeit durch spanende Verfahren auf ein Minimum zu reduzieren, wurde das *Präzisionsschmieden* entwickelt. Dabei werden im geschlossenen Gesenk bei üblichen Schmiedetemperaturen praktisch gratlose Schmiedeteile, z. B. Zahnräder oder Pleuel, mit hoher Maß- und Formgenauigkeit (ISO-Qualitäten IT 8 bis IT 10) gefertigt. Voraussetzungen für das Präzisionsschmieden sind eine sehr große Volumengenauigkeit der Rohlinge (<5 %), eine hohe Temperaturgenauigkeit der Rohteilerwärmung, eine weitgehende Unterdrückung der Zunderbildung durch Schutzgasatmosphäre und/oder induktive Schnellerwärmung der Teile, automatische Handhabung der Teilprozesse zur Reproduzierbarkeit der Transport- und Liegezeiten und eine entsprechend große Werkzeuggenauigkeit.

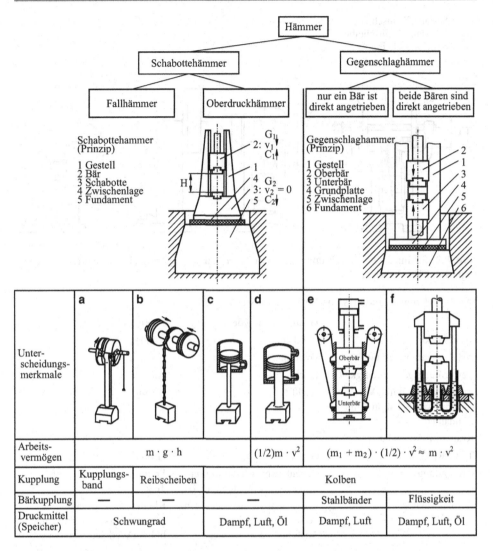

Abb. 8.7 Bauarten von Schmiedehämmern [8.8]. **a** Riemenfallhammer mit Wickelantrieb, **b** Kettenfallhammer mit Wickelantrieb, **c** Fallhammer mit Kolbenstange, **d** doppelt wirkender Oberdruckhammer, **e** Gegenschlaghammer mit mechanischer Kopplung, **f** Gegenschlaghammer mit hydraulischer Kopplung

Sonderschmiedeverfahren

In neuerer Zeit gelangten aus Gründen der Wirtschaftlichkeit und z. T. unter Qualitätsverbesserung der Schmiedestücke in zunehmendem Maße Sonderschmiedeverfahren zum industriellen Einsatz. Unter *Kaltgesenkschmieden* versteht man das Formpressen mit Grat bei Raumtemperatur. Es wird insbesondere bei der Fertigung kleiner Teile aus Stahl und

a_1 = Vorlauf-Treibscheibe
a_2 = Rücklauf-Treibscheibe
b = Schwungscheibe

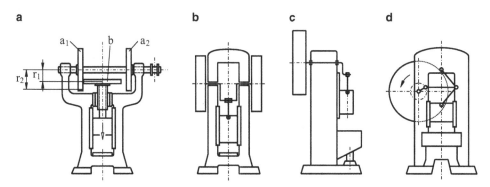

Abb. 8.8 Schmiedepressen mit unmittelbarem Antrieb. **a** Spindelpresse, **b** Kurbelpresse, **c** Exzenterpresse, **d** Kniehebelpresse

Tab. 8.1 Hammer- und Pressenschmieden (DIN EN 14 673:06 + A1:10)

	Hammerschmieden	Pressenschmieden
Werkstückmasse	< 700 kg	> 700 kg
Art der Krafteinleitung	Dynamisch	Statisch
Verformungsgeschwindigkeit	Hoch	Niedrig
Energieverlust durch Verformung von Schabotte und Fundament	ca. 40 %	Gering
Krafteinwirkungsdauer	Kurz	Beliebig
Tiefenwirkung	Gering	Groß
Anwendung	Gesenkschmieden und Freiformschmieden kleinerer Teile	Freiformschmieden großer Teile
Besonderheiten	Leichtes Abspringen des Zunders, glatte Oberfläche, gutes Ausfüllen des Gesenkes	Kleinere Fundamente, geringere Erschütterungen, höhere Werkzeugtemperatur

vor allem aus NE-Metallen mit Einsatzmassen von weniger als 0,1 kg angewandt und bietet gegenüber dem konventionellen Gesenkschmieden folgende Vorteile:

• verbesserte Oberflächenqualität und Maßhaltigkeit (keine Verzunderung),
• geringer Energieverbrauch (keine Werkstückstofferwärmung),
• erhöhte Werkzeuglebensdauer (keine thermische Beanspruchung),
• engere Fertigungstoleranzen (ISO-Qualitäten IT 8 bis IT 12).

Für höher legierte Werkstoffe, für die eine Kaltumformung wegen zu hoher Werkzeugbeanspruchung nicht in Betracht gezogen werden kann, sowie für kaltumformbare Werk-

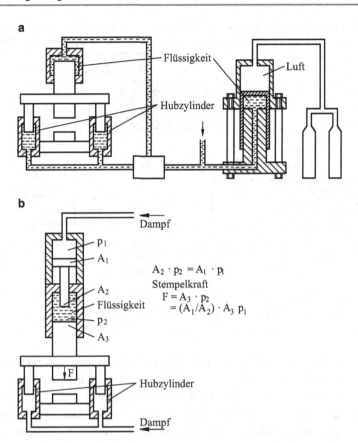

Abb. 8.9 Schmiedepressen mit mittelbarem Antrieb, **a** Hydraulische Presse mit hydraulisch-pneumatischem Akkumulator, **b** Dampf-hydraulische Presse

stoffe mit dem Ziel, die Zahl der Umformstufen zu verringern, wird das *Halbwarmumformen* eingesetzt. Man versteht darunter ein Umformen bei erhöhten Temperaturen, d. h. Temperaturen zwischen Raumtemperatur und den üblichen Schmiedetemperaturen. Stahl wird im Bereich von 500 bis 800 °C halbwarm umgeformt. Dabei führt der Umformvorgang noch zu einer bleibenden Verfestigung des Werkstoffs.

Um auch komplizierte Schmiedestücke aus hochwarmfesten Nickel-Basis-Werkstoffen und aus Titan herstellen zu können, wurden das *Heiß-Gesenkschmieden* und das *Isotherme Gesenkschmieden* entwickelt. Dabei erwärmt man die Schmiedewerkzeuge auf Schmiedestücktemperatur (Isothermes Schmieden) oder auf Temperaturen, die 150 bis 200 °C unterhalb derjenigen der Werkstücke liegen (Heiß-Gesenkschmieden). Siehe hierzu Abb. 8.10. Aufgrund dieser Verhältnisse kann die Umformgeschwindigkeit wesentlich gesenkt werden, wodurch sich die benötigte Schmiedekraft stark verringert und die Herstellung feingliedriger Bauteile möglich wird. Die spanende Endbearbeitung dieser Schmiedeteile kann somit erheblich reduziert werden.

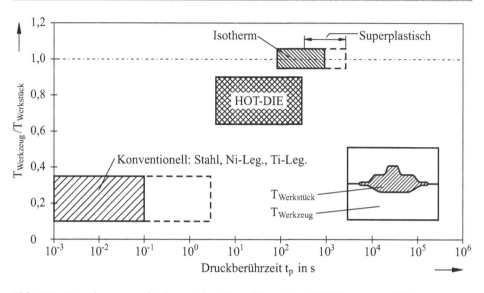

Abb. 8.10 Einordnung verschiedener Schmiedeverfahren hinsichtlich bezogener Werkzeugtemperaturen und Druckberührzeiten nach [8.11], HOT-DIE: Bereich des Heiß-Gesenkschmiedens

Beim *Thixoschmieden* werden vor allem Aluminiumlegierungen bei Temperaturen innerhalb des Solidus-Liquidus-Intervalls, also in einem Zustand, in dem die Legierung teils flüssig und teils fest ist, in Gesenken auf die Endform gepresst (vgl. Thixogießen). Temperatur und Energiezufuhr müssen sehr genau geregelt werden. Der raschen Formfüllung schließt sich eine konstant gehaltene Druckbelastung während der Erstarrung an. Das Entstehen von Lunkern und Schrumpfungsporositäten wird so verhindert.

Technik des Schmiedens (DIN 7523-2/Z, DIN 7527-1:71 bis -6, DIN EN 10 243-1, -2)
Hinweise für das zweckmäßige Gestalten von Gesenkschmiedeteilen geben DIN 7523/Z oder DIN EN 10 243-1:99/AC:05, -2:99/AC:05. Gesenkteilung nennt man die Fläche, welche die beiden Gesenkhälften trennt (Abb. 8.11). Am Gesenkschmiedeteil stellt sie sich als umlaufende Trennlinie dar. Verlauf und Lage der Gesenkteilung haben einen großen Einfluss auf die Wirtschaftlichkeit der Herstellung und, z. B. durch die Beeinflussung des Faserverlaufs, auf die Eigenschaften von Gesenkschmiedeteilen.

Beim Festlegen der Teilung muss auch der Versatz am Schmiedeteil berücksichtigt werden (Abb. 8.11). Der zulässige Versatz nach DIN 7526/Z (DIN EN 10 243-1, -2) ist nicht in die zulässigen Maßabweichungen einbezogen, sondern gilt unabhängig und zusätzlich zu diesen. Das muss beim Bemaßen von Gesenkschmiedeteilen, insbesondere von spanend zu bearbeitenden Flächen, berücksichtigt werden. Für tiefe Hohlräume sind Abweichungen von der Parallelität zwischen der Achse der Innenkontur und der Mittellinie der Außenkontur zugelassen.

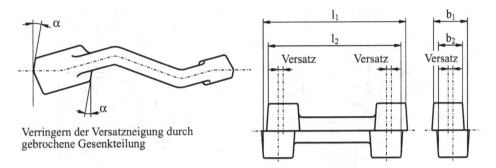

Verringern der Versatzneigung durch
gebrochene Gesenkteilung

Abb. 8.11 Gesenkteilung und Versatz nach DIN 7526/Z, DIN EN 10 243-1, -2

Um Gesenkschmiedeteile aus der Gravur heben zu können, müssen ihre in Umformrichtung liegenden Flächen geneigt sein. Die erforderliche Neigung, die *Seitenschräge (DIN 7523-2/Z)*, ist je nach Umformverfahren an Innen- und Außenflächen verschieden groß. Unter Umständen kann auf sie verzichtet werden, wenn entsprechende Auswerfervorrichtungen an den Umformmaschinen vorhanden sind. Die Halbmesser von *Kantenrundungen* (DIN 7523-2/Z) dürfen nicht zu klein gewählt werden. Je kleiner sie sind, desto höher muss der Druck sein, um die Gravur vollständig auszufüllen. Dadurch steigen die Kerbspannungen an den entsprechenden Stellen des Werkzeugs und es können Spannungsrisse auftreten (Abb. 8.12). Bei zu kleinen Rundungshalbmessern von *Hohlkehlen* können Schmiedefehler (z. B. Stiche) entstehen, die sich nur durch höheren Aufwand (z. B. zusätzliche Verformung) vermeiden lassen. Die den Hohlkehlen am Gesenkschmiedeteil entsprechenden Kanten der Gravuren unterliegen infolge Reibung starkem Verschleiß, der mit kleiner werdendem Rundungshalbmesser zunimmt.

Das Gesenkschmieden dünner Böden erfordert mit zunehmendem Verhältnis von Bodenbreite zu *Bodendicke* größere Druckspannungen. Jeder Boden sollte in die anschließenden Formelemente über Hohlkehlen mit ausreichend großen Rundungshalbmessern übergehen.

Warmwalzen (DIN 8583-2:03, [7.1])
Der überwiegende Teil der Stahlwerksprodukte wird im Walzwerk zu Blechen, Profilstahl, Rohren, Stabstahl und Draht weiterverarbeitet (DIN 24 500-1:73 bis -15:72).

Walzwerköfen (DIN 24 500-2:71)

Tieföfen
Sie heißen so, weil sie unter Flur angeordnet sind. Der vom Stahlwerk kommende Block wird gleich nach dem Gießen in den Ofen abgesenkt.

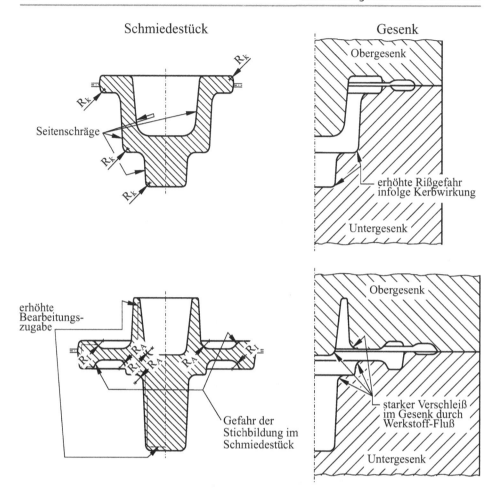

Abb. 8.12 Seitenschräge, Kantenrundung R_K und Hohlkehlen (R_I innere, R_A äußere) am Schmiedestück nach DIN 7526/Z, DIN EN 10 243-1, -2 (Maßtoleranzen)

Stoßöfen (Flammöfen)
Sie sind über Flur angeordnet und für kleine Blöcke vorgesehen. Diese werden aus dem
kälteren Ofenteil in den heißeren durchgestoßen.

Walzwerk
Das Walzwerk besteht aus Walzgerüsten (DIN 24 500-4:68), die zur Walzstraße (DIN 24 500-
3:68) zusammengestellt werden, so dass in einer Reihe von Umformschritten Halbzeuge
oder Fertigprodukte gewalzt werden können.

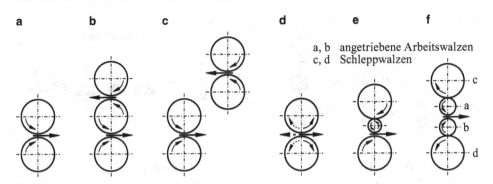

Abb. 8.13 Walzgerüstarten. **a** Horizontal-Zweiwalzengerüst, **b** Dreiwalzengerüst, **c** Doppeltes Zweiwalzengerüst, **d** Reversierwalzengerüst, **e** Lauth'sches Dreiwalzengerüst, **f** Vierwalzengerüst. DIN 24 500-4

Walzgerüste (Abb. 8.13) sind z. B.

Horizontal-Zweiwalzengerüst (Duo) Ungünstig, weil der Rücktransport des Blockes außerhalb der Walzen erfolgt und demnach keine Verformung des Blockes bewirkt. Die obere Walze ist verstellbar.

Bei anderen Walzgerüsten wird der Block auch beim Rücktransport mit verringertem Walzspalt umgeformt.

Dreiwalzengerüst (Trio) Die mittlere Walze ist fest, die anderen sind verstellbar.

Reversierwalzengerüst Die Drehrichtung der Walzen wird nach jedem Durchgang (Stich) umgesteuert.

Vierwalzengerüst (Quarto) Wegen der beiden Stützwalzen ist diese Anordnung für hohe Belastung geeignet.

Universalwalzgerüst Vor und hinter den Horizontalwalzen sind Vertikalwalzen zur seitlichen Begrenzung des Blockes angebracht. Es dient z. B. zur Herstellung von I-Profilen.

Walzstraßen (Abb. 8.14)
Nach der Anordnung der Walzgerüste unterscheidet man

Umkehrstraße Ein- oder mehrgerüstige Walzstraße, bei der das Walzgut in mindestens einem Walzgerüst mehrere Stiche erfährt. Nach jedem dieser Stiche wird die Walzrichtung geändert.

Offene Straße Walzstraße, bei der mehrere Walzgerüste nebeneinander längs einer Achse angeordnet sind. Alle Gerüste können von einer Seite oder unterteilt von beiden Seiten angetrieben werden.

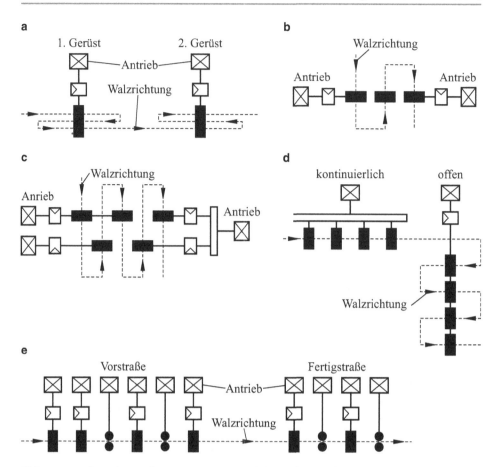

Abb. 8.14 Walzstraßen nach DIN 24 500-3. **a** Umkehrstraße, **b** Offene Straße, **c** Gestaffelte Straße, **d** Halbkontinuierliche Straße, **e** Vollkontinuierliche Straße

Gestaffelte Straße Walzstraße, bei der mehrere Walzgerüste nebeneinander versetzt angeordnet sind. Der Antrieb kann für jedes Gerüst einzeln oder für mehrere Gerüste gemeinsam vorgenommen werden.

Halbkontinuierliche Straße Walzstraße, bei der einige Walzgerüste in Linie hintereinander (kontinuierlich), andere offen oder gestaffelt angeordnet sind.

Vollkontinuierliche Straße Walzstraße, bei der Vor-, Zwischen- und Fertiggerüste in Linie hintereinander oder versetzt angeordnet sind und vom Walzgut in einer oder parallel in mehreren Adern kontinuierlich durchlaufen werden. Bei Aufteilung in mehrere Adern wird das Walzgut der einzelnen Stränge gleichmäßig verformt.

Schließlich werden Walzstraßen unabhängig von der Art ihres Aufbaus danach bezeichnet, ob sie Vormaterial (*Vorstraße*), Zwischengut (*Zwischenstraße*) oder im letzten Teil des

Walzprozesses auf Fertigmaß auswalzen (*Fertigstraße*). Auch die Art der Erzeugnisse, wie sie im Folgenden noch aufgeführt wird, dient zur Bezeichnung von Walzstraßen.

Walzvorgang
Man bezeichnet beim Walzen mit

- *Stich*, den Durchgang durch ein Walzenpaar,
- *Stichzahl*, die Anzahl der Stiche und
- *Vorblocken*, das Vorwalzen eines Rohblockes, wie er vom Vergießen kommt, zum Vorblock. Dieser ist das Ausgangsmaterial für Halbzeug.

Walzenarten

Stahlwalzen

Geschmiedete Walzen sind geeignet für höchste Beanspruchung, tief eingeschnittene Kaliber und für Stoßbeanspruchung. Die Festigkeit dieser Walzen liegt bei 600 bis 1100 N/mm^2.

Nachteile Warm- oder Brandrisse sind möglich.

Bei Stahl als Walzgut kann es bei hohen Temperaturen zu Aufschweißungen kommen (je höher der Kohlenstoffgehalt der Walze, desto geringer ist die Gefahr). Dadurch werden die Walzen beschädigt.

Stahlgusswalzen Sie haben eine geringere Festigkeit (450 bis 750 N/mm^2), Zähigkeit und Verschleißfestigkeit als geschmiedete Walzen, sind aber billiger als diese. Es bestehen die gleichen Nachteile wie bei geschmiedeten Walzen.

Vorteil für beide Walzenarten Bei Verschleiß können sie auftraggeschweißt und weiter verwendet werden.

Gusseiserne Walzen

Hartgusswalzen Sie werden hergestellt, indem man Gusseisen in eine entsprechend geformte Kokille gießt. Die Außenhaut erstarrt rasch, da sie an der Metallform abgeschreckt wird. So erhält man außen eine harte Schale (Ledeburit, Martensit). Verschweißungen zwischen Gusseisenwalze und Walzstahl treten nicht auf. Die Oberfläche des Walzgutes ist glatt. Anwendung nur für Flachprodukte und kleine Profile.

Nachteil Die Biegefestigkeit von Hartgusswalzen ist gering.

Graugusswalzen Herstellung in mit Abschreckplatten ausgelegten Sand- oder Lehmformen führt zu halbharten Walzen, die bei kleinen Walzgutmengen zur Herstellung von

Abb. 8.15 Walzenkaliber.
a offen, **b** geschlossen

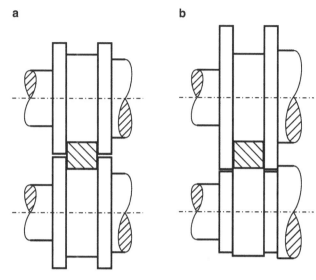

Abb. 8.16 Zweiwalzen-
Kammwalzgerüst

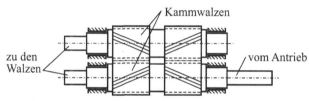

schweren Profilen und Grobblechen benutzt werden. Siliciumreiche Gusswerkstoffe werden in Kokillen vergossen, man erhält die „mildharten" Walzen. Hauptanwendungsgebiet: Mittlere Profile.

Walzen aus Gusseisen mit Kugelgraphit Infolge guter Verformbarkeit auch für höhere Walzenkräfte zu verwenden.

Walzenkaliber

Um Profilquerschnitte herzustellen, benötigt man profilierte Walzenkaliber (Abb. 8.15).

Offenes Kaliber Jede Walze stellt eine Hälfte der Form her.

Geschlossenes Kaliber Das obere greift in das untere Kaliber ein.

Kammwalzen

Kammwalzen sind Walzenzahnräder mit Pfeilverzahnung, die das Antriebsmoment auf die obere und mittlere Walze übertragen (Abb. 8.16).

Abb. 8.17 Walze mit Kleeblattspindel

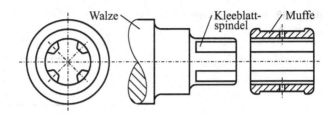

Walze Kleeblatt-spindel Muffe

Kleeblatt

Die Kraftübertragung vom Kammwalzengerüst auf die Walzen erfolgt über Kleeblattspindeln und entsprechend ausgebildete Muffen gemäß Abb. 8.17.

Erzeugnisse des Walzwerkes

Vorblöcke, Vorbrammen (aus Rohblöcken bzw. Rohbrammen hergestellt) bis zu 30 t. Sie werden in einer Warmbreitbandstraße zu Flacherzeugnissen weiterverarbeitet.

Knüppel quadratisch, Stirnkanten 50 bis 350 mm, für Profilerzeugnisse, Bänder, Drähte.

Platinen Vorprodukte für Feinblech.

Formstahl Normalprofile, Parallelflanschträger, Schienen usw.

Walzdraht In besonderen Drahtwalzwerken hergestellt. Dabei erhält das Material durch Längung eine hohe Durchlaufgeschwindigkeit von 40 m/s und mehr.

Drähte bis herunter zu 5 mm Durchmesser werden in Warmwalzwerken hergestellt, die Weiterverarbeitung geschieht in kaltem Zustand durch Ziehen.

Blech Grob-, Mittel- und Feinblech, Breit-, Mittel- und Schmalband. Grobbleche von mehr als 4,75 mm, Mittelblech von 3 bis 4,75 mm, Feinblech von weniger als 3 mm Dicke. Breitband mit 600 bis 2000 mm, Mittelband mit 100 bis 600 mm, Schmalband mit 10 bis 100 mm Breite.

Einzugsbedingung

Wenn das Werkstück in den Walzspalt eingezogen werden soll, muss die Einzugsbedingung erfüllt sein, d. h. nach Abb. 8.18

$$\mu \cdot N \cdot \cos \alpha > N \cdot \sin \alpha$$

oder

$$\mu > \tan \alpha$$

mit

Abb. 8.18 Einzugsbedingun-
gen am Walzspalt

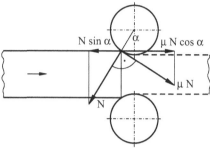

Abb. 8.19 Bezeichnungen
beim Walzvorgang

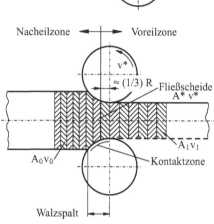

N: von Walze auf Werkstück wirkende Kraft;
μ: Reibungskoeffizient

Der Winkel α ist abhängig vom Walzendurchmesser und der Dicke des Werkstückes
vor und hinter den Walzen.

Fließscheide

Im Walzspalt (Abb. 8.19) bewegt sich das Walzgut mit sich stetig ändernder Geschwindigkeit. Sie kann also nicht gleich der Umfangsgeschwindigkeit der Walzen sein. Die Folge
hiervon ist eine Relativbewegung zwischen Walzgut und Walzen, verbunden mit einem
entsprechenden Walzenverschleiß. An einer Stelle des Kontaktbogens sind die Geschwindigkeiten gleich, dort tritt keine Relativbewegung auf. Die Ebene, in der sich die Richtung
des Stoffflusses ändert, wird als *Fließscheide* bezeichnet.

Ist v die Geschwindigkeit, so gilt

- *vor* der Fließscheide:

$$v_{\text{Walzgut}} < v_{\text{Walze}}$$

Nacheilzone, Rückstauzone.
Das Walzgut rutscht nach links.
- *hinter* der Fließscheide:

$$v_{\text{Walzgut}} > v_{\text{Walze}}$$

Voreilzone.
Das Walzgut rutscht nach rechts.

Die Fließscheide liegt nahe dem Austritt des Walzgutes. Bei Volumenkonstanz gilt:

$$A_0 \cdot v_0 = A_1 \cdot v_1 = A^* \cdot v^*.$$

Dabei ist A^* der Querschnitt des Walzgutes an der Stelle im Walzspalt, an der die Geschwindigkeit des Walzgutes gleich der Umfangsgeschwindigkeit v^* der Walzen ist.

Umformgrad
Die Verformung des Walzgutes geschieht hauptsächlich durch Längen, weniger durch Breiten. Der maximale Umformgrad φ_1 (vgl. Abschn. 8.1.1) tritt beim Flachwalzen in Dickenrichtung auf. Beim Walzen ist es üblich, den Umformgrad durch die bezogene Stichabnahme (bezogene Höhenabnahme)

$$\varepsilon_h = \frac{h_E - h_A}{h_E} \quad (\text{E: Einlauf, A: Auslauf})$$

auszudrücken.

Meist sind bei starker Verformung mehrere Stiche nötig, da andernfalls Risse im Walzgut auftreten würden. Beim ersten Stich soll $\varepsilon_h \approx 0,5$ sein. Am Ende des Walzprozesses ist das Material besser verformbar geworden und ε_h kann höher gewählt werden:

$$\varepsilon_h \approx 0,7 \text{ bis } 0,9 .$$

Thermomechanische Behandlung
Durch eine geeignete Wahl von Umformgrad und Endwalztemperatur lassen sich günstige Gefügezustände und damit günstige Eigenschaften des Walzgutes, wie hohe 0,2 %-Dehngrenze und hohe Zugfestigkeit bei großer Zähigkeit, erreichen. Beim *normalisierenden Walzen* erfolgt die Endumformung im Bereich der Normalisierungstemperatur oberhalb A_3, d. h. bei einer tieferen Temperatur als beim konventionellen Walzen. Durch eine

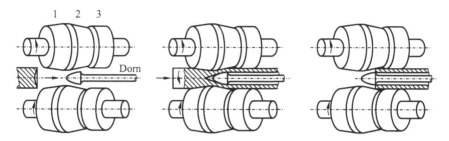

Abb. 8.20 Schrägwalzverfahren nach Mannesmann. *1* Lochungsteil, *2* Querwalzteil, *3* Glättungsteil [8.12]

rasch erfolgende Rekristallisation wird ein grobkörniger Austenit vermieden und bei der anschließenden γ-α-Umwandlung entsteht ein relativ feinkörniges, dem normalgeglühten Zustand entsprechendes Gefüge.

Zum *thermomechanischen Walzen* (vgl. Abschn. 4.3) sind perlitreduzierte mikrolegierte Stähle mit hinreichenden Gehalten an Elementen wie Niob und Titan geeignet. Diese Elemente verzögern die Rekristallisation in starkem Maße, so dass bei Endwalztemperaturen kleiner als 900 °C (unterhalb von A_3) die γ-α-Umwandlung von nur teilweise rekristallisiertem oder nicht rekristallisiertem unterkühltem Austenit ausgeht. Es entsteht ein besonders feinkörniges Umwandlungsgefüge, das, je nachdem ob die Abkühlung nach dem Walzen an Luft oder besonders rasch durch Wasser erfolgt, ferritisch-perlitisch bis bainitisch-(martensitisch) ist. Die Mikrolegierungselemente (Titan, Niob, Vanadium) tragen durch eine Ausscheidungshärtung zur Festigkeitssteigerung bei. Zum Erzielen rein bainitischer Gefüge (Wasservergüten) sind erhöhte Mangan- und Molybdängehalte erforderlich.

Herstellung von nahtlosen Rohren

Die Herstellung nahtloser Rohre erfolgt über zwei Verfahrensschritte, nämlich das Lochen eines Blockes und das Strecken des erzeugten Hohlblockes.

Lochen

Schrägwalzverfahren nach Mannesmann (Abb. 8.20)
Zwei Walzen, die um 3 bis 6° schräg zueinander angeordnet sind, drehen sich im gleichen Drehsinn. Am vorderen Ende der Walzen befinden sich konische Teile, die das Einziehen des Blockes ermöglichen. Es kommt dabei zu einer Querstauchung des Materials. Die dadurch im Innern auftretenden Zugspannungen bewirken ein Aufreißen des Blockes. Ein eingeführter Dorn unterstützt den Vorgang.

Das Ergebnis ist ein dickwandiger Hohlkörper mit 20 bis 30 mm Wanddicke, dessen Oberfläche noch mit dem Glättungsteil der Walzen geglättet wird.

Abb. 8.21 Lochen nach dem
Ehrhardt-Verfahren [8.12]

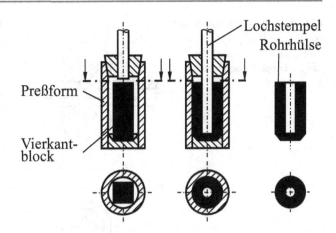

Lochen nach dem Ehrhardt-Verfahren (Abb. 8.21)
Das Ausgangsmaterial hat einen quadratischen Querschnitt und wird in eine runde Form (Gesenk, Matrize) eingesetzt. Von oben her Presst man mit einem runden Dorn ein Sackloch ein, so dass ein unten geschlossener Hohlkörper entsteht.

Gießen von Hohlblöcken
Üblich sind Stahlguss, Schleuderguss oder Strangguss bzw. bei legierten Stählen Vollguss mit anschließendem Bohren.

Strecken

Pilgern nach Mannesmann (Abb. 8.22)
Es handelt sich um einen Walzschmiedevorgang. Der Hohlblock sitzt auf einem Dorn und wird in zwei Walzen eingeführt, die nur zum Teil kalibriert sind. Der abgeflachte Teil der Walzen greift nicht an.

Das Kaliberteil kneift eine bestimmte Werkstoffmenge ab (Abb. 8.22a), dann erfolgt das Auswalzen (Abb. 8.22b) auf Fertigwanddicke und das Glätten. Das Rohr mit Dorn wird dabei zurückgedrängt. Durch den abgeflachten Bereich der Walzen wird es freigegeben (Abb. 8.22c) und schnellt so weit vor, dass wieder ein neues Stück abgekniffen, gewalzt und geglättet werden kann. Es handelt sich also um einen diskontinuierlichen Walzvorgang.

Das Pilgerschritt-Verfahren kann für lichte Weiten der Rohre bis zu 600 mm verwendet werden. Die Leistung einer solchen Anlage ist bei Rohren mit einem mittleren Durchmesser von 300 mm ca. 20 bis 25 Rohre pro Stunde. Die Länge der Rohre kann bis zu 30 m betragen.

Abb. 8.22 Pilgerschrittwalzen von Rohren [8.12]. **a** Luppe wird gefasst, **b** Ausstreckvorgang, **c** Luppe freigegeben zum Vorschieben

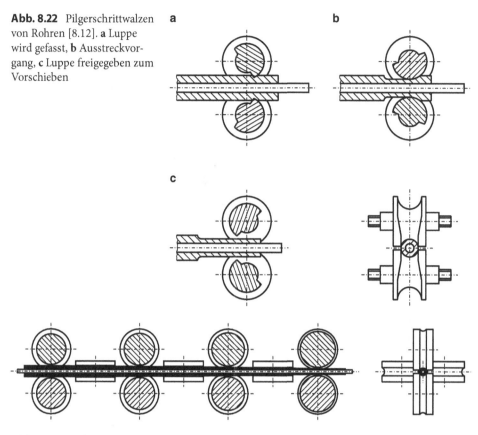

Abb. 8.23 Stoßbank-Verfahren nach Ehrhardt [8.12]

Stoßbank-Verfahren nach Ehrhardt (Abb. 8.23)
Das Verfahren ist für kleinere Durchmesser geeignet. Früher wurden die Rohre durch Ziehringe hindurch gestoßen, heute benutzt man nicht angetriebene profilierte Rollen (Abb. 8.23). Die Rohre können Längen bis zu 10 m haben.

Reduzierwalzwerk (Abb. 8.24)
Rohre mit einem kleineren Innendurchmesser als 40 mm werden ohne Dorn im Reduzierwalzwerk (Abb. 8.24) gestreckt. Es besteht aus profilierten Rollenpaaren, die um 90° oder 120° versetzt gegeneinander angeordnet sind. Die Umdrehungszahlen steigen von Gerüst zu Gerüst bei enger werdendem Kaliber, um ein Anstauchen der Wanddicke zu vermeiden.

Herstellung von geschweißten Rohren
Bei der Herstellung geschweißter Rohre müssen einzelne Bleche (dickwandige Rohre) oder Stahlband zu rohrförmigen Körpern mit längs oder spiralförmig verlaufendem Schlitz geformt werden.

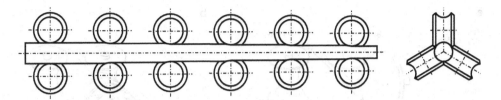

Abb. 8.24 Reduzierwalzwerk [8.12]

Zum Schweißen dünnwandiger Rohre werden meist Widerstands-Schweißverfahren eingesetzt. Beim Schweißen mit Netzfrequenz wird der Schweißstrom dem Schlitzrohr durch Rollenelektroden zugeführt (Abb. 8.25a). Die zu verschweißenden Flächen erwärmen sich beim Stromdurchgang infolge des Übergangswiderstandes. Der erforderliche Schweißdruck wird durch Druckrollen aufgebracht. Durch die Verwendung von mittel- bzw. hochfrequentem Schweißstrom, der konduktiv oder meist induktiv (Abb. 8.25b) übertragen wird, erreicht man Schweißgeschwindigkeiten bis 100 m/min. Bei induktiver Stromübertragung stört eine verzunderte Blechoberfläche im Gegensatz zu konduktiver Stromübertragung nicht.

Für dickwandige Großrohre (500 bis 1200 mm Durchmesser für Gas-, Wasser- und Öltransport) verwendet man das vollmechanisierte Unterpulverschweißverfahren (UP-Schweißverfahren, Abb. 8.26). Dabei werden die Rohre längs der Schlitze erst von innen und dann von außen jeweils in horizontaler Lage verschweißt. Mit diesem Verfahren lassen sich auch Wendelnahtrohre herstellen. Dabei geht man von einem Stahlband aus, das schraubenlinienförmig in Rohrform gewickelt wird (Abb. 8.27). Im Fretz-Moon-Verfahren wird das Stahlband zum geschlitzten Rohr geformt und durch Erwärmung im Ofen pressgeschweißt.

Strangpressen (DIN 8583-6:03, [8.13, 8.14])

Es handelt sich um ein Massivumformverfahren, das früher nur bei Nichteisenmetallen (DIN 24 540-1:86 bis -3:86) üblich war, heute auch zur Herstellung von Stahlprofilen (Schmierung: geschmolzenes Glas) eingesetzt wird. Bei Kunststoff nennt man Strangpressen *Extrudieren*.

Beim *Vorwärts-Strangpressen* (*direktes Strangpressen*) wird der in der Presskammer befindliche Werkstoffblock im erhitzten gut umformbaren Zustand mittels eines Pressstempels durch eine Matrize aus Warmarbeitsstahl gedrückt, deren Form der austretende Strang annimmt, Abb. 8.28.

In dem beheizten Aufnehmer bleibt ein Pressrest zurück, der wieder eingeschmolzen werden kann.

Beim *Rückwärts-* (*indirekten*) *Strangpressen* drückt die verschlossene Presskammer den Werkstoffblock gegen einen feststehenden Hohlstempel, an dessen Ende die Matrize sitzt. Der Pressstrang fließt durch den Hohlstempel ab, Werkstoffblock und Kammer bewegen sich in gleicher Richtung, so dass als Verfahrensvorteil keine Reibung zwischen ihnen auftritt.

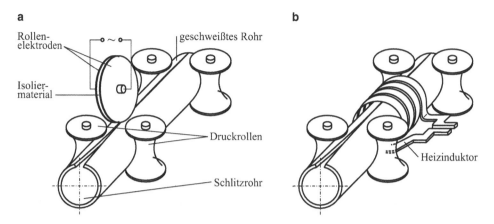

Abb. 8.25 **a** Widerstandsschweißen von Rohren mit Rollenelektroden [8.12], **b** HF-Schweißen von Rohren mit induktiver Stromzuführung

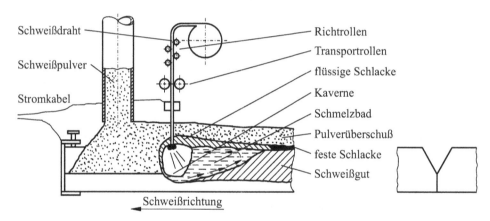

Abb. 8.26 UP-Schweißen

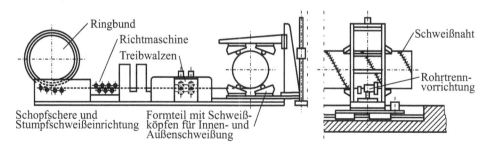

Abb. 8.27 Herstellung von Wendelnahtrohren [8.12]

Abb. 8.28 Strangpressen von Vollprofilen (Pressrichtung horizontal)

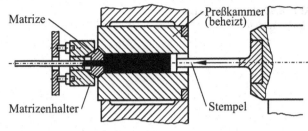

Abb. 8.29 Strangpressen von Hohlprofilen (Pressrichtung vertikal)

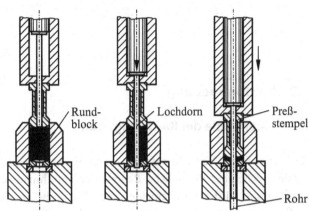

Mit diesen Verfahren werden Voll- und Hohlprofile mit kompliziertem, auch hinterschnittenem Querschnitt aus Al-, Mg-, Cu-Legierungen und Stählen hergestellt. Ein Nachbearbeiten ist vielfach nicht erforderlich, was die Serienfertigung erleichtert. Stranggepresste Al-Profile haben große Bedeutung im *Fahrzeugleichtbau (DIN EN 755-1:08, -2:08 bis -8:08, -9:08, DIN EN 12 020-1, -2:08).*

Sonderfälle: Herstellung von Bleikabelmänteln und umhüllten Schweißelektroden.

Für die Herstellung von Rohrprofilen (Abb. 8.29) wird das auf Walztemperatur erwärmte Rundmaterial in der Presskammer zunächst gelocht. Der Lochstempel bleibt in seiner Endstellung stehen und bildet mit der Matrizenöffnung einen Ringspalt, der den Rohrabmessungen entspricht. Mit dem Pressstempel wird der Block durch den Ringspalt gedrückt.

Eine neue Verfahrensvariante ist das *hydrostatische Strangpressen.* Dabei wird die benötigte Presskraft mit Hilfe eines flüssigen Druckmediums aufgebracht (Abb. 8.30). Das Verfahren ist besonders für spröde und schwer umformbare Werkstoffe geeignet. Durch Wegfall von Reibkräften zwischen Aufnehmer und Rohteil und Verringerung der Reibkräfte in der Matrize vermindert sich die notwendige Presskraft bis zu 40 %. Besonders lange Rohteile und nichtzylindrische Teile, ferner unterschiedliche Rohteildurchmesser bei gleichem Aufnehmerdurchmesser, lassen sich problemlos pressen. Zwar wird das hydrostatische Strangpressen heute überwiegend bei Raumtemperatur durchgeführt, mit geeignetem Druckübertragungsmedium aber auch im Bereich der Warmumformung eingesetzt.

Abb. 8.30 Hydrostatisches
Strangpressen

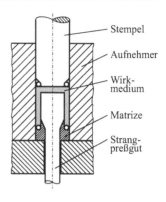

Stempel

Aufnehmer

Wirk-
medium

Matrize

Strang-
preßgut

8.2 Kaltformgebung

8.2.1 Merkmale der Kaltformgebung

Nach DIN 8582:03 spricht man von Kaltumformen, wenn ein Werkstück vor dem Umformen nicht über die übliche Raumtemperatur hinaus erwärmt wird. Bei einer Kaltumformung wird im Allgemeinen die Oberfläche geglättet und es kann eine große
Maßgenauigkeit erreicht werden. Je nach Werkstoff und Art der Umformung tritt dabei
eine mehr oder weniger ausgeprägte Kaltverfestigung ein (vgl. Abb. 8.3). Man unterscheidet Blech- (Kaltwalzen, Biegeumformung, Tiefziehen, Streckziehen, Drücken) und
Massivumformung (Draht- und Stangenziehen, Fließpressen) oder gebundene und freie
Umformung.

8.2.2 Verfahren der Kaltformgebung [8.15, 8.16]

Kaltwalzen
Warmgewalztes Vorblech wird überwiegend in Kaltbreitbandstraßen auf das gewünschte
Endmaß gewalzt. Für große Querschnittsabnahmen verwendet man Arbeitswalzen mit
kleinem Durchmesser (vgl. Einzugsbedingung, Abschn. 8.1.2). Nach Abb. 8.18 wird α
bei gleicher Stichabnahme um so größer, je kleiner der Durchmesser der Walzen ist, die
um eine gleichmäßige Blechdicke über die ganze Breite zu gewährleisten entweder leicht
ballig geschliffen oder mit Stützwalzen gegen zu starke Durchbiegung versehen sind. In
modernen Feinblech-Bandwalzwerken kann die Endgeschwindigkeit bis zu 2000 m/min
(120 km/h) betragen. Sonderwalzverfahren für höchste Abmessungsgenauigkeiten benutzen Sendzimir- und Planetenwalzwerke.

Bei den Planetenwalzgerüsten umläuft eine Vielzahl kleiner Arbeitswalzen die schwere
Stützwalze großen Durchmessers. In genau geregelten modernen Kaltwalzstraßen lassen
sich Kaltbänder mit Dickenabweichungen von wenigen tausendstel Millimeter und mit

Abb. 8.31 Biegerunden von Blechtafeln. **a** Anbiegen der Endstreifen *x*, **b** Drei-Walzen-Biegemaschine, **c** Vier-Walzen-Biegemaschine

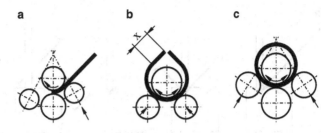

hoher Oberflächengüte bei Enddicken bis zu 0,15 mm erzielen. Die kaltgewalzten Bänder werden z. B. zur Beseitigung der Kaltverfestigung rekristallisierend geglüht.

Durch abschließendes Kaltnachwalzen (Dressieren) mit einer Dickenabnahme unter 3 % wird die Umformbarkeit von Tiefziehblechen verbessert. In Kaltprofilieranlagen mit geeigneten Walzenkalibern werden aus Kaltband Profilbleche erzeugt. Ein erheblicher Teil des Kaltbandes wird in Bandbeschichtungsanlagen [8.17] oder in gesonderten Verfahren (z. B. Tauchen, Spritzen, Plattieren) mit metallischen (Verzinken, Alitieren) oder nichtmetallischen (Email, Gummi, Kunststoff) Überzügen versehen.

Biegeumformen (DIN 8586:03, [8.15])

Biegerunden (Abb. 8.31)
Das Biegerunden erfolgt auf Dreiwalzen- oder Vierwalzen-Blechbiegemaschinen, z. B. bei der Herstellung geschweißter Rohre aus Blechtafeln größerer Dicke. Nur die Oberwalze ist angetrieben. Bei der Dreiwalzenmaschine müssen die Randstreifen in einem Abkantwerkzeug oder in einer Vierwalzen-Biegemaschine gesondert angebogen werden

Abkanten (Abb. 8.32)
Abkanten ist das Biegen um eine Achse parallel zur Längsrichtung des Bleches, Herstellung von Abkantprofilen aus dünnen langen Blechen.

Verwendung: Leichtbau.
Maschinen: Abkantpressen, Abkantmaschinen, Profilwalzmaschinen.

Biegestanzen und Biegen mit Unterschnitt (Abb. 8.33, Abb. 8.34)
Das Biegestanzen findet Verwendung für kleinere Blechteile, wobei die Verformung z. B. um eine Achse parallel zur Längsrichtung des Bleches mit einem Ausschneide- oder Lochvorgang verbunden wird. Abbildung 8.34 zeigt das Biegen mit Unterschnitt durch einen drehbar gelagerten Formstempel.

Richten (Abb. 8.35)
Das Richten von Drähten, Profilen und Blechen erfolgt auf einer Rollenrichtmaschine (Abb. 8.35). Starke Zustellung der oberen Richtrollen im Einlauf, zum Auslauf hin abklingend.

a

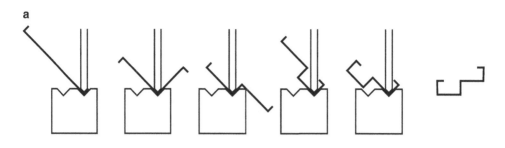

b

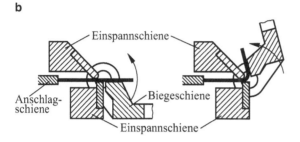

Abb. 8.32 Abkanten [8.18]. **a** Herstellung von Blechprofilen durch Abkanten, **b** Maschinelles Abkanten von Blech

Abb. 8.33 Biegestanzen

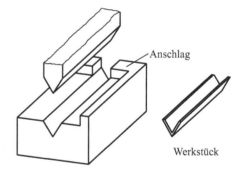

Rollen (Abb. 8.36)
Zur Herstellung von Versteifungen oder Scharnieren.

Sicken (Abb. 8.37, Abb. 8.38)
Zur Versteifung von Blechen (Leichtbau).

Bördeln (Abb. 8.39)
Zweck: Versteifung von Tiefziehteilen oder Blechprofilen. Vorarbeit zum Schweißen dünner Bleche ohne Zusatzwerkstoff oder zum Löten.

Abb. 8.34 Biegen mit Unterschnitt [8.18]. *a* Zuschnitt, *b* Anschlag, c_1 Biegestempel, c_2 drehbar gelagerter Formstempel, *d* Matrize, *f* Niederhalter

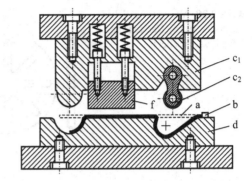

Abb. 8.35 Rollenrichtmaschine

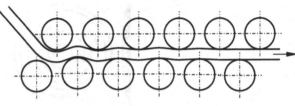

Abb. 8.36 Rollen

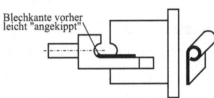

Abb. 8.37 Rohrsickwerkzeug [8.19]

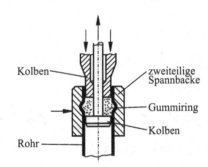

Falzen (Abb. 8.40) [8.20]

Anwendung: Dünnwandige Vierkantrohre für lufttechnische Anlagen, Verkleidungen, Dosen, Bedachungen.

Gute Kaltverformbarkeit erforderlich.

Tiefziehen (DIN 8584-1, -3:03, [8.15])

Unter Tiefziehen versteht man das Umformen von ebenen Blechzuschnitten durch Ziehring (Ziehmatrize) und Ziehstempel zu einseitig offenen Hohlkörpern ohne wesentliche

Abb. 8.38 Versteifungssicken
an Böden [8.18]. Versteifung
bei **a** besser als bei **b**

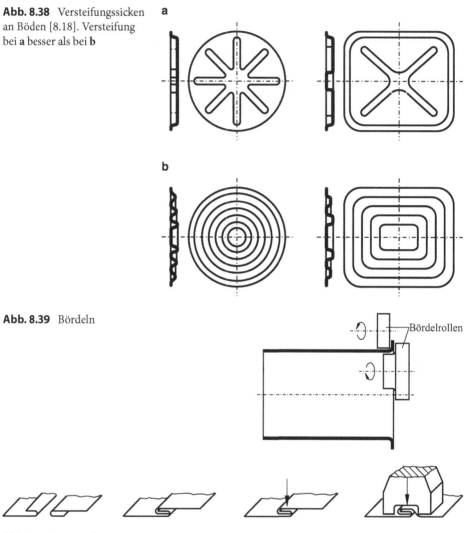

Abb. 8.39 Bördeln

Abb. 8.40 Falzen [8.20]

Änderung der Blechdicke (Abb. 8.41). Es handelt sich dabei nach DIN 8584 um eine Kombination von Zug- und Druckumformung. Bei zu starkem Stauchen können Falten unter
dem Niederhalter, bei zu starkem Strecken Risse, z. B. so genannte Bodenreißer, auftreten.
Zur Unterdrückung der Faltenbildung ist eine Mindest-Niederhalterkraft erforderlich. Bodenreißer lassen sich durch Begrenzen des Tiefziehverhältnisses d_0/d_1 auf die in Tab. 8.2
angegebenen Höchstwerte vermeiden.

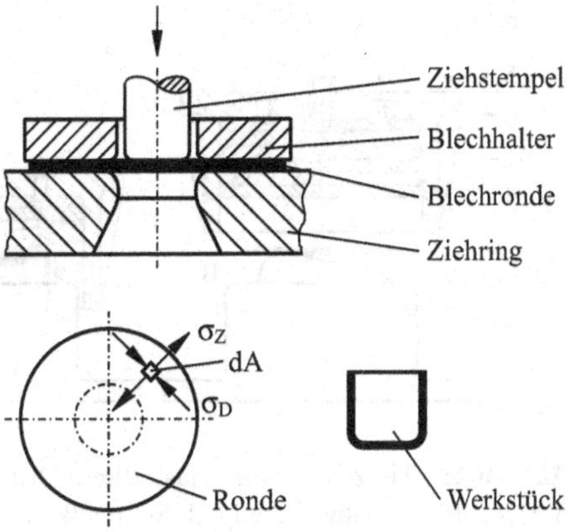

Abb. 8.41 Tiefziehwerkzeug mit Faltenhalter. dA Flächenelement, σ_Z Zugspannung, σ_D Druckspannung

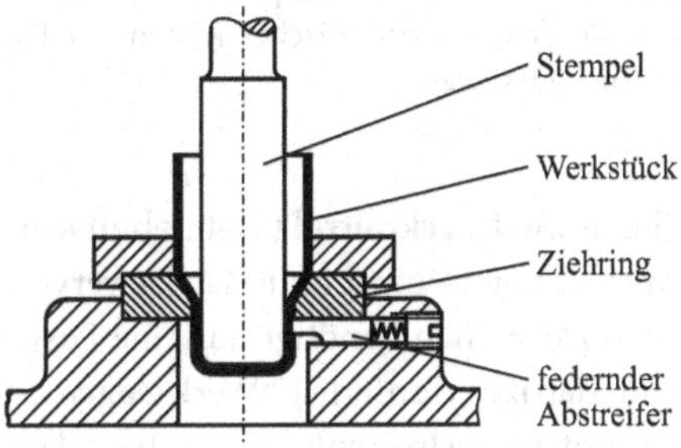

Ziehstempel
Blechhalter
Blechronde
Ziehring

σ_Z
dA
σ_D
Ronde
Werkstück

Abb. 8.42 Zwischenziehwerkzeug ohne Faltenhalter [8.18]

Stempel
Werkstück
Ziehring
federnder Abstreifer

Tab. 8.2 Grenzziehverhältnisse [8.2]

Werkstoff	$\frac{d_0}{d_1}$
Cu, CuZn (Messing)	1,9–2,2/1,3–1,4
Al, Al-Legierungen	1,9–2.1/1,4–1,6
DC-Stähle (IF 18)	1,9–2,2(2,3)/1,2–1,3
Cr- (CrNi-) Stähle	1,55–1,7(2,0)/1,25–1,6

d_0 Außendurchmesser der Ronde
d_1 Stempeldurchmesser
Werte für Erstzug/Werte für Weiterzug

Die Werte des Grenzziehverhältnisses hängen außer vom Werkstoff auch von der Dicke [8.4] und der Anisotropie der Bleche ab. Bei großem Tiefziehverhältnis zur Herstellung eines tiefen „Napfes" sind mehrere Arbeitsgänge, oft bis zu 10 Züge, erforderlich. Mit jedem Weiterzug wird der Durchmesser des Hohlkörpers kleiner. Ein hierfür geeignetes Zwischenziehwerkzeug ist in Abb. 8.42 wiedergegeben (Abstreckziehwerkzeug).

Das Tiefziehen hat als eines der wichtigsten Verfahren der Blechumformung große Bedeutung für die Serienfertigung von Hohlkörperbauteilen Für das Umformen kompliziert geformter Karosserieteile ist aber eine Kombination von Tiefziehen, Streckziehen und Biegen nötig.

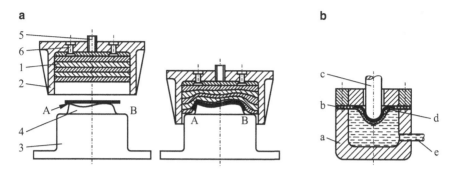

Abb. 8.43 Tiefziehen mit elastischen Druckmitteln [8.18]. **a** Gummiplattenstapel im Koffer,
b Hydroform-Ziehwerkzeug *A* Schneidkante, *Bereich A–B* Umformung, *1* Gummiplattenstapel,
2 „Koffer" für *1*, *3* Tauchplatte, *4* Kernstempel, *5* Einspannzapfen, *6* Halterung für verklebtes
Plattenpaket, *a* Hydraulisches Kissen mit Füllung, *b* Gummimembrane, *c* Stempel, *d* Werkstück,
e Druckflüssigkeit

Elastische Druckmittel (Tiefziehen mit Wirkmedien)

Anstelle von Stempel und Matrize verwendet man häufig elastische Druckmittel.

Vorteile: Man benötigt nur eine Positivform, keine genaue Passung zwischen Stempel
und Matrize erforderlich. Werkzeugkosten auf 1/10 erniedrigt. Außerdem Zeitgewinn, da
bei großem Ziehverhältnis (z. B. bis 2,4) weniger Züge nötig sind, bedingt durch die Über-
lagerung der das Fließen begünstigenden Druckkraft des Druckmittels auf das Werkzeug.
Andererseits ca. zehnfach höherer Umformdruck. Anwendung für schwierige Ziehteile mit
wenigen Zügen.

Die Wanddicken sind bei diesem Verfahren auf 1 mm bei Stahl und 2,5 mm bei Aluminium begrenzt.

Man unterscheidet zwei Arten des Tiefziehens mit elastischem Druckmittel (Abb. 8.43):

- Gummiplattenstapel im Koffer,
- Druckflüssigkeit wirkt über eine Gummimembran (z. B. „*Hydroform*-Verfahren").

Streckziehen (Abb. 8.44) [8.15]

Beim Streckziehen ist das Blech entweder an zwei gegenüberliegenden Seiten fest eingespannt (einfaches Streckziehen) oder durch Zug bis zur Streckgrenze vorgespannt (Tangentialstreckziehen). In beiden Fällen erfolgt die Umformung durch einen gegen das Blech
gedrückten Stempel. Das Verfahren wird zur Herstellung großflächiger gewölbter Teile,
insbesondere bei kleinen Losgrößen wie z. B. bei Karosserieteilen im Omnibusbau, angewandt. Vorteil des Tangentialstreckziehens mit der Kombination von Recken und Biegen:
auch bei geringer Wölbung des Ziehteils entsteht kein nennenswertes Rückfedern und der
Verschnitt ist klein.

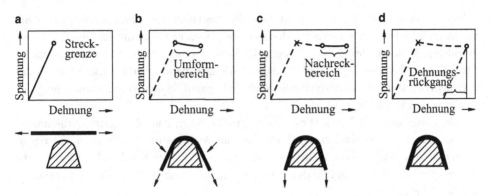

Abb. 8.44 Streckziehen [8.18]. **a** Recken bis $R_{p\,0,2}$, **b** Umformen, **c** Nachrecken, **d** Entlasten

Abb. 8.45 Exzenter-Drückvorrichtung

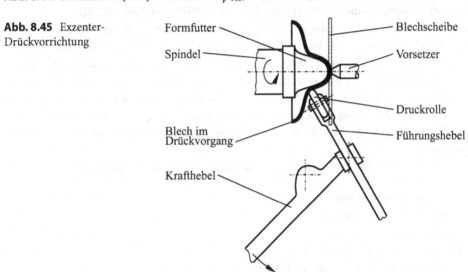

Drücken (DIN 8584-4:03, [8.15])

Die Krafteinleitung durch Drückwerkzeuge in das auf einem umlaufenden Formfutter liegende Blech erfolgt punktförmig auf einer schraubenförmigen Linie (Abb. 8.45). Das Werkstück wird meist in mehreren Umformstufen an die Kontur des Formfutters angedrückt. Angewandt wird dieses Verfahren der Zug-Druck-Umformung zur Herstellung rotationssymmetrischer, z. T. auch elliptischer, Hohlkörper, z. B. von Triebwerksteilen, Schraubdeckeln, Glühlampensockeln usw. Das Drücken kann von Hand oder hydraulisch, bei großen Stückzahlen auf Automaten erfolgen.

Kugelstrahlumformen [4.12–4.15, 8.21]

Beim Kugelstrahlumformen erfolgt eine Umformung von Blechen durch gezielten Beschuss mit Strahlmittelkugeln (Kugeln aus Stahl, Keramik, Glas. Durchmesser = 100 μm bis 3 mm). Dazu fahren Druckluft-Strahldüsen in einem bestimmten Abstand längs vorgegebener Linienzüge (z. B. mäander- oder spiralförmig) über das zu bearbeitende Blech. Bei relativ geringer Stahlenergie ergibt sich dabei eine plastische Streckung der Oberfläche und damit eine Wölbung des Blechs entgegen der Strahlrichtung, In der plastisch gestreckten Oberflächenschicht geringer Dicke bleiben Druckeigenspannungen zurück. Bei zu großer Strahlenergie tritt eine durchgreifende Verformung und folglich eine Durchbiegung des Blechs in Strahlrichtung auf.

Ein Vorteil des Verfahrens ist es, dass bei großflächigen Bauteilen geringe Wölbungen, wie sie z. B. bei Verkehrsflugzeug-Tragflächen aus Al-Legierungen vorliegen, gut reproduzierbar zu erzeugen sind. Weitere Anwendungen findet das Kugelstrahlumformen für Türrahmen beim Airbus und für den Ariane 5 Tankboden mit 5,80 m Durchmesser (Blechstärke 1,4 bis 2,4 mm).

Innenhochdruckumformen (Hydroforming, DIN 8584-7:03, [8.22])

Als relativ neues Verfahren der Kaltformgebung hat das Innenhochdruckumformen große Bedeutung gewonnen. Bei diesem Verfahren wird über ein Wirkmedium ein hoher Innendruck auf die meist rohrförmigen Ausgangsformteile ausgeübt, diese dadurch in ein Formwerkzeug gepresst und so in eine neue, z. B. kompliziertere Form gebracht oder auf ein genaues Maß kalibriert. Durch den hohen hydrostatischen Druck ist ein gutes Umformvermögen der Werkstoffe gewährleistet. Wanddickenänderungen werden gering gehalten durch eine über Stempel auf die Rohrstirnflächen ausgeübte und auf den Innendruck abgestimmte Stauchkraft.

Das Verfahren findet bei Stählen und Aluminiumlegierungen Anwendung zum

- Aufweiten von Hohlteilen (Rohren)
- Kalibieren von Hohlteilen (Rohren)
- Herstellen von Rohrbögen
- Herstellen von profilierten Hohlteilen
- Durchsetzen von rohrförmigen Hohlteilen
- Herstellen von Rohrverzweigungen

Typische industrielle Bauteile sind Längs- und Querträger an Pkw-Hinterachsen oder komplette Überrollbügel. Auch als Fügeverfahren wird Innenhochdruckumformen eingesetzt. Bei der Herstellung gebauter Nockenwellen wird der Rohrkörper an den Stellen, an denen übergeschobene Ringe mit Nocken sitzen, durch Innendruck so aufgeweitet, dass ein Aufschrumpfen der Nockenringe erfolgt. Außer einer Gewichtseinsparung von 40 % gegenüber konventionell hergestellten Nockenwellen bringt dieses Verfahren wirtschaftliche Vorteile [8.23].

Draht-, Stangen- und Rohrziehen [8.2]

Vorbehandlung

Bis zu gewissen Querschnitten kann man Stangen und Drähte durch Warmwalzen herstellen, darunter nur durch Kaltziehen. Beim Walzen ist für die Wärmekapazität des Walzgutes

Abb. 8.46 Diamant-Ziehstein

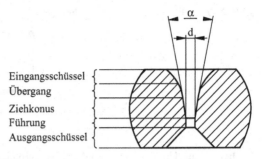

Eingangsschüssel
Übergang
Ziehkonus
Führung
Ausgangsschüssel

Tab. 8.3 Vergleich zwischen verschiedenen Ziehwerkzeugen

Werkstoff des Ziehwerkzeuges	Verschleißwiderstand (Relation)	Kosten (Relation)
Werkzeugstahl	1	1
Hartmetall	100	5
Diamant	10.000	35

sein Volumen verantwortlich, für die Wärmeabgabe seine Oberfläche. Das Verhältnis von Volumen zu Oberfläche eines Zylinders nimmt mit geringer werdendem Durchmesser ab:

$$\frac{V}{O} = \frac{d}{4}.$$

Drahtziehen

Drähte mit kleinem Querschnitt müssen kaltgezogen werden, da sie beim Walzen zu schnell abkühlen würden. Die Grenzen liegen für Walzdraht bei 5 mm Durchmesser für Stahl und bei 6,5 mm Durchmesser für Kupfer. Nach dem Warmwalzen bis zum kleinstmöglichen Durchmesser zieht man die Drähte kalt bis zu den gewünschten Abmessungen weiter. Vorher wird der Zunder des Walzdrahtes beseitigt, da er sich sonst in die Oberfläche der Drähte eindrücken und die Ziehwerkzeuge beschädigen würde. Man entfernt den Zunder durch Beizen mit Salz- oder Schwefelsäure oder mechanisch durch Strahlen mit Drahtkorn oder durch Biegen.

Ziehwerkzeuge (DIN 1546:54, DIN 1547-1:69 bis -11:69) Die früher verwendeten Zieheisen bestanden aus Werkzeugstahl mit 1,8 bis 2,5 % Kohlenstoff[1], 3 bis 4 % bzw. 12 bis 13 % Chrom (gute Verschleißbeständigkeit). Heute meist Ziehsteine aus Sinterhartmetall (kobaltgebundene Wolframcarbide) bzw. aus Diamant (Abb. 8.46), da leistungsfähiger (Tab. 8.3). Mit Diamant-Ziehsteinen (DIN 1546) lassen sich feine Drähte mit 0,003 bis 0,5 mm Durchmesser herstellen. Das Bohren der Diamant-Ziehsteine erfolgt am wirtschaftlichsten mit einem Bearbeitungs-Laser.

---

[1] Bei hochlegierten Stählen sind Kohlenstoffgehalte > 2 % möglich.

Abb. 8.47 Hohlziehen   Ziehring

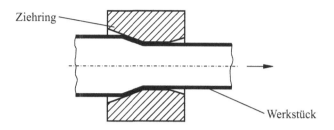

Werkstück

Ziehvorgang Um den Draht in den Ziehstein einführen zu können, muss er durch Schleifen oder Hämmern (Rundhämmermaschine) angespitzt werden. Er wird dann in den Stein eingefädelt und mit der Ziehzange durchgezogen. Während des Vorganges wird mit Ziehfetten – Seife und Ölen – geschmiert.

Beim Ziehen von Stahl ist eine bezogene Querschnittsabnahme

$$\varepsilon_F = \frac{\Delta A}{A_0} \cdot 100 \quad \text{in \% von 75 bis 90 \%}$$

in mehreren Zügen ohne Zwischenglühen möglich (z. B. von 5 mm auf 0,6 mm Durchmesser). Nach starker Kaltverfestigung wird unter Schutzgas zwischengeglüht. Man unterteilt in

Grobzüge   16 bis 4,2 mm Durchmesser
Mittelzüge 4,2 bis 1,6 mm Durchmesser
Feinzüge   1,6 bis 0,7 mm Durchmesser

Ziehverfahren, bei denen der Draht auf Trommeln aufgewickelt wird, nennt man *Geradeausverfahren*. Bei einer Umlenkung spricht man von *Parallelverfahren* (vorwiegend für Feindrähte).

Aus vorgewalzten Teilen werden durch Ziehen auch Profile mit beliebigen Querschnitten und sehr genauen Abmessungen hergestellt (Strangziehen). Da es sich um eine Kaltverformung handelt, liegt die Festigkeit höher als bei warmgewalzten Stählen (vgl. DIN EN 10 263-1:01).

Rohrziehen
Bei der Herstellung von Präzisionsrohren (DIN EN 10 305-1, -2) werden warmumgeformte Rohre durch Rohrziehen im kalten Zustand weiter verformt. Man unterscheidet dabei folgende Varianten:

Hohlziehen (Abb. 8.47): Wanddicke und Innendurchmesser hängen vom Spannungszustand ab. Die Genauigkeit ist gering. Man verwendet daher das Verfahren zum Vorziehen. Keine Innenkalibrierung.

Stopfen-Zug (Abb. 8.48): Die Wanddicke lässt sich durch den Stopfendurchmesser einstellen, der für die Kalibrierung sorgt.

Abb. 8.48 Stopfen-Zug

Abb. 8.49 Stangen-Zug

Abb. 8.50 Aufweite-Zug

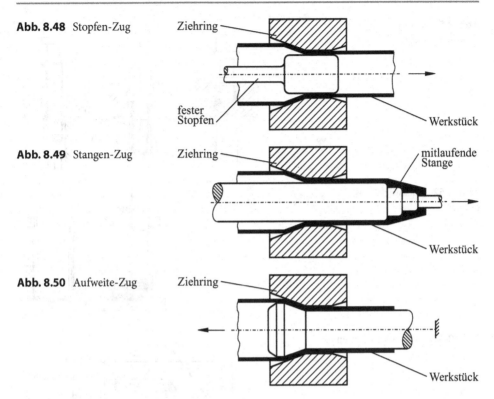

Stangen-Zug (Abb. 8.49): Um die Stange nach dem Ziehen entfernen zu können, muss das Rohr etwas nachgewalzt werden, wodurch die Abmessungen an Genauigkeit verlieren.

Aufweite-Zug (Abb. 8.50): Der Innendurchmesser wird aufgeweitet und erhält dadurch eine besonders glatte Oberfläche.

Fließpressen (DIN 8583-6:03)

Es handelt sich um ein Massivumformen bei Raumtemperatur (im Sonderfall auch bei Schmiedetemperatur) zur Herstellung von Voll- und Hohlkörpern. Die Form des Werkstückes ergibt sich aus der Form von Pressstempel und Pressbüchse. Es wird mit hohen Drücken gearbeitet, da die Formänderungsfestigkeit des Werkstoffes überschritten werden muss. Früher wurde das Verfahren nur für Nichteisenmetalle angewendet, seit einigen Jahren auch für Stahl, seitdem man Presswerkzeuge mit der notwendigen Festigkeit von ca. 3000 N/mm² herstellen kann. Je nach Wirkrichtung des Stempels zur Fließrichtung des Werkstoffes unterscheidet man:

Vorwärtsfließpressen (Abb. 8.51)

Stempel- und Werkstoffbewegung sind gleichsinnig. Herstellung von zylindrischen Formteilen (Voll- und Hohlkörper).

Abb. 8.51 Vorwärts-
Hohlfließpressen

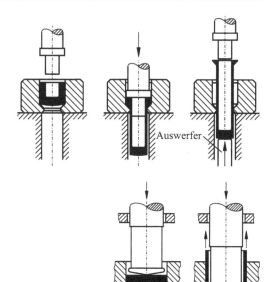

Abb. 8.52 Rückwärtsfließpressen

Abb. 8.53 Explosivumformen

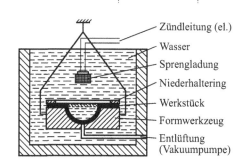

Rückwärtsfließpressen (Abb. 8.52)

Stempel- und Werkstoffbewegung sind gegenläufig. Herstellung von einseitig geschlossenen Hohlkörpern wie Näpfen und Tuben (Rückwärts-Napffließpressen).

Hochgeschwindigkeitsumformen (Hochenergieumformen)

Explosivumformen (Abb. 8.53)

Umformen durch die Stoßwelle eines Sprengsatzes. Theoretischer Anfangsdruck: 10^6 bar,
Fortpflanzungsgeschwindigkeit der Druckwelle: 1500 bis 850 m/s (je nach Sprengstoff).
Umformgeschwindigkeit am Werkstück: bis 300 m/s. Hohe Druckbeanspruchung ermög-
licht Umformung schlecht verformbarer Werkstoffe.

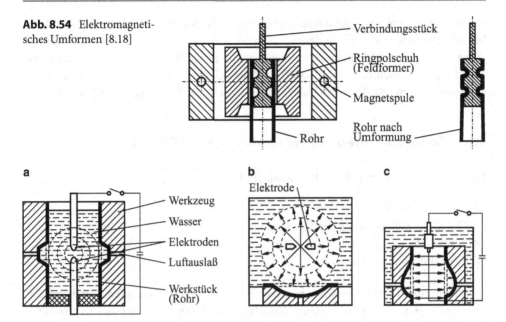

Abb. 8.54 Elektromagnetisches Umformen [8.18]

Verbindungsstück

Ringpolschuh (Feldformer)

Magnetspule

Rohr

Rohr nach Umformung

a b c

Werkzeug

Wasser

Elektroden

Luftauslaß

Werkstück (Rohr)

Elektrode

Abb. 8.55 a Elektrohydraulisches Umformen durch Hochspannungslichtbogen (Hydrospark), **b** Unterwasserlichtbogen, **c** Vergasen eines dünnen Drahtes

Elektromagnetisches Umformen (Abb. 8.54)

Durch eine Kondensatorentladung wird über eine Spule kurzzeitig ein starkes Magnetfeld aufgebaut, das im leitenden Werkstoff einen gegenläufigen Strom und damit ein entsprechendes Magnetfeld induziert. Die schockartige Kraftwirkung wird zum Umformen kleinerer Teile aus Feinblech ausgenutzt.

Elektrohydraulisches Umformen (Abb. 8.55)

Umformen durch die hydraulische Druckwelle, die durch einen Hochspannungslichtbogen oder durch Vergasen eines dünnen Drahtes bei Stromdurchgang unter Wasser erzeugt wird.

8.3 Gießereitechnik

Das Gießen in Fertigform erlaubt als Urformverfahren die spanlose Formgebung der Metalle auf einfachste Weise. Mit unterschiedlichen Gießverfahren lassen sich sowohl sehr große, schwere Gussstücke als auch feingliedrige Gussteile herstellen, wobei – analog zum Schmieden – meist endabmessungsnahe Teile angestrebt werden, um die noch nötige spanende Bearbeitung auf ein Minimum zu beschränken. Bei den Gießverfahren unterscheidet man *Schwerkraftgießen* und *Druckgießen*. Das Schwerkraftgießen kann in *verlorene For-*

men oder in *Dauerformen* (Kokillenguss, Strangguss, Schleuderguss, Bandgießen) erfolgen. In verlorenen Formen wird ein dem zu gießenden Werkstück entsprechender Hohlraum durch ein *Dauermodell* (Sandguss, Maskenformguss) oder ein *verlorenes Modell* (Feinguss, Vollformguss) ausgeformt. Beim Gießen mit Anwendung von Druck muss in Dauerformen vergossen werden (Niederdruck-Kokillenguss, Druckguss, Thixogießen) [8.2, 8.24–8.46].

8.3.1   Gusswerkstoffe und Besonderheiten beim Gießen

Die wichtigsten Gussmetalle auf Eisenbasis sind:

GS   Stahlguss
GG/EN-GJL   Gusseisen mit Lamellengraphit
GGG/EN-GJS Gusseisen mit Kugelgraphit
GT/EN-GJM   Temperguss

Ausgangsprodukt für Gusseisen ist graues Roheisen aus dem Hochofen. Durch den Zusatz von Gussschrott, Stahlschrott und Zuschlägen erhält man Gusseisensorten verschiedener Zusammensetzung. Der Gießereiofen wird durch diese *Gattierung* auf das Erschmelzen einer bestimmten Sorte eingestellt.
Bedeutung haben ebenfalls

- NE-Schwermetallguss
- NE-Leichtmetallguss

Aluminiumschmelzen dürfen nicht über 760 °C erwärmt werden, da sonst eine verstärkte Aufnahme von Wasserstoff erfolgt. Um ein feinkörniges Gussgefüge zu erhalten, setzt man Natrium als Keimbildner hinzu. Bei Magnesiumlegierungen und bei Schwermetallen wird die Oxidbildung durch eine Salzabdeckung ($MgCl_2$) verhindert.

Wichtige Besonderheiten beim Gießen [8.30]

Formfüllungsvermögen Das Füllvermögen ist bei reinen, niedrigschmelzenden Metallen (Blei, Zink, Zinn) und bei eutektischen Legierungen mit niedrigem Schmelzpunkt gut (GG/EN-GJL, G-Al Si 13). Die Erstarrung erfolgt in diesen Fällen bei einem Temperaturhaltepunkt und nicht in einem Temperaturintervall. Der Punkt „e" (Abb. 4.7) kennzeichnet die Zusammensetzung einer eutektischen Legierung. Auch Lote sind meist naheeutektische Legierungen.

Gaslöslichkeit Beim Abkühlen der Schmelze treten die bei höherer Temperatur gelösten Gase (O_2, H_2) wieder aus. O_2 bildet Oxide, wenn keine Desoxidationsmittel vorhanden sind. Sind die Reaktionsprodukte gasförmig, führen sie u. U. zur Porenbildung. Um Schäden durch Gaseinschlüsse zu vermeiden, beachte man:

- Langsam abkühlen, damit die Gase entweichen können.
- Vakuum-Schmelzen und Vakuum-Gießen bei besonders stark Gase lösenden Metallen
- Gasdurchlässige Formen zur Förderung der Entgasung.

Seigerungen sind Entmischungen in mikroskopischen oder makroskopischen Bereichen.

Eine *Kristallseigerung (Bildung von Zonenmischkristallen)* entsteht innerhalb des einzelnen Kristalls beim Vorliegen eines großen Erstarrungsintervalls.

Eine *direkte Blockseigerung (makroskopische Seigerung)* ist eine örtliche Anreicherung von Legierungs- oder Begleitelementen infolge unterschiedlicher Schmelzpunkte und Dichten. Die zuletzt erstarrenden Bestandteile reichern sich im Blockinnern an.

Umgekehrte Blockseigerung Diese Form kann bei NE-Metallen auftreten. Da der Block schrumpft, steht die Restschmelze im Innern des Blockes unter erhöhtem Druck. Sie wird daher zwischen den Stängelkristallen nach außen gepresst und erstarrt in Form von Ausquellungen an der Blockoberfläche. Vor der Weiterverarbeitung muss diese Schicht beim Halbzeug entfernt werden. Zu dieser Form der Seigerung neigen die Systeme Cu-Sn, Al-Cu und Zn-Cu.

Schwinden ist die bei fast allen Metallen und Legierungen auftretende Volumenverringerung vom Erstarrungsbeginn bis zur Abkühlung auf Raumtemperatur. GG: 1 % , GS: 2 % Schwindung

Lunker sind nach außen offene oder in sich geschlossene Hohlräume im Gussstück, hervorgerufen durch Schwindung in Verbindung mit ungleichmäßiger Abkühlung. Beide Einflüsse müssen zusammen auftreten. Weder Schwindung allein bei gleichmäßiger Abkühlung noch ungleichmäßige Abkühlung ohne Schwindung führen zu Lunkern. Lunker treten bevorzugt in örtlichen Werkstoffanhäufungen und im Bereich schroffer Querschnittsübergänge auf. Man vermeidet daher Werkstoffanhäufungen und setzt bei großen Querschnittsänderungen Speiser, in denen sich dann die Lunker bilden können.

Eigenspannungen sind auf ein behindertes Schwinden in Verbindung mit ungleichmäßiger Abkühlung zurückzuführen. Sie wachsen mit dem Schwindmaß und dem Elastizitätsmodul des Werkstoffes.

Werkstoffabhängige Fehlerscheinungen

Heißrisse erkennt man an der oxidierten Bruchfläche, wenn sie mit der Atmosphäre in Verbindung stehen. Niedrigschmelzende Bestandteile auf den Korngrenzen führen beim Abkühlen zu Heißrissen. Die Gefahr ist umso größer, je mehr das Gussstück durch die Form am Schwinden gehindert wird. Daher werden Teile mit großem Schwindmaß oft im rotwarmen Zustand aus der Form geschlagen.

Abb. 8.56 Gießereischachtofen [8.31]

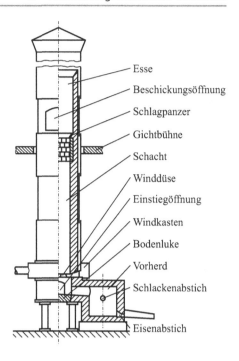

Esse

Beschickungsöffnung

Schlagpanzer

Gichtbühne

Schacht

Winddüse

Einstiegöffnung

Windkasten

Bodenluke

Vorherd

Schlackenabstich

Eisenabstich

Kaltrisse Die Bruchfläche ist bei Kaltrissen blank. Sie entstehen durch hohe Eigenspannungen in schlecht verformbaren Gusswerkstoffen. Der Verlauf ist meist transkristallin, d. h. quer durch die Körner.

8.3.2 Gießereiöfen

Öfen für Gusseisen

Gießereischachtofen (Abb. 8.56) 0,5 bis 1,5 m im Durchmesser, 4 bis 7 m Höhe, Blechmantel, Ausmauerung mit Schamottesteinen oder Ausstampfen mit Klebsand, also saures Ofenfutter.

Man heizt mit Koks, was zu einer Aufschwefelung führt. Die damit notwendige Entschwefelung findet im Vorherd statt. Der Ofen wird Schichtweise mit Koks, Kalkstein und Roheisen beschickt. Der Kalk führt zur Vorentschwefelung, die jedoch bei saurer Schlackenführung nicht ausreicht. Keine wesentlichen chemischen Reaktionen. Leistung: ca. 5 t/h bei mittlerer Ofengröße.

Heißwind-Kupolofen (Abb. 8.57) Höhere Leistung bei Winderhitzung auf 450 bis 600 °C.

Abb. 8.57 Heißwind-Kupolofen

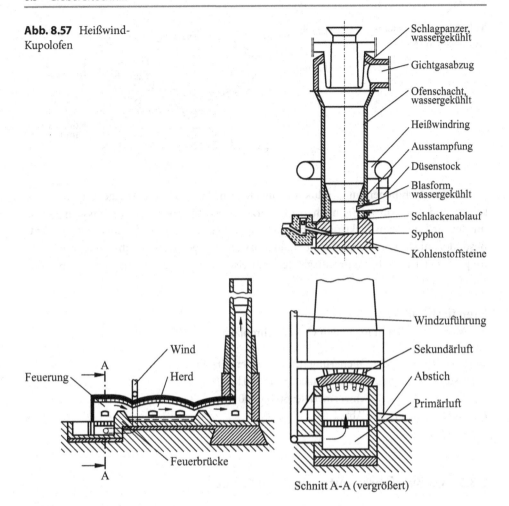

Schlagpanzer, wassergekühlt

Gichtgasabzug

Ofenschacht, wassergekühlt

Heißwindring

Ausstampfung

Düsenstock

Blasform, wassergekühlt

Schlackenablauf

Syphon

Kohlenstoffsteine

Feuerung

Wind

A

Herd

A

Feuerbrücke

Windzuführung

Sekundärluft

Abstich

Primärluft

Schnitt A-A (vergrößert)

Abb. 8.58 Flammofen (Herdofen) [8.18]

Flammofen (Abb. 8.58) Der Flammofen ist treffsicher zum Erschmelzen der Gusseisensorten einstellbar. Das Gusseisen kann bei höherer Temperatur mit niedrigerem Kohlenstoffgehalt erzeugt werden. Die Beheizung findet mit Steinkohle, Gas oder Öl statt.

Brakelsberg-Trommelofen (Abb. 8.59) Dreh- und schwenkbarer Flammofen für eine bessere Entgasung bzw. zur Schonung des Gewölbes durch ständige Kühlung (Schmelze bleibt nicht an derselben Stelle infolge der ständigen Rotation des Ofens).

Tiegelofen Der Tiegelofen wird durch Flammgase erwärmt (für kleinere Gussstücke und NE-Metalle).

Abb. 8.59 Brakelsberg-
Trommelofen [8.18]

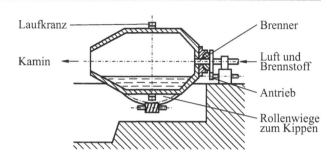

Elektroöfen Lichtbogen- und Induktionsöfen wie im Stahlwerk. Die Anlage- und Betriebs-
kosten sind verhältnismäßig hoch, daher vorzugsweise für hochwertigen Guss eingesetzt,
für den sich die beim Elektroofen mögliche gute Regelbarkeit des Schmelzganges lohnt.
Besonders niedrige Rauchgas- und Staubemissionen haben dazu geführt, dass mit Netzfrequenz betriebene Induktionstiegelöfen teilweise an die Stelle von Heißwind-Kupolöfen
getreten sind.

Öfen für NE-Metalle

NE-Metalle werden in folgenden Öfen erschmolzen:

* *Tiegelofen* Gas- oder Ölfeuerung, Induktionserwärmung
  Fassungsvermögen: Leichtmetalle: 25 bis 100 kg
                                Schwermetalle: 60 bis 800 kg
* *Induktionsofen* (siehe Abb. 7.8).
* *Herdofen*

8.3.3   Gießverfahren mit verlorenen Formen

Das Modell (DIN EN 12 890:00)

Das *Modell* ist ein Abbild des zu gießenden Werkstückes unter Berücksichtigung des
Schwindmaßes und der Bearbeitungszugaben. Hohlräume und Aussparungen im Gussstück werden durch eingelegte *Kerne* erzeugt.

    Modellwerkstoffe: Holz, Metall für Dauermodelle, Kunststoff oder Wachs für verlorene
Modelle.

    Die Modelle werden in einem Formstoff eingebettet. Der nach dem Wiederausheben
des Modells gebildete Hohlraum stellt die Gießform dar.

Die Form

Anforderungen *an die Form:*

* Hinreichende Festigkeit, damit sie den Beanspruchungen bei Transport und Guss möglichst dauerhaft standhält,

- so ausgeprägt (scharf), dass das Gussstück an freien Flächen keiner Nachbearbeitung bedarf und saubere Oberflächen erhält,
- möglichst schlecht wärmeleitend zur Erzielung einer langsamen Abkühlung (Ausnahme: Schalenhartguss),
- möglichst gasdurchlässig, damit durch die Reaktion zwischen Schmelze und Formstoff entstandene sowie aus der Schmelze selbst freiwerdende Gase entweichen können,
- hitzebeständig, damit der Formstoff nicht am Gussstück anklebt.

Formstoffe

Lehm für Schablonenformerei.

Formsand Quarzsand und Ton in unterschiedlichen Mengen. Quarzsand: SiO_2; Ton: $Al_2O_3 \cdot 2SiO_2 \cdot 2H_2O$.

Man unterscheidet:

- *grünen Sand* (mageren Sand): 8 % Ton und 4 % H_2O, für Nassguss geeignet (Trockenform würde zerfallen), für kleine Massenteile verwendet,
- *mittelfetten Sand*: 8 bis 15 % Ton und 7 % H_2O, gut bildsam, aber in nassem Zustand wenig gasdurchlässig, daher nur für den Trockenguss geeignet,
- *fetten Sand* (Masse): 15 bis 20 % Ton und 10 % H_2O, gut bildsam und nach der Trocknung sehr fest, für hohe Temperaturen geeignet (z. B. für GS),
- *synthetischen Sand*: Sand, dem Kunststoffe, z. B. Phenolharz, beigemischt sind.

Formsandprüfung

- Korngröße durch Siebanalyse,
- Tongehalt,
- Feuerbeständigkeit,
- Druck- und Scherfestigkeit,
- Gasdurchlässigkeit,
- Feuchtigkeit.

Herstellung von verlorenen Formen

Herdformerei (Abb. 8.60)

Koksschicht, Formsandschicht, Modellsandschicht (oberste Lage), in die das Modell eingedrückt wird. In die dadurch entstandene Form wird eingegossen. Beim bedeckten Herdguss wird die Oberfläche mit einem Formkasten abgedeckt. Die Oberflächengüte des Gussstückes kann dadurch verbessert werden.

Abb. 8.60 Herdformerei
[8.18]. **a** Modell eingeformt,
b Modell ausgehoben

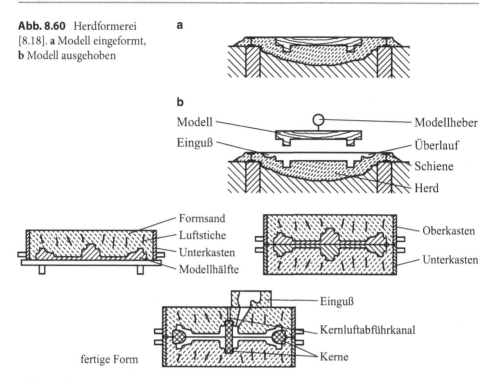

Formsand
Luftstiche
Unterkasten
Modellhälfte

Oberkasten

Unterkasten

Einguß
Kernluftabführkanal
Kerne

fertige Form

Abb. 8.61 Kastenformerei [8.32]

Kastenformerei (Abb. 8.61)

Formkästen (DIN 1524/Z) aus GG oder Stahl. Die Modellhälften werden im Unter- und Oberkasten eingeformt, die Kästen nach Einlegen der Kerne aufeinander gesetzt und mit dem Eingusstrichter versehen.

Schablonenformerei (Abb. 8.62)

Dreh- und Ziehschablonen aus Holz mit Blechbeschlag. Nur für kleine Stückzahlen, da hoher Lohnkostenanteil.

Maschinenformerei

Die moderne Gießerei ist weitgehend mechanisiert und automatisiert, so auch die Vorgänge bei der maschinellen Herstellung von Formen und Kernen.

a) Die *Verdichtung* des Sandes erfolgt durch Stampfen, Hochdruckpressen, Rütteln, Schleudern, Blasen (Abb. 8.63). Beim Pressen wird im Allgemeinen das Modell in den Sand gedrückt, um die größte Sanddichte am Modell zu erreichen. Verdichten großer Formen erfolgt durch abschnittweises Pressen mit stufenförmig angeordneten Einzelpressflächen. Rütteln führt ebenfalls zu einer hohen Sanddichte am Modell.

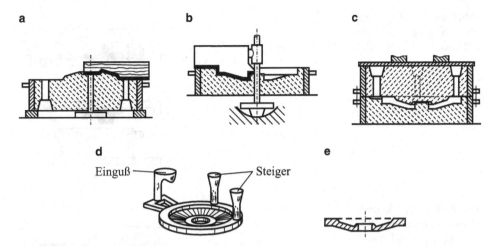

Abb. 8.62 Schablonenformerei [8.18]. **a** Schablonieren der Oberteilform, **b** Schablonieren der Unterteilform, **c** fertige Form, **d** Gussstück, **e** Werkstück

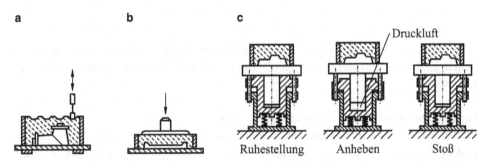

Abb. 8.63 Möglichkeiten des Formsandverdichtens [8.33]. **a** Hochdruckpressen mit Einzelstempeln, **b** Pressen, **c** Rütteln

b) *Trennen von Modell und Form:* Ein Abheben der Form ist ungünstig, da raue Oberflächen durch abbrechenden Sand entstehen können. Vorzuziehen ist das Wendeverfahren (Abb. 8.64) bei dem nach dem Wenden der Formkasten abgesenkt wird. Eine weitere Möglichkeit ist das Schwenken der Form und Abheben des Modells (Abb. 8.65). Das Durchzugverfahren eignet sich für schmale, senkrecht angeordnete Teile (Abb. 8.66).

Maskenformerei nach Croning
Dem Sand wird ein aushärtbarer Kunststoff beigegeben (SiO_2 + 4 bis 10 % Phenolharz + Beschleuniger Hexamethylentetramin) und mit diesem Gemisch auf einer vorgewärmten Modellplatte eine Maskenform gemäß Abb. 8.67 hergestellt.

Vorteile: Geringer Formstoffverbrauch, hohe Konturengenauigkeit und gute Gasdurchlässigkeit.

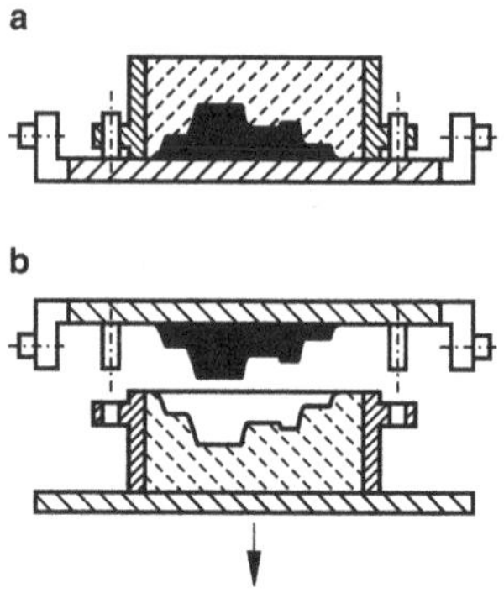

Abb. 8.64 Wendeformmaschine [8.33]. **a** Wenden und
b Absenken des Formkastens

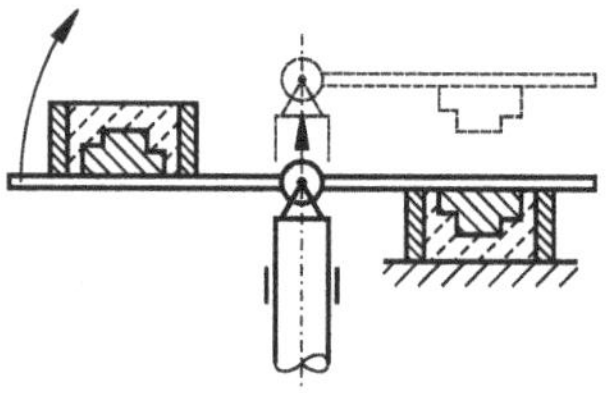

Abb. 8.65 Schwenk- und
Abhebeformmaschine [8.33].
Schwenken und Abheben des
Modells

Anwendung: Automobilindustrie, Massenteile (Rippenzylinder, Kurbelwellen, Nockenwellen, Lauf- und Leiträder für Pumpen, Armaturen). Das Verfahren eignet sich auch zur
Kernherstellung.

Formherstellung für Feinguss und Vollformguss

Modelle aus Wachs oder Schaum-Polystyrol werden in geeigneten Werkzeugen hergestellt
und zu einer Modelltraube zusammengefügt. Nach Aufbringen von feuerfestem Material
oder einer Schlichte wird die Modelltraube eingeformt.

Nach Verdichten und Trocknung kann das Wachs ausgeschmolzen und der so entstandene Hohlraum als Form verwendet oder direkt gegen das sich zersetzende, vergasende
Polystyrolmodell gegossen werden (Abb. 8.68). Der Vorteil dieser Verfahren mit verlorenen Modellen besteht in der hohen Maßgenauigkeit eines durch Verwendung ungeteilter
Formen gratfreien Gussstückes. Anwendung findet der Feinguss für Serienteile der Feinwerktechnik (früher Schreibmaschinenteile), das Vollformgießen mit Polystyrolmodellen
vor allem für Teile aus Aluminiumlegierungen wie Zylinderköpfe oder Kurbelgehäuse.

Kernherstellung

Kerne werden mit Schablonen oder in Kernkästen hergestellt und können mit Kerneisen
verstärkt werden. Die Verdichtung erfolgt mit Pressluft oder auf Rüttelmaschinen. Bei Verfahren zur automatisierten Kernherstellung wird die Kernfestigkeit nicht durch Verdichten,
sondern durch physikalische oder chemische Behandlung (Härten mit Wärme, Kohlendi-
oxid oder Katalysator) erreicht.

Abb. 8.66 Durchziehformmaschine. **a** Form verdichtet,
b Form abgehoben

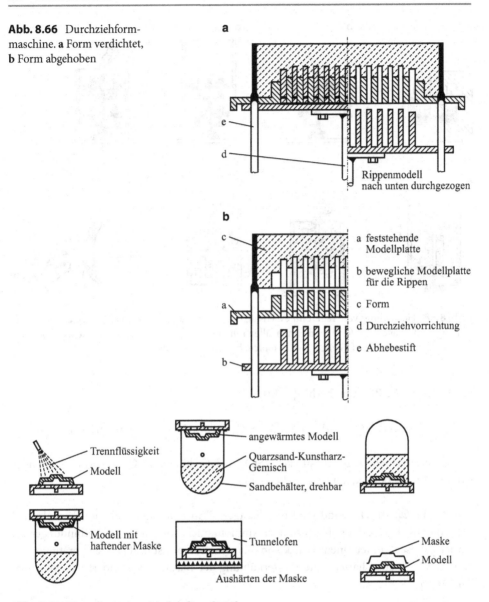

a feststehende
Modellplatte

b bewegliche Modellplatte
für die Rippen

c Form

d Durchziehvorrichtung

e Abhebestift

Trennflüssigkeit

Modell

angewärmtes Modell

Quarzsand-Kunstharz-
Gemisch

Sandbehälter, drehbar

Modell mit
haftender Maske

Tunnelofen

Aushärten der Maske

Maske

Modell

Abb. 8.67 Herstellung einer Maskenform [8.33]

Kohlendioxid-Erstarrungsverfahren Quarz-, Zirconsand oder Schamotte werden mit Wasserglas ($M_2O \cdot nSiO_2$) oder wasserglashaltigem Binder vermischt und wie normaler Formsand verwendet. Eine Lagerung unter Luftabschluss ist erforderlich, da sonst die Aushärtung vorzeitig beginnt. Nach der Fertigstellung der Form wird CO_2 eingeblasen und fol-

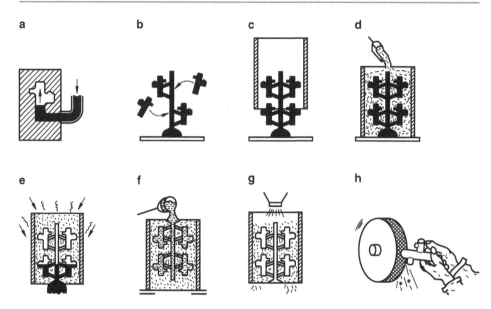

Abb. 8.68 Herstellung von Teilen im Wachsausschmelzverfahren (Feinguss) [8.34]. **a** Modellher-stellung, **b** Montage, **c** Einformen, **d** Hinterfüllen mit Füllstoff, anschließend verdichten, **e** Trocknen, Ausschmelzen, Brennen, **f** Gießen, **g** Ausklopfen, **h** Trennen und Putzen

gende chemische Reaktion herbeigeführt:

$$M_2O \cdot nSiO_2 + mH_2O + CO_2 \rightarrow M_2CO_3 \cdot qH_2O + n\,(SiO_2 \cdot pH_2O)$$

Das ausgeschiedene Kieselsäuregel $n(SiO_2 \cdot pH_2O)$ bindet die Quarzkörner des Sandes (M steht für Na oder K, n liegt zwischen 1 und 4).

Hot-Box-Verfahren Der Sand wird mit flüssigem Kunstharzbinder Phenol-Formaldehyd (2 %) und flüssigen oder pulverförmigen Ammoniumchlorid-Harnstoff-Verbindungen als Härter gemischt, unter einem Druck von 6 bis 7 bar verpresst und bei Temperaturen von 120 bis 150 °C ausgehärtet. Eine Wasserkühlung der Blasform verhindert das vorzeitige Aushärten.

Cold-Box-Verfahren (Gas-Nebel-Verfahren) Trockener Quarzsand mit flüssigem Zwei-komponenten-Binder wird in Kernkästen verdichtet und mit Katalysatornebel (Trie-thylaminnebel) auf kaltem Wege innerhalb von Sekunden gehärtet. Verwendung auf Vollautomaten, aber auch von Hand und auf von Hand bedienten Maschinen. Eine Beur-teilung der verschiedenen Verfahren enthält Tab. 8.4.

Tab. 8.4 Beurteilung der wesentlichen Eigenschaften der nach verschiedenen Verfahren hergestellten Kerne [8.35]

Eigenschaften	Maskenform-Verfahren	Hot-Box-Verfahren	Cold-Box-Verfahren	Kohlendioxid-Erstarrungsverfahren
Lagerfähigkeit der Sandmischung	1	3	4	2
Lagerfähigkeit der Kerne	2	3	1	4
Formfüllungsvermögen	1	3	2	4
Maßgenauigkeit der Kerne	2	3	1	4
Gasdurchlässigkeit	1	2	2	4
Gasentwicklung	4	3	1	2
Geruchsbelästigung	3	3	4	1
Festigkeit	3	1	2	4
Zerfall	3	2	1	4
$\Sigma =$	20	23	18	29

Bewertungsmaßstab: 1 = günstig, 4 = ungünstig

8.3.4 Gießverfahren mit Dauerformen

Gießverfahren in Dauerformen aus Metall eignen sich für NE-Metalle und Stahl, einzelne Verfahren (Schleuderguss, Strangguss) auch für Grauguss.

Kokillenguss
50 % der Leichtmetalle werden in Kokillen vergossen.

- *Vollkokille*: Außenform aus GG, Kerne aus warmfestem Stahl
- *Gemischtkokille*: Außenform aus GG, Kerne aus Sand oder als Maske nach Croning
- *Halbkokille*: Unterteil aus Metall, Oberteil einschließlich der Kerne aus Sand; Halbkokillenguss wird angewendet, wenn mit Heißrissen zu rechnen ist.

Druckguss [8.36–8.38]
Die Schmelze wird unter hohem Druck (200 bis 1200 bar) und mit großer Geschwindigkeit (bis 100 m/s) in eine geschlossene metallische Dauerform gegossen. Der Druck bleibt auch während der Erstarrung wirksam. Anwendbar nur für NE-Metalle, wobei hohe Anforderungen an Genauigkeit und Oberflächengüte erfüllbar sind. Infolge der Formfüllung unter hohem Druck können Werkstücke mit Wanddicken bis herab zu 2 mm und mit dünnen Rippen konturgenau vergossen werden. Eine nachträgliche Bearbeitung ist meist nicht erforderlich. Weitere Vorteile des Verfahrens sind eine geringere Neigung zur Lunkerbildung, ein dichteres Gefüge, Kornverfeinerung durch die hohe Abkühlgeschwindigkeit und eine höhere Gießleistung als beim Kokillenguss. Damit ist das Verfahren insgesamt sehr wirtschaftlich.

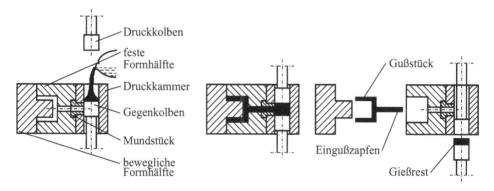

Abb. 8.69 Gießvorgang auf einer Maschine mit senkrechter Kaltkammer (schematisch)

Druckguss-Legierungen müssen ein gutes Formfüllungsvermögen und geringes Schwind-maß haben, um Kaltrissen beim Erstarren vorzubeugen. Sie dürfen auch nicht zu Heißris-sen neigen (erhöhte Abkühlgeschwindigkeit!). Die Schmelztemperatur muss zur Schonung der Kokille niedrig liegen. Als Legierungen kommen in Frage:

GD-Zn-Leg.   DIN EN 1774:97
GD-Al-Leg.   DIN EN 1706:10
GD-Mg-Leg.   DIN EN 1753:97
GD-CuZn-Leg. DIN EN 1982:08
GD-Pb-Leg.   DIN 17 640-1:04

Eisenwerkstoffe (Stahl- oder Grauguss) lassen sich nicht verwenden.

Man unterscheidet, je nachdem ob sich die Gießbüchse (der Zylinder in dem der Gieß-kolben läuft) außerhalb oder innerhalb des Ofens befindet, zwischen dem Kaltkammer- und Warmkammerverfahren.

Kaltkammerverfahren (Abb. 8.69)

Die Druckkammer ist vom Ofen getrennt angeordnet (Abb. 8.69). Vom Ofen wird eine dosierte Menge Schmelze in die Druckkammer (Gießbüchse) eingefüllt. Der anlaufende Druckkolben verschließt die Einfüllöffnung, beschleunigt, drückt die Schmelze mit ho-her Geschwindigkeit in die Form und übt während des gesamten Erstarrungsvorganges einen hohen Nachdruck aus. Nach dem Öffnen der Druckgießform wird das Werkstück durch einen Auswerfer ausgeworfen. Die Schussfolge beträgt 100 bis 300 Teile pro Stunde. Da die Druckkammer einer geringeren Beanspruchung als beim Warmkammerverfahren ausgesetzt wird, ist das Verfahren auch für hohe Temperaturen (Kupfer- und Aluminium-legierungen geeignet.

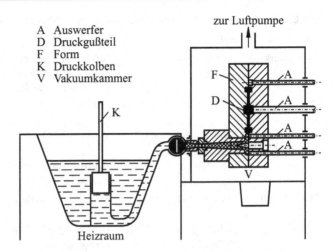

Abb. 8.70 Warmkammer-
Druckgießmaschine [8.33]

A Auswerfer
D Druckgußteil
F Form
K Druckkolben
V Vakuumkammer

zur Luftpumpe

Heizraum

Warmkammerverfahren (Abb. 8.70)

Die Druckkammer ist mit dem Ofen verbunden. Hohe Schussfolgen bis über 1000 Abgüsse
je Stunde sind möglich. Anwendung für Magnesium, Messing, Zink, Zinn, Blei.

Eine weitere Variante des Hochdruckgießens stellt das Vakuumdruckgießen dar. Dabei werden vor dem Formfüllvorgang der Formhohlraum sowie sämtliche Zuführkanäle
evakuiert und dadurch verhindert, dass die turbulente Gießströmung Lufteinschlüsse enthält. Das Vakuum wird gleichzeitig zum Ansaugen der Metallschmelze in die Gießbüchse
verwendet. Aufgrund des geringeren Gasgehaltes sind derart hergestellte Druckgussteile
schweiß- und wärmebehandelbar.

Thixogießen

Thixogießen (Semi-Solid Metal Casting, SSM) entspricht vom grundsätzlichen Verfahrensablauf dem Druckgießen. Jedoch wird keine flüssige Schmelze vergossen, sondern eine
Legierung im teigigen Zustand zwischen Solidus- und Liquidustemperatur. Die in Form zy-
lindrischer Bolzen hergestellten Rohlinge werden unmittelbar vor dem Gießvorgang in einem Induktionsofen teilweise aufgeschmolzen, bis sie eine hinreichend teigige Konsistenz
aufweisen. Nach Einführen in die Druckgießmaschine und dem Aufbringen einer Kraft
durch den Gießkolben tritt thixotropes Fließen ein. Die nahezu turbulenzfreie Formfüllung läuft weitaus langsamer ab als beim Druckguss, die Nachdrücke sind geringer. Infolge
der niedrigen Temperatur tritt nur eine geringe Schwindung auf. Man erhält bei richtiger
Wahl von Werkzeug und Temperatur ein endabmessungsnahes Formteil hoher Qualität.

Von den zahlreichen Varianten des neuen Verfahrens hat sich noch keine als eindeutig
beste herauskristallisiert. Wegen seiner wichtigen Vorteile (durch turbulenzfreie Formfüllung, kaum Gaseinschlüsse oder Lunker, durch niedrige Gießtemperaturen geringere
Schwindung, weniger Verschleiß an Form und Kolben, geringerer Energiebedarf und gute Maßhaltigkeit mit wenig Nacharbeit) ist man bestrebt, das Verfahren in die Fertigung
einzuführen. Allerdings sind nur Wandstärken ab 6 mm realisierbar (Tab. 8.5).

Tab. 8.5 Vergleich wesentlicher Merkmale von Gießverfahren mit Dauerformen

Verfahren	Kokillenguss	Druckguss	Thixogießen
Bauteilwerkstoff	Stahl, NE-Metalle	NE-Metalle mit Schmelzpunkt unter etwa 800 °C, z. B. Aluminium, Zink, Kupfer, Blei	NE-Legierungen mit ausreichend großem Bereich zwischen Solidus- und Liquiduslinie (bislang auf Aluminium beschränkt)
Formwerkstoff	Sand, Stahl, Graphit	Warmarbeitsstahl	Warmarbeitsstahl
Wanddicken	min. etwa 15 mm (bei Stahl, Al)	min. 2 mm (ab 10–15 mm Festigkeitseinbußen)	min. 6–10 mm
Hauptvorteil	Einfach, Preisgünstig	Komplexe Bauteile, hohe Produktivität	Geringe Schwindung, hohe Qualität
Anwendung	Halbzeuge, dickwandige Fertigteile	Dünnwandige, komplexe Fertigteile	Endabmessungsnahe Fertigteile

Abb. 8.71 Schleudergießmaschine

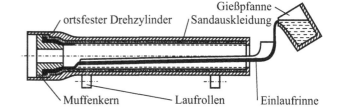

Gießpfanne
ortsfester Drehzylinder Sandauskleidung
Muffenkern   Laufrollen   Einlaufrinne

Niederdruckgießverfahren

Neben den Hochdruckgießverfahren werden auch Niederdruckgießverfahren eingesetzt, bei denen ein Gasdruck auf die Schmelze wirkt und diese über ein Füllrohr in die Gießform drückt. Nach dem Erkalten wird der Druck weggenommen, so dass nicht erstarrte Schmelze in das Bad zurückfließen kann. Da die Gießformen hierbei einer niedrigeren Belastung ausgesetzt sind, haben sie eine erheblich höhere Lebensdauer. Die Trennung der Schmelze vom erstarrten Eingusszapfen muss jedoch an der richtigen Stelle erfolgen. Bei entsprechender Automatisierung ist das Verfahren für die Großserienfertigung geeignet und wird hauptsächlich für Gussstücke mit geringen Wanddicken (1,6 bis 2,5 mm) eingesetzt. Die Neigung zu Lunkern und Gaseinschlüssen sowie Einbußen bei der Oberflächengüte sind jedoch nachteilig.

Schleuderguss

Verfahren zur Herstellung rotationssymmetrischer Gussteile (Rohre, Büchsen, Muffen) unter Einwirkung der Fliehkraft in einer rotierenden Dauerform (Abb. 8.71). Für Stahlguss, Grauguss und NE-Schwermetalle.

Schleuderformguss

Herstellung von nicht rotationssymmetrischen Teilen im Schleudergussverfahren.

Abb. 8.72 Vertikal-
Stranggießen eines Rohres

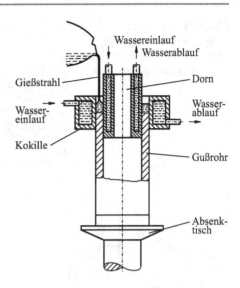

Strangguss

Für die Herstellung von Stangen und Rohren aus GG, GS und Kupferlegierungen. Die kurze Kokille besteht aus einer Kupferlegierung oder Graphit und ist wassergekühlt (vgl. Abb. 8.72). Besonders geeignet für große Wanddicken mit kleinem Innendurchmesser.

Bandgießen

Bei der Herstellung von Blechen aus NE-Metallen, insbesondere von Zinklegierungen, verwendet man Bandgießanlagen. Die aus Induktionsöfen kommende Metallschmelze wird bei diesem Verfahren zwischen zwei umlaufende, flexible Stahlbänder vergossen, die einen rechteckigen, gegen die Horizontale leicht geneigten Kokillenhohlraum bilden, der durch mitlaufende Gliederketten seitlich begrenzt wird. Das Stahlband ist zur Vermeidung von Verwerfungen mit einer wärmedämmenden Beschichtung versehen.

Durch intensive Kühlung der Kokillenbänder wird die Wärme aus dem erstarrenden Strang rasch abgeführt. Der erstarrte Gussstrang läuft dann unmittelbar in die Walzstraße ein und wird beim Durchlaufen mehrerer Gerüste auf das Endmaß von 2,5 bis 0,5 mm ausgewalzt, vgl. [8.39].

Verschiedene Varianten des Bandgießens werden neuerdings auch zur Herstellung von Stahlblechen mit Dicken von 1 bis 20 mm erprobt (vgl. Abschn. 7.5, Vergießen von Stahl).

Gießwalzen

Beim Gießwalzen z. B. von Aluminiumlegierungen (Abb. 8.73) tritt das flüssige Metall aus der Marinite-Düse dicht vor der engsten Stelle in den Gießspalt ein, wo es in wenigen Sekunden erstarrt und noch eine Dickenabnahme von 10 bis 15 % erfährt, ehe es die Maschine verlässt.

Abb. 8.73 Schematische Darstellung der Erstarrung von Aluminium in einer horizontalen Gießwalzanlage nach [8.40]

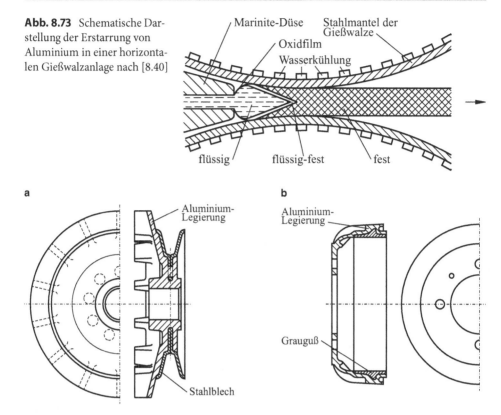

Abb. 8.74 a Verbundgussteil, Flügelrad mit Keilriemenantrieb [8.33], **b** Verbundgussteil, Bremstrommel [8.33]

Das gegossene Band wird gehaspelt und anschließend kaltgewalzt. Wegen der fehlenden Warmformgebung wird zur Kornverfeinerung meist eine titan- oder borhaltige Vorlegierung zugegeben [8.39].

Verbundguss

Die Gussteile bestehen aus 2 oder mehr Metallen (z. B. Aufgießen einer Schmelze auf bereits erstarrtes Metall oder auf Formstahl). Beispiele siehe Abb. 8.74. Al-Fin-Verfahren (Abb. 8.74b): GG-Teil wird in eine Reinaluminium-Schmelze getaucht (damit die Verbindung erfolgen kann, müssen die Teile metallisch blank sein). Das so vorbehandelte Teil wird dann in eine Kokille eingesetzt und mit einer Leichtmetalllegierung umgossen.

Anwendung Leichtmetallkolben aus Aluminium mit Grauguss-Kolbenringträgern für Dieselmotoren, Bremstrommeln.

Abb. 8.75 Umkon-
struktion der Haupt-
welle einer Bergwerks-
Turmfördermaschine [8.33].
a geschmiedete Welle, **b** gegossene Welle

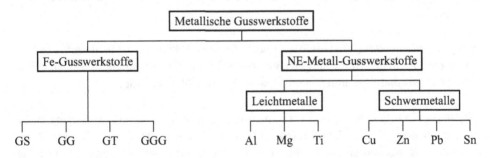

8.3.5 Nachbehandlung

Eingusstrichter und Steiger werden entfernt und das Gussstück geputzt. Als Putzverfahren dienen das Druckluft-Putzstrahlen, Schleuder-Putzstrahlen, Druckwasser-Putzstrahlen, Sand- und Stahlstrahlen. Ausbesserung fehlerhafter Teile durch Schweißen, Wärmenach-behandlung, soweit erforderlich.

8.3.6 Regeln für den Konstrukteur und Gießerei-Ingenieur

Stoffgerechter Entwurf [8.41]

```
                    Metallische Gusswerkstoffe
              ┌──────────────┴──────────────┐
    Fe-Gusswerkstoffe              NE-Metall-Gusswerkstoffe
                                ┌──────────┴──────────┐
                           Leichtmetalle         Schwermetalle
  ┌────┬────┬────┐         ┌────┬────┬────┐      ┌────┬────┬────┐
  GS   GG   GT   GGG       Al   Mg   Ti         Cu   Zn   Pb   Sn
```

Stahlguss (GS)
Hohe Zugfestigkeit bei guter Verformbarkeit. Betriebstemperatur für niedriglegierten Stahlguss bis 580 °C, für hochlegierten Stahlguss zwischen 900 bis 1000 °C.

Abb. 8.76 Stahlguss-Schweiß-
Verbundkonstruktion eines
Hochdruck-Ventilgehäuses
[8.42]

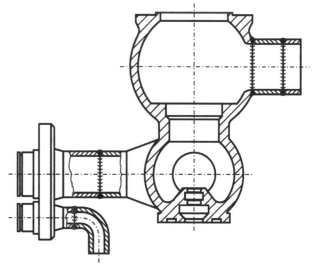

Hohe Warmstreckgrenze (Streckgrenze bei höheren Temperaturen) und gute Zeitstandfestigkeit. Korrosionsbeständigkeit bei hochlegiertem Stahlguss. Gute Kavitations-
und Erosionsbeständigkeit.

Anwendungen Turbinenbau (Gehäuse, Laufräder, Flansche, Ventilkästen), Schiffspropel-
ler, Hohlwellen (Abb. 8.75) usw.

Verbundkonstruktion von Stahlguss und Walzstahl Durch Verbundkonstruktionen ist eine
Herabsetzung der Fertigungskosten möglich, da die Zahl der Verbindungsnähte gegenüber
der reinen Schweißkonstruktion kleiner wird (Abb. 8.76) und sich die Gusskonstruktion
vereinfacht.

Wärmenachbehandlung Im Gussstück liegt bei rascher Abkühlung *Widmannstättengefüge*
vor. Je nach Form und Abmessungen enthält es außerdem Eigenspannungen. Das eine lässt
sich durch Normal-, das andere durch Spannungsarmglühen beseitigen.

Gestaltung Um Risse und zu hohe Eigenspannungen, die auf das verhältnismäßig große
Schwindmaß von 2 % zurückzuführen sind, zu vermeiden, sollten keine schroffen Quer-
schnittsübergänge gewählt, Hohlkehlen mit großem Radius ausgeführt und die Wanddicke
möglichst gleichmäßig über 8 mm gehalten werden. Massepunkte sind durch Speiser als
Flüssigkeitsreservoire mit Schmelze zu versorgen und flüssig zu halten, damit nicht durch
Absaugen von Schmelze Hohlräume entstehen.

Gusseisen mit Lamellengraphit (GG/EN-GJL)

Der größte Anteil der Gusserzeugnisse entfällt auf Grauguss.

Eigenschaften und Anwendung:

- Geringe *Rostempfindlichkeit* (Gusshaut). Daher Anwendung für Reaktionsgefäße, Kolonnen, Pumpenteile im chemischen Apparatebau, für Kessel, Radiatoren usw.
- *Unempfindlichkeit gegenüber äußeren Kerben.* Infolge der zahlreichen inneren Kerben (Graphit, geringe Bruchdehnung) besteht keine zusätzliche Empfindlichkeit gegenüber äußeren Kerben.
- *Große Dämpfung.* Durch innere Reibung verursacht, also wieder die Folge des Graphits im Gefüge
  Anwendung: Gestelle von Werkzeugmaschinen und Schwermaschinen wie Prüfmaschinen, Pressen und anderen Maschinen der Umformtechnik, Getriebegehäuse
- *Verschleiß.* Bei perlitischer Grundmasse, insbesondere aber bei harter Oberfläche durch rasche Abkühlung (Abschreckplatten, Hartguss) oder durch Oberflächenhärtung gutes Verschleißverhalten
  Anwendung: Walzen, Führungsbahnen
- *Bearbeitbarkeit.* Gusseisen ist besonders gut spanabhebend bearbeitbar, weil nur kurze Späne anfallen, Härte der Gusshaut beachten.
- *Notlaufeigenschaften.* Da Graphit ähnlich wie ein Schmiermittel wirkt, sind die Notlaufeigenschaften gut.
  Anwendung: Gleitbahnen, Zahnräder, Lager
- *Festigkeitseigenschaften.* Hohe Druckfestigkeit (3 bis 4-fach gegenüber der Zugfestigkeit) bei geringer Bruchdehnung (0,2 bis 1 %).
  Anwendung: Druckbeanspruchte Teile

Gusseisen mit Kugelgraphit (GGG/EN-GJS, [5.23])

Der Graphit liegt in Kugelform vor (Abb. 5.8 bis 5.10) und unterbricht das Gefüge nicht so schroff wie der Lamellengraphit (Beispiel mit sehr groben Lamellen: Abb. 4.30) von Grauguss. Die Folge ist eine erheblich bessere Verformbarkeit. Gegenüber Stahlguss besitzt es den Vorteil der niedrigeren Gießtemperatur und der geringeren Schwindung. Die kugelförmige Graphitausbildung wird durch Impfen der Schmelze mit Magnesium erreicht.

Anwendung Kurbelwellen, Rohre.

Temperguss (GT/EN-GJM)

Temperrohguss (weißes Gusseisen) wird einer Wärmebehandlung unterzogen. Dabei bildet sich knotenförmiger Graphit (Abb. 5.13) und das Gusseisen wird bedingt verformbar. Es nimmt in dieser Beziehung eine Zwischenstellung zwischen Grauguss und Kugelgraphitguss ein. Je nach Art der Wärmebehandlung und dem sich daraus ergebenden Gefüge unterscheidet man zwischen weißem (GTW) und schwarzem Temperguss (GTS), vgl. Kap. 5.

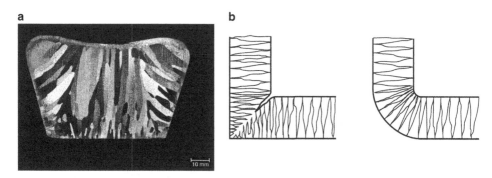

Abb. 8.77 **a** Stängelkristallisation in einem Gussteil (Al-Barren) Ätzmittel 3 der Tab. 78 aus [8.43], **b** Stängelkristallisation an Ecken und deren Folgen bei ungünstiger scharfer Innenecke

Anwendung Hinterachsgehäuse, Kurbelwellen, Nockenwellen, Lenkgehäuse, Radnaben, Fangmaul von Anhängerkupplungen im Automobilbau, Teile für Landmaschinen vielfach aus schweißbarem GTW-S 38, damit Reparaturen möglich sind. Auch Verbundkonstruktionen von GTW-S 38 und Stahl, abbrenngeschweißt, Rohrverbindungsstücke, Fittings, Hebel.

Gießgerechter Entwurf
Eine Reihe gießtechnischer Besonderheiten wirken sich auf den Entwurf aus.

Stängelkristallisation
Das Auftreten von Stängelkristallen (Abb. 8.77a) im Gussteil kann bei ungünstiger Anordnung (Abb. 8.77b) zu Rissen führen. Scharfe Ecken sind daher ungünstig.

Abkühlgeschwindigkeit
Hohe Abkühlgeschwindigkeiten führen bei dünnen Wänden zu einem feinen Korn mit günstigen Festigkeitseigenschaften, geringe Abkühlgeschwindigkeiten führen demgegenüber, insbesondere bei größeren Dicken, zu Grobkorn und verminderter Festigkeit. Nötigenfalls kann die Abkühlgeschwindigkeit durch Anbringen von Abschreckplatten örtlich erhöht werden.

Volumenänderungen
Bei und nach der Erstarrung kommt es zu einer Verkleinerung des Volumens, vgl. Tab. 8.6.
Der Reihe nach treten ein:

a) Schwindung im flüssigen Zustand
b) Erstarrungsschwindung (Lunkergefahr)
c) Schwindung im festen Zustand (kann zu Spannungen, Rissen und Maßänderungen gegenüber der Form führen).

Bei einem reinen Metall verläuft das Schrumpfen gemäß Abb. 8.78.

Tab. 8.6 Erstarrungsschrumpfung und Schwindung im festen Zustand

Erstarrungsschrumpfung (physikalische Größe) in %

Al	Cu	Pb	Fe	Zn	Mg	Bi	Sb	GG (4 % C)
−6,3	−4,2	−3,4	−4,0	−6,5	−3,8	+3,3	+1,0	−1,5

Schwindung im festen Zustand (technologische Größe) in % nach DIN 1511/Z, DIN EN 12 890:00

GS	GG	GTW	GTS	GBi	GAl und GMg	GZn	GPb
2	1	1,6	0,5	1,5	1,25	1,5	1

Abb. 8.78 Volumenänderung bei der Abkühlung eines reinen Metalls: *a*, *c* Abkühlungskontraktion, *b* Erstarrungskontraktion, ϑ_s Erstarrungstemperatur

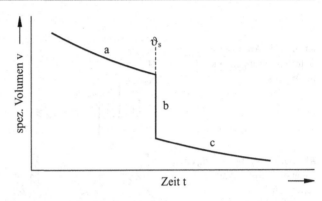

Abb. 8.79 Anordnung und Form von Lunkern im Gussblock

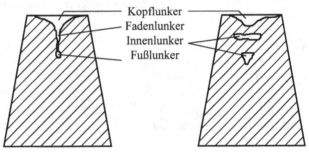

Kopflunker
Fadenlunker
Innenlunker
Fußlunker

Lunker

Grob-, Fein- und Mikrolunker entstehen beim ungleichmäßigen Abkühlen und Schwinden an den Stellen der letzten Erstarrung. Man versteht darunter nach außen offene oder geschlossene Hohlräume im Gussstück (Abb. 8.79).

Mikrolunker bilden sich zwischen Tannenbaumkristallen aus.

Lunker lassen sich nicht vollständig vermeiden, man kann jedoch dafür sorgen, dass sie sich an unschädlichen Stellen (z. B. Steigern) bilden.

Abb. 8.80 Ausbildung von
Kreuzungspunkten und Ver-
zweigungen an Wänden.
a ungünstig, **b** günstig

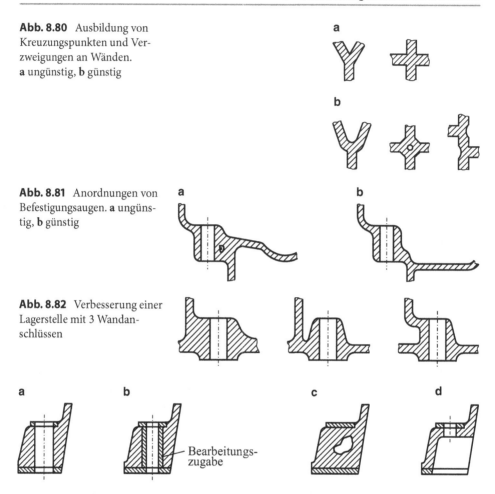

Abb. 8.81 Anordnungen von
Befestigungsaugen. **a** ungünstig, **b** günstig

Abb. 8.82 Verbesserung einer
Lagerstelle mit 3 Wandan-
schlüssen

Abb. 8.83 Umgestaltung eines Befestigungsauges. **a** ursprüngliche ungünstige Konstruktion,
b Gussausführung mit Bearbeitungszugabe, **c** Vollguss, ungünstig wegen Lunkergefahr, **d** gieß- und
bearbeitungstechnisch günstige Gestaltung [8.33]

Konstruktive Maßnahmen gegen Lunkerbildung

- Vermeidung von Materialanhäufungen (Abb. 8.80 bis 8.85) [8.33],
- Querschnitt zum Speiser hin kontinuierlich vergrößern (Heuvers'sche Kreismethode,
  Abb. 8.86 bis 8.88),
- Rippen schwächer als die Wände wählen oder Ausbuchtungen anbringen (Abb. 8.89 und
  8.90).

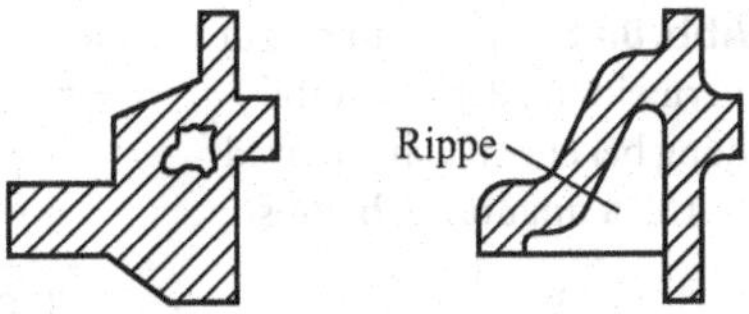

Abb. 8.84 Materialanhäufung durch Verrippung beseitigt

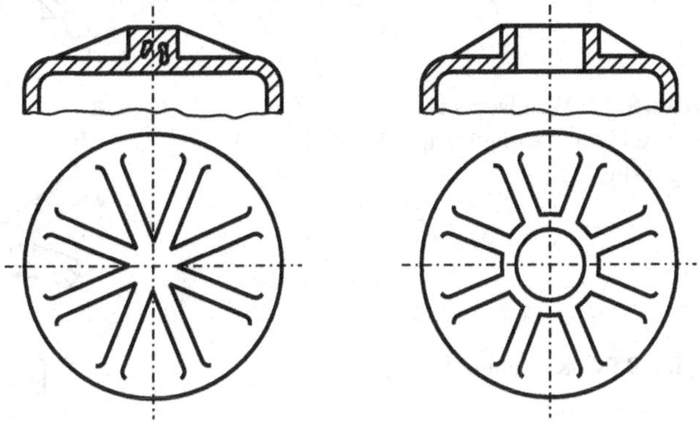

Rippe

Abb. 8.85 Werkstoffanhäufung durch Ringwulst aufgelöst

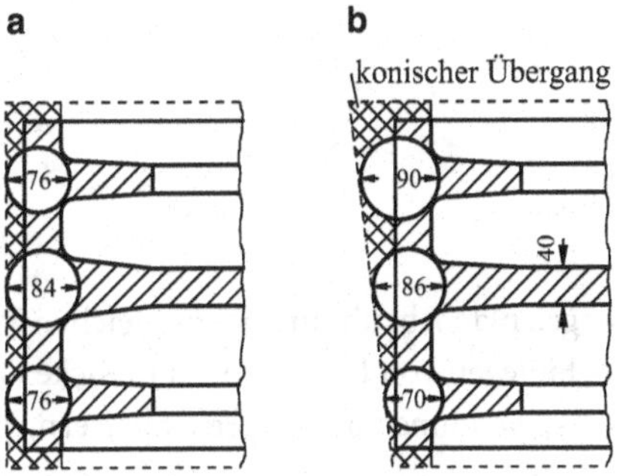

Abb. 8.86 Festlegender Wanddicke eines Radkranzes mittels des Heuvers'schen Kontrollkreises [8.33]. **a** ungünstig, **b** günstig

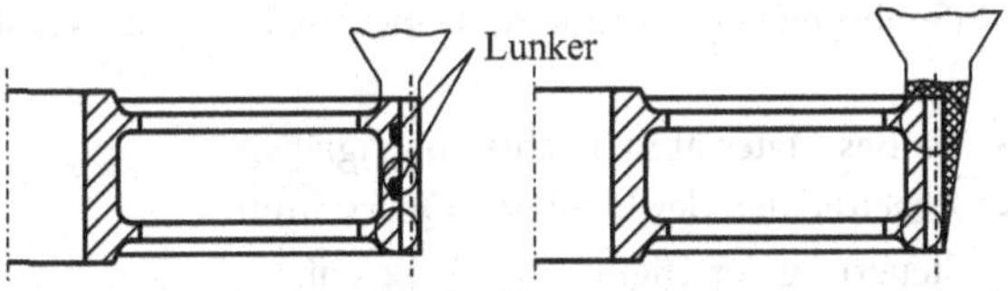

a

b

konischer Übergang

76

90

84

86

40

76

70

Abb. 8.87 Festlegung der Materialzugabe zur Dichtspeisung eines Zahnkranzes [8.33]

Lunker

Gießtechnische Maßnahmen gegen Lunkerbildung

- Gattieren auf ein geringes Schwindmaß (naheuktische Legierung),
- niedrige Gießtemperatur,
- geringes Temperaturgefälle in der Gusswand (geringe Abkühlgeschwindigkeit),
- bei geringen Wanddicken eventuell gleichmäßige, rasche Abkühlung, z. B. durch Abschreckplatten,
- dünne Querschnitte heizen, um den Durchgang zu größeren offen zu halten,

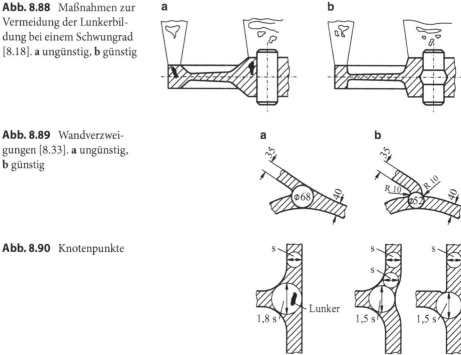

Abb. 8.88 Maßnahmen zur Vermeidung der Lunkerbildung bei einem Schwungrad [8.18]. **a** ungünstig, **b** günstig

Abb. 8.89 Wandverzweigungen [8.33]. **a** ungünstig, **b** günstig

Abb. 8.90 Knotenpunkte

- gelenkte Abkühlung bei ungleichen Wanddicken,
- Einlegen von Kühlkörpern in dicke Querschnitte (Nägel, Platten),
- Anwendung von Steigern, Speisern, verlorenen Köpfen.

Maßnahmen gegen Lunkerbildung durch Beeinflussung der Erstarrung

- Heißes Material in Trichter nachgießen,
- Anschneiden des kleinsten Querschnittes,
- Steuerung der Gießgeschwindigkeit.

Gasblasenlunker entstehen durch:

- vom Gießstrahl mitgerissene Luft,
- Gase aus dem Formwerkstoff,
- Gase aus den Kühlkörpern,
- Gase aus Spritzkugeln,
- aus der Schmelze freiwerdende Gase.

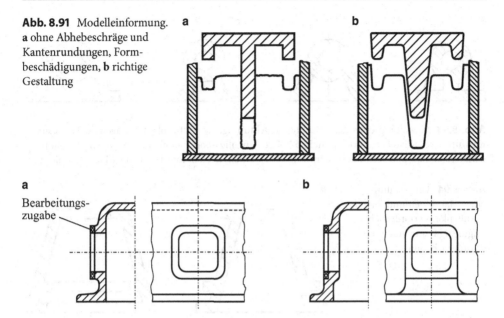

Abb. 8.91 Modelleinformung.
a ohne Abhebeschräge und Kantenrundungen, Formbeschädigungen, **b** richtige Gestaltung

Bearbeitungszugabe

Abb. 8.92 Gehäusedurchbruch [8.33]. **a** Ausformen des Durchbruches macht Losteil am Modell erforderlich, **b** durch Umgestaltung Losteil vermeiden

Sonstige gießtechnisch vermeidbare Fehler

- Schlacken, Schaum- und Sandeinschlüsse,
- Schülpen (schalenförmig abgelöste Sandteile),
- Anbrennen des Formstoffes,
- Nichtausfüllen der Form.

Formgerechter Entwurf

- Teil muss einformbar sein,
- Abhebeschrägen, Kanten- und Eckenrundungen (Abb. 8.91),
- keine Hinterschneidungen,
- keine Ansteckteile (Teile sollen sich fest am Modell befinden, Abb. 8.92),
- einfache Modellteilung (Abb. 8.93),
- wenig Kerne, keine Außenkerne (Abb. 8.94),
- ausreichende Luft- und Gasabführung (horizontale Flächen vermeiden, Abb. 8.95).

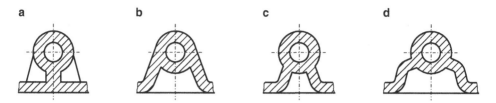

Abb. 8.93 Gestaltung eines Lagers unter Beachtung guter Einformbedingungen [8.33]. **a** erster Entwurf, zweiteilige Form erforderlich, **b** billige, einteilige Form möglich, aber Materialanhäufung, **c** Materialanhäufung verhindert, schwierige Formarbeit, **d** leicht formbar, keine Materialanhäufung

Abb. 8.94 Umgestaltung eines Maschinenfundamentes. **a** Außenkern erforderlich, ungünstig **b** nur Innenkern erforderlich, günstig

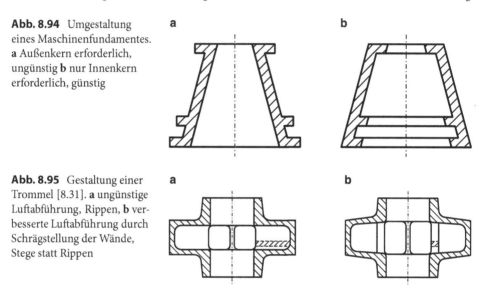

Abb. 8.95 Gestaltung einer Trommel [8.31]. **a** ungünstige Luftabführung, Rippen, **b** verbesserte Luftabführung durch Schrägstellung der Wände, Stege statt Rippen

8.4 Pulvermetallurgie

Das pulvermetallurgische Formgebungsverfahren (DIN EN ISO 3252:00) ist ein urformendes Fertigungsverfahren gemäß DIN 8580:03. Im Gegensatz zu den durchweg durch Sintern erzeugten keramischen Werkstoffen wird bei Metallen die Sintertechnologie nur angewandt für Werkstoffe und Bauteile, die sich schmelzmetallurgisch nicht oder nicht in der erforderlichen Qualität herstellen lassen [8.44]. So ist die Pulvermetallurgie interessant für

- hochschmelzende Metalle und Gemenge metallischer mit keramischen Phasen (Cermets),
- heterogene Werkstoffe mit besonders feiner Dispersion verschiedener Phasen,
- hochreine Legierungen, die nicht durch Tiegelmaterial verunreinigt sein dürfen,
- höchst carbidhaltige Stoffe wie Schnellarbeitsstähle und Hartmetalle mit bis zu etwa 50 % Volumenanteil der (Titan)-Carbidphase (vgl. Abschn. 5.2.5 und 5.5.3).

Als Fertigungsschritte sind wie bei der Sinterkeramik zu nennen: Pulverherstellung, Formen und Pressen der Pulver sowie Brennen bzw. Sintern der Rohkörper. Es können Bauteile mit hoher Genauigkeit bei einer Masse von einigen Zehntel Gramm bis zu einigen Kilogramm, beispielsweise für die Feinwerktechnik, vorteilhaft in großer Stückzahl hergestellt werden.

Als Rohstoffe dienen Pulver aus Eisen, Stahl und Nichteisenmetallen, denen Stearate oder synthetische Wachse als Gleitmittel (z. B. 0,5 bis 1,5 %) zugegeben werden.

8.4.1 Pulverherstellung

Zur Herstellung metallischer Pulver lassen sich außer mechanischen auch chemische Verfahren heranziehen. Die unterschiedliche Größe und Form der erzeugten Pulverteilchen bestimmen das Pressverhalten bei der Formgebung, das spätere Sinterverhalten und letztlich die Eigenschaften der Fertigteile.

Mechanisches Mahlen, z. B. in Kugelmühlen, ist bei spröden Ausgangsstoffen möglich und führt zu kantigen Teichen. Zur Herstellung von Eisen- und Nichteisen-Metallpulvern wird als mechanisches Verfahren häufig das Verdüsen ihrer Schmelzen in einem Druckgas- oder Druckwasserstrahl angewandt. Dabei ergeben sich im Metallpulver abnehmende Oxidgehalte, wenn statt Druckluft Druckwasser oder sogar – wie für Legierungen mit oxidations-empfindlichen Bestandteilen nötig – ein inertes Gas benutzt wird. Die Form der Teilchen kann kugelig oder eher plättchenförmig oder spratzig sein.

Zu den chemischen Verfahren gehören das elektrolytische Abscheiden von Metallen aus Lösungen ihrer Salze, z. B. für Cu-Pulver, das Reduzieren pulverförmiger Metalloxide sowie das für Fe- und Ni-Pulver angewandte Carbonyl-Verfahren, bei dem gasförmige Metall-CO-Verbindungen bei höheren Temperaturen thermisch unter Bildung der metallischen Komponente in kugeliger Form zerfallen.

8.4.2 Formen und Pressen der Pulver

Nur bei Sinterteilen, wie z. B. bei Filtern und selbstschmierenden Lagern, bei denen eine bestimmte Porosität gezielt eingestellt werden soll, erfolgt das Formen drucklos durch Einfüllen der Pulver in eine Form, in der dann gesintert wird.

Für alle anderen Sinterteile werden die Metallpulver zur Formgebung unter Anwendung der schon für Sinterkeramik beschriebenen Verfahren (vgl. Abschn. 6.2.1) unter hohen Drücken (z. B. 400 bis 600 N/mm^2) verpresst, also z. B.

- in einer mit Hartmetall ausgekleideten Form einachsig *kaltgepresst*, wobei – wie in Abschn. 6.2.1 beschrieben – durch den Druckabfall in Pressrichtung auch die Pulververdichtung in Pressrichtung abnimmt. Es sind 80 bis 90 % der theoretischen Materialdichte erreichbar,

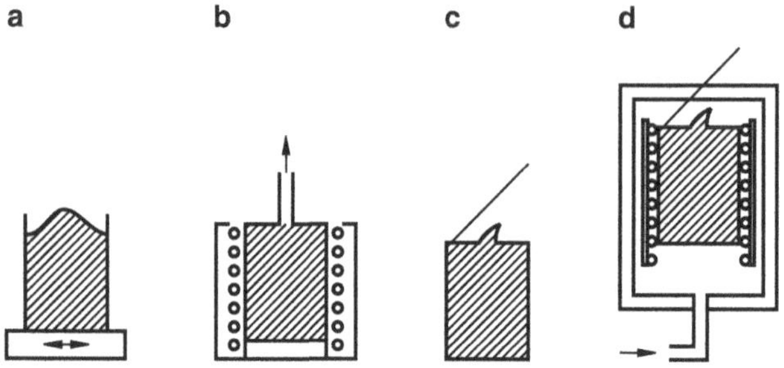

Abb. 8.96 Heißisostatisches   **a**   **b**   **c**   **d**
Pressen (HIP) [8.45]. **a** Fül-
len, **b** Entgasen, **c** Versiegeln,
d Heißisostatisch Pressen

- *isostatisch gepresst*, indem man das Pulver in eine verschlossene elastische Form füllt, auf die in einem Pressbehälter über eine Flüssigkeit wie Öl allseitiger hydrostatischer Druck einwirkt,
- in Sonderfällen bei schlecht press- oder sinterbaren Pulvern *heiß gepresst* während des Sintervorganges (Drucksintern), wobei die pressbedingte Kornverfestigung durch temperaturbedingte Entfestigung aufgehoben wird und die Sinterkörper nahezu die theoretische Dichte erreichen,
- *heißisostatisch* im Autoklaven unter Schutzgas gepresst.

8.4.3 Brennen (Sintern) der Pulver

Das Sintern der Presskörper erfolgt unter Schutzgas bei einer Temperatur, die unterhalb der Schmelztemperaturen der Hauptkomponenten des Formkörpers liegt. Durch Diffusion zwischen festen oder zwischen festen und flüssigen Phasen entsteht dabei über Schweiß- und Lötvorgänge ein Formkörper, dessen Festigkeit mit der Dichte zunimmt.

Mit dem *heißisostatischen Pressen* (HIP) steht heute eine Technik zur Verfügung, die zwar aufwändig ist, aber zu Sinterteilen mit nahezu 100%iger Dichte und damit größtmöglicher Festigkeit führt, indem sie das Pulverpressen, das Sintern und gegebenenfalls das Kalibrieren in einem Verfahren vereinigt. Mit ihr lassen sich endabmessungsnahe Fertigteile herstellen, wobei die in Abb. 8.96 schematisch dargestellten Fertigungsschritte Einfüllen des Pulvers in eine elastische Hüllform, Entgasen der Füllung und Versiegeln und Pressen im Autoklaven bei Sintertemperatur notwendig sind. Der eigentliche Pressvorgang läuft unter Schutzgas (Argon oder Helium) ab, wobei Verfahrensdrücke von 100 bis 300 N/mm^2 und Temperaturen von 1000 bis 2000 °C aufgebracht werden.

Diese Technik wird außer zur Herstellung von Fertigteilen auch zum Plattieren und Beschichten von kleineren Bauteilen, zum Nachverdichten von Gussgefügen, zum Diffusionsschweißen und zum Schmelzimprägnieren angewendet.

8.4.4 Nachbehandlungen

Metallische Sinterteile erreichen nicht immer die angestrebten Maßgenauigkeiten und Eigenschaftsprofile. Die Verbesserung der Formteilgenauigkeit (Kalibrierung) erfolgt über zusätzliche Kaltverformung. Die statische und die dynamische Festigkeit (DIN EN ISO 2740:09, DIN EN ISO 4498:10, DIN EN ISO 4507:07) lassen sich mit der Verringerung noch vorhandener Porositäten durch nachgeschaltete Kalt- oder Warmformgebungsverfahren weiter erhöhen. Dafür kommen alle bisher besprochenen Verfahren wie Kaltgesenkschmieden, Halbwarmumformen, Gesenkschmieden, Strangpressen sowie hydrostatisches Strangpressen zum Einsatz. Im Fall der zusätzlichen Warmformgebung spricht man, wenn mit dem Nachverdichten eine wesentliche Umformung verbunden ist, auch von *Sinterschmieden* oder *Pulverschmieden*. Wird nach dem Kaltformgebungsvorgang nochmals gesintert, spricht man nach DIN EN ISO 3252 auch von Zweifachsintertechnik, an die sich zur Verbesserung der Maßgenauigkeit ein weiteres Nachpressen anschließen kann. Derart nachbehandelte Sinterteile, z. B. Zahnriemenräder, erreichen die Festigkeit schmelzmetallurgisch hergestellter Teile.

Es gibt pulvermetallurgisch hergestellte Teile, die sich mit Massivteilen durch Schweißen verbinden lassen. Dies gilt z. B. für Eisen-Nickel-Sinterteile mit 2,5 bis 5 % Nickel, die man mit Massivstahl verschweißen kann. Im Übrigen gibt es viele Möglichkeiten der Legierungszusammensetzung von Sinterteilen, die sich schmelzmetallurgisch nicht realisieren lassen. Hierzu gehört beispielsweise die Gruppe der Hartmetalle (vgl. Abschn. 5.5.3).

8.5 Sprühkompaktieren

Neben dem Gießen und dem Pulversintern wurde als neues Urformverfahren in den letzten Jahren das *Sprühkompaktieren* [8.46] entwickelt. Bei diesem Verfahren werden die aus einer Schmelzpfanne auslaufenden Metallschmelzen mit Schutzgasen wie Argon oder Stickstoff zu feinsten Tröpfchen in eine Sprühkammer hinein zerstäubt. Ein Gasstrom transportiert die Teilchen im entstehenden Sprühkegel zu einer Unterlage, auf der die auftreffenden Tropfen mit außerordentlich hoher Geschwindigkeit abkühlen, erstarren und kompaktiert zu einer Vorform aufwachsen. Auf diese Weise lassen sich Halbzeuge wie Bolzen, Rohre oder Flachprodukte herstellen oder auch endformnahe Werkstoffverbunde, z. B. Rohre mit aufgesprühten Verschleißschutzschichten oder gradierte Verbunde. Das Sprühkompaktieren ist mit allen für den Maschinenbau wichtigen Metallen durchführbar.

Der Hauptvorteil des Verfahrens besteht darin, dass sich Werkstücke aus Legierungen herstellen lassen, die konventionell nur schwer oder gar nicht vergießbar und bisher nur pulvermetallurgisch zu erzeugen waren. Dabei können in den Sprühkegel auch Fremdteilchen injiziert werden, entweder als Hartstoffphasen, die nicht mit der Metallschmelze reagieren wie Karbide, Nitride oder Oxide, oder als reaktive Teilchen, die mit dem Metall zu Hartstoffphasen wie TiN, Al_2O_3 oder AlN reagieren. Bei der Herstellung relativ großvolumiger Vorprodukte kommen dem Sprühkompaktieren gegenüber der Pulvermetallurgie wirtschaftliche Vorteile zu.

Die Gefüge der entstehenden Werkstücke zeichnen sich aus durch

- besondere Feinkörnigkeit
- weitgehende Seigerungsfreiheit
- sehr gute Homogenität
- geringe Porosität.

Aufgrund dieser vorteilhaften Gefügezustände, hat das Sprühkompaktieren für die Entwicklung von Hochleistungswerkstoffen besondere Bedeutung. Dabei sind Hartstoff-Metall-Verbunde als Hochleistungsschneidstoffe, Gleitleisten aus verschiedenen CuSn-Legierungen mit extrem günstiger Verschleißfestigkeit gegenüber konventionell gefertigten Bronzeteilen sowie industriell gefertigte Zylinderlaufbuchsen aus sprühkompaktierten Al-Legierungen typische Anwendungsbeispiele.

8.6 Beschichten

Zur Veränderung der Eigenschaften der Werkstoffe an der Oberfläche, z. B. um die Korrosionsbeständigkeit zu erhöhen, werden metallische oder nichtmetallische Überzüge aufgebracht [8.47–8.52].

8.6.1 Metallische Überzüge

Plattieren

Tauchplattieren Der Stahl wird zunächst z. B. in HCl gebeizt und anschließend in das flüssige Metallbad getaucht oder durch dieses kontinuierlich hindurch gezogen. Eine gute Haftung tritt auch dann ein, wenn die beiden Stoffe keine gegenseitige Löslichkeit besitzen, wie etwa beim *homogenen Verbleien* von Stahl. In ähnlicher Weise erfolgt das *Bad- und Feuerverzinken*, das *Verzinnen* (Weißblech) oder *Alitieren*. Die Gefahr der Bildung spröder Zwischenschichten zwischen Grundwerkstoff und Überzugsmetall ist zu beachten.

Walzplattieren Durch Walzplattieren werden Verbundwerkstoffe hergestellt. Der Grundwerkstoff soll die mechanische, die Plattierung soll die chemische oder die Verschleißbeanspruchung aufnehmen.

Warmwalzplattieren Anwendung z. B. zur Herstellung korrosionsbeständiger Überzüge aus hochlegiertem Stahl auf unlegierten oder niedriglegierten Baustählen.

Die Bindung zwischen den Blechen darf nicht durch Oxidschichten beeinträchtigt werden, daher Oberflächenvorbereitung durch Schleifen. Zum Teil werden die gesäuberten

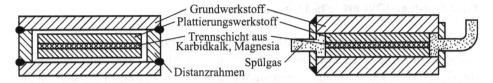

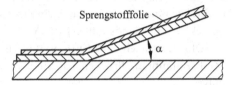

Abb. 8.97 Walzplattieren. **a** Amerikanisches Verfahren: zu verbindende Oberflächen galvanisch vernickelt, **b** Spülgasverfahren

Abb. 8.98 Sprengplattieren
können, z. B. Titan auf Stahl

Platinen galvanisch vernickelt. Die Plattierungswerkstoffe werden gemäß Abb. 8.97 mit unlegiertem Stahl umhüllt und warm ausgewalzt. Beim „Spülgasverfahren" tritt an die Stelle des Vernickelns die Zufuhr eines die Oxidation verhindernden inerten oder reduzierenden Gases. Die Bindung erfolgt in beiden Fällen über Diffusionsvorgänge.

Kaltwalzplattieren Gut verformbare Werkstoffe (Aluminium auf Stahl oder Kupfer, Silber auf Kupfer) können auch bei Raumtemperatur oder mäßig erhöhten Temperaturen plattiert werden. Für den Bindungsvorgang ist Diffusion von untergeordneter Bedeutung, aber eine starke Plastifizierung wichtig, ebenso eine einwandfreie Reinigung der Blechoberflächen vor dem Plattieren.

Schweißplattieren Zu dieser Verfahrensgruppe gehören das *Unterpulver- (UP-) Bandplattieren*, das *Plasma-Heißdraht-Auftragschweißen* und das *Sprengplattieren* (Schockschweißen). Beim UP-Bandplattieren werden Bänder des Plattierungswerkstoffs von z. B. 60 mm Breite unter der Aufschüttung eines mineralischen Pulvers im Lichtbogenverfahren auftraggeschweißt (vgl. UP-Schweißen, Abb. 8.26).

Das Sprengplattieren ist abgeleitet vom Explosivumformen. Eine Möglichkeit der gegenseitigen Anordnung von Grundwerkstoff, Plattierungswerkstoff und Sprengstofffolie zeigt Abb. 8.98. Zahlreiche Werkstoffkombinationen sind möglich, die auf andere Weise nicht in gleicher Güte hergestellt werden.

Elektroplattieren (Galvanisieren) Metallüberzüge werden aus wässrigen Lösungen bei Gleichstromdurchgang abgeschieden. Für Eisenwerkstoffe verwendet man Kupfer, Nickel, Chrom, Zinn, Zink, Blei, Cadmium. Es bilden sich keine spröden Zwischenschichten. Die Deckschichten sind nicht in jedem Falle dicht, was bei Korrosionsbeanspruchung zu beachten ist.

Metallspritzen (DIN EN 1395-1 bis -7:07, [8.51, 8.52])

Flammspritzen (DIN EN ISO 14 919:01, DIN prEN ISO 14 919:12)

Das zu verspritzende Metall wird der Flamme (z. B. C_2H_2/O_2) in Draht- oder Pulverform zugeführt. Das in kleine Tropfen zerstäubte Schmelzprodukt wird durch Pressluft auf die Oberfläche des Grundwerkstoffs geschleudert. Beim Aufprall der Spritzer auf die Oberfläche zerreißt die Oxidhaut. Durch das Einpressen in die Rauigkeiten des Grundwerkstoffs entstehen beim Erkalten mechanische Verklammerungen, außerdem verschweißte Teilbereiche. Die Bindung erfolgt durch ein Zusammenwirken mechanischer Haft- und atomarer Bindekräfte. Ein Sandstrahlen ist als Vorbereitung des Haftgrundes üblich. Spritzwerkstoffe: Stähle (z. B. auch 13 % Chromstähle, austenitische Chrom-Nickel-Stähle), NE-Metalle (Zink, Aluminium, Bronzen, Lagermetalle) als Draht, Nickel-Chrom-Bor-Legierungen als Pulver.

Lichtbogenspritzen mit Drahtelektrode (DIN EN ISO 14 919:01, DIN prEN ISO 14 919:12)

Ein elektrischer Lichtbogen brennt zwischen zwei Drahtelektroden als Spritzwerkstoff. Bei kontinuierlichem Vorschub der Elektroden wird der schmelzende Spritzwerkstoff durch einen Druckluftstrom zerstäubt und die Spritzer auf die vorbehandelte Werkstoffoberfläche aufgeschleudert. Werkstoffe: alle in Drahtform herstellbaren Stahl- und NE-Metallsorten.

Plasmaspritzen

Im Lichtbogenplasma werden besonders hohe Temperaturen erreicht. Damit sind auch in Draht- oder Pulverform zugeführte hochschmelzende Werkstoffe spritzbar, z. B. keramische Werkstoffe wie Aluminiumoxid als Pulver. Die Teilchen werden im Plasmastrahl verflüssigt und beschleunigt, treffen mit hoher Geschwindigkeit auf die aufgeraute Oberfläche und verankern sich dort unter teilweisem Verschweißen. Spritzwerkstoffe: weiche Metalle wie Zink, Blei. Harte Hochtemperaturwerkstoffe Wolframcarbid, Hafniumcarbid, Zirconium- und Aluminiumoxide.

CVD- und PVD-Beschichtung

Beide Verfahren dienen zur Erzeugung dünner Oberflächenschichten im Mikrometerbereich. Als CVD (Chemical Vapor Deposition) bezeichnet man das Abscheiden von Feststoffen aus der Gasphase, wobei die Bildung dieser Stoffe durch chemische Reaktionen bewirkt wird. Die hierfür erforderliche Energie kann durch Induktionserwärmung, Strahlung oder ein Plasma bereitgestellt werden. Auf diese Weise werden vor allem Schichten aus Titancarbid, Titannitrid und Titancarbonitrid erzeugt, aber auch andere Hartstoffe wie Chromcarbid, Wolframcarbid und Aluminiumoxid spielen eine Rolle. Die Schichtdicken liegen um 10 μm. Als Reaktionen kommen z. B. in Betracht:

$$TiCl_4 + CH_4 \rightarrow TiC + 4HCl$$
$$2TiCl_4 + N_2 + 4H_2 \rightarrow 2TiN + 8HCl$$
$$2AlCl_3 + 3H_2O \rightarrow Al_2O_3 + 6HCl$$

Mit PVD (Physical Vapor Deposition) werden Schichten im Vakuum nach physikalischen Prinzipien aufgebracht. Folgende Verfahren haben sich hierfür durchgesetzt:

- Aufdampfen von auf dem Substrat kondensierenden Metalldampfschichten.
- Kathodenzerstäubung, wobei Platten (Targets) mit Inertgasionen, meist Argon, beschossen werden. Die dabei zerstäubten Atome kondensieren auf dem zu beschichtenden Substrat und bilden die Schicht.
- Ionenplattieren ist eine Kombination von Aufdampf- und Zerstäubungstechnik. Unter der Einwirkung eines Plasmas (Glimmentladung in Argon) werden bei einem Druck von 10^{-2} bis 10^{-3} mbar Ionen eines Trägergases und/oder des Schichtmaterialdampfes auf die Werkstückoberfläche gerichtet, wo die Schicht durch Adhäsion und Diffusion gebildet wird. Das Werkstück befindet sich dabei auf negativem Potential.

8.6.2 Nichtmetallische Überzüge

Emaillieren
Email ist eine durch Schmelzen natürlicher Mineralien wie Feldspat und Quarz gewonnene glasartige, also nicht kristalline Masse. Bei der herkömmlichen Nassemaillierung wird eine mit Wasser versetzte Dispersion feingemahlenen Emails auf die zu beschichtende Fläche aufgetragen oder aufgespritzt, getrocknet und bei Temperaturen zwischen 800 und 900 °C eingebrannt. Die Überzüge besitzen die mechanische Festigkeit der Eisenwerkstoffe und die chemische Beständigkeit des Glases, sind aber sehr spröde und stoßempfindlich.

Phosphatieren (Bondern)
Durch Phosphatieren werden auf Stählen, z. B. durch Eintauchen in eine heiße Lösung aus Phosphorsäure und Schwermetallphosphaten (Mangan, Zink, Eisen, Chrom), Phosphatüberzüge mit Schichtdicken von z. B. ca. 15 μm erzeugt. Diese Überzüge bieten als Vorbehandlung zum Lackieren vielfach einen zusätzlichen Korrosionsschutz durch das Erzeugen einer Dampfsperre unter den dampfdurchlässigen Anstrichen. Außerdem dienen solche Überzüge auch als Trägerschicht für das Schmiermittel bei der Kaltumformung von Stahl.

Kunststoff-Überzüge
Kunststoffe können auf Metalle durch Flammspritzen oder durch Wirbelsintern aufgebracht werden. Im ersten Falle verwendet man eine flammenbeheizte Pulverspritzpistole,

im zweiten werden die zu beschichtenden Teile auf ca. 200 °C erwärmt und in einen mit thermo-plastischem Kunststoffpulver gefüllten Behälter getaucht. Ein gleichmäßiger Überzug wird dadurch erreicht, dass man das Pulver durch von unten zugeführte Druckluft in der Schwebe hält. Beim Kontakt mit dem erwärmten Metall erweicht der Kunststoff, um sich bei der nachfolgenden Abkühlung in eine glasurartige Schicht umzuwandeln.

8.7 Fügen von Metallen: Schweißen, Löten, Kleben, Umformen

Durch Schweißen, Löten, Kleben und geeignetes Umformen lassen sich unlösbare Verbindungen zwischen warm oder kalt geformten, in begrenztem Maße auch zwischen gegossenen Metallen herstellen. Auch Kombinationen geformt/gegossen sind möglich [8.53–8.87].

8.7.1 Schweißen von Metallen
(DIN 1910-100:08, DIN 8593-6:03 [3.7, 8.53–8.75])

Unter Schweißen versteht man das Vereinigen von Werkstoffen oder das Beschichten eines Grundwerkstoffes unter Anwendung von Wärme oder Druck oder von beidem, und zwar mit oder ohne Zugabe von Schweißzusatzwerkstoff mit gleichem oder nahezu gleichem Schmelzbereich (DIN 1910-100:06, DIN EN 14 610:04, DIN EN ISO 15 614-1:04/A1:08/A2:12, -2:05, -3:08, -4:05/AC:07, -5:04, -6:06, -7:07, -8:02, prEN ISO 15 614-9:00, -10:05, -11:02, -12:04, prEN ISO 15 614-13:10, prEN ISO 15 614-14:11, DIN 1910-11:79, [8.71]).

Bei fast allen Schweißverfahren wird örtlich Wärme zugeführt oder beim Schweißvorgang erzeugt. Bei den *Schmelzschweißverfahren* erfolgt die Erhitzung durchweg bis zum Aufschmelzen von Grund- und Zusatzwerkstoff. Bei vielen *Pressschweißverfahren*, bei denen die zu verschweißenden Teile grundsätzlich unter Krafteinwirkung zusammengepresst werden, führt die Erhitzung bis auf Temperaturen, bei denen die Formänderungsfestigkeit erheblich herabgesetzt ist (bei Stählen z. B. 1200 °C), kann aber auch bis zum Aufschmelzen des Grundwerkstoffs gehen. Nur Werkstoffe mit sehr gutem Formänderungsvermögen (Aluminium oder Kupfer) lassen sich Kaltpressschweißen.

Die örtliche Wärmezufuhr beim Schweißen hat eine Reihe erwünschter und unerwünschter Beeinflussungen der Werkstoffe zur Folge, wie sie in Abb. 8.99 zusammengestellt sind. Diese *Beeinflussung der Werkstoffeigenschaften* in der Umgebung der Naht muss berücksichtigt werden, wenn man die *Schweißbarkeit* der Werkstoffe beurteilt (DIN 8528-1/Z, DIN-Fachbericht ISO/TR 581 [8.57, 8.61, 8.62, 8.64, 8.67, 8.68]). Mit einer unerwünscht starken Härtezunahme (Aufhärtung bis über 350 HV) in der Wärmeeinflusszone (WEZ) ist je nach Schweiß- und Abkühlbedingungen beispielsweise beim Schweißen von unlegierten Stählen mit Kohlenstoffgehalten über 0,25 % und von niedriglegierten Stählen auch mit geringeren Kohlenstoffgehalten zu rechnen. Unter ungünstigen Bedingungen kann der

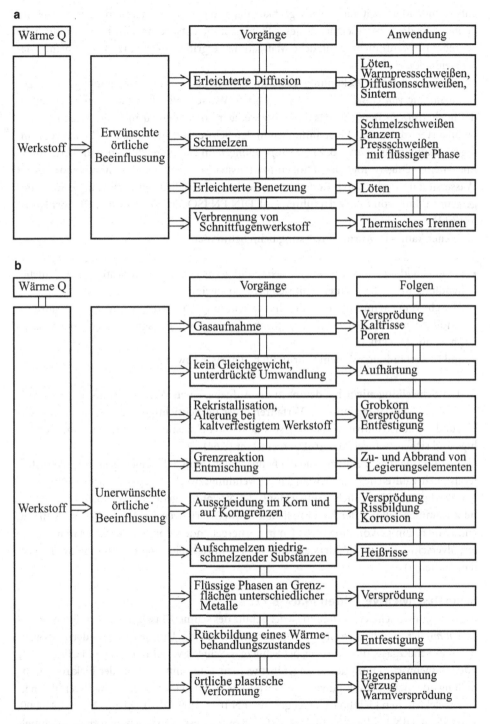

Abb. 8.99 Werkstoffbeeinflussung durch örtliche Wärmezufuhr. **a** Erwünschte Beeinflussung, **b** Unerwünschte Beeinflussung

entstehende Martensit auch relativ grobkörnig, also ganz besonders spröde sein. Dies bedeutet, dass die Schweißeignung dieser Stähle auf die entsprechenden Kohlenstoffgehalte begrenzt ist, wenn nicht zusätzliche Maßnahmen ergriffen werden (z. B. Vorwärmen der Schweißteile).

Bei einer raschen Abkühlung aus dem Gebiet der Schmelztemperatur kann es zur *Zwangslösung von Gasen* – besonders auch von Wasserstoff – kommen. Das Schrumpfen der hocherhitzten Bereiche, das durch die weniger hoch oder gar nicht erhitzten Bereiche behindert wird, bewirkt Verspannungen in den Schweißverbindungen und nach vollständiger Abkühlung bleiben z. B. *Zugeigenspannungen* im Nahtbereich zurück. In Verbindung mit einem wenig verformungsfähigen martensitischen Gefüge können aufgenommener Wasserstoff und/oder durch Kerbwirkung noch erhöhte schrumpfungsbedingte Spannungen zur Bildung von *Kaltrissen* führen (vgl. DIN EN ISO 5817:03 + AC:06, DIN prEN ISO 5817:12).

Weiter kann die Wärmeeinwirkung beim Schweißen

- die Rückbildung eines vorherigen Behandlungszustandes (Kaltverfestigung, Wärmebehandlung wie z. B. Vergüten) mit sich bringen sowie
- Ausscheidungen im Korn oder durch Anreicherung von niedrig schmelzenden Substanzen auf den Korngrenzen (Korngrenzenseigerungen der Eisen-Schwefel- oder Eisen-Phosphor-Eutektika)
- und in Verbindung mit dem Schrumpfen Heißrisse bewirken.

Der Schweißingenieur hat demnach die Aufgabe, einen Werkstoff unter Berücksichtigung seiner Schweißeignung, ein Verfahren unter Berücksichtigung der Schweißmöglichkeit und die konstruktive Ausbildung so aufeinander abzustimmen, dass eine funktionsfähige und sichere Schweißkonstruktion entsteht [8.64].

Zur Lösung dieser Aufgabe stehen heute sowohl zum Schweißen geeignete Werkstoffe als auch zahlreiche, dem jeweiligen Anwendungszweck angepasste, *Schweißverfahren* zur Verfügung. Die zeitliche Entwicklung der Verfahren geht aus Abb. 8.100 hervor, eine Zusammenstellung der heute üblichen Schweißverfahren ist Abb. 8.101 bis 8.103 zu entnehmen. Einige von ihnen wurden in vorhergehenden Kapiteln bereits erwähnt (Unterpulverschweißen und Widerstandsschweißen für Rohrlängsnähte, Sprengschweißen für das Plattieren).

Schmelzschweißverfahren [8.69–8.72]

Bei den Schmelzschweißverfahren ist der Schutz des schmelzflüssigen Werkstoffs vor *Reaktionen mit der umgebenden Atmosphäre* besonders wichtig. Um sie zu verhindern, verwendet man Schutzgase, die entweder bei Schutzgas-Schweißverfahren (Argon, Helium, CO_2 oder Gasgemische) unmittelbar zugeführt werden, oder mittelbar aus der Elektrodenumhüllung oder dem Schweißpulver. Die Wärme wird bei den Lichtbogenschweißverfahren in einem elektrischen Lichtbogen erzeugt (DIN EN 1011-1:09, DIN EN 1011-2:01, 3:00, -4:00, -5:03, -8:04, DIN EN ISO 15 614-1:04, -2:05, [8.69]). Dieser kann zwischen einer abschmel-

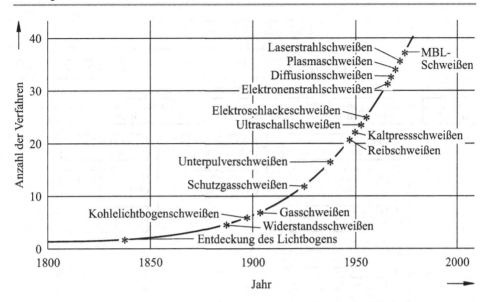

Abb. 8.100 Zeitliche Entwicklung der Schweißverfahren (MBL = magnetisch bewegter Lichtbogen)

zenden Stabelektrode (DIN EN ISO 2560:09, DIN EN ISO 18 275:12, DIN EN ISO 3580:11, DIN EN ISO 3581:12, DIN EN ISO 1071:03, [8.71]), die gleichzeitig Zusatzwerkstoff ist, und dem Werkstück brennen. Die abschmelzende Elektrode muss dann entweder von Hand nachgeführt werden, wie beim Lichtbogenhandschweißen mit mineralisch umhüllten Stabelektroden, oder sie wird mechanisiert von einer Drahtrolle aus gefördert, wie beim Metall-Inertgas- und beim Metall-Aktivgas-Schweißen oder beim Unterpulverschweißen (DIN EN ISO 14 341:11, DIN EN ISO 14 171:10, DIN EN ISO 21 952:12, DIN EN ISO 26 304:11, DIN EN ISO 14 343:09, DIN EN ISO 16 834 :12). Bei anderen Verfahren, wie beim Wolfram-Inertgas- oder beim Wolfram-Plasma Plasmaschweißen, brennt der Lichtbogen zwischen einer nicht abschmelzenden Wolframelektrode (DIN EN ISO 6848:04) und dem Werkstück, so dass der Zusatzwerkstoff gegebenenfalls getrennt zugeführt werden muss. Besonders die Schutzgasschweißverfahren haben heute eine sehr weite Verbreitung in allen Bereichen der Technik und für praktisch alle technisch relevanten Werkstoffe gefunden.

Verfahren mit besonders hoher Leistungsdichte gestatten eine sehr konzentrierte Wärmezufuhr. Dadurch können die Breite der Naht und der WEZ und damit auch der schweißbedingte Verzug (endkonturnahe Fertigung z. B. von Zahnrad mit Welle) klein gehalten werden. Beispiele hierfür sind das Elektronenstrahl-, das Laserstrahl- (DIN EN 1011-7:04, -6:05, DIN 32 532:09, DIN EN ISO 13 919-1:96, -2:01, DIN EN ISO 15 614-11:02, DIN prEN ISO 15 614-14:11, [8.72]) und auch das Wolfram-Plasma-Schweißen. Dabei gewinnt das Laserstrahlschweißen mit der Verfügbarkeit leistungsfähiger Laser (z. B. 15 kW bei CO_2-Gaslasern und bis zu 5 kW bei Nd:YAG-Festkörperlasern) und der Möglichkeit der

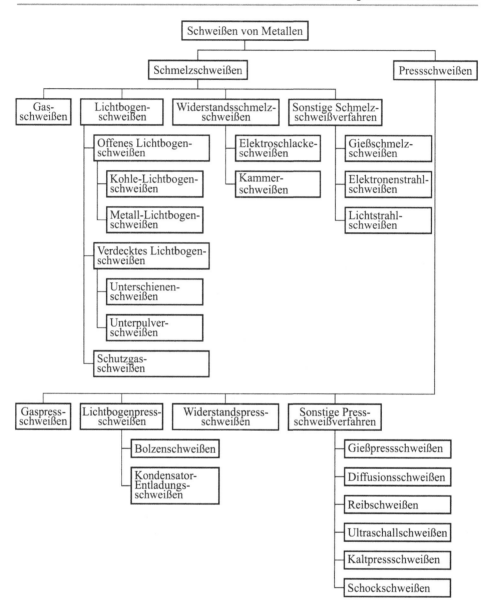

Abb. 8.101 Metall-Schweißverfahren

flexiblen Strahlführung über Lichtleiter bei den Festkörperlasern eine immer breitere Anwendung in der Serienfertigung.

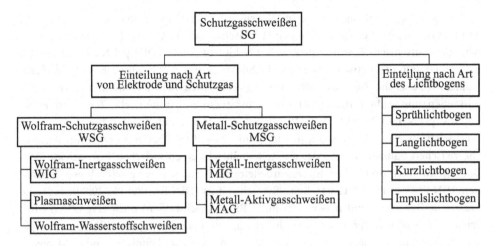

Abb. 8.102 Schutzgas-Schweißverfahren

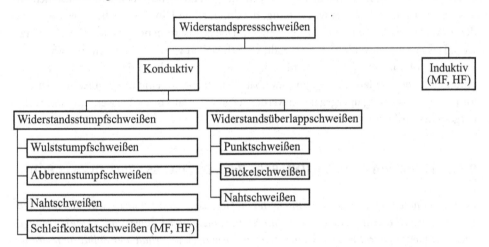

Abb. 8.103 Widerstands-Schweißverfahren (*MF* = Mittefrequenz, *HF* = Hochfrequenz)

Pressschweißverfahren [8.73]

Bei den Pressschweißverfahren, die meist ohne Zusatzwerkstoff auskommen, wird vielfach der Grundwerkstoff nicht aufgeschmolzen, sondern nur hoch erhitzt. Bei solchen Verfahren ist die Beseitigung von Oberflächendeckschichten (Oxide, Fett) durch Reinigung (z. B. auch mit Flussmitteln, die Oxide reduzieren), mechanische Bearbeitung, Temperatureinwirkung und insbesondere hinreichend starke plastische Verformung vorrangig wichtig, um einwandfreie Verbindungen zu erzielen. Wenn Bereiche frischen unbedeckten Materials unter hinreichendem Druck – und damit der Einebnung von Rauhigkeitsspitzen – sich nahe genug kommen, tritt durch die metallische Bindung der Atome beider Oberflächen ein Verschweißen ein.

Die örtliche Erhitzung der zu verschweißenden Werkstückbereiche kann auch bei den Pressschweißverfahren durch einen elektrischen Lichtbogen erfolgen (Bolzenschweißen zum Aufschweißen von Stiften, DIN EN ISO 14 555:06, DIN prEN ISO 14 555:12, Schweißen mit magnetisch bewegtem Lichtbogen zum stirnseitigen Rohrschweißen). Häufig wird aber die Widerstandserwärmung der Schweißstelle angewandt (Pressstumpfschweißen und Abbrennstumpfschweißen für rotationssymmetrische Teile und Profile, DIN prEN ISO 15 614-13:10, [8.73], Schweißen mit mittel- oder hochfrequentem Wechselstrom z. B. für Rohrlängsnähte, Punktschweißen überlappt angeordneter Bleche zwischen Stiftelektroden oder als Rollennahtschweißen zwischen Rollenelektroden, Buckelschweißen von Blechen mit angearbeiteten Buckeln zwischen großflächigen Elektroden, DIN EN ISO 15 614-12:04). Beim Reibschweißen (DIN EN ISO 15 620:00), das seine praktische Bedeutung mit neuen Varianten (Rührreibschweißen) noch vergrößern wird, erfolgt die Erhitzung der Stoßflächen durch Umsetzen von Bewegungs-/Rotationsenergie über Reibung in Wärme. Das Ultraschallschweißen, das in der Feinwerk- und Elektrotechnik eingesetzt wird, nutzt die örtliche Erwärmung und das Aufreißen von Deckschichten infolge einer reibenden Relativbewegung, die durch einen Ultraschallschwinger zwischen den zu verschweißenden unter hinreichendem Druck zusammengepressten Teilen erzeugt wird. Das Sprengschweißen und das Kaltpressschweißen wurden zuvor schon erwähnt.

Zur Erhöhung der Wirtschaftlichkeit kann bei der Herstellung vieler gleichartiger Verbindungen oder bei langen Nähten (Stahlbau, Schiffbau) auf eine mechanisierte oder automatisierte Fertigung übergegangen werden, gegebenenfalls unter Verwendung von rechnergesteuerten Manipulatoren.

8.7.2   Löten von Metallen (DIN 8593-7:03, DIN ISO 857-2:07, [8.76–8.80])[2]

Beim Metalllöten werden die erwärmten und im Gegensatz zum Schmelzschweißen im festen Zustand verbleibenden Metalle durch schmelzende, metallische Zulegestoffe (Lote) vereinigt, deren Schmelztemperatur oder Schmelztemperaturbereich unterhalb der Solidustemperatur der zu vereinigenden Teile liegt.

Die Werkstücke müssen benetzt werden (vgl. Abschn. 8.7.3), jedoch nicht angeschmolzen. Dazu müssen sie an der Lötstelle mindestens auf *Arbeitstemperatur* erwärmt sein, das ist die untere Grenztemperatur des für die Benetzung und Ausbreitung des Lotes günstigen Temperaturbereiches. Diese Temperatur kann unterhalb der Liquidustemperatur des jeweiligen Lotes liegen.

Lote sind reine Metalle oder Legierungen mit sehr unterschiedlichen Schmelztemperaturen oder -temperaturbereichen, also sehr unterschiedlichen Arbeitstemperaturen. Je nach *Arbeitstemperatur* unterscheidet man zwischen *Weichlöten* (weniger als 450 °C), *Hartlöten* (mehr als 450 °C) und *Hochtemperaturlöten* (mehr als 900 °C, [8.77, 8.78]). Das Lot

---

[2] Kapitel zum Löten von Metallen finden sich auch in den zitierten Lehrbüchern der Schweißtechnik, z. B. in [8.56, 8.64].

soll die zum Erreichen der Arbeitstemperatur benötigte Wärme in der Regel indirekt, also über eine Erwärmung des Fügeteils, beziehen. Im Gegensatz zum Schweißen ist die Erwärmung flächenhaft.

Damit flüssige Lote die Werkstückoberflächen benetzen und fließen können, müssen diese beim Erreichen der Arbeitstemperatur metallisch rein sein. Dazu werden dicke Oxidschichten mechanisch entfernt und dünne Schichten, wie sie auch während der Erwärmung auf Löttemperatur noch entstehen können, durch Flussmittel gelöst bzw. durch Flussmittel oder Gase (H_2) reduziert. Flussmittel müssen bei niedrigeren Temperaturen schmelzen als die Lote (~50 °C unter T_{lot}). Je nach Arbeitstemperatur der ob genannten Verfahren sind deshalb unterschiedliche Flussmittel zu benutzen. Diese sollen so zäh sein, dass sich ein gleichmäßiger Flussmittelüberzug einstellt und das Metall vor Luftzutritt geschützt wird. Andererseits müssen die Flussmittel möglichst rückstandslos vom vordringenden Lot verdrängt werden.

Der unmittelbare Kontakt metallisch blanker Flächen ermöglicht das Wirksamwerden atomarer Bindekräfte zwischen Lot und Grundwerkstoff. Wechselseitige Diffusion sowie Legierungsbildung zwischen Grundwerkstoff und Lot können wesentlich am Bindungsvorgang beim Löten mit beteiligt sein.

Die Festigkeit der Lötverbindungen hängt außer vom Grundwerkstoff, der Zusammensetzung der Lote und der Bauteilgeometrie auch von der Spaltbreite zwischen stumpf zu verbindenden Teilen ab (Spaltlöten). Da das Lot aufgrund von Kapillarwirkung in den Spalt eindringt, ist für eine gute Spaltfüllung ein möglichst schmaler Spalt mit großem Fülldruck zu wählen. Mit abnehmender Spaltbreite steigt aber die Gefahr von Einschlüssen nicht verdrängter Flussmittelreste und von Bindefehlern. Die Spaltweiten sollten deshalb 0,02 mm nicht unter- und 0,5 mm nicht überschreiten. Werte von 0,05 bis 0,2 mm haben sich als besonders günstig erwiesen.

Die zum *Weichlöten* benutzten Weichlote sind Legierungen niedrigschmelzender Metalle wie Blei, Zinn oder Zink (DIN 1707-100:11, DIN EN ISO 9453:06). Die Erwärmung erfolgt durch einen warmen Kupferlötkolben, einen Brenner oder im Schmelzbad des Lotes. Die benutzten Flussmittel sind z. B. Metallchloride für Schwermetalle (DIN EN 29 454-1:93). Die Festigkeit der Verbindungen wird durch die Festigkeit der Lote mitbestimmt, kann durch die Verformungsbehinderung in engen Lötspalten aber die reine Lotfestigkeit übersteigen und ist andererseits wegen des Kriechen der Lote von der Belastungsdauer abhängig.

Beim *Hartlöten* [8.77, 8.78] wird vorwiegend eine Erwärmung mit der Flamme, im Schutzgasofen, im Salzbad oder Widerstandserwärmung angewandt (DIN 65 169:86, DIN 65 170:97). Die Lote, Legierungen mit unterschiedlichen Gehalten an Ag, Cu, Zn oder Cd (DIN EN ISO 17672:10), haben eine höhere Solidustemperatur als die Weichlote und meist auch eine höhere Festigkeit, was die Verbindungsfestigkeit gegenüber dem Weichlöten steigert. Als Flussmittel mit zu den Arbeitstemperaturen der Lote passenden Wirktemperaturen eignen sich Borverbindungen (z. B. Borax NaO • B_2O_3) und komplexe Fluoride oder Chloride (DIN EN 1045:97).

Das *Hochtemperaturlöten* (DIN 65 169:86, DIN 65 170:09, [8.77, 8.78]) erfolgt im Vakuum oder im Schutzgasofen und findet vielfach Anwendung für hochwertige oder komplizierte Bauteile, die sich nicht schweißen lassen, insbesondere aus hochwarmfesten Legierungen auf Eisen-, Nickel- oder Kobaltbasis oder auch für Verbindungen zwischen Keramik und Hartmetallen. Als Lote dienen Legierungen die Ni, Co, Au oder andere Edel- bzw. hochschmelzende Metalle als wesentliche Elemente enthalten. Die Festigkeit der Verbindungen liegt im Allgemeinen über der vergleichbarer Hartlötungen.

8.7.3 Kleben von Metallen (K. Dilger, M. Frauenhofer) [8.76, 8.81–8.85][3]

Unter Metallkleben versteht man das Fügen gleichartiger oder ungleichartiger Metalle mit Hilfe organischer oder anorganischer Klebstoffe bei Raumtemperatur oder unter mäßiger Erwärmung. Mit Klebprozessen sind auch Verbindungen zwischen Metallen und nichtmetallischen Werkstoffen, z. B. Metall mit Glas, herstellbar. Hinweise für Konstruktion und Fertigung finden sich in VDI 2229:79.

Die nachfolgenden grundlegenden und allgemeinen Ausführungen beziehen sich zunächst sowohl auf das Kleben von Metallen als auch von Kunststoffen. Spezielle Angaben zum Metallkleben werden am Ende dieses Kapitel, spezielle Angaben zum Kunststoffkleben in Abschn. 9.3.2 gemacht.

Einordnung des Klebens, Definitionen, Vor- und Nachteile

Das Kleben gehört nach DIN 8593-0:03, 8593-8:03 zu den stoffschlüssigen Fügeverfahren. Als Zusatzwerkstoff wird ein *Klebstoff*, meist auf polymerer Basis, eingesetzt. Nach DIN 16 920/Z (vgl. DIN EN 923:98) wird unter einem Klebstoff ein nichtmetallischer Stoff verstanden, der die Fügeteile durch Flächenhaftung (Adhäsion) und innere Festigkeit (Kohäsion) verbinden kann.

Gegenüber den konkurrierenden Fügeverfahren Schweißen, Löten und mechanisches Fügen besitzt das Kleben insbesondere aufgrund des kalten Prozesses und der flächigen Krafteinleitung eine Reihe von Vorteilen [8.82]:

- Die Fügeteile werden nicht durch Bohrungen wie z. B. beim Schrauben und Nieten geschwächt. Dadurch kann eine Kraftübertragung gleichmäßiger erfolgen.
- Die Fügeteile werden nicht durch hohe Temperaturen beansprucht wie z. B. beim Schweißen und z. T. auch beim Löten. Somit kommt es nicht zu Veränderungen der Materialeigenschaften
- Durch das Kleben besteht die Möglichkeit, sehr verschiedenartige Werkstoffe mit sich selbst oder mit anderen Werkstoffen zu verbinden, z. B. Metalle, Kunststoffe, Gläser, Holz, Papierprodukte, Keramik, Gummi.

---

[3] Kapitel zum Kleben finden sich auch in den zitierten Lehrbüchern der Schweißtechnik, z. B. in [8.64].

- Beim Kleben entstehen im Vergleich zum Schrauben, Nieten und Falzen dichte Verbindungsflächen gegenüber Gasen und Flüssigkeiten, so dass mögliche Korrosionsangriffe stark reduziert werden.
- Das Kleben ermöglicht als einziges Verfahren großflächige Verbindungen sehr dünner Fügeteile, z. B. Folienverbunde.

Diesen Vorteilen stehen die folgenden Nachteile gegenüber:

- Klebungen verfügen nicht über höhere Warmfestigkeiten, wie dies bei Schweißungen und Lötungen der Fall ist, daher können Klebungen keinen Dauerbeanspruchungen bei hohen Temperaturen ausgesetzt werden.
- Klebschichten und deren Grenzschichten zu den Fügeteiloberflächen können durch Umwelteinflüsse, z. B. Feuchtigkeit, geschädigt werden, so dass es zu einer Verminderung der Festigkeit kommt.
- Die Herstellung von Klebungen erfordert als zusätzlichen Arbeitsgang eine Oberflächenvorbehandlung der Fügeteile.
- Bei der Herstellung von Klebungen ist in Abhängigkeit von der Klebstoffart eine bestimmte Zeit zum Aushärten der Klebschicht zu berücksichtigen.
- Zerstörungsfreie Prüfungen stehen nur in sehr begrenztem Umfang zur Verfügung.

Klebstoffarten (ISO 15 509:01, [8.84])
Eine Einteilung der Klebstoffe kann nach den unterschiedlichsten Kriterien erfolgen. So unterscheidet man Klebstoffe hinsichtlich ihrer Komponentenzahl, ihrer Festigkeit, der chemischen Basis, der Polymerart des abgebundenen Klebstoffes (Abb. 8.104) und nach dem Verfestigungsmechanismus des Klebstoffes (Abb. 8.105). Der Abbindemechanismus der chemisch härtenden Klebstoffe wird als Aushärten bezeichnet. Während dieses Prozessschrittes reagieren die einzelnen Komponenten zu dem verfestigen Klebstoff, der dann thermoplastisch, elastomer oder duromer vorliegen kann. Diese Vernetzung, teilweise durch Zugabe von Härtern oder Beschleunigern unterstützt, erfolgt je nach Klebstoff über Polymerisation, Polyaddition oder Polykondensation.

Die als *Klebstoffe* verwendeten hochmolekularen synthetischen Stoffe können – je nach Anwendungsfall – durch flüchtige Lösungsmittel, Verdünner oder durch niedermolekulare Weichmacher und Füllstoffe modifiziert werden. Dadurch lassen sich ihr elastisch-plastisches Verhalten sowie ihre Verarbeitungs- und Stoffeigenschaften beeinflussen.

Tabelle 8.7 gibt eine Gesamtübersicht der wichtigsten handelsüblichen Klebstoffe geordnet nach chemisch härtenden und physikalisch abbindenden Typen mit der jeweiligen Komponentenzahl und dem nötigen Initiator.

Benetzungsbedingung, Adhäsion und Kohäsion (ISO 15 509:01)
Eine Klebung besteht nach DIN 16 920/Z (vgl. DIN EN 923:98) grundsätzlich aus zwei Fügeteilen und dem Klebstoff. Abbildung 8.106 zeigt den Aufbau einer Klebung aus einem Schichtverbund.

Tab. 8.7 Wichtige handelsübliche Klebstofftypen, Gesamtübersicht

Klebstoffe

Physikalisch abbindend

Name	Polymerart	Zustand	Prozess
Schmelzklebstoff	Thermoplast, 1 K	Fest	Schmelzen
Lösemittelkleb-stoff	Thermoplast, 1 K	Klebstoff, gelöst im Lösemittel	Abdampfen
Dispersionskleb-stoff	Thermoplast, 1 K	Wässrige Dispersion	Abdampfen
Plastisole	Thermoplast, 1 K	Sol in Weichmacher	Gelierung
Hartklebstoffe	Thermoplast, 1 K	Klebebänder	Dauerhaft klebrig
Butylkautschuke	Thermoplast, 1 K	Profil, Band, Masse	Dauerhaft klebrig
Nachvernetzende Klebstoffe	Thermoplast → Duromer	Flüssig, fest	Härtung initiiert durch: Feuchte, Wärme

Chemisch härtend

Polyreaktion	Name	Polymerart	Komp.-zahl	Initiator
Polymerisation	Cyanacrylat	(Duromer) Thermoplast	1 K	Luftfeuchtigkeit
	Methacrylate (MMA)	Thermoplast (Duromer)	2 K Nomix	Paste, Flüss., Pulver AB-Verfahren, Härterlack
	Anaerobe Kleb-stoffe	Duromer	1 K	Sauerstoffabschluss Fe oder Cu-Ionen
	Strahlungshärten-de Klebstoffe	Thermoplast (Duromer)	1 K	Licht, UV, (Laser, Elektro-nen
	Polyesterharz	Duromer	2 K	Härter-Paste
Polyaddition	Epoxidharze	Duromer	1 K 2 K	Temp. (120–180°) 2 K
	Polyurethane (PU)	Elastomer Duromer	1 K 2 K	Luftfeucht. (2–4 mm/Tag) 2 K (Isocyanat)
Polykondensa-tion	Phenolharze	Duromer Spalt-prod.: Wasser	2 K (1 K vorgemischt)	Temp. und Druck
	Silikone	Elastomer Spaltprodukte: *sauer*: Essig-säure *neutr*: Alkohol, Oxim *basisch*: Amin	1 K 2 K	Luftfeuchtigkeit
	MS-Polymere	Elastomer Spaltprod.: Alkohol	1 K 2 K	Luftfeuchtigkeit
	Polysulfide	Elastomer Spaltprod.: Wasser	1 K 2 K	Luftfeuchtigkeit

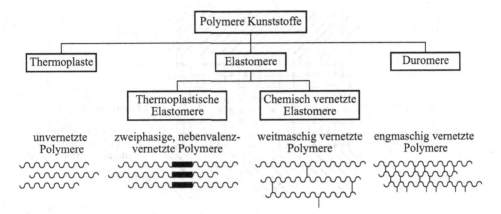

Abb. 8.104 Einteilung der Klebstoffe nach [8.84]

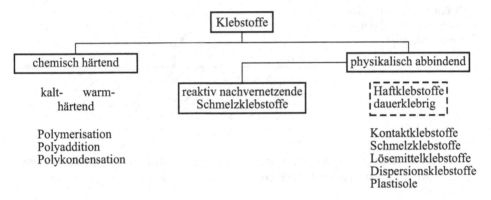

Abb. 8.105 Einteilung der Klebstoffe nach dem Abbindemechanismus

Notwendige aber nicht hinreichende Voraussetzung für die Ausbildung dieses Schicht-
verbundes ist eine ausreichende Benetzung des Fügeteils durch den Klebstoff vor dem Abbinden, um eine gute Haftung zu erreichen.

Die Bedingungen für die Benetzung eines Festkörpers (Fügeteils) sind schematisch
in Abb. 8.107 dargestellt. Als Maß für die Benetzung gilt der Randwinkel α, der in der
Young'schen Gleichung

$$\delta_{FG} = \gamma_{KF} + \delta_{KG} \cdot \cos \alpha$$

beschrieben wird.

In der Young'schen Gleichung ist:

α: Benetzungswinkel;

δ_{FG}: Oberflächenspannung des Fügeteils,

γ_{KF}: Oberflächenspannung des flüssigen Klebstoffes,

δ_{KG}: Grenzflächenspannung zwischen Fügeteiloberfläche und dem flüssigen Klebstoff

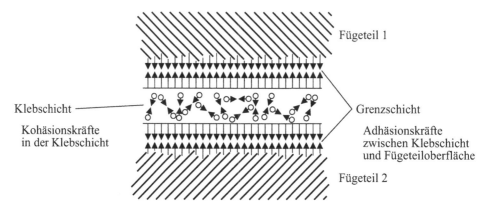

Abb. 8.106 Schematische Darstellung des Aufbaus einer Klebung

Abb. 8.107 Benetzung einer
Festkörperoberfläche (Fügeteil)
durch den Klebstoff

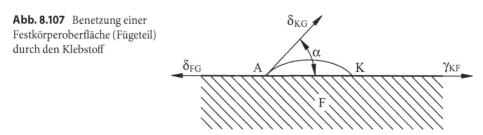

Für eine Spreitung (= vollständige Benetzung der Oberfläche durch den Klebstoff) muss der Randwinkel $\alpha = 0°$ sein und somit $\cos \alpha = 1$. Eingesetzt in die Young'sche Gleichung ergibt sich:

$$\delta_{FG} = \gamma_{KF} + \delta_{KG} \ .$$

Daraus folgt, dass ein Klebstoff eine Oberfläche nur gut benetzen kann, wenn die Oberflächenspannung des Klebstoffes kleiner ist als die des Fügeteils. Da die Oberflächenenergie der meisten Klebstoffe im Bereich zwischen 20 und 30 mJ/mm² liegt, ist das Kleben insbesondere von vielen Kunststoffen, deren Oberflächenenergien in einem ähnlichen Bereich liegen, ohne eine spezielle Oberflächenvorbehandlung nicht möglich.

Neben der für die Festigkeit in der Grenzschicht zwischen Substrat und Klebstoff verantwortlichen Adhäsion, ist die Kohäsion für die Festigkeit der Klebschicht entscheidend. Die Kohäsionsfestigkeit ist außer von der eingesetzten Klebstoffchemie von den Verarbeitungs- und Aushärtungsbedingungen, d. h. von der Herstellung der Klebung abhängig.

Herstellung von Klebungen (DIN EN 13 887:03, ISO 17 212:12, [8.82])

Wie im vorherigen Kapitel beschrieben, ist für die Eigenschaften einer Klebung die Kohäsion und Adhäsion im Schichtverbund verantwortlich. Die Verfahrensschritte, die für die Ausbildung der Adhäsions- und Kohäsionseigenschaften notwendig sind, können in die

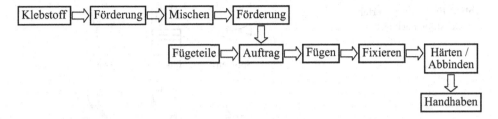

Abb. 8.108 Prozessschritte bei der Klebstoffverarbeitung

Schritte Oberflächenbehandlung, Klebstoffverarbeitung, Klebstoffapplikation und Härten bzw. Abbinden des flüssigen Klebstoffs unterteilt werden. Im Folgenden werden die wichtigsten Prozessschritte näher beschrieben.

Oberflächenbehandlung

Ziel der Oberflächenvorbehandlung ist es, adhäsionshemmende Schichten von der Fügeteiloberfläche zu entfernen, und so eine möglichst gute Benetzung des Klebstoffs zu erreichen bzw. gut benetzbare oder chemisch reaktive Oberflächenschichten zu erzeugen. Es wird im Allgemeinen zwischen Oberflächenvorbereitung (säubern, passend machen und entfetten), Oberflächenvorbehandlung (mechanische Vorbehandlung, physikalische Vorbehandlung und chemische Vorbehandlung) und einer Oberflächennachbehandlung (Auftrag von Primern, Auftrag von Schutzschichten mit Klimatisierung zum Erhalt der zuvor erzeugten Oberflächenmodifikationen) unterschieden (DIN EN 13 887, ISO 17 212).

Klebstoffverarbeitung

Der Prozessablauf der Klebstoffverarbeitung lässt sich in die in Abb. 8.108 dargestellten Prozessschritte unterteilen.

Einen besonderen Stellenwert in der Prozesskette der Klebstoffverarbeitung hat im Bereich der 2-Komponenten Reaktivklebstoffe (z. B. 2-K PUR, 2-K Epoxidharzklebstoff) das Mischen des Klebstoffes. Hier ist es wichtig, sicherzustellen, dass der Klebstoff im richtigen Komponentenverhältnis homogen und blasenfrei gemischt wird und innerhalb der im Datenblatt angegebenen Topfzeit (= maximale Verarbeitungszeit des Klebstoffes) appliziert und verarbeitet wird.

Klebstoffauftrag

Dem Anwender steht eine Reihe von unterschiedlichen Applikationsmöglichkeiten zur Verfügung. Abhängig von der Art des Klebstoffes, der Klebstoffviskosität, der aufzutragenden Klebstoffmenge, dem Automatisierungsgrad, der Form der Fügeteiloberfläche, dem Substratmaterial und der Genauigkeit der zu dosierenden Menge muss das passende Auftragverfahren ausgewählt werden. Die wichtigsten Auftragverfahren sind nach [8.82] in Abb. 8.109 dargestellt.

Abb. 8.109 Auftragverfahren
für Klebstoffe nach [8.82]

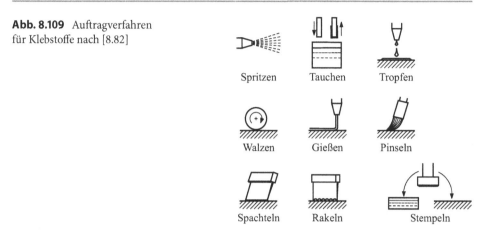

Spritzen   Tauchen   Tropfen

Walzen   Gießen   Pinseln

Spachteln   Rakeln   Stempeln

Klebstoffhärtung, Abbinden

Bei den Prozessschritten zum Ausbilden der Kohäsionskräfte wird zwischen Klebstoffab-
binden (physikalische abbindende Klebstoffe) und Klebstoffaushärten (chemisch härtbare Klebstoffe) unterschieden. Der Begriff „Abbinden" bezeichnet das Erstarren der thermoplastischen Klebstoffe oder das Trocknen von Dispersions- und Lösemittelklebstoffen.
Nach Verdunstung der Lösemittel oder des Wassers bleibt die thermoplastische Klebstoff-
matrix in der Klebefuge zurück und bildet so die Klebschicht aus. Der Begriff „Aushärten" bezeichnet die Überführung des flüssigen Klebstoffs in einen festen Zustand durch
die Polymerisation der Monomere oder Oligomere zu einem Polymer. Hierfür sind die
im Technischen Datenblatt, das vom Klebstoffhersteller bereitgestellt wird, angegebenen
Prozessparameter genau einzuhalten, um optimale Rahmenbedingungen für die jeweilige
Polyreaktion zu erreichen. Um genauere Daten über die temperaturabhängige Reaktionski-
netik eines Klebstoffes zu erhalten, werden im Allgemeinen reaktionskinetische Versuche
durchgeführt. Die zur Aushärtung der Klebstoffe notwendige Energie kann z. B. mittels
Wärme (Wärmequellen: Ofen, Induktion, Infrarotlampe), UV-Strahlen oder Elektronen-
strahlung zugeführt werden.

Eigenschaften von Klebungen

Bezüglich der Eigenschaften von Klebungen ergibt sich je nach Substratwerkstoff und Anwendung infolge des erheblichen Eigenschaftsspektrums der einsetzbaren Klebstoffe ein
eher diffuses Bild. Hier bietet die Gliederung nach den verschiedenen Substratwerkstoff-
klassen eine Möglichkeit der Systematisierung, da jede Werkstoffklasse Klebungen mit
durchaus spezifischen Eigenschaften aufweist. Im Folgenden werden dementsprechend
das Metallkleben und das Kunststoffkleben separat behandelt.

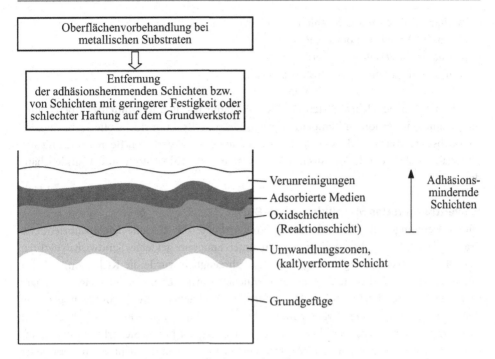

Abb. 8.110 Oberflächenschichten metallischer Werkstoffe

Metallkleben [8.85]

Beim Metallkleben müssen die folgenden klebspezifischen Eigenschaften von Metallen und Metalloberflächen beachtet werden, um eine optimale Verklebung zu erreichen und auch auszunutzen.

- Korrosionsanfälligkeit: Gefahr der Unterwanderungskorrosion,
- Diffusionsdichtheit und Unlöslichkeit: Verwendung von Lösemittelklebstoffen und Dispersionsklebstoffen ist nicht möglich,
- Temperaturbeständigkeit: Klebstoffe können auch unter erhöhter Temperatur ausgehärtet und verklebte Strukturen unter erhöhten Temperaturen belastet werden,
- relativ hohe Wärmeleitfähigkeit: Schmelzklebstoffe binden sehr schnell ab, deshalb ist ein schnelles Fügen und Fixieren der metallischen Substrate notwendig,
- relativ hohe Oberflächenenergien: bewirken im Allgemeinen eine gute Benetzung,
- Oxid- und Ölschichten an der Oberfläche: bedingen eine undefinierte Oberfläche mit Adhäsionsbeeinträchtigung, Abb. 8.110.

Aufgrund der aufgeführten Eigenschaften gelten Metalle als relativ gut klebbar. Um eine optimale Verbindung zu erzeugen, ist jedoch auch hier eine Oberflächenbehandlung zur Erzeugung einer Oberfläche definierter Größe und Beschaffenheit ratsam. Übliche Vorbereitungsmethoden für das Metallkleben sind:

- mechanische Verfahren: Strahlen, Schleifen,
- chemische Verfahren: Beizen, Primern,
- physikalische Verfahren: Laserbehandlung,
- kombinierte Verfahren: Strahlsilikatisierung.

Als empfohlene Klebstoffarten für Metallklebungen gelten lösemittelfreie, bei Raumtemperatur oder erhöhten Temperaturen aushärtende Reaktionsklebstoffe (z. B. Epoxidharzklebstoffe, Acrylatklebstoffe und Silicone) sowie – bei geringen Beanspruchungen – physikalisch abbindende Klebstoffe wie Plastisole, Kontaktklebstoffe und Haftklebebänder.

Anwendungen des Metallklebens [8.85]

Die Anwendungen des Metallklebens betreffen heute das gesamte leichtbauorientierte Transportwesen. Im Flugzeugbau werden unter anderem geklebte Sandwichstrukturen und Blechpaketverklebungen eingesetzt. Im Fahrzeugbau wurde die Klebtechnik als für unterschiedliche Werkstoffe und unterschiedliche Beanspruchungen gut geeignetes Fügeverfahren zwingend erforderlich. Die aufgrund verschärfter Umweltanforderungen und dem hiermit verbundenen Zwang zum Leichtbau zunehmende Werkstoffvielfalt kann mit den konventionellen Fügeverfahren – unter Beachtung der hohen Sicherheitsanforderungen und der geforderten hohen Werkstoffausnutzung – häufig nicht mehr verarbeitet werden. Neben der Anwendung in der Fahrzeugstruktur zur Herstellung struktureller, crash-tauglicher Klebungen sind die Hauptanwendungsgebiete der Klebtechnik im Automobil-Karosseriebau die Direktverglasung, Bördelfalz- und Unterfütterungsklebungen sowie das Kleben von Kunststoffteilen im Innenraum. Die Direktverglasung stellt eine der mengenmäßig größten Applikationen dar und wird zunehmend auch bei Eisenbahnfahrzeugen und im Bauwesen angewandt.

Als Direktverglasung wird das Einkleben von feststehenden Scheiben mittels elastischer, meist feuchtigkeitshärtender, einkomponentiger Polyurethanklebstoffe bezeichnet. Dabei fungiert in den meisten Fällen die Feuchtigkeit aus der Umgebung als zweite Härtungskomponente. Die Härtungsgeschwindigkeit ist somit abhängig von der Umgebungsfeuchte und der Temperatur. Neben der Möglichkeit der starken Automatisierung hat das Scheibenkleben insbesondere den Vorteil einer deutlichen Erhöhung der Torsionssteifigkeit der Karosseriestruktur.

Im Bauwesen gewinnen Metallklebungen bei der Befestigungstechnik und im Fassadenbau Bedeutung.

8.7.4 Fügen durch Umformen [8.4, 8.76, 8.86, 8.87]

Beim Fügen durch Umformen wird die Verbindung zwischen überlappt angeordneten Fügeteilen durch örtliche plastische Verformung der Fügeteile selbst oder geeigneter Hilfsfügeteile geschaffen. Im Zusammenhang mit modernen Leichtbaukonzepten haben neu entwickelte

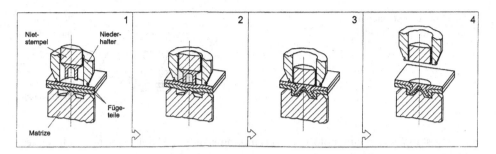

Abb. 8.111 Arbeitsfolge beim Stanznieten mit Halbhohlniet [8.4]

umformtechnische Fügeverfahren wie Stanznieten oder Clinchen große Bedeutung gewonnen.

Nieten

Beim herkömmlichen Nieten muss in die genau positionierten Fügeteile eine gemeinsame Vorbohrung eingebracht werden, durch die das Hilfsfügeteil, der Niet (DIN 101:11), gesteckt werden kann. Auf der dem vorhandenen Nietkopf entgegengesetzten Seite wird der überstehende Nietschaft zu einem Schließkopf umgeformt – entweder bei einem massiven *Vollniet* durch axiales Stauchen mit einem Döpper, bei einem *Hohlniet* durch Anbördeln oder Aufweiten seines Schafts oder durch Stauchen eines Schließrings um den *Schließringbolzen* eines zweiteiligen Nietverbindungselements.

Vollniete gibt es in zahlreichen Ausführungen mit unterschiedlichen Formen des Nietkopfes, als Halbrundniete (DIN 124:11, DIN 660:12), Senkniete (DIN 302:11, DIN 661:11), Linsenniete (DIN 662:11), Flachrundniete (DIN 674:11) oder Flachsenkniete (DIN 675:11). Diese Nietformen und die Halbhohlniete (DIN 6791:12, DIN 6792:12) bedingen eine Zugänglichkeit zur Fügestelle von beiden Seiten. Die mit einem speziellen Verbindungswerkzeug ausgeführten Schließringbolzen-Verbindungen setzen ebenfalls beidseitige Zugänglichkeit zur Fügestelle voraus.

Blindniete können dagegen von einer Seite in die Bohrung eingesteckt und angeschlossen werden [8.86]. Das einseitige Anschließen ist bei Hohlnieten (DIN 7331:11, DIN 7339:11) z. B. mit einem Durchziehdorn möglich, der durch eine Zugkraft auf den hohlen Nietschaft diesen umformt und danach selbst an einer Sollbruchstelle abbricht.

Als dichte und kraftübertragende Verbindung sind Nietverbindungen bei Kesseln oder Behältern heute meist durch Schweißverbindungen ersetzt worden. Von großer Bedeutung ist dieses Fügeverfahren aber nach wie vor in der Luft- und Raumfahrttechnik, wo die meisten größeren Leichtbaustrukturen genietet werden (DIN 9119-2:85).

Ganz neue Bedeutung hat die Niettechnik mit der Entwicklung des *Stanznietens* [8.87] für die Blechkonstruktionen im leichtbauorientierten Fahrzeugbau gewonnen. Bei diesem Nietverfahren ist kein Vorbohren der Fügeteile nötig. Die verwendeten Halbhohl- oder Vollniete dienen als Schneidwerkzeuge, die unter Stempeldruck in einem Arbeitsgang die

Abb. 8.112 Bleche nach dem
Clinchen mit Einschneiden

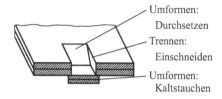

Umformen:
Durchsetzen

Trennen:
Einschneiden

Umformen:
Kaltstauchen

Bohrung stanzen und eine unlösbare Verbindung schaffen. Halbhohlniete durchtrennen dabei nur das obere Blech und formen das untere Blech durch Spreizung und Kragenbildung zu einem Schließkopf um. Die Kragenform wird wesentlich durch die Gravur der den Gegendruck ausübenden Matrize bestimmt. Der Stanzbutzen aus dem oberen Blech wird im hohlen Nietschaft unverlierbar eingeschlossen (Abb. 8.111). Vollniete durchtrennen dagegen beide Bleche und die Matrize muss den Stanzbutzen aufnehmen können. Die unlösbare Verbindung kommt dadurch zustande, dass durch den Druck des Stempels mit ringförmigem Wulst Werkstoff beider Blechteile plastisch verformt in den Freiraum des konkav geformten Vollniets fließt.

Clinchen (Durchsetzfügen) [8.87]

Beim Clinchen entsteht eine Verbindung zwischen dem Werkstoff der Blechfügeteile aufgrund gemeinsamen Durchsetzens (DIN 8587:03) an der Fügestelle in Verbindung mit oder auch ohne Einschneiden (DIN 8588:03) und nachfolgendem Kaltstauchen (DIN 8583-1, -3:03).Ein Hilfsfügeteil ist dazu nicht nötig.

Beim Clinchen mit Schneidanteil werden die Blechteile im Fügebereich durch den Stempeldruck gegen Schnittkanten der Matrize durchgetrennt und durchgesetzt. Wie in Abb. 8.112 gezeigt, bleibt der Werkstoffzusammenhang außerhalb des durch das Einschneiden und Durchsetzen begrenzten Fügebereichs gewahrt. Der aus der Blechebene heraus verschobene durchgesetzte Blechwerkstoff wird durch weiteren Stempeldruck gegen den tiefer angeordneten Amboss der Matrize gepresst und kaltgestaucht. Das Spreizen der federnd gelagerten Schneidbacken der Matrize ermöglicht ein Breiten des kaltgestauchten Werkstoffs und damit eine kraft- und formschlüssige Verbindung. Einstufiges Clinchen liegt vor, wenn die Verbindung mit dem ununterbrochenen Hub eines einzigen Werkzeugteils entsteht. Diese Verfahrensart lässt sich mit einfachen Fügepressen ausführen. Bei mehrstufigem Clinchen werden der obere Schneidstempel und der untere Stauchstempel in geeigneter Weise nacheinander bewegt. Diese kompliziertere Verfahrensvariante benötigt ein aufwendiges Einstellen der Werkzeuge, weshalb sie in der Praxis seltener Anwendung findet.

Das Clinchen ohne Schneidanteil erfolgt, wie in Abb. 8.113 dargestellt, durch ein Einsenken und Durchsetzen unter Stempeldruck mit anschließendem Kaltstauchen und Breiten der durchgesetzten Blechbereiche. Es entsteht so ebenfalls eine kraft- und formschlüssige Verbindung.

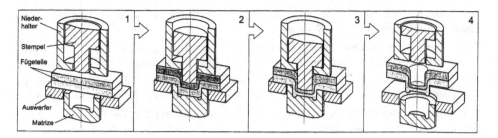

Abb. 8.113 Arbeitsfolge beim Clinchen ohne Einschneiden [8.4]

Das Clinchen ist, wie auch das Stanznieten, ein wärmearmes Fügeverfahren ohne thermische Beeinflussung der Fügestelle, mit dem sich wasser- und luftdichte Verbindungen von unbeschichteten und beschichteten Blechen aus unterschiedlichen Werkstoffen ohne zusätzliche Oberflächenbehandlungen herstellen lassen. Bei hohen Standzeiten der Werkzeuge und geringen Investitionskosten ergeben sich für beide Verfahren auch wirtschaftliche Vorteile z. B. gegenüber dem Punktschweißen.

Das Clinchen wird in vielen Bereichen der blechverarbeitenden Industrie angewandt. Mit der im modernen Automobilbau breiter werdenden Werkstoffvielfalt wächst die Bedeutung dieses Verfahrens. Es wird einerseits auch in Kombination mit dem Kleben angewandt, z. B. um das bei Beanspruchung von Clinchverbindungen mögliche „Ausknöpfen" (Herausreißen) der Fügestellen zu vermeiden. Andererseits ermöglicht es im Zusammenwirken mit eingeführten Fügeverfahren neue und günstige Fertigungsabläufe, z. B. wenn es die für das Widerstandspunktschweißen erforderlichen Heftoperationen übernimmt oder wenn es beim Kleben zum Fixieren der Teile bzw. zum Anpressen während der Aushärtezeit dient.

Literatur

Umformtechnik

[8.1] Spur, G., Neugebauer, R., Hoffmann, H. (Hrsg.): Handbuch Umformen, 2. Aufl. Hanser Verlag, München (2012)

[8.2] Fritz, H.-A. et al.: Fertigungstechnik, 9. Aufl. VDI-Buch. Springer-Verlag, Berlin (2010)

[8.3] Doege, E., Behrens, B.-A.: Handbuch Umformtechnik. Grundlagen, Technologien, Maschinen, 2. Aufl. Springer-Verlag, Berlin/Heidelberg (2010)

[8.4] Tschätsch, H., Dietrich, J.: Praxis der Umformtechnik. Arbeitsverfahren, Maschinen, Werkzeuge, 10. Aufl. Vieweg+Teubner Verlag, Wiesbaden (2010)

[8.5] Kugler, H.: Umformtechnik. Umformen metallischer Konstruktionswerkstoffe. Hanser Verlag, München (2009)

[8.6] Klocke, F., König, W.: Fertigungsverfahren 4. Umformen. Umformtechnik, 5. Aufl. VDI-Buch. Springer Verlag, Berlin/Heidelberg (2006)

[8.7] Taube, K.: Umformtechnik der Metalle. Lehrbuch für Produktionstechnik und Fertigungsverfahren, 1. Aufl. Christiani-Verlag, Konstanz (2004)

[8.8] Lange, K. (Hrsg.): Umformtechnik I. Grundlagen „Studienausgabe". Springer-Verlag, Berlin (2002). Ursprünglich: Handbuch für Industrie und Wissenschaft. 2. Auflage, 1984

[8.9] Krause, E.: Untersuchungen über das Kaltpressschweißen von Verbundkörpern verschiedener Werkstoffpaarungen in Vorwärtsvollfließ-Pressvorgängen. Diplomarbeit, TU Braunschweig (1968)

[8.10] Altan, T. (Hrsg.): Cold and Hot Forging. Fundamentals and Applications, 1. Aufl. ASM International, Metals Park, Ohio (2005)

[8.11] Schröder, G., Rystad, H.: Isothermschmieden – ein neuer Weg zum Präzisions-Umformen. Werkstatt und Betrieb **118**(6), 314–320 (1985)

[8.12] Rohrproduktion-Phoenix-Rheinrohr AG (Hrsg.): Mitteilung aus Forschung und Betrieb. Herstellung von Rohren. Düsseldorf (1963)

[8.13] Müller, K.: Grundlagen des Strangpressens. Verfahren, Anlagen, Werkstoffe, Werkzeuge, 2. Aufl. Expert-Verlag, Renningen (2003)

[8.14] Bauser, M., Sauer, G., Siegert, K.: Strangpressen, 2. Aufl. Aluminium Fachbuchreihe. Beuth Verlag, Berlin (2011). Verlag Aluminium, Düsseldorf

[8.15] König, W., Klocke, F.: Fertigungsverfahren 5: Blechumformung, 4. Aufl. Springer Verlag, Berlin/Heidelberg (2012)

[8.16] Pöhlandt, K., Meidert, M., Ruf, A.: Werkzeuge der Kaltmassivumformung, 2. Aufl. Expert-Verlag, Renningen (2003)

[8.17] Meuthen, B., Jandel, A.-S.: Coil Coating. Bandbeschichtung: Verfahren, Produkte und Märkte, 3. Aufl. JOT-Fachbuch. Springer Verlag, Berlin/Heidelberg (2012)

[8.18] Schimpke, P., Schropp, H., König, R.: Technologie der Maschinenbaustoffe, 18. Aufl. S. Hirzel Verlag, Stuttgart (1977)

[8.19] Akademischer Verein Hütte e, V.: Taschenbuch für Betriebsingenieure (Betriebshütte). Fertigungsverfahren, Bd. I. Verlag von Wilhelm Ernst und Sohn, Berlin (1964)

[8.20] Beratungsstelle für Stahlverwendung: Falzen von Stahlblech. Merkblatt über sachgerechte Stahlverwendung Nr. 174

[8.21] Schulz, J.: Geschwindigkeitskontrolliertes Kugelstrahlen und Kugelstrahlumformen. Shaker-Verlag, Aachen (2003)

[8.22] Neugebauer, R. (Hrsg.): Hydro-Umformung, 1. Aufl. Springer-Verlag, Berlin (2007)

[8.23] Mertes, P., Schroeder, M.: Anwendung des Innenhochdruckumformens in der Automobilindustrie. In: Endeigenschaftsnahe Formgebung – Fertigung und Bauteilprüfung. S 47. Shaker-Verlag, Aachen (2000)

Gießereitechnik, Pulvermetallurgie und Sprühkompaktieren

[8.24] Klocke, F., König, W.: Fertigungsverfahren 5. Urformtechnik, Gießen, Sintern, Rapid prototyping, 4. Aufl. Springer-Verlag, Berlin (2007)

[8.25] Franke, S. (Hrsg.): Taschenbuch der Gießereipraxis. Fachverlag Schiele, Berlin 2012 (2013)

[8.26] Döpp, R.: Beiträge zur Gießereitechnik. Verlag Papierflieger, Clausthal-Zellerfeld (2006)

[8.27] Herfurth, K., Ketscher, N., Köhler, M.: Gießereitechnik kompakt, 1. Aufl. Verlag Stahleisen, Düsseldorf (2003)

[8.28] Campbell, J.: The New Metallurgy of Cast Metals, 2. Aufl. Butterworth-Heinemann, Oxford (2003)

[8.29] Hasse, S.: Gießerei-Lexikon 2008, 19. Aufl. Fachverlag Schiele, Berlin (2007)

[8.30] Hasse, S.: Guss- und Gefügefehler, 2. Aufl. Fachverlag Schiele, Berlin (2003)

[8.31] Verein Deutscher Gießerei-Fachleute: Das Gießereiwesen, 3. Aufl. Gießerei-Verlag, Düsseldorf (1953)

[8.32] Verein deutscher Eisenhüttenleute: Die Technik des Eisenhüttenwesens, 14. Aufl. Verlag Stahleisen, Düsseldorf (1937)

[8.33] Verein Deutscher Gießerei-Fachleute, Verein Deutscher Ingenieure: Konstruieren mit Gusswerkstoffen. Gießerei-Verlag, Düsseldorf (1966)

[8.34] Fachausschuss Feinguss im Verein Deutscher Gießerei-Fachleute e. V., Zentrale für Gießereiverwendung: Feinguss. Düsseldorf (1964)

[8.35] Nägele, R.: Erfahrungen mit dem Gas-Nebel-Verfahren (Cold-Box-Verfahren) zur Kernherstellung. Gießerei 56(11), 298–304 (1969)

[8.36] Andresen, W.: Die Cast Engineering: A Hydraulic, Thermal and Mechanical Process. M. Dekker, New York (2005)

[8.37] Eigenfeld, K.: Praxis der Druckgussfertigung. Fachverlag Schiele, Berlin (2004)

[8.38] Vinarcik, E.J.: High Integrity Die Casting Processes. Publ. Wiley-Intersciences, New York (2003)

[8.39] Wincierz, P.: Entwicklungslinien der Metallhalbzeug-Technologie. Metallkunde 66(5), 235–248 (1975)

[8.40] Slevolden, S.: Metals and Materials 6, 94 (1972)

[8.41] Hasse, S.: Gefüge der Gusslegierungen. Structure of Cast Iron Alloys. Verlag Schiele und Schön, Berlin (2008)

[8.42] Zeuner, H.: Guss-Verbund Schweißung. Schriftenreihe Guss und seine Verwendung, Bd. 9. Zentrale für Gussverwendung, Düsseldorf (1968)

[8.43] Beckert, M., Klemm, H.: Handbuch der metallographischen Ätzverfahren, 2. Aufl. VEB Deutscher Verlag für Grundstoffindustrie, Leipzig (1966)

[8.44] Schatt, W., Kieback, B., Wieters, K.-P. (Hrsg.): Pulvermetallurgie. Technologie und Werkstoffe, 2. Aufl. Springer-Verlag, Berlin (2007)

[8.45] Lange, K.: Sonderverfahren des Urformens und Umformens. wt-Z. ind. Fertig 71(4), 197–205 (1981)

[8.46] Bauckhage, K. (Hrsg.): Proc. 2nd Int. Conference on Spray Deposition and Metal Atomization and 5th Int. Conference on Spray Forming, Bd. 1. Druck Books on Demand, Norderstedt (2003). Universität Bremen 2003

Beschichten

[8.47] Hofmann, H., Spindler, J.: Verfahren in der Beschichtungs- und Oberflächentechnik, 2. Aufl. Hanser Verlag, München (2010)

[8.48] Bach, F.-W., Möhwald, K., Laarmann, A., Wenz, Th.: Moderne Beschichtungsverfahren, 2. Aufl. Wiley-VCH Verlag, Weinheim (2010)

[8.49] Müller, K.-P.: Praktische Oberflächentechnik. Vorbehandeln – Beschichten – Beschichtungsfehler – Umweltschutz, 4. Aufl. Springer Vieweg Verlag, Wiesbaden (2003)

[8.50] Pietschmann, J.: Industrielle Pulverbeschichtung. Grundlagen, Anwendungen, Verfahren, 3. Aufl. Vieweg+Teubner, Wiesbaden (2010)

[8.51] DVS Berichte Bd. 245: Thermisches Spritzen – Potentiale – Entwicklungen – Märkte. DVS Media GmbH, Düsseldorf (2007)

[8.52] Lugscheider, E.: Handbuch der thermischen Spritztechnik. Technologien – Werkstoffe – Fertigung. Fachbuchreihe Schweißtechnik, Bd. 139. DVS-Verlag, Düsseldorf (2002)

Fügen von Metallen: Schweißen, Löten, Kleben

[8.53] DVS e. V. (Hrsg.): Fügetechnik – Schweißtechnik. Lehrunterlage, 8. Aufl. DVS Media GmbH, Düsseldorf (2012)

[8.54] Matthes, K.-J., Schneider, W.: Schweißtechnik. Schweißen von metallischen Konstruktionswerkstoffen, 5. Aufl. Hanser-Verlag, München (2011)

[8.55] Fahrenwaldt, H., Schuler, V.: Praxiswissen Schweißtechnik. Werkstoffe, Verfahren, Fertigung, 3. Aufl. Vieweg+Teubner Verlag, Wiesbaden (2009)

[8.56] Dilthey, U.: Schweißtechnische Fertigungsverfahren, 3. Aufl. Schweiß- und Schneidtechnologien, Bd. 1. Springer-Verlag, Berlin (2006)

[8.57] Dilthey, U.: Schweißtechnische Fertigungsverfahren, 3. Aufl. Verhalten der Werkstoffe beim Schweißen, Bd. 2. Springer-Verlag, Berlin (2005)

[8.58] Dilthey, U., Brandenburg, A.: Schweißtechnische Fertigungsverfahren, 2. Aufl. Gestaltung und Festigkeit von Schweißkonstruktionen, Bd. 3. Springer-Verlag, Berlin (2002)

[8.59] Hofmann, H.G., Mortell, J.W., Sahmel, P., Veit, H.J.: Grundlagen der Gestaltung geschweißter Stahlkonstruktionen. Fachbuchreihe Schweißtechnik, Bd. 12. DVS Media GmbH, Düsseldorf (2005)

[8.60] Killing, R., Killing, U.: Kompendium der Schweißtechnik. Verfahren der Schweißtechnik. Fachbuchreihe Schweißtechnik, Bd. 128/1. DVS-Verlag, Düsseldorf (2002)

[8.61] Probst, R., Herold, H.: Kompendium der Schweißtechnik. Schweißmetallurgie. Fachbuchreihe Schweißtechnik, Bd. 128/2. DVS-Verlag, Düsseldorf (2002)

[8.62] Beckert, M., Herold, H.: Kompendium der Schweißtechnik. Eignung metallischer Werkstoffe zum Schweißen. Fachbuchreihe Schweißtechnik, Bd. 128/3. DVS-Verlag, Düsseldorf (2002)

[8.63] Behnisch, H., Neumann, A., Neuhoff, R.: Kompendium der Schweißtechnik. Berechnung und Gestaltung von Schweißkonstruktionen. Fachbuchreihe Schweißtechnik, Bd. 128/4. DVS-Verlag, Düsseldorf (2002)

[8.64] Ruge, J.: Handbuch der Schweißtechnik, 3. Aufl. Bd. I. Werkstoffe. Bd. II. Verfahren und Fertigung, Bd. I+II. Springer-Verlag, Berlin (1991/1993). Softcover reprint Bd. II 2012

[8.65] Ruge, J., Wösle, H.: Handbuch der Schweißtechnik. Konstruktive Gestaltung der Bauteile, Bd. III. Springer-Verlag, Berlin (1985)

[8.66] Ruge, J., Thomas, K.: Handbuch der Schweißtechnik. Berechnung der Verbindungen, Bd. IV. Springer-Verlag, Berlin (1988)

[8.67] Schulze, G.: Metallurgie des Schweißens. Eisenwerkstoffe – Nichteisenmetallische Werkstoffe, 4. Aufl. Springer-Verlag, Berlin (2009)

[8.68] Boese, U., Ippendorf, F.: Das Verhalten der Stähle beim Schweißen, 4. Aufl. Tl.I. Grundlagen. Tl.II. Anwendung, Bd. I+II. DVS-Verlag, Düsseldorf (1995/2011)

[8.69] Wilden, J., Bartout, D., Hofmann, F.: Lichtbogenfügeprozesse – Stand der Technik und Zukunftspotenzial. DVS Berichte, Bd. 249. DVS Media GmbH, Düsseldorf (2009)

[8.70] DIN, DVS (Hrsg.): Schweißtechnik 2: Autogenverfahren, Thermisches Schneiden, Normen und Merkblätter, 11. Aufl. DIN/DVS Taschenbuch, Bd. 65. Beuth DVS Verlag, Düsseldorf (2012)

[8.71] DIN, DVS (Hrsg.): Schweißtechnik 1: Schweißzusätze – Qualitäts- und Prüfnormen, 16. Aufl. DIN/DVS Taschenbuch, Bd. 8. Beuth DVS Verlag, Düsseldorf (2009)

[8.72] DIN (Hrsg.): Schweißtechnik 6: Elektronenstrahl-, Laserstrahlschweißen, Normen, Merkblätter, 4. Aufl. DIN/DVS Taschenbuch, Bd. 283. Beuth DVS-Verlag, Düsseldorf (2010)

[8.73] DIN, DVS (Hrsg.): Schweißtechnik 9, 11 und 15: Widerstandsschweißen: Ausbildung, Grundlagen, Verfahren und Werkstoffe. Qualitätssicherung und Prüfung. Ausrüstung, 3. Aufl. DIN/DVS-Taschenbuch, Bd. 312/1, 312/2 und 312/3. Beuth DVS Verlag, Düsseldorf (2010)

[8.74] DIN, DVS (Hrsg.): Schweißtechnik 7: Schweißtechnische Fertigung und Schweißverbindungen, 3. Aufl. DIN/DVS Taschenbuch, Bd. 284. Beuth DVS Verlag, Düsseldorf (2009)

[8.75] DIN, DVS (Hrsg.): Schweißtechnik 10: Zerstörungsfreie und zerstörende Prüfung von Schweißverbindungen, 2. Aufl. DIN Taschenbuch, Bd. 369. DVS-Verlag, Düsseldorf (2011)

[8.76] Matthes, K.-J., Riedel, F. (Hrsg.): Fügetechnik. Überblick, Löten, Kleben, Fügen durch Umformen, 1. Aufl. Fachbuchverlag Leipzig im Hanser Verlag, München (2003)

[8.77] DVS-Berichte Bd. 263: Hart- und Hochtemperaturlöten und Diffusionsschweißen. DVS Media GmbH, Düsseldorf (2010)

[8.78] Dorn, L.: Hartlöten und Hochtemperaturlöten. Grundlagen und Anwendung. Expert Verlag, Renningen (2007)

[8.79] Schwartz, M.M.: Brazing, 2. Aufl. ASM International, Materials Park Ohio (2003)

[8.80] DIN-DVS (Hrsg.): Schweißtechnik 5 und 12: Hartlöten, Weichlöten, gedruckte Schaltungen, 5/1. Aufl. DIN-DVS Taschenbuch, Bd. 196/1 und 196/2. Beuth DVS-Verlag, Düsseldorf (2008)

[8.81] Habenicht, G.: Kleben erfolgreich und fehlerfrei. Handwerk, Praktiker, Ausbildung, Industrie, 6. Aufl. Vieweg+Teubner Verlag, Wiesbaden (2012)

[8.82] Habenicht, G.: Kleben. Grundlagen, Technologien, Anwendungen, 6. Aufl. Springer-Verlag, Berlin/Heidelberg (2009)

[8.83] Rasche, M.: Handbuch Klebtechnik. Hanser Verlag, München (2012)

[8.84] Müller, B., Rath, W.: Formulierungen von Kleb- und Dichtstoffen, 2. Aufl. Vincentz Network, Hannover (2009)

[8.85] Brandenburg, A.: Kleben metallischer Werkstoffe. Fachbuchreihe Schweißtechnik, Bd. 144. DVS-Verlag, Düsseldorf (2001)

[8.86] Grandt, J.: Blindniettechnik. Die Bibliothek der Technik, Bd. 97. Moderne Industrie, Landsberg/Lech (1994)

[8.87] Budde, L., Pilgrim, R.: Stanznieten und Durchsetzfügen. Die Bibliothek der Technik, Bd. 115. Verlag Moderne Industrie, Landsberg/Lech (1995)

Verarbeitung der Polymerwerkstoffe

9

Zusammenfassung

Die Eigenschaften von Bauteilen aus Polymerwerkstoffen hängen stark vom jeweiligen Herstellungsverfahren ab. Damit kommt den Beschreibungen der einzelnen Verfahren für die Thermo- und Duroplastproduktion besondere Bedeutung zu. Das mit aufgeführte Schweißen und Kleben von Kunststoffen erfolgt in einer vom Vorgehen bei Metallen recht unterschiedlichen Weise.

9.1 Formgebung

9.1.1 Umformverfahren für Thermoplaste [9.1–9.5]

Gleichmäßige Erwärmung (Gas, Luft, Flüssigkeiten, Heizelemente, Strahlung) bis in den thermoelastischen Zustand. Die Umformkräfte müssen wegen der Rückstellwirkung bis zur Abkühlung in den Bereich FEST (Abb. 6.9) aufrechterhalten werden, bei PVC hart z. B. bis ca. 50 °C.

Abkanten und Biegen (Abb. 9.1)

Die Abkantradien sollten den Wert $r \approx 2 \cdot s$ nicht unterschreiten.

Ziehformen (Abb. 9.2 und 9.3)

Man unterscheidet zwischen

- Tiefziehen und
- Formstanzen.

J. Ruge und H. Wohlfahrt, *Technologie der Werkstoffe*, DOI 10.1007/978-3-658-01881-8_9, 345
© Springer Fachmedien Wiesbaden 2013

Abb. 9.1 Abkanten von
Kunststoffen [8.18]

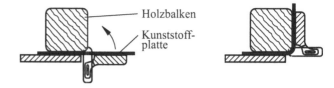

Holzbalken

Kunststoff-
platte

Abb. 9.2 Tiefziehen von
Kunststoffen [8.18]

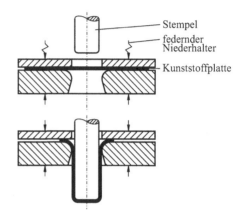

Stempel

federnder
Niederhalter

Kunststoffplatte

Abb. 9.3 Formstanzen von
Kunststoffen [8.18]

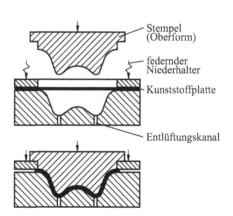

Stempel
(Oberform)

federnder
Niederhalter

Kunststoffplatte

Entlüftungskanal

Abb. 9.4 Mechanisches
Streckformen

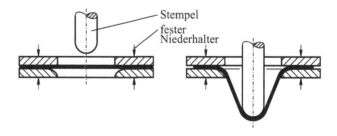

Stempel

fester
Niederhalter

Streckformen (Abb. 9.4 bis 9.6)

Die Methoden des Streckformens gliedern sich in

- Mechanisches Streckformen
- Blasen
  - in den freien Raum
  - in eine Gegenform
- Saugen mit und ohne Vorstrecken in Negativform, mit Vorstrecken in Positivform.

9.1.2 Urformverfahren für Thermoplaste [9.1, 9.6–9.16]

Nach Erwärmen bis in den thermoplastischen Bereich lassen sich Kunststoffe verarbeiten durch:

Kalandrieren (Abb. 9.7)

Das dem Walzen ähnliche Kalandrieren wird angewandt zur Herstellung von Platten oder Folienbahnen mit guter Oberflächenqualität und zum Aufbringen von Beschichtungen auf durchlaufende Trägerbahnen aus Kunststoff oder Papier. Das zu verarbeitende und zum Teil mit Zusätzen vermischte Material wird als plastifizierte Rohmasse eingegeben. Die Anordnung der verschiedenen Kalanderwalzen bestimmt die Dicke des Endprodukts und kann zur Festigkeitssteigerung durch Strecken des Materials dienen.

Spritzgießen (Abb. 9.8 bis 9.10) [9.6–9.13]

Das Spritzgießen ist ein wichtiges Verfahren zur Herstellung von Kunststoff-Formteilen in großer Stückzahl und mit guter Maßgenauigkeit. Das Rohstoffgranulat (DIN EN ISO 1874 -2:06/A1:10) wird von einer rotierenden Förderschnecke aus dem Fülltrichter eingezogen, in dem beheizten Schneckenzylinder plastifiziert, durch die Schnecke in den vorderen Zylinderteil vor die Düse transportiert und dort angesammelt. Die axial verschiebbare Schnecke presst die plastische Masse dann in die Form (Werkzeug, Abb. 9.8 und 9.9), die bei der Verarbeitung von Thermoplasten gekühlt ist (DIN 24 450:87, DIN EN 201:09). Nach Erstarrung der Schmelze wird das fertige Teil aus der Form ausgeworfen und das nächste Teil kann in diesem diskontinuierlichen Fertigungsprozess gespritzt werden.

Während der Formfüllung steigt der Druck im Werkzeug bis zu einem Maximalwerte an, Abb. 9.10. Beim Abkühlen wird ein etwas geringerer Nachdruck aufrechterhalten, um die er- starrende Schmelze beim Schrumpfen zu verdichten und Einfallstellen und Lunker am Formteil zu vermeiden. Der Nachdruck beeinflusst somit die Eigenschaften, die von der Dichte bzw. vom spezifischen Volumen abhängen. Zwischen dem Druckverlauf im Werkzeug und der Formteilqualität besteht also ein enger Zusammenhang (DIN EN ISO 294-1:98, -2:98/A1:05, -3:03, -4:03/AC:11, -5:11, DIN FprEN ISO 294-5:12).

Abb. 9.5 Blasformen. **a**
Blasen in den freien Raum,
b Blasen in eine Gegenform

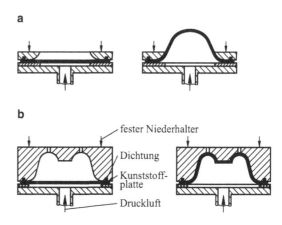

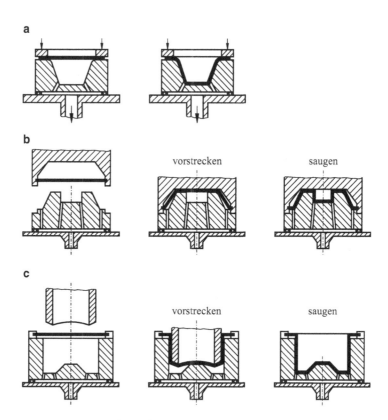

Abb. 9.6 a Saugen in Negativform ohne Vorstrecken, **b** Saugen in Positivform mit Vorstrecken
c Saugen in Negativform mit Vorstrecken

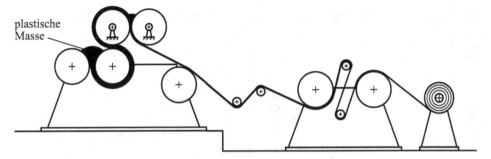

Abb. 9.7 Herstellung von Folien im Kalander

Abb. 9.8 Spritzgießdüse und
Spritzgießform (Werkzeug)

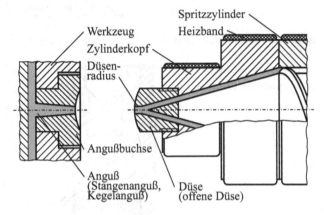

Abb. 9.9 Einschnecken
Spritzgießmaschine

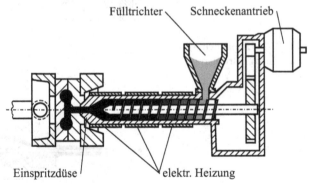

Reaktionsgießen (Abb. 9.11)

Beim Reaktionsgießen gelangen die beiden (oder mehr) Komponenten in einen Mischkopf und von dort nach intensiver Durchmischung über eine Düse in das mit Trennmittel versehene Werkzeug, wo die Reaktion, beim für dieses Verfahren meist eingesetzten Polyurethan, die Polyaddition, erfolgt. Als Mischprinzip dient die Gegenstrominjektionsvermischung gemäß Abb. 9.11. Da auf den Umweg über das zum üblichen Spritzgießen

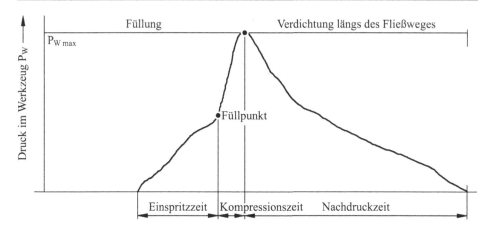

Abb. 9.10 Druckverlauf im Werkzeug beim Spritzgießen [9.11]

Abb. 9.11 Gegenstrominjektionsvermischung (Schema)

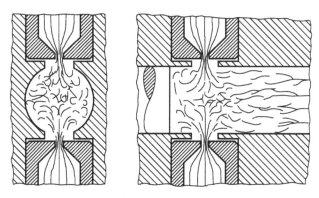

Abb. 9.12 Ummanteln von
Draht durch Extrudieren

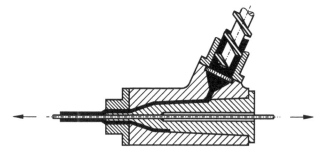

verwendete Granulat verzichtet wird, benötigt man für das Reaktionsgießen (RSG) weniger Energie. Das Verfahren wird häufig mit RIM (reaction-injection-molding), bei Einsatz
von mit Füllstoffen oder Glasfasern verstärkten Kunststoffen mit RRIM (reinforced RIM),
bezeichnet. Es wird sowohl für kompakte als auch für geschäumte Produkte verwendet.

Abb. 9.13 Pressen von Duroplasten **a** Formpressen
b Spritzpressen

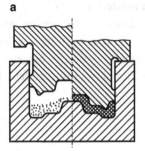
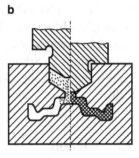

Extrudieren (Abb. 9.12) [9.14–9.16]

Etwa zwei Drittel aller Kunststoffe werden durch Extrudieren verarbeitet, ein Verfahren, das dem Spritzgießen nahe verwandt ist. Das Kunststoffpulver oder Kunststoffgranulat wird, ähnlich wie beim Spritzgießen, durch eine Förderschnecke von einem Fülltrichter in einen beheizten Zylinder gezogen, dort unter Mithilfe von Reibungswärme plastifiziert und aufgeschmolzen und schließlich von einem Kolben oder meist von einer Förderschnecke (Schneckenextruder, vgl. Abb. 9.9, DIN 24 450:87) durch eine Matrize gepresst. Deren Form bestimmt die Gestalt des erzeugten Halbzeuges. Das nur für Thermoplaste angewandte, kontinuierlich arbeitende Verfahren entspricht demnach weitgehend dem von der Metallverarbeitung her bekannten Strangpressen. Gefertigt werden Platten und Stangen, Profile und Hohlprofile aller Art, insbesondere Rohre, in Breitschlitzextrudern auch Folien. Rohre können dann unmittelbar anschließend durch Blasformen zu Hohlkörpern (z. B. Benzintanks) weiterverarbeitet werden (Extrusionsblasformen). Ein weiteres Beispiel für die Anwendung des Extrudierens ist das Umhüllen von Draht mit einem thermoplastischen Mantel (Abb. 9.12).

9.1.3 Umformverfahren für Duroplaste [9.1]

Pressen (Abb. 9.13)

- Formpressen
- Spritzpressen
- Strangpressen
- Spritzgießen

Beim Form- und Spritzpressen härtet die genau dosiert in die temperierte Form (140 bis 170 °C) eingebrachte und plastifizierte Masse in der Pressform irreversibel aus (Abb. 9.13). Beim Spritzgießen von Duroplasten wird die Temperatur zur Plastifizierung im beheizten Zylinder mit Förderschnecke niedriger gehalten als bei Thermoplasten, um ein Aushärten im Zylinder zu vermeiden. Das Spritzteil härtet in der ebenfalls erwärmten Form (z. B. 160 °C) rasch aus.

Regeln für die Gestaltung von Pressteilen
Neigung von Innen- und Außenflächen zur Erleichterung des Entfernens der Teile aus dem
Werkzeug. Wanddicken größer als 1 mm, mit größer werdender Pressteiltiefe ansteigend.
Abrundungen zur Schonung der Werkzeuge und für besseres Fließen. Versteifungen durch
Rippen und Wölbungen, da der *E*-Modul von Kunststoffen niedrig liegt (1/15 bis 1/20 von
Stahl).

9.2 Spanen

Eine Fertigung durch Spanen wird bei Kunststoffen wegen der guten Möglichkeiten für
eine spanlose Erzeugung von Teilen mit genauen Abmessungen und guter Oberfläche weitgehend vermieden. Bei Bearbeitung durch Spanen sind im Übrigen dem Werkstoff ange-
passten Werkzeuge, Schnittgeschwindigkeiten usw. zu wählen. Zusetzen von Kunststoff als
Zusatzwerkstoff.

9.3 Schweißen und Kleben von Polymerwerkstoffen

9.3.1 Schweißen von Polymerwerkstoffen (DIN 1910-3:77, [9.17–9.20])

Kunststoffschweißen ist ein Vereinigen von *thermoplastischen*, d. h. nicht härtbaren Kunststoffen gleicher oder ähnlicher Art, unter Anwendung von *Wärme und Druck* mit oder
ohne Zusetzen von Kunststoff als Zusatzwerkstoff.

Vor dem Schweißen von Kunststoffen ist als Fügeflächenvorbereitung ein gründliches
Beseitigen von Schmutz- und Fettschichten, beim Schweißen eine Erwärmung auf die Temperatur des viskosen Fließens nötig. Zum Erzielen einer einwandfreien Schweißnaht ist
neben Wärme auch Druck zwingend erforderlich. Die schlechte Wärmeleitung bringt die
Gefahr der Überhitzung mit sich. Eine kontrollierte Temperaturführung mit Einhaltung
genau definierter, kurz gehaltener Schweißzeiten ist daher eine Voraussetzung für einwandfreie Schweißungen unter Vermeidung von Zersetzungen. Eine weitere Voraussetzung für
einwandfreie Verbindungen sind artgleiche Fügepartner mit vergleichbaren Viskositäten.

Je nach Art der Wärmezuführung oder -erzeugung ergibt sich die in Abb. 9.14 aufgeführte Reihe von Verfahrensvarianten.

Beim *Warmgasschweißen* erfolgt die Wärmezufuhr über Konvektion vom Wärmeträger heiße Druckluft oder bei oxidationsempfindlichen Kunststoffen (z. B. Polyolefine) vom
Wärmeträger Inertgas. Die erwärmten plastifizierten Fügeflächen werden unter Druck und
meist unter Verwendung von Zusatzwerkstoff verschweißt. Anwendung findet das Verfahren in der Einzelteilfertigung, bei großen Teilen und im Handwerk.

Beim *Heizelementschweißen* wird die Wärme durch Andrücken elektrisch aufgeheizter
Heizelemente über Wärmeleitung entweder direkt der Kunststofffügefläche zugeführt oder
indirekt einer Außenfläche, von der aus die Wärme durch das Kunststoffteil hindurch zur

Fügefläche strömt. Aufgrund der schlechten Wärmeleitfähigkeit der Polymerwerkstoffe ist die indirekte Erwärmung nur bei hinreichend dünnen Folien anwendbar.

Das Verfahrensprinzip des *Reibschweißens* von Kunststoffen entspricht dem bei Metallen: die Erhitzung der Stoßflächen erfolgt durch Umsetzen von Bewegungsenergie über die Reibung der sich berührenden Stoßflächen in Wärme. Je nach der Relativbewegung der Fügeteile zueinander liegt *Rotationsreibschweißen* oder *Vibrationsreibschweißen* vor. Bei letztgenannter Verfahrensvariante werden die durch elektromagnetische Schwinger angeregten Fügeteile linear oder um wenige Winkelgrade angular gegeneinander gerieben. Damit lassen sich größere Bauteile, wie Kraftstofftanks oder Stoßfänger im Automobilbau, miteinander verschweißen.

Das *Hochfrequenz-(HF-)Schweißen* setzt das Vorhandensein polarer Gruppen in den Polymerwerkstoffmolekülen voraus. Solche Gruppen können in einem hochfrequenten elektrischen Wechselfeld zu Schwingungen angeregt werden, wobei über innere Reibung der Makromoleküle eine Erwärmung eintritt. Hauptanwendungsgebiet des HF-Schweißens sind flächige Schweißungen bei PVC-Folien und -produkten.

Beim *Ultraschallschweißen* werden die in einem piezoelektrischen oder magnetostriktiven Wandler generierten Ultraschallschwingungen (20 bis 75 kHz) über eine Sonotrode, die eine Amplitudenanpassung an das jeweilige Werkstück vornimmt, in die Schweißteile eingeleitet. Das Verfahren ermöglicht sehr kurze Schweißzeiten und ist daher in der Serienproduktion von Kunststoffteilen und -folien in der Kfz-, Elektro- und Verpackungsindustrie anzutreffen.

Beim Strahlungsschweißen wird die Absorption zugeführter Laser- oder Lichtstrahlenergie zur Fügeteilerwärmung genutzt.

9.3.2 Kleben von Polymerwerkstoffen (K. Dilger, M. Frauenhofer) (VDI 3821:78, [8.81–8.84, 9.18–9.22])

Durch Kunststoffkleben können Verbindungen gleichartiger oder ungleichartiger Kunststoffe mit Hilfe eines Klebmittels hergestellt werden. Die Vereinigung erfolgt über physikalische oder

Abb. 9.14 Verfahren zum Kunststoffschweißen

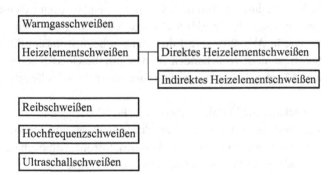

Tab. 9.1 Oberflächenspannungen von Klebstoffen und von Fügeteilwerkstoffen

Klebstoff	γ_{KF} in N/cm	Fügeteilwerkstoff	δ_{FG} in N/cm
Phenolharz	$78 \cdot 10^{-5}$	Polyfluorethylen	$16 \cdot 10^{-5}$
Polyurethan	$71 \cdot 10^{-5}$	Polyethylen	$31 \cdot 10^{-5}$
Epoxidharz	$45 \cdot 10^{-5}$	Polystyrol	$33 \cdot 10^{-5}$
Polyvinylacetat	$38 \cdot 10^{-5}$	Epoxidharz	$45 \cdot 10^{-5}$
Nitrozellulose	$26 \cdot 10^{-5}$	Holz	$(200–300) \cdot 10^{-5}$

chemische Bindung. Mit steigendem Anteil an chemischer Bindung nimmt die Bindungsfestigkeit zu.

Benetzungsbedingungen, Klebmöglichkeiten für Kunststoffe

Wie in Abschn. 8.7.3 ausgeführt, kann ein Klebstoff eine Oberfläche nur gut benetzen, wenn die Oberflächenspannung des Klebstoffes kleiner ist als die des Fügeteils. Im Vergleich zu Metallen weisen Kunststoffe im Allgemeinen erheblich geringere Oberflächenspannungen auf, die – wie aus Tab. 9.1 hervorgeht – in der Größenordnung der Oberflächenspannungen von Klebstoffen liegen. Aufgrund dessen sind Kunststoffe durch den Klebstoff schlechter benetzbar als Metalle.

Man erkennt, dass beispielsweise Polyfluorethylen wegen seiner niedrigen Oberflächenspannung besonders schwer klebbar sein muss. Durch eine geeignete Vorbehandlung der zu fügenden Flächen (z. B. Beizen) lässt sich deren Oberflächenspannung bis zu dem kritischen Wert anheben, bei dem Benetzbarkeit gerade erreicht wird. Die Benetzbarkeit durch Klebstoffe wird so wesentlich verbessert.

Die Haftung des Klebstoffes auf einem Kunststoffsubstrat wird insgesamt durch die in Abb. 9.15 dargestellten Einflussfaktoren bestimmt.

Ein weiterer wesentlicher Unterschied hinsichtlich der Klebbarkeit von Kunststoffen im Vergleich zu Metallen besteht darin, dass Metalle grundsätzlich in organischen Lösemitteln unlöslich sind. Verschiedene Kunststoffe, insbesondere Thermoplaste sind durch Lösemittel quellbar oder löslich. Dies ermöglicht es, zusätzlich zum Adhäsionskleben (Kleben mittels eines Klebstoffes unter Ausbildung von Kohäsion und Adhäsion) auch Diffusionsklebungen durchzuführen. Zusammenfassend ergeben sich im Bereich des Kunststoffklebens die folgenden in Abb. 9.16 dargestellten Möglichkeiten.

Wie in Abb. 9.16 aufgeführt, müssen beim Adhäsionskleben von Thermoplasten die Substrate meist vorbehandelt werden, um die Oberflächenenergie der Substrate zu erhöhen. Übliche Vorbereitungsmethoden im Bereich des Kunststoffklebens sind (VDI 3821):

- mechanische Verfahren (Schleifen, Peel-Ply),
- chemische Verfahren (Beizen, Primern, Fluorieren, Ozonieren),
- physikalische Verfahren (Beflammen, Corona, Atmosphären-, Niederdruckplasma),
- kombinierte Verfahren (Flammsilikatisierung).

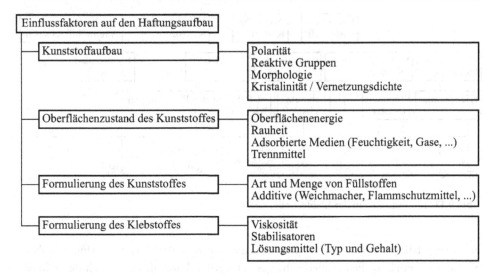

Abb. 9.15 Einflussfaktoren auf den Haftungsaufbau im Bereich des Kunststoffklebens

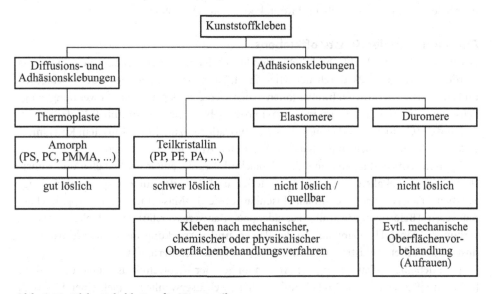

Abb. 9.16 Klebmöglichkeiten für Kunststoffe

Bei vielen Thermoplasten haben sich die Beflammung und die Coronabehandlung in der Praxis bewährt.

Bei der Klebstoffauswahl muss zwischen dem Diffusionskleben und dem Adhäsionskleben unterschieden werden. Beim Diffusionskleben muss ein Lösemittel ausgewählt werden, das den zu fügenden Kunststoff anzulösen vermag. Generell gilt hier die Grundregel – polares löst polares und unpolares löst unpolares. Zu beachten ist, dass einige Kunststoffe

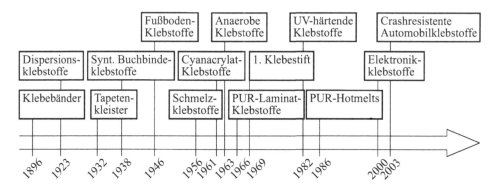

Abb. 9.17 Innovationen in der Klebtechnik [9.21]

bei Lösemittelkontakt zur Spannungsrissbildung neigen, so dass hier nur gering belastbare Klebungen mittels Diffusionskleben hergestellt werden können. Im Bereich des Adhäsionsklebens werden insbesondere kalthärtende Epoxide und Acrylate, Polyurethane, Cyanacrylate, Lösemittelklebstoffe und Kontaktklebstoffe empfohlen.

Anwendungen des Kunststoffklebens

Die Anwendung der Klebtechnik hat in den letzten Jahren stetig zugenommen. Einerseits wurden der Klebtechnik durch neuartige Produkte neue Anwendungsfelder erschlossen und andererseits eröffneten Innovationen in der Klebtechnik ganz neue Anwendungsmöglichkeiten. Die wichtigsten Innovationen in der Klebtechnik sind in Abb. 9.17 dargestellt. Anhand der Grafik ist zu erkennen, dass die Innovationen zunehmend aus dem Konsumer- und „Low-Tech" Bereich zu hoch industrialisierten Anwendungen gehen.

Typische Anwendungen findet die Klebtechnik heute – außer bei Metallen und Kunststoffen – auch bei allen Arten von Werkstoffen und Bauteilen im Transportwesen (Flugzeugbau, Fahrzeugbau, Schiffbau, Eisenbahnwesen), Maschinen- und Apparatebau, Bauwesen (Befestigungstechnik, Fassadenbau, Bauwerksverstärkung), Holzbau (Holzverbunde, Möbel, Holzleimbau), in der Papier- und Verpackungsindustrie, Elektronikindustrie, optischen Industrie, Textilindustrie und im Konsumermarkt.

Eine detaillierte Darstellung der Anwendungen der Klebtechnik ist unter anderem in [8.84] und [9.22] zu finden. Im Folgenden sollen zwei ausgewählte Beispiele einen Eindruck von der Bandbreite der möglichen Klebstoffapplikationen geben.

In der Elektronikindustrie kommen Klebstoffe beim Anbringen und Verbinden von Komponenten (Transistoren, Widerstände) für Produktsicherheit und Produktschutz (z. B. RFID-Chips) sowie bei der Produktidentifikation und der Abschirmung zum Einsatz [9.21]. Neben der eigentlichen Verbindungsfunktion hat der Klebstoff bei solchen Anwendungen weitere Funktionen zu übernehmen, wie der elektrischen Leitung und der Wärmeleitung, Isolierung, Dichtung, Schutz und Geräuschdämpfung. Aufgrund der häufig sehr geringen Abmessungen der zu fügenden Komponenten und der kurzen Prozesszeiten muss der Klebstoff leicht und schnell zu verarbeiten und hochgenau applizierbar sein. Als Klebstoffe werden besonders Schmelzklebstoffe und UV-härtende Acrylat-Klebstoffe mit hoher Applikationsgenauigkeit und kurzen Prozesszeiten eingesetzt.

Klebstoffe, die in der Papier- und Verpackungsindustrie eingesetzt werden, müssen unterschiedlichste Materialien bei hohen Verarbeitungsgeschwindigkeiten und niedrigen Kosten verbinden. Lebensmittelrechtliche Fragen spielen dabei eine Rolle und zunehmend auch das Verpackungsdesign. Häufiger Wunsch ist, dass Verpackungen beliebig oft wiederverschließbar sind. Diese Funktion soll mit hohem gestalterischem Wert kombiniert werden. Als Klebstoffe werden insbesondere Schmelzklebstoffe, Dispersionsklebstoffe aber in zunehmendem Maße auch Haftklebstoffe in Form von doppelseitigen Klebebändern verwendet.

Literatur

[9.1] Michaeli, W.: Einführung in die Kunststoffverarbeitung, 6. Aufl. Hanser Verlag, München (2010)

[9.2] Schwarz, O., Ebeling, F.-W., Furth, B.: Kunststoffverarbeitung, 11. Aufl. Vogel Business Media, Würzburg (2009)

[9.3] Gust, P., Thielen, M., Hartwig, K.: Blasformen von Kunststoffhohlkörpern, 1. Aufl. Hanser Verlag, München (2006)

[9.4] Lee, N.C.: Understanding Blow Molding, 2. Aufl. Hanser Verlag, München (2007)

[9.5] Rosato, D.V. (Hrsg.): Blow Molding Handbook, 2. Aufl. Hanser Verlag, München (2003)

[9.6] Michaeli, W., Greif, H., Kretzschmar, G., Ehrig, F.: Technologie des Spritzgießens, 3. Aufl. Hanser Verlag, München (2009)

[9.7] Jaroschek, C.: Spritzgießen für Praktiker. Hanser Verlag, München (2008)

[9.8] Johannaber, F.: Sonderverfahren des Spritzgießens. Hanser Verlag, München (2007)

[9.9] Johannaber, F., Michaeli, W.: Handbuch Spritzgießen, 2. Aufl. Hanser Verlag, München (2004)

[9.10] Stitz, S., Keller, W.: Spritzgießtechnik. Verarbeitung – Maschine – Peripherie, 2. Aufl. Hanser Verlag, München (2004)

[9.11] Reinfeld, D.: Vollautomatische und flexible Spritzgießtechnik. Kunststoffe **75**, 716–721 (1985)

[9.12] Ehrenstein, G.W., Drummer, D., Kuhmann, K.: Mehrkomponentenspritzgießtechnik 2000 – Stand., Anwendung und Perspektiven, 2. Aufl. Springer-Verlag, Berlin (2000)

[9.13] Altstädt, V., Mantey, A.: Thermoplast-Schaumspritzgießen. Hanser Verlag, München (2010)

[9.14] Limper, A. (Hrsg.): Verfahrenstechnik der Thermoplastextrusion. Hanser Verlag, München (2012)

[9.15] Rauwendaal, C.: Understanding Extrusion, 2. Aufl. Hanser Verlag, München (2010)

[9.16] Greif, H., Limper, A., Fattman, G., Seibel, S.: Technologie der Extrusion. Lern- und Arbeitsbuch für die Aus- und Weiterbildung. Hanser Verlag, München (2004)

[9.17] Taschenbuch DVS-Merkblätter und –Richtlinien: Fügen von Kunststoffen, 13. Aufl. Fachbuchreihe Schweißtechnik, Bd. 68/IV. DVS Media Verlag, Düsseldorf 2009

[9.18] Rotheiser, J.: Joining of Plastics: Handbook for Designers and Engineers, 3. Aufl. Hanser Gardener Publications, München (2009)

[9.19] Ehrenstein, G.W. (Hrsg.): Handbuch Kunststoff-Verbindungstechnik. Hanser Verlag, München (2004)

[9.20] Potente, H.: Fügen von Kunststoffen. Hanser Verlag, München (2004)

[9.21] Industrieverband Klebstoffe e. V.: Handbuch Klebtechnik 2010/2011. Vieweg+Teubner Verlag, Wiesbaden (2010)

[9.22] Brockmann, W. et al.: Klebtechnik – Klebstoffe, Anwendungen und Verfahren. Wiley-VCH Verlag, Weinheim (2005)

Sachverzeichnis

A

Abbruchreaktion, 184
Abhebeformmaschine, 294
Abkanten, 273f, 346
Abkantradien, 345
Abkühlgeschwindigkeit, 93f, 96, 134, 145f, 297f, 306, 309
Abkühlkurve, 65f, 94f
Abkühlungskontraktion, 307
ABS, 203, 205
Abschreckalterung, 105
Abschreckmedium, 94
Abschreckplatten, 261, 305f, 309
Abstich, 227
Abstoßungskraft, 8
Abstreckziehwerkzeug, 277
Acryl-Polymerisate, 201
Adhäsionskleben, 354f
AFK, 217
Aktivierungsenergie, 10
Al-Fin-Verfahren, 302
Alitieren, 273, 316
Allotrope Modifikationen, 8
Alterung, 35, 105f
    künstliche, 106
    natürliche, 106
Alterungsbeständigkeit, 106
Aluminium, 115, 155f, 219, 241, 317f, 320
    Herstellung, 155
    Kennwerte, 156
Aluminiumbronze, 165
Aluminium-Gusslegierungen, 158, 160
Aluminium-Knetlegierungen, 157, 159
Aluminiumlegierungen, 20, 24, 105, 115, 155, 159
    Eigenschaften, 161

Verarbeitung, 256, 280, 294, 298, 301
Aluminiumoxid Al_2O_3, 180
Aluminiumtitanat Al_2TiO_5, 180
Aluminium-Verbundwerkstoffe, 161
Aminoplaste, 208
Amorph, 4, 11, 188
Amorphe Metalle, 11
Anisotropie, 12, 190, 211
Anlassbeständigkeit, 132, 138f
Anlassen, 74, 97, 101, 105, 128
Anlassvergüten, 97
Anoxieren, 161
Anrissfreie Phase, 42
Anrisswöhlerlinie, 42
Ansteckteile, 311
Antimon, 69, 71, 75
Antistatika, 216
Anziehungskraft, 8
Aramidfasern, 217f
Arbeitstemperatur, 326f
Armco-Eisen, 83, 230
ASTM B275-96, 162
Ataktisch, 205
Atomabstand, 8, 186f
Atomdurchmesser, 5, 60
Atomgewicht, 5f, 10, 62f
Atomradius, 5f, 60
Atomzahl
    spezifisch, 5
Ätzmittel, 90, 241
Aufdornen, 105
Aufhärtung, 320
Aufkohlen, 100
Aufkohlungsgeschwindigkeit, 100
Aufladung
    elektrostatisch, 194

J. Ruge und H. Wohlfahrt, *Technologie der Werkstoffe*, DOI 10.1007/978-3-658-01881-8,
© Springer Fachmedien Wiesbaden 2013

Aufweite-Zug, 283
Ausdehnungskoeffizient, 143
Aushärtung, 124, 156, 210, 295
Ausscheidungen, 16, 48, 72ff, 77, 84ff, 89, 105f
Ausscheidungshärtung, 74, 158, 161, 266
Austauschwirkung, 187
Austenit, 83, 86, 94, 96, 104f, 125, 142, 266
Austenitstabilisierend, 140
Austentit-Gebiet
    Beeinflussung, 140
Automatenstahl, 110
Avogadro Konstante, 5, 62
Azetylen, 196, 202

B
Badnitrieren, 101
Bainit, 95, 99, 125
bainitisches Gefüge, 96, 105, 266
Bainitisieren, 98
Bake hardening, 124
Bandgießen, 286, 301
Basengrad, 226
Basizität, 226
Baumwolle, 174, 208
Baustähle, 125
    Sorteneinteilung, 126
    warmgewalzt, 125
Bauteilfehler, 16
Bauxit, 155f
Beanspruchungsgeschwindigkeit, 35f
Beanspruchungsrichtung, 25
Beanspruchungstemperatur, 35
Bearbeitbarkeit, 305
Begleitelemente, 82, 89, 230, 235
Belastbarkeit, 22
Belastungsdehnung, 51
Belastungsgeschwindigkeit, 27
Belastungsgrad, 32
Belastungskollektiv, 49ff
Belastungsstufe, 51
Benetzung, 326, 331
Benetzungsbedingung, 331, 354
Beschichten, 314, 320
Beschickung, 235
Beschleuniger, 293
Beton, 28
Betriebsfestigkeit, 49
    Mehrstufenversuch, 49f
    Summenhäufigkeit, 51

Treppendiagramm, 49f
Betriebsfestigkeitsversuch, 49, 51
Biegedehnung, 28
Biegefestigkeit, 30, 261
Biegefließgrenze, 30
Biegen, 346
Biege-Richt-Stranggießanlage, 243
Biegerunden, 273
Biegestanzen, 273
Biegeumformen, 273
Biegeversuch, 28, 30
Biegewinkel, 28, 30
Bildungsenergie, 10
Binäres System, 64
    Zusammengesetzt, 77
Bindekräfte, 8f, 318
    primär, 186
    sekundär, 187
Bindung, 325
    heteropolar, 187
    homöopolar, 187
    kovalent, 187
Bindungsenergie, 186f
Bindungskräfte, 186, 188
Blasen
    kombiniert, 233f
    Sandverdichtung, 292
    Sauerstoff, 231f
Blasformen, 203, 347f, 351
Blaubruch, 247
Blausprödigkeit, 46, 106
Blech, 263
Blei, 32, 51, 65, 69, 75
    Verarbeitung, 286, 299, 317f
Bleibronze, 77
Blends, 185
Blindniete, 337
Blockguss, 90, 239, 243
Blockseigerung, 240
BMC, 217
Bodenreißer, 276
Bolzenschweißen, 326
Bondern, 319
Bor, 99, 102
Borcarbid B_4C, 182
Bördeln, 274, 276
Borieren, 102
Boudouard-Gleichgewicht, 100
BR, 204

Brakelsberg-Trommelofen, 289f
Brinellhärte, 31f
Brinell-Härteprüfung, 31
Brinell-Härtewert, 32
Bruch, 133
Bruchdehnung, 17, 21ff, 97f, 305
    NE-Metalle, 157ff, 163f, 168
    Stähle/Guss, 134, 144, 150, 152f
Brucheinschnürung, 21f, 97, 161
Bruchfläche, 25, 82, 227, 287f
Bruchformen, 25
Buckelschweißen, 326
Buna, 204
Butadien-Acrylnitril-Mischpolymerisat, 205
Butadien-Polymere, 196
Butadien-Styrol-Mischpolymerisat, 205
Butylkautschuk, 207

C
CBN, 174
Cer, 149, 151
Cermets, 182, 312
CEV-Wert, 126
CFK, 217
Chrom, 96, 134, 138f, 142, 164
    Verarbeitung, 220, 317, 319
Chromkarbid, 318
Chromstahl, 138
Chromstähle
    ferritische, 142
Clinchen, 338
    mit Schneidanteil, 338
    ohne Schneidanteil, 338
Cold-Box-Verfahren, 296
Cowper, 224
CVD-Beschichtung, 318

D
Dämpfung, 55, 151, 305
Dauerbruch, 48
Dauerbruchflächen, 49
Dauerfestigkeit, 42f, 46, 48, 50, 97
Dauerfestigkeitsschaubild, 43ff
    nach Haigh, 44f
    nach Moore, Kommers, Jasper, 44f
    nach Smith, 43f
Dauerform, 286, 297, 300
    Gießverfahren, 297
Dauermodell, 286

Dauerschwingbeanspruchung, 40, 45
    Arten, 38
Dauerschwingfestigkeit, 39, 42, 45f, 99ff, 136
Dauerschwingverhalten, 42, 46
    Einflussgrößen, 42
Dauerschwingversuch, 37, 40
    Belastungsarten, 39
    Belastungsbereiche, 38
Dehngrenze, 20ff, 161
    0,2 %, Definition, 21
    0,2 %, NE-Metalle, 159ff, 163f
    0,2 %, Stähle/Guss, 127, 129f, 137, 144, 152, 265
Dehnung, 133, 187, 248
Delamination, 16
Dendrit, 11
Desoxidation, 231, 236, 241
Dialkohol, 214
Diamant, 174, 281
Dichte, 5f, 10, 218, 227, 247, 314
    Leichtmetalle, 156, 162f
    Polymere/Fasern, 199, 218
    Schwermetalle, 6, 165, 167f
Dielektrischer Verlustfaktor, 195
Dielektrizitätszahl, 195
Differentialthermoanalyse, 188
Diffusion, 9f, 67, 69, 91, 314, 317, 319
Diffusionsgeschwindigkeit, 141
Diffusionsglühen, 91
Diffusionskleben, 354f
Diffusionskoeffizient, 10
Diffusionskonstante, 10
Diffusionsmodelle, 9
Dilatometermessung, 62
Diolen, 211
Dipol, 187
Direkte Blockseigerung, 287
Direkthärtung, 101
Dispersionskräfte, 187
Dolomit, 162
Doppelbindung, 183, 207
Doppelhärtung, 101
Doppelung, Schmieden, 16
Draht, 24, 257, 282
Drahtziehen, 280f
Dralon, 202
Dreiphasengleichgewicht, 71, 75, 77, 86
Dreistofflegierung, 78
Dreistoffsystem, 79

Drei-Walzen-Biegemaschine, 273
Dreiwalzengerüst, 259
Druckbehälterbau, 129
Druckbehälterstahl, 129
Druckeigenspannungen, 99, 105, 136
Drücken, 272, 279
Druckfestigkeit, 178
Druckgießen, 285, 299
Druckguss, 115, 162, 164, 286, 297, 299
Druckguss-Legierung, 298
Druckmittelspannung, 43
Druckschwellbereich, 39
Druckschwellfestigkeit, 43
Druckversuch, 27f
DTA, 188
Dualphasenstähle, 125
Dünnbrammengießen, 244
Duplex-Stähle, 142
Durchgangswiderstand, 194
Durchläufer, 41
Durchschlagfestigkeit, 195, 214
Durchsetzfügen, 338
Durchvergütung, 134
Durchziehformmaschine, 295
Durchzugverfahren, 293
Duroplast, 182, 189, 193, 196
    Umformverfahren, 351
DVM-Kriechgrenze, 133
Dynamische Härteprüfung, 34

E
Edelstähle, 122f
Effektive Spannung, 25
E-Glas, 211
Ehrhardt-Verfahren, 267
Eigenschaften
    elektrische, 55, 194
    magnetische, 55, 155
    mechanische, 11, 74, 110ff, 114, 190
    mechanisch-technologische, 17
    optische, 55
    physikalische, 16
    thermische, 146
Eigenspannungen, 46, 92, 194, 287f, 304
Eigenspannungszustand, 16
Eindringprüfverfahren, 55
Eindringtiefe, 33, 103
Einfachhärtung, 101
Einfrierbereich, 189

Einfriertemperatur, 188
Eingusstrichter, 292, 303
Einkristall, 11
Einlagerungsatom, 10
Einlagerungsmischkristall, 60, 83
Einsatzhärten, 136f
Einsatzmittel, 100
Einsatzstähle, 92
    legiert, 137
    niedriglegiert, 137
    unlegiert, 136
Einschlüsse, 16, 48, 90
Einschnürung, 26
Einschnürungsdehnung, 17, 21
Einschnürverformung, 27
Einzugsbedingung, 263f, 272
Eisen
    kohlenstoffarm, 83
Eisen-Kohlenstoff-Diagramm, 91
    metastabil, 82
Eisen-Kohlenstoff-Schaubild
    metastabil, 83
    stabil, 81
Eisenschwamm, 229, 234
Elaste, 193
Elastische Druckmittel, 278
Elastizitätsmodul, 21, 55, 178, 287
    Fasern, 217
    Leichtmetalle, 19, 156, 158, 162f
    Schwermetalle, 19, 151, 165, 167f
Elastomere, 196, 204
Elektrohydraulisches Umformen, 285
Elektrolyse, 155
Elektromagnetisches Umformen, 285
Elektronenstrahlschweißen, 323
Elektroofen, 235, 290
Elektroplattieren, 317
Elektroschlacke-Umschmelzen, 139, 237
Elektrostahl, 234
Elektrostahl-Verfahren, 234
Elementarzelle, 3, 6
Eloxieren, 161
Emaillieren, 319
EN-GJL, 146, 286, 305
EN-GJM, 152, 286, 305
EN-GJMB, 154
EN-GJMW, 153
EN-GJS, 149, 286, 305
EN-GJV, 149

Entfestigung, 42, 93
Entkohlung, 235f, 247
Entmischung, 74, 240
    einphasige, 60f
Entschwefelung, 228, 233, 235f, 288
Entwurf, 306, 312
    formgerecht, 311
    gießgerecht, 306
    stoffgerecht, 298
EP, 215
Epoxidharz, 215
Erholung, 93
Erosionsbeständigkeit, 155
Erstarrung, 11f, 66ff, 71ff, 84ff, 89, 225f, 240,
    286, 302
    gerichtete, 139, 162
    unter Druck, 256, 297
Erstarrungskontraktion, 307
Erstarrungslunker, 240, 307, 310
Erstarrungsschrumpfung, 307
Erstarrungsschwindung, 306
Erstarrungstemperatur, 226
Erweichungstemperatur, 188, 199
Erz, 224, 227
Erzreduktion, 225, 229
Ester, 210
ESU, 237
Ethylen, 196, 203
Eutektikale, 69, 71, 83
Eutektikum, 69, 72, 77, 107, 160
    binär, 79
    quaternäres, 79
    ternäres, 79
Eutektisch, 147
Eutektische Konzentration, 147
Eutektische Reaktion, 71
Eutektische Rinne, 78
Eutektische Temperatur, 69, 71
Eutektische Zusammensetzung, 69
Eutektischer Punkt, 71
eutektisches Gefüge, 71
Eutektoid, 77, 84, 88
Eutektoidale, 83
Eutektoide Reaktion, 77, 84
eutektoides Gefüge, 77
Existenzbereich
    γ-Phase, 141
Explosivumformen, 284, 317
Extrudieren, 190, 199ff, 205, 208, 212, 350f

Exzenterpresse, 252, 254

F
Fadenmolekül, 188, 190
Fallhammer, 253
Faltversuch, 30
Falzen, 275
Faservertstärkte Kunststoffe, 216
Federstähle, 136
Fehlerdetektion
    Prüfverfahren, 55
Feinblech, 124, 263, 285
    kaltgewalzt, 124
    warmgewalzt, 124
Feinguss, 286, 294, 296
Feinkornbaustähle
    mikrolegiert, 127
    normalgeglüht, 127
    perlitarm, 128
    thermomechanisch gewalzt, 127
    wasservergütet, 128
Ferrit, 83ff, 90, 94ff, 114, 125, 142, 152ff
Ferritische Stähle, 142
Ferritstabilisierend, 140
Fertigstraße, Walzen, 261
Fertigungsverfahren, 312
    endabmessungsnah, 285, 314
    near net shape, 252
    Ordnungssystem, 246
    urformend, 285, 312, 315, 347
Feste Lösung, 60, 66
Festigkeit, 230, 241, 261, 282f, 314
    Erhöhung, 93, 97, 124, 132, 156
    Guss, 148f, 151, 306
    Leichtmetalle, 157, 161, 164
    Polymere/Fasern, 190, 192f, 196, 210f, 216f
    Stähle/Stahlguss, 98, 125, 128, 133f, 137, 143
    Temperaturabhängigkeit, 191
Festwalzen, 105
Feuerverzinken, 168, 316
Flammhärten, 102f
Flammofen, 258, 289
Flammspritzen, 318f
Fliegwerkstoffe, 117
Fließkurve, 249
Fließlinien, 20, 27
Fließpressen, 272, 283
Fließscheide, 265
    Walzen, 264f

Fließscheide, Walzen, 264
Fließspannung, 23, 247
Fließwiderstand, 23
Fluor-Polymerisate, 199
Flussmittel, 325
Form, 262, 290f, 293ff, 298f, 306, 311f
  Anforderungen, 290
Formaldehyd, 208
Formänderungsfestigkeit, 247ff, 283, 320
Formänderungsgeschwindigkeit, 248
Formänderungswiderstand, 248
Formänderungswirkungsgrad, 248
Formfüllung, 216, 256, 297, 299
Formfüllungsvermögen, 286, 298
Formgebung, 169, 187f, 249f, 345
  spanlos, 285
Formherstellung, 294
Formpressen, 208, 212, 251, 253, 351
Formpressmassen, 211
Formsand, 291, 295
Formsandprüfung, 291
Formstahl, 263
Formstanzen, 345
Formstoffe, 291
Freiformschmieden, 250
Freiformverfahren, 250
  Beispiele, 251
Freiheitsgrad, 64
Fremddiffusion, 10
Fretz-Moon-Verfahren, 269
Frischen, 230
Frischverfahren, 230f
Fügen durch Umformen, 336
Füllstoffe, 208, 216, 329
Funktionskeramik, 179
Funktionswerkstoffe, 123

G
Galvanisieren, 317
Galvanotechnik, 220
Gangart, 226, 229
  basisch, 224
  sauer, 224
Garschaumgraphit, 89
Gasaufkohlung, 100
Gasblasen, 247
Gasblasenlunker, 310
Gasblasenseigerung, 241
Gaslöslichkeit, 286

Gas-Nebel-Verfahren, 296
Gasnitrieren, 101f
Gasreduktionsverfahren, 229
Gasspülsteine, 233
Gattieren, 309
Gattierung, 286
Gebrauchskeramik, 179
Gefüge, 61f, 72, 83ff, 91ff, 139, 142, 164, 243
Gefügeausbildung, 145
Gefügebeobachtung, 62
Gefügebezeichnungen, 83
Gefügezustand, 16
Gegenschlaghammer, 250, 253
Gegenstrominjektionsvermischung, 350
Gehalt, 62, 71, 78, 80, 110
  Legierungselemente, 111
Gehaltsdreieck, 78
Gehaltsschnitt, 80f
Gemischtkokille, 297
Geradeausverfahren
  Drahtziehen, 282
Gesamtdehnung, 18
Geschlossenes Kaliber, Walzen, 262
Geschmiedete Walzen, 261
Gesenkformverfahren, 250
  Beispiele, 251
Gesenkhälften, 256
Gesenkschmieden, 250, 254, 257, 315
Gesenkteilung, 256f
Gestaffelte Straße, Walzen, 260
Gestaltfestigkeit, 48
Gestaltung, 304
Gewaltbruch, 48
GFK, 210f, 217
GG, 146, 286, 305
GGG, 149, 286, 305
GGV, 149
Gibbs'sche Phasenregel, 64
Gichtgas, 228f
Gießbüchse, 298
Gießen, 285f
Gießereiöfen, 288
Gießerei-Roheisen, 226
Gießereischachtofen, 288
Gießereitechnik, 285
Gießharze, 211
Gießverfahren
  Merkmale, 300
Gießwalzanlage, 302

Gießwalzen, 301f
Gitter, 4, 9, 61, 94
  hexagonal, 4, 7f
  kubisch, 4
  kubisch flächenzentriert, 6f
  kubisch primitiv, 4
  kubisch raumzentriert, 5
Gitterkonstante, 3, 6, 10, 83f
  Beispiele, 5, 7f
Gitterstörung, 9
Glas, 4, 173
Glasfaser, 211, 217
Glasfaserverstärkte Polyester, 210
Glastemperatur, 188, 190
Glaszustand, 187ff
Gleichgewichtsphase, 87
Gleichmaßdehnung, 17, 20
Gleitebene, 7
Gleitmittel, 216, 313
Gleitrichtung, 7
Glimmentladung, 102
Globulite, 12
Glyzerin, 210
Gold, 219
Graphit, 81, 87f, 146f, 152, 227, 305
Graphiteutektikum, 87ff
Grauguss, *siehe* Gusseisen, 28, 30
  Wachsen, 147
Graugusssorten, 147
Graugusswalzen, 261
Grenzgehalt
  legiert, unlegiert, 122
Grenzlastspielzahl, 41
Grenzziehverhältnis, 277
Grobkorn, 35, 92, 306
Grobkornglühen, 92
GS, 286, 303
GT, 152, 286, 305
GTS, 154
GTW, 153
Gummielastizität, 193
Gusseisen, 81ff, 85ff, 146, 148, 152, 180, 286, 305
  bainitisch, 149
  graues, 82, 87f, 146
  graues eutektisches, 88
  graues übereutektisches, 89
  graues untereutektisches, 87
  hochlegiert, 155
  m. Kugelgraphit, 146, 149f, 286, 305

  m. Lamellengraphit, 146, 286, 305
  m. Vermiculargraphit, 146, 149
  weißes, 83, 85f, 146, 305
  weißes eutektisches, 86
  weißes übereutektisches, 86
  weißes untereutektisches, 86
Gusseisensorten, 145
  Kennzeichnung, 112, 114
Gusseisenwerkstoffe, 152
Gusseiserne Walzen, 261
Gussfehler, 16
  werkstoffabhängig, 287
Gussgefüge, 90, 145f, 305
Gusshaut, 148
Gussknoten, 144
Gusskonstruktion, 304
Gusswerkstoffe, 286

H
Halbkokille, 297
Halbkontinuierliche Straße, Walzen, 260
Halbwarmumformen, 255
Halbzeuge, 157
Haltepunkt, 12, 65, 69, 71, 84
Hämmern, 105
Hammerschmieden, 248, 252, 254
Harnstoffharz, 208
Hartblei, 72
Härte, 30ff, 46, 48, 55, 93ff, 97ff, 114, 146, 148, 161, 169
  Keramik, 178, 181f
Härten, 92, 96f, 128, 134, 294
Härteprüfung, 30ff
  dynamisch, 34
  statisch, 31
Hartgewebe, 208f
Hartguss, 180, 305
Hartgusswalzen, 261
Hartlöten, 326
Hartmetalle, 169, 180
Hartpapier, 208
Hartstoffe, 318
Harze, 208f
Hastelloy, 167
Hauptgüteklassen, 122
Hauptsymbole
  Stahlsorten, 111, 113
Hauptvalenzen, 186, 193
Hebelgesetz, 68, 84

Heiß-Gesenkschmieden, 255
Heißisostatisches Pressen, 169, 177, 314
Heißrisse, 287, 297f, 322
Heißwind, 224
Heißwind-Kupolofen, 288ff
Heizelementschweißen, 352
Herdformerei, 291f
Herdofen, 289f
Hertz'sche Pressung, 137
Heuvers'sche Kreismethode, 308
Hexagonal, 7
HF-Schweißen, 270
Hilfsbrennstoffe, 229
Hitzebeständigkeit, 155, 167
Hochdruckgießverfahren, 300
Hochdruckpolyethylen, 206
Hochdruckpressen, 292f
Hochdruckverfahren, 229
Hochenergieumformen, 284
Hochfrequenzerwärmung, 103
Hochfrequenzschweißen, 353
Hochgeschwindigkeitsspanen, 174
Hochgeschwindigkeitsumformen, 284
Hochlage, 34
Hochlegiert, 111
Hochleistungskeramik, 175
Hochofen, 224f, 227f, 236, 286
    Aufbau, 225
    chemische Vorgänge, 225
    Erzeugnisse, 227
Hochofenbau
    Entwicklungstendenzen, 229
Hochtemperaturlöten, 326
Hochtrainieren, 42, 50
Hohlkehlen, 257
Hohlziehen, 282
Holz, 173, 216, 290, 292
Homogenes Verbleien, 316
Hooke'sche Gerade, 19, 23
Hooke'sche Gesetz, 19
Horizontal-Stranggießen, 243
Horizontal-Zweiwalzengerüst, 259
Hot-Box-Verfahren, 296
Hydraulische Presse, 252, 255
Hydroforming, 280
Hydroform-Verfahren, 278
Hydrostatisches Strangpressen, 271

I
IIR, 207
IMC, 217
Inconel, 167
Induktionshärten, 104
Induktionsofen, 234, 290, 299
Inertgasspülen, 233
Ingenieurkeramik, 179
Innenhochdruckumformen, 280
Innere Oxidation, 147
Intermediäre Verbindung, 61
Intermetallische Verbindung, 61
Interstitionsatom, 60
Interstitionsmischkristall, 60
Ionenbindung, 187
Ionenplattieren, 319
ISO 14 704, 179
ISO 15 490, 179
ISO 15 509, 329
ISO 17 212, 332f
Isochrones Spannungs-Dehnungs-Diagramm,
    28
Isocyanat, 214
Isolatoren, 179, 194
Isostatisches Heißpressen, 139, 169
Isotaktisch, 205
Isothermer Schnitt, 80
Isothermes Gesenkschmieden, 255
Isothermes ZTU-Diagramm, 99

J
Jahresproduktion
    Kunststoffe, 182
    Stahl, 238
Jahresverbrauch
    Kautschuk, 207

K
Kadmium, 79
Kalandrieren, 188, 190, 199, 203, 349
Kaliber, 261, 268
Kaltarbeitsstähle, 138
Kaltformgebung, 272, 280
    Merkmale, 272
    Verfahren, 272
Kaltgesenkschmieden, 253
Kaltkammerverfahren, 298
Kaltrisse, 288, 322
Kaltumformbarkeit, 125

Kaltumformen, 128, 272
Kaltverfestigung, 20, 24, 272f, 282, 322
Kaltverformen, 105
Kaltverformung, 35, 93, 106, 157, 282
Kaltwalzen, 12, 272
Kaltwalzplattieren, 317
Kammwalzen, 262
Kantenrundungen, 257
Kaolin, 216
Karbidbildung, 132
Karbide, 91, 96, 132, 138, 154, 161
Karbidnetz, 85
Karosseriebau, 125
Kastenformerei, 292
Katalysator, 204, 294
Kathodenzerstäubung, 319
Kautschuk, 196
Kegelstauchversuch, 28f
Kegel-Tasse-Bruch, 25
Keime, 10, 90
Keimzahl, 11f
Kennzeichnung
    Gitterebenen, 8
    Gusseisensorten, 112
    metallische Werkstoffe, 109
    NE-Metalle, 115
    Stahlsorte, 110f
Keramik, 175
    Kriechfestigkeit, 178
    Sintern, 177
Keramische Werkstoffe, 175
    Arten, 179
    Brennen, 177
    Eigenschaften, 178
    Formpressen, 176
    Heißpressen, 177
    Herstellung, 175
    Hochleistungskeramik, 179
    isostatische Pressen, 176
    Pulverherstellung, 175
    Sintern, 177
Kerbempfindlichkeit, 48
Kerbgrund, 46
Kerbschärfe, 35
Kerbschlagarbeit, 161
Kerbschlagbiegeproben, 36
Kerbschlagbiegeversuch, 34f, 106
Kerbschlagzähigkeit, 34ff, 97, 106
Kerbspannung, 257

Kerbwirkung, 46, 322
Kerbwirkungszahl, 48
Kerne, 290
    Eigenschaften, 297
    Werkstoffe, 297
Kerneisen, 294
Kernherstellung, 294
Kesselstähle
    niedriglegiert, 132
Kettenabbau, 188
Kettenfallhammer, 253
Kettenfaltung, 188
Kettenmoleküle, 186, 190
kfz-Metalle
    Wöhlerlinie, 42
    Zugversuch, 20
Kleben, 320
    Anwendungen, 356
    Metalle, 328, 335
    Oberflächenbehandlung, 333, 354
    Polymerwerkstoffe, 353
Klebstoffe, 203, 206, 211, 214, 329
    -auftrag, 328
    Auswahl, 355
    Disperions-, 334
    Haftung, 355
    Härtung, 334
    Lösemittel-, 334
Klebungen
    Eigenschaften, 334
    Herstellung, 332
Kleeblattspindel, 263
Kleinlasthärte, 33
Kniehebelpresse, 252
Knüppel, 263
Kobalt, 138ff
Kohäsionsfläche, 192
Kohlendioxid-Erstarrungsverfahren, 295
Kohlenmonoxid, 225
Kohlenstoff, 225
Kohlenstoffäquivalent, 126
Kohlenstofffasern, 217f
Kohlenstoffgehalt, 94, 96ff, 153, 226, 230, 243,
    261, 289
    Stähle, 81, 110, 124, 126ff, 133f, 136f, 139f
Kokille, 237, 239, 242f, 261, 298, 301f
Kokillenguss, 115, 162, 286, 297
Koks, 166, 224f, 227, 229, 288
Komponente, 60f, 63f, 69, 74f, 78ff, 158, 162

Kondensationsreaktion, 185
Konode, 68, 71
Konstantan, 66
Konstruktionswerkstoffe, 123
Konverter, 165, 232ff, 236
Konzentration, 62, 69, 75, 147, 202, 216
Konzentrationsausgleich, 67ff
Konzentrationsbereich, 75
Koordinationszahl, 4ff
Kopflunker, 240f
Korn, 11, 13, 32, 306, 322
Kornform, 16
Korngefüge, 12
Korngrenze, 11, 61, 73, 322
Korngrenzenverflüssigung, 72
Korngrenzenversprödung, 107
Korngrenzenzementit, 83, 107
Korngröße, 16
Kornorientierung, 12, 16
Kornverfeinerung, 297, 302
Korrosionsbeständigkeit, 178, 316
    NE-Metalle, 160f, 163, 167
    Stähle/Guss, 102, 142, 155, 304
Kräftegeometrie, 26
Kraft-Verlängerungs-Schaubild, 17
Kreisbogen-Stranggießanlage, 243
Kriechbeständigkeit, 181
Kriechen, 51, 53, 161, 168
    primär, 52
    sekundär, 52
    tertiär, 52
Kriechfestigkeit, 178
Kriechgeschwindigkeit, 51ff
Kriechkurve, 53
Kriechversuch, 52
Kristall
    Entstehung, 10
Kristallgefüge
    Entstehung, 10
Kristallgitter, 3f, 8, 12, 156, 162f, 165, 167f
Kristallin, 4
Kristallisationsformen, 4
Kristallisationsgeschwindigkeit, 11f
Kristallisationsgrad, 194
Kristallisationswärme, 65f
Kristallit, 11
Kristallitschmelzpunkt, 188f
Kristallitschmelztemperatur, 190
Kristallplastizität, 6

Kristallseigerung, 69, 72, 287
Kristallsysteme, 4
Kristallwachstum, 11
krz, 5
Kubisch, 4
    flächenzentriert, 6, 20
    raumzentriert, 5f, 83
Kubisches Bornitrid CBN, 182
Kugelgraphit, 149ff, 155, 262
Kugelpackung, 6f
Kugelstrahlen, 105
Kugelstrahlumformen, 279
Kunstkautschuk, 186, 207
Kunstrasen, 199
Kunststoffe, 182, 191, 194ff, 291, 319, 352f
    Abkanten, 346
    Blasformen, 348
    Formstanzen, 346
    Kurzzeichen, 197
    Saugformen, 348
    Streckformen, 348
    Tiefziehen, 346
    vernetzt, 189
Kunststoffkleben, 353
Kunststoffschweißen, 352
Kunststoff-Überzüge, 319
Kupfer, 77, 140, 165f, 219, 281, 317, 320
    Herstellung, 165
    Kennwerte, 165
Kupferglanz, 165
Kupferkies, 165
Kupferlegierungen, 20, 72, 165ff, 298, 301
Kupfer-Nickel-Legierung, 61, 66ff
Kurbelpresse, 252, 254
Kurzzeichen
    Al-Guss, 160
    Kunststoffe, 196f
Kurzzeitfestigkeitswerte, 42

L
Lagermetall, 77
Lamellengraphit, 146f, 149, 151f, 155, 305
Laser, 323
Laserstrahlschweißen, 323
Lastspielzahl, 41
LD-AC-Verfahren, 232
LD-Konverter, 232
LD-Verfahren, 231f
    kombiniert, 233

Lebensdauerlinie, 51
Lebensmittelverpackung, 199
Ledeburit, 83, 86, 114, 261
Leerstelle, 9
Leerstellendiffusion, 9
Leerstellenkonzentration, 9
Legieren, 59, 156
Legierung, 59f, 62, 69, 71f, 78, 88f, 236, 299
  aushärtbar, 156
  eutektische, 71, 286, 309
  nicht aushärtbar, 156
  seewasserbeständig, 66
  übereutektisch, 72
  untereutektisch, 72
Legierungselemente, 140
Legierungssystem
  Silber-Kupfer, 72
Lehm, 291
Leichtbau, 215f, 271, 273f
Leichtmetalle, 155, 290, 297
Leichtmetallkolben, 302
Leistungsdichte
  Schweißverfahren, 323
Lichtbogenofen, 229, 234, 236
  direkt, 234
  indirekt, 234
Lichtbogenschweißen, 322
Lichtbogenspritzen, 318
Liquiduslinie, 65f, 71, 84, 86f
Lochen, 266
Löslichkeit, 65, 71, 76, 105, 146, 239, 316
  beschränkte, 72, 74
  vollständige, 66, 70
Löslichkeitslinie, 73f
Lösungsglühen, 158
Lot, 27, 326f
Löten, 274, 320
  Metalle, 326
Lötspalt, 27
  Spaltbreite, 327
Lötverbindung, 27
Lüdersband, 20, 26
Lüdersdehnung, 20
Luftfahrtnormen, 117
Lunker, 11, 16, 287, 299f, 307
  Anordnung, 307
  Form, 307
Luppe, 268

M
Magnesit, 162
Magnesium, 149, 151, 162, 299, 305
  Herstellung, 162
  Kennwerte, 162
Magnesium-Gusslegierungen, 163
Magnesium-Knetlegierungen, 163
Magnesiumlegierungen, 162f, 286
Makro-Brown'sche Bewegung, 188
Makrohärte, 33
Makromolekül, 184, 192, 210, 216
  Form, 190
Makroradikal, 184
Makroskopische Seigerung, 287
MAK-Wert, 202
Mangan, 81f, 96, 140, 226f, 230, 241
Mangangehalt, 85, 110, 126f, 145
Mangan-Hartstähle, 143
Marinite-Düse, 301
Martensit, 94ff, 114, 125, 261, 322
  kubisch, 97
Martensitbildungstemperatur, 96
Martensitgitter, 94
martensitisches Gefüge, 93, 142, 322
Maschinenformerei, 292
Maskenform, 295
Maskenformerei, 293
Masseln, 156
Massengehalt, 62ff, 67, 77, 84
Massenkonzentration, 62
Massen-Kunststoffe, 196
Maßhaltigkeit, 102, 254, 299
Massivumformung, 272
Materialanhäufung, 309, 312
Maurerdiagramm, 145
Mechanisches Streckformen, 347
Mehrflammenbrenner, 103
Mehrstufenversuch, 49
Melamin, 208
Melaminharz, 208
Mengenverhältnis, 68
  atomar, 61
Messing, 165, 299
Metall-Aktivgas-Schweißen, 323
Metall-Inertgas-Schweißen, 323
Metallische Gläser, 11
Metallkleben, 328, 335
  Anwendungen, 336
Metalllöten, 326

Metallspritzen, 318
Metastabiles Diagramm, 82
MF, 208
Mikro-Brown'sche Bewegung, 188
Mikrohärte, 33
Mikrolegierungselemente, 104
Mikrolunker, 307
Miller'sche Indizes, 5, 8
Mindeststreckgrenze, 113, 125f, 128, 134f
Mindestzugfestigkeit, 114
Mischbruch, 25f
Mischkeramik, 182
Mischkristalle, 60f, 66ff, 71, 73ff, 77, 83ff
Mischpolymerisate, 203, 205
Mischpolymerisation, 184, 215
Mischungen
    physikalisch, 185
Mischungslücke, 71ff, 76
Mittelspannung, 38, 41ff
Mittenseigerung, 243
Modell, 290ff, 311
Modelleinformung, 311
Modellteilung, 311
Modellwerkstoffe, 290
Modul
    Gussstücke, 146
Molekulargewicht, 5, 62, 194, 201
Molybdän, 132, 138ff, 164
Momentenverlauf, 30
Monel, 66
Monomer, 183, 185, 192
Monotektikale, 77
Monotektische Reaktion, 77
Monotektisches System, 76
Multiplikator
    Stahlsorte, 111
Multipol, 187

N
Nachbehandlung, 153, 230, 303
Nassemaillierung, 319
Naturkautschuk, 205, 207
    Eigenschaften, 205
Naturstoffe, 173
    abgewandelte, 173
    reine, 173
NBR, 205
Nebenvalenzen, 187, 190, 192f
    Arten, 187

Negativform, 347f
NE-Leichtmetalle, 116
NE-Metalle, 19, 115f, 155, 289f, 297, 301, 318
    Kennzeichnung, 115
    Ofen, 290
Nennspannung, 18, 20f, 47ff
Nennspannungsamplitude, 48
Nennspannungs-Gesamtdehnungs-Diagramm,
    18, 21f
NE-Schwermetalle, 116f, 300
Netzebene, 3ff, 7
Netzgefüge, 12
Neusilber, 166
Nichteisenmetalle, 155, 313
Nichtkristallin, 4
Nichtmetalle, 312
Nichtoxidkeramik, 181
Nickel, 66f, 96, 127, 134, 140ff, 166, 317
    Herstellung, 166
    Kennwerte, 167
    Verarbeitung, 220
Nickelin, 66
Nickellegierungen, 166f
    Beispiele, 168
Niederdruckgießverfahren, 300
Niederhalter, 275
Nietarten
    Blindniete, 337
    Flachrundniete, 337
    Halbrundniete, 337
    Senkniete, 337
    Stanzniete, 337
Nieten, 337
Nimonic, 117, 167
Niob, 104, 127, 140, 266
Nitridbildner, 101
Nitrierstahl, 101, 136
Nitrocarburieren, 101
Normalglühen, 92, 106f, 304
Normalisierendes Walzen, 265
Normalspannung, 25
Normalspannungsbruch, 25
Notlaufeigenschaften, 77, 148, 208, 305

O
Oberdruckhammer, 253
Oberfläche, 146, 161, 194, 217, 220, 281
    glatte, 261, 266, 272, 283
Oberflächenhärte, 100, 102, 305

Oberflächenqualität, 124, 291
Oberflächenrauigkeit, 16, 46
Oberflächenrisse, 16
Oberflächenschutz, 127, 141, 168, 316, 318
Oberflächenspannung, 354
   kritische, 354
Oberflächenwiderstand, 194, 216
Oberflächenzustand, 16, 46
Oberhoffer-Ätzung, 89f
Oberspannung, 38, 43f
OBM-Prinzip, 232
Ofengröße, 229
Offene Straße, Walzen, 259f
Offenes Kaliber, Walzen, 262
Oktamethylzyklotetrasiloxan, 209
Orientierung
   Körner, 11f
   Kunststoffe, 193
Orlon, 202
Oxidation, 48, 147, 247, 317
   anodische, 161
Oxidationsbeständigkeit, 181
Oxidkeramik, 180
Oxygen-Dekarburierung
   AOD-Verfahren, 237
   VOD-Verfahren, 237

P
PA, 211, 216
Paarbildung, 187
PAN, 202, 217
Panzerglas, 212
Papier, 173, 208
Parallelverfahren
   Drahtziehen, 282
Passivschicht, 141
PC, 212
PCTFE, 200
PE, 196, 216
PE hart, 192
PECTFE, 200
Pellets, 229
Pendelglühen, 92
Pendelschlagwerk, 34
Pentaerythrit, 210
Peritektikale, 74
Peritektikum, 74, 77
Peritektische Reaktion, 74
Peritektisches System, 74

Perlit, 61, 83ff, 94f, 114, 153f
Perlon, 212
PETFE, 200
PF, 207, 216
Pfannenmetallurgie, 236
PFEP, 200
Phase, 12, 61f, 64ff, 75, 82f, 141
   intermediäre, 61, 77, 81
   intermetallische, 61
Phasenbezeichnungen, 83
Phasengrenze, 61
Phasenregel, 64, 75, 86
Phenolharz, 208, 291, 293
Phenoplaste, 196, 207
Phosphatieren, 319
Phosphor, 81, 140, 146, 226, 230, 232f, 236, 240
PI, 212
PIB, 206
Pilgern, 267
Pilgerschrittwalzen, 268
Pittingbildung, 137
PKD, 174
Plasma-Heißdraht-Auftragschweißen, 317
Plasmanitrieren, 102
Plasmaspritzen, 318
Plaste, 182, 196
Plastizität, 187
Platinen, 263
Plattieren, 273, 314, 316f, 322
Platzwechsel, 9f
Plexiglas, 201
PMMA, 201
Poisson'sche Querkontraktionszahl, 22f
Poldihammer, 31, 34
Polierbarkeit, 102
Polyacetal, 196, 204
Polyacetat, 185, 188
Polyacrylnitril, 202, 217
Polyaddition, 185, 196, 212, 349
Polyaddukte, 213f
Polyamid, 185, 188, 196, 211, 217
Polybutadien, 204f
Polycarbonat, 185, 196, 212
Polyester, 185, 196, 209ff, 216f
Polyethylen, 195f
   Dichte, 199
   Erweichungstemperatur, 199
Polyformaldehyd, 204
Polyimid, 196, 212

Polyisobutylen, 200, 206
Polyisopren, 207
Polykondensate, 207, 213
Polykondensation, 185, 196, 212
Polykristall, 11
Polymerisate, 196
Polymerisation, 183f, 196, 202, 204ff, 210
Polymerisationsgrad, 192, 199, 201, 204
Polymerwerkstoffe, 4, 27, 182, 212
  Abbruchreaktion, 184
  Abspaltungsvorgang, 183, 185
  amorph, 190
  Anwendung, 196
  Eigenschaften, 190
    elektrisch, 194
    mechanisch, 190
  Herstellung, 183
  innerer Aufbau, 186
  Kleben, 352
  Metallisieren, 219
  Ringschluss, 184
  Schweißen, 352
  Spanen, 352
  Spannungs-Dehnungs-Diagramm, 27
  Startreaktion, 183
  teilkristallin, 4
  Umformverfahren, 345
  Urformverfahren, 347
  Wachstumsreaktion, 184
Polymethylmethacrylat, 201
Polyolefine, 188, 196
Polyoximethylen, 204
Polyphenylenoxid, 196
Polypropylen, 188, 196, 199
  Dichte, 199
  Erweichungstemperatur, 199
Polystyrol, 183, 188, 191, 196, 201
Polytetrafluorethylen, 199
Polyurethan, 185, 214, 349
Polyvinylalkohol, 204
Polyvinylchlorid, 27, 196
Polyvinylester, 198, 202
Polyvinylidenfluorid, 200
POM, 197, 204
Poren, 16, 216
Porennester, 16
Porigkeit, 181
Porosität, 177, 180, 313
Porzellan, 173, 179

Positivform, 347f
PP, 196
Präzisionsschmieden, 252
Prepreg, 211, 217
Pressen, 351
Pressenarten, 252
Pressenschmieden, 248, 252, 254
Pressmassen, 208
Pressrest, 269
Pressschweißverfahren, 320, 325
Primäraluminium, 156
Primärgefüge, 12, 89f
Primärgraphit, 89
Primärkristall, 68f, 75, 77
Primär-Mischkristalle, 72
Primärzementit, 86
Projektionsdiagramm, 80
Proportionalstab, 17
  kurz, 17
  lang, 17
Proteinabkömmlinge, 174
Prüffrequenz, 42
Prüfkraft, 32f
Prüfkraft, Härteprüfung, 34
Prüfverfahren
  dynamische, 31
  statische, 31
  zerstörende, 15f
  zerstörungsfreie, 15, 54
PS, 196, 201, 216
PTFE, 199f
Pulveraufkohlung, 100
Pulvermetallurgie, 312
Pulvernitrieren, 101
Pulverschmieden, 315
PUR, 214, 216
Putzstrahlen, 303
PVAC, 184, 204
PVAL, 204
PVC, 27f, 184, 188, 196, 202f, 216
PVC hart, 195, 202, 345
PVC weich, 202
PVC-Modifikationen, 203
PVD-Beschichtung, 318
PVDF, 200

Q
Qualitätsstähle, 122f
Quasiisotrop, 12

Quaternäres System, 64
Querkontraktion, 22, 25
Querkontraktionszahl, 22
Querverformung, 35
Quetschgrenze, 28, 43f

R
Radialspannung, 47
Radikal, 183
Raffination, 65, 165
Randentkohlung, 153f
Randschichtbehandlungen, 99
Randschichthärte, 102
Randschichthärten, 99, 136
Rast
    Hochofen, 225f
Rastlinien, 48
Raumerfüllung, 5ff
Raumgitter, 3
Reaktionsgießen, 349f
Reaktionsharze, 196
Reckalterung, 106
Recken, 190
Reduktion, 225f, 229
    direkt, 225
    indirekt, 225
Reduzierwalzwerk, 268f
Reibschweißen, 326, 353
Reibungskoeffizient, 200, 264
Reinaluminium, 156f
Reinheit, 161, 165
Reinstaluminium, 156
Reinst-Eisen, 230
Reintitan, 163f
Reißfestigkeit, 25
Reißlänge, 193
Rekristallisation, 93, 104, 266
Rekristallisationsglühen, 93
Resitolzustand, 207
Resitzustand, 207
Resolzustand, 207
Restaustenit, 96
Reversierwalzengerüst, 259
Richten, 273
Riemenfallhammer, 253
Ringbrenner, 102
Ringschluss, 184
Rissausbreitungsphase, 42
Rissbildungsphase, 42, 48

Risse, 16
Rockwellhärte, 34
Rockwell-Härteprüfung, 33f
Roheisen, 227f, 230, 234, 288
    graues, 226f, 286
    Herstellung, 229
    Mischer, 228
    weißes, 226f
    Weiterbehandlung, 228
Rohre, 257, 305
    geschweißt, 131, 268
    Herstellung, 266ff, 282f, 300
    Kunststoff, 192, 199, 203
    nahtlos, 131, 266
    PVC (Vergleichsspannung), 203
Rohrstähle, 131
Rohrziehen, 280, 282
Rollen, 274
    Rohrherstellung, 268
Rollenrichtmaschine, 273, 275
Röntgenbeugung, 55
Röntgendichte, 10
Röntgeninterferenzuntersuchung, 62
Röntgenstrahlinterferenzen, 3
Rostbeständig, 141
Rösten, 165ff
Rovings, 210, 217
Rückkohlung, 231
Rücksprunghärte, 31, 34, 55
Rückstauzone, Walzen, 265
Rückwärtsfließpressen, 284
Rückwärts-Strangpressen, 269
Ruhelage, 8
Rührreibschweißen, 326
Rundhämmermaschine, 282
Rutschkegel, 28
Rütteln, 292

S
Salzbadaufkohlung, 100
Sand, 173, 208, 216, 292f, 296f
    fett, 291
    grün, 291
    mittelfett, 291
    synthetisch, 291
Sandguss, 115, 162
Sandverdichtung, 292
Sanitärkeramik, 179
Sättigungsgrad, 146

Sauerstoff, 141, 147, 163, 230, 232f, 236, 239, 241
Sauerstoffaufblasverfahren, 231
Sauerstoffblasverfahren, 231
Sauerstoffbodenblasverfahren, 232
Sauerstofflanze, 227
Saugformen, 347f
Säurebeständig, 141
SBR, 205
Schablonenformerei, 291ff
Schabottenhammer, 250
Schachtofen, 229
Schadenslinie, 42
Schalenzementit, 85
Schamotte, 179, 295
Schaumstoffe, 216
Scherbruch, 25f
Schichtpressstoff, 208f, 211
Schienenstahl, 84
Schlacke, 224, 227ff, 232ff, 237
Schlackeneinschlüsse, 16
Schlackennester, 16
Schlagarbeit, 35, 37
Schlagzähigkeit, 114, 185, 196, 203
Schlauchporen, 16
Schlauchspritzverfahren, 199
Schleuderformguss, 300
Schleuderguss, 212, 267, 286, 297, 300
Schmelzanalyse, 127
Schmelzenführung, 226
Schmelzpunkt, 156, 162f, 165, 167f
Schmelzschweißverfahren, 320, 322
Schmiedbarkeit, 230
Schmiedehammer, 250
    Bauarten, 253
Schmiedemaschinen, 250, 252
Schmieden, 90, 250
    Technik, 256
Schmiedepressen, 250
    mittelbarer Antrieb, 255
    unmittelbarer Antrieb, 254
Schmiedeverfahren, 251
    Einordnung, 256
Schneidkeramik, 174, 180, 182
Schneidstoffe, 174, 182
Schneidwerkstoffe, 174, 180f
Schnellarbeitsstähle, 110f, 138
Schnittgeschwindigkeit, 174, 352
Schnittleistung, 169
Schrägwalzverfahren, 266

Schrott, 231f, 234, 238
Schubspannung, 25
    maximale, 26f
Schubspannungshypothese, 248
Schülpen, 311
Schutzgas-Schweißverfahren, 322
Schwefel, 149, 230, 232, 236, 240
Schweißbarkeit, 126, 144, 153, 202, 320
Schweißen, 188, 195, 269, 303, 315, 320, 322,
    325ff
    Metalle, 320
    Polymerwerkstoffe, 352
Schweißplattieren, 317
Schweißverfahren, 320, 322ff
Schwenkformmaschine, 294
Schwerkraftgießen, 285
Schwermetalle, 155, 164, 290
Schwinden, 287, 307
Schwindmaß, 287, 298, 304, 309
Schwingbeanspruchung, 193
Schwingbruch
    Ausgangsort, 48
    Form, 48
Schwingspielzahl, 50f
Segregatgraphit, 87
Seigerung, 90f, 240, 287
Seitenschräge, 257
Sekundäraluminium, 156
Sekundärgefüge, 12, 90
Sekundärmetallurgie, 236
Sekundärzementit, 85f
Selbstdiffusion, 9f
Selen, 32
S-Glas, 211
Shore-Härte, 34
SI, 209
Siemens-Martin-Ofen, 231
Silber, 72, 219, 317
Silberlot, 72
Silica, 179
Silicatkeramik, 179
Silicium, 160, 227, 230, 241
    Gusseisen, 82, 85, 145f
    Roheisen/Stahl, 81, 140, 226
Siliciumcarbid SiC, 181
Siliciumnitrid Si$_3$N$_4$, 181
Silikone, 209
Silikonkautschuk, 209
Silkatkeramik, 179

Sintern, 314
Sinterschmieden, 315
SI-System, 32, 37
Skineffekt, 103
SMC, 217
Soda, 228
Soliduslinie, 65ff
Solidustemperatur, 326
Sondermessing, 165
Sonderschmiedeverfahren, 253
Spaltbruch, 25
Spaltlöten, 327
Spannung
    zulässige, 24, 134
Spannungsamplitude, 40ff, 48
Spannungsarmglühen, 92, 126, 304
Spannungsausschlag, 38
Spannungs-Dehnungs-Diagramm, 18, 21, 23,
    25, 247
    technisches, 18, 23
Spannungs-Dehnungs-Schaubild, 17
Spannungshorizont, 39, 41
Spannungsrisse, 257
Spannungsspitze, 46
Spannungsverhältnis, 38, 44
Spannungsverteilung, 29
Speckschicht, 240
Speiser, 287, 304, 308
Spindelpresse, 252, 254
Sprengplattieren, 317
Spritzen, 188, 202, 273
Spritzgießen, 190
    Anwendung, 199ff, 203, 205, 212, 217
    Verfahren, 349ff
Spritzpressen, 208, 217, 351
Sprühkompaktieren, 315
Spülgasverfahren, 317
Stabiles Diagramm, 82
Stahl, 17, 23, 81, 230
    austenitisch, 18, 140, 142
    Eigenschaften, 230
    Einteilung, 122
    eutektoid, 84
    ferritisch, 140
    gealtert, 106
    gehärtet, 19
    hart, 247
    Herstellung, 215
    hitzebeständig, 142

hochwarmfest, 141
isotrop, 124
kaltumformbar, 124
Kennzeichnung, 110f, 113
korrosionsbeständig, 142
legiert, 111, 122
mikrolegiert, 125
niedriglegiert, 32, 111
normalisiert, 18f, 41, 43, 106
phosphorlegiert, 125
schweißgeeignet, 127f
übereutektoid, 85
Überzüge, 316
Umwandlungsvorgänge, 83
unlegiert, 20, 81, 110, 122, 248
untereutektoid, 84
Verarbeitung, 278, 281, 297, 313, 317
vergütet, 19, 41
weich, 124, 247
wetterfest, 127
zunderbeständig, 142
Stahlbau, 125
Stahlbezeichnung
    Anhängezahl, 116
Stahlgruppe, 116
Stahlgruppennummer, 116, 118
Stahlguss, 90, 143f, 267, 286, 298, 300, 303ff
    ferritisch, 144
    hitzebeständig, 145
    korrosionsbeständig, 145
    schweißgeeignet, 144f
    unlegiert, 144
Stahlgusswalzen, 261
Stahlherstellung, 107, 226, 230
Stahlsorten, 113, 122
Stahlwalzen, 261
Standzeit
    Werkzeuge, 169
Stangenziehen, 272, 280
Stangen-Zug, 283
Stanznieten, 337
Startreaktion, 183
Statische Härteprüfung, 31
Steiger, 303
Steilabfall, 34, 106
Stengelkristallisation, 11, 306
Stich, Walzen, 261, 265
Stichabnahme, 265, 272
Stichloch, 227

Stichzahl, 261
Stickstoff, 99, 101f, 105, 140, 163, 236, 241
Stickstofflöslichkeit, 106
Stoffkonzentration, 62
Stoffmenge, 62
Stoffmengengehalt, 62f
Stopfen-Zug, 282
Stoßbank-Verfahren, 268
Stoßofen, 258
Strahlhärten, 104
Strahlungsschweißen, 353
Stranggießanlagen, 243
Strangguss, 243, 267, 286, 297, 301
Strangpressen, 157, 269, 271, 315, 351
    direktes, 269
    indirektes, 269
Strecken, 267
Streckformen, 346
Streckgrenze, 20ff, 26, 35, 43, 45f, 97
    obere/untere, 21
    Stähle/Guss, 124, 127f, 135, 150
Streckgrenzenverhältnis, 22, 32
Streckziehen, 272, 278f
    einfaches, 278
    tangentiales, 278
Struktur, 10
    kristallin, 3
Strukturkeramik, 179
Strukturwerkstoffe, 123
Stützwirkung, 27
Substitutionsatom, 10
Substitutionsmischkristall, 60f
Summenhäufigkeitskurve, 50
Syndiotaktisch, 205
Synthesekautschuk, 204, 207

T
tailored blanks, 125
Tangentialspannung, 47
Tangentialstreckziehen, 278
Tannenbaumkristalle, 11, 307
Tantal, 140
Tauchplattieren, 316
Technische Kunststoffe, 196
Technologie
    chemische, 1, 215
    mechanische, 1, 215
Teillöslichkeit, 70
Temperaturleitfähigkeit, 151

Temperaturwechselbeständigkeit, 178, 180f
Temperatur-Zeit-Kurve, 12
Temperguss, 146, 152, 286, 305
    schwarz, 154, 305
    weiß, 153, 305
Temperkohle, 153f
Temperrohguss, 152, 305
Ternäres System, 64, 78
Tertiärzementit, 83f
Terylene, 211
TEX-System, 217f
Textilfasern, 211
Textur, 13, 32
Thermische Analyse, 62
Thermoelemente, 167
Thermomechanische Behandlung, 104, 265
Thermomechanisches Walzen, 104, 266
Thermoplast, 182, 196, 210
    amorph, 187
    teilkristallin, 188
    Umformverfahren, 345
    Urformverfahren, 347
Thermoplaste, 185
Thermoschockbeständigkeit, 180f
Thixogießen, 299
Thixoschmieden, 256
Thomasstahl, 106
Tieflage, 34
Tiefofen, 257
Tiefziehen
    Kunststoffe, 201, 203, 205, 215, 345
    Metalle, 124, 272, 275, 278
Tiefziehfähigkeit, 124
Tiefziehverhältnis, 277
Tiegelofen, 289f
Titan, 104, 127, 140, 151, 163, 255, 317
    Herstellung, 163
    Kennwerte, 163
    technisch rein, 163
Titanaluminide, 164
Titankarbid, 318
Titanlegierungen, 163f
Titannitrid, 318
Titanzink, 168
Ton, 173, 291
Traganteil, 16
Tragfähigkeit, 25
Trennbruch, 25f, 106
Trennfestigkeit, 27

Trennmittel, 200
Tresca-Fließkriterium, 248
Trevira, 211
TRIP-Stähle, 125
TRK-Wert, 203

U
Übereutektisch, 69, 147
Übergangsmetall, 60
Übergangstemperatur, 34f, 106
Überhitzung, 247
Übersättigung, 105
Überstruktur, 60f
Überzüge, 214, 273, 316, 319
    metallisch, 316
    nichtmetallisch, 319
UF, 208, 216
Ultraschallschweißen, 326, 353
Umformen, 125, 255, 272, 275, 279, 284f
    Werkstoffverhalten, 247f
Umformgrad, 248f, 265
Umgekehrte Blockseigerung, 287
Umkehrstraße, Walzen, 259f
Umlaufbiegung, 39f
Umrechnungsfaktoren
    Kerbschlagzähigkeit, 38
Umschmelzverfahren, 237f
Umweltschutz, 239
Universalwalzgerüst, 259
Unlöslichkeit
    vollständige, 65, 69f
Untereutektisch, 69, 147
Unterkühlung, 10ff, 96
Unterpulverschweißen, 322f
Unterschnitt, 273, 275
Unterspannung, 38, 43
UP, 209, 216
UP-Bandplattieren, 317
UP-Schweißen, 270
Urformverfahren, 285, 312, 315
Ursprungstangentenmodul, 27

V
Vakuumdruckgießen, 299
Vakuum-Lichtbogenofen, 238
Vakuummetallurgie, 236
Valenzelektronen, 187
Vanadium, 127, 132, 138ff, 164, 266
VC, 202

VDE 0303-21 bis -23, 195
VDI 2229, 328
VDI 3821, 353f
Verbindung, 60f, 241
    chemische, 81
    gelötet, 27
    intermediäre, 60f, 91
    intermetallische, 60f, 75, 77
Verbindungsschicht, 101f
Verbrennen, 247
Verbundguss, 302
Verbundkonstruktion, 304
Verfestigung, 23, 93, 105, 249, 255
Verfestigungsexponent, 249
Verformbarkeit, 22, 28, 98, 230, 247, 262, 303
    erhöhte, 146, 149, 152, 305
Verformung, 22, 106, 247, 249, 257, 259, 265, 273
    elastische, 20, 23
    elastisch-plastische, 23
    plastische, 20, 23f, 92f, 106, 248, 325
Verformungsalterung, 106
Verformungsbehinderung, 27
Verformungsbruch, 25, 106
Verformungsgrad, 93
Vergießen, 89, 239, 241, 261
    beruhigt, 241
    unberuhigt, 239
Vergießungsart, 241
Vergüten, 99, 322
Vergütungsgefüge, 97, 133f
Vergütungsstähle, 133f
    legiert, 135
    niedriglegiert, 134
    unlegiert, 133
Verlorene Form, 286, 290
    Herstellung, 291
Verlorenes Modell, 286
Vermiculargraphit, 149, 151
Vernetzung, 186, 193, 199, 207, 210, 216
    eng, 193
    lose, 193
Versatz, 256f
Verschleiß, 180, 257, 261, 299, 305
    Abrasionsverschleiß, 99, 136, 182
    Adhäsionsverschleiß, 99, 136
    Ermüdungsverschleiß, 99, 136f
Verschleißbeständigkeit, 102, 180
Verschleißfestigkeit, 138, 178, 180

Verschleißminderung, 100f
Verschleißwiderstand, 102f, 136, 138, 169
Verseifung, 204
Versetzungen, 20
Versetzungsverankerung, 20, 105
Versprödung, 106, 142
Versprödungserscheinungen, 105
Verstrecken, 190
Vertikal-Stranggießanlage, 243
Vertikal-Stranggießen, 301
Verzinnen, 316
Verzug, 92, 102, 104, 323
Verzunderung, 141, 247, 254
Vickershärte, 32f
Vickers-Härteprüfung, 32f
Vielkristall, 11f
Vierwalzengerüst, 259
Vinylacetat, 184, 203
Vinylchlorid, 184
Vollformguss, 294
Vollkokille, 297
Vollkontinuierliche Straße, Walzen, 260
Volumenänderungen, 306
Volumengehalt, 62
Volumenkonzentration, 62
Vorblöcke, 263
Vorblocken, 261
Vorbrammen, 263
Voreilzone, Walzen, 265
Vorkraft, Härteprüfung, 34
Vorstraße, Walzen, 260
Vorstrecken, 347
Vorwärtsfließpressen, 283
Vorwärts-Strangpressen, 269

W
Wachsausschmelzverfahren, 296
Wachstumsreaktion, 184
Wahre Spannung, 25
Wahres Spannungs-Dehnungs-Diagramm, 24f
Walzdraht, 281
Walze, 148, 259, 261ff, 280
Walzen aus Gusseisen, 262
Walzenarten, 261
Walzenkaliber, 262
Walzgerüst, 259
Wälzlagerstähle, 137
Walzplattieren, 316f
Walzspalt, 259, 263ff

Walzstahl, 304
Walzstraße, 258ff, 301
Walzvorgang, 261
Walzwerk, 258
    Erzeugnisse, 263
Walzwerkofen, 257
Wanderungsenergie, 9
Wandverzweigungen, 310
Warmarbeitsstähle, 139
Wärmeausdehnung
    „einstellbar", 143
Wärmebehandlung, 89, 91ff, 95, 97f, 132, 145,
    149, 156, 158, 305
Wärmebehandlungsverfahren, 91
Wärmedämmschichten, 180
Wärmedehnung, 8, 178
Wärmeeinflusszone, 320
Wärmeleitfähigkeit, 178, 180
Wärmeleitzahl, 201
Wärmenachbehandlung, 304
Warmfestigkeit, 132, 139, 193, 199f, 203
Warmformgebung, 247
    Verfahren, 250
Warmgasschweißen, 352
Warmkammer-Druckgießmaschine, 299
Warmkammerverfahren, 299
Warmstreckgrenze, 133, 304
Warmwalzen, 90, 257
    Einzugsbedingung, 263
    Voreil-, Nacheil-. Rückstauzone, 265
Warmwalzplattieren, 316
Wasserstoff, 185, 236, 286, 322
Wasserstoffbrücken, 187
Wasservergüten, 128, 266
Wattebauschstruktur, 4, 190
Wechselfestigkeit, 41ff
Wechselschwellbereich, 39
Weibull-Verteilung, 179
Weicheisen, 230
Weichglühen, 92
Weichlöten, 326
Weichmacher, 202, 216, 329
    monomere, 216
    polymere, 216
Weichmachung
    äußere, innere, 210
Weißblech, 316
Weißmetall, 75f
Wendeformmaschine, 294

Wendeformverfahren, 293
Wendelnahtrohre, 269f
Werkstoff
    duktil (zäh), 25
    spröde, 25
Werkstoffbeeinflussung, 321
Werkstoffbeschaffenheit
    Prüfverfahren, 55
Werkstoffe
    Aufbau, 3
    Eigenschaften, 15
    hochmolekular, 182
    metallische, 109
    nichtoxidisch keramisch, 181
    oxidkeramisch, 180
Werkstoffe, metallisch
    Aufbau, 59
    Eigenschaften, 59
    Kennzeichnung, 109
    Kristallisationsformen, 4
    Sortenklassen, 116, 120f
    Sortennummern, 116
    Spannungs-Dehnungs-Diagramm, 19
Werkstoffeigenschaften
    Beeinflussung, 320
    Prüfverfahren, 55
Werkstofffehler, 16
Werkstoff-Hauptgruppe, 117
Werkstoffkennwerte, 16, 20f, 25
Werkstoffnummer, 116
Werkstoffprüfung, 15
Werkzeugstahl, 84f, 138, 281
Werkzeugwerkstoffe, 123
WEZ, 320, 323
Widerstandsschweißen, 270, 322
Widerstands-Schweißverfahren, 269, 325
Widmannstättengefüge, 90, 92, 304
Winderhitzer, 224
Wirbelsintern, 319
Wismut, 79
Wöhlerlinie, 39ff, 194
Wöhlerschaubild, 39
Wöhlerversuch, 50, 193
Wolfram, 132, 138ff
Wolfram-Inertgas-Schweißen, 323
Wolframkarbid, 318
Wolfram-Plasmaschweißen, 323
Woodmetall, 79

Z
Zähigkeit, 34, 230, 241
    Guss, 143, 148f, 151f, 261
    Keramik, 180f
    Stähle, 125, 127, 133f, 136, 139, 247
    Wärmebehandeln, 92f, 97, 99f, 104f, 265
Zahnflankentragfähigkeit, 137
Zahnfußdauerfestigkeit, 137
Zeitdehngrenze, 53, 133
Zeiteinfluss, Härteprüfung, 32
Zeitfestigkeitswerte, 42
Zeitstandfestigkeit, 53, 133, 192, 203, 304
Zeitstandfestigkeitsversuch, 51, 191
Zeitstandversuch, 52f
    Auswertung, 54
Zeit-Temperatur-Diagramm, Erstarrung, 12
Zeit-Temperatur-Umwandlungs-Schaubild, 94
Zellulose-Abkömmlinge, 174
Zementit, 81ff, 86, 92, 97, 146, 227, 230
Zersetzung, 188f
Zersetzungstemperatur, 188
Zerspanbarkeit, 92
Ziehdüse, 174
Zieheisen, 281
Ziehformen, 346
Ziehmatrize, 275
Ziehring, 275
Ziehstein, 282
Ziehstempel, 275
Ziehvorgang, 282
Ziehwerkzeuge, 281
Zink, 32, 167f, 286, 299, 317ff
    Herstellung, 167
    Kennwerte, 168
Zinkblende, 167
Zinklegierungen, 164, 301
Zinn, 75, 79, 286, 299, 317
Zinnbronze, 165
Zircon, 8
Zirconoxid ZrO_2, 180
Zonenmischkristalle, 287
Zugeigenspannungen, 322
Zugfestigkeit, 21ff, 25, 32, 46, 48, 97f, 265
    Guss, 146, 148f, 152f
    NE-Metalle, 157, 159, 161, 163f, 168
    Polymere/Fasern, 187, 189f, 217ff
    Stähle/Stahlguss, 124, 130, 132, 134f, 137, 144, 303, 305
Zugmittelspannung, 43

Zugschwellbereich, 39
Zugschwellfestigkeit, 43
Zugversuch, 17, 22f, 26f, 30, 52, 219, 247f
    Normung, 17
    Spannungsverhältnisse, 25
    Werkstoffkennwerte, 21
Zunder, 281
Zunderbeständig, 141f
Zunderbeständigkeit, 167
Zusammensetzung
    chemisch, 16, 110, 115
Zusatzsymbole Stahlsorten, 113
Zuschläge, 235
Zustandsdiagramm
    Aluminium-Kupfer, 72
    Blei-Zinn, 72
Zustandsschaubild
    Allgemeines, 61
    Antimon-Zinn, 75
    Blei-Antimon, 69
    Dreistofflegierung, 78

Kobalt-Nickel, 66
Kupfer-Blei, 76
Kupfer-Nickel, 66, 68
Platin-Silber, 74
Projektionsdiagramm, 79
    räumliches, 78
Silber-Gold, 66
Silber-Kupfer, 73
Silber-Platin, 66
Zwangslösung, 322
Zweifachsintertechnik, 315
Zweistofflegierung, 61
Zweistoffschaubild, 63, 65
Zweiwalzen-Kammwalzgerüst, 262
Zwischengitterdiffusion, 9
Zwischengitterplätze, 10, 60
Zwischenglühen, 93, 282
Zwischenstraße, Walzen, 260
Zwischenstufengefüge, 95, 99
Zwischenstufenvergüten, 98

Zitierte Normen und Richtlinien

D

DIN 15 018-1, 25
DIN 16 731/Z, 206
DIN 16 771-1/Z, 204
DIN 16 780-1, 185
DIN 16 780-2, 185
DIN 16 781-2, 204
DIN 16 868-1, 210, 217
DIN 16 868-1, -2, 216
DIN 16 868-2, 210, 217
DIN 16 869-1, 210, 217
DIN 16 869-1, -2, 216
DIN 16 869-2, 210, 217
DIN 16 920, 329
DIN 16 920/Z, 328
DIN 16 978/Z, 204
DIN 16 982, 211
DIN 17 007, 116f
DIN 17 007-4, 109, 116, 121
DIN 17 007-4, Entwurf, 109, 116f
DIN 17 022-1, 97
DIN 17 022-2, 93
DIN 17 022-3, 100
DIN 17 022-4, 101
DIN 17 022-5, 99, 103
DIN 17 100, 241
DIN 17 100/Z, 126
DIN 17 210/Z, 137
DIN 17 212/Z, 103
DIN 17 230/Z, 103
DIN 17 460/Z, 141
DIN 17 640-1, 298
DIN 17 660/Z, 166
DIN 17 662/Z, 166
DIN 17 663/Z, 166
DIN 17 664/Z, 166

DIN 17 665/Z, 166
DIN 17 666/Z, 166
DIN 17 740, 167
DIN 17 741, 167f
DIN 17 742, 167f
DIN 17 743, 167f
DIN 17 744, 167f
DIN 17 745, 167f
DIN 17 850, 163
DIN 17 851, 163f
DIN 17 860, 163
DIN 17 862, 163f
DIN 17 864, 163
DIN 17 869, 164
DIN 18 800-1/Z, 25
DIN 24 450, 347, 351
DIN 24 500-1 bis -15, 257
DIN 24 500-2, 257
DIN 24 500-3, 258, 260
DIN 24 500-4, 258f
DIN 24 540-1 bis -3, 269
DIN 32 532, 323
DIN 50 100, 37
DIN 50 106, 27
DIN 50 113, 37, 39
DIN 50 115, 34, 36
DIN 50 116, 34
DIN 50 117, 133
DIN 50 118/Z, 53
DIN 50 125, 17
DIN 50 142, 37, 39
DIN 50 150/Z, 32
DIN 55 181, 252
DIN 55 184, 252
DIN 60 905, 217
DIN 65 169, 327f

DIN 65 170, 327f

DIN 78 082-1, 204

DIN 101, 337

DIN 124, 337

DIN 302, 337

DIN 660, 337

DIN 661, 337

DIN 662, 337

DIN 674, 337

DIN 675, 337

DIN 1511/Z, 307

DIN 1524/Z, 292

DIN 1546, 281

DIN 1547-1 bis -11, 281

DIN 1681/Z, 144

DIN 1691/Z, 114, 146f

DIN 1692/Z, 114, 152

DIN 1693/Z, 114, 146, 149f

DIN 1694/Z, 155

DIN 1695/Z, 155

DIN 1700/Z, 115

DIN 1707-100, 327

DIN 1709, 165

DIN 1712/Z, 158f

DIN 1725-1/Z, 158f

DIN 1725-2/Z, 160

DIN 1729, 163

DIN 1729-1, 162f

DIN 1729-2/Z, 162f

DIN 1790/Z, 157

DIN 1910-3, 352

DIN 1910-11, 320

DIN 1910-100, 320

DIN 6791, 337

DIN 6792, 337

DIN 7331, 337

DIN 7339, 337

DIN 7523-2/Z, 256f

DIN 7526/Z, 256ff

DIN 7527-1 bis -6, 250f, 256

DIN 7708-1, 196

DIN 7728/Z, 197

DIN 7728-1/Z, 196

DIN 8075, 192

DIN 8080, 203

DIN 8081, 203

DIN 8528-1/Z, 320

DIN 8580, 246, 312

DIN 8582, 272

DIN 8583-1, 250, 338

DIN 8583-2, 257

DIN 8583-3, 250f, 338

DIN 8583-4, 250f

DIN 8583-6, 269, 283

DIN 8584, 276

DIN 8584-1, 277

DIN 8584-3, 277

DIN 8584-4, 279

DIN 8584-7, 280

DIN 8586, 273

DIN 8587, 338

DIN 8588, 338

DIN 8593-0, 328

DIN 8593-6, 320

DIN 8593-7,, 326

DIN 8593-8, 328

DIN 8650, 252

DIN 8651, 252

DIN 9005-1/Z, 162

DIN 9005-2/Z, 162

DIN 9005-3/Z, 162

DIN 9119-2, 337

DIN 9711-1 bis -3, 162

DIN 9715, 162

DIN EN 10 001, 227

DIN EN 10 020, 122f, 141

DIN EN 10 025, 126

DIN EN 10 025-1, 125

DIN EN 10 025-2, 125ff, 130

DIN EN 10 025-3, 127

DIN EN 10 025-4, 127

DIN EN 10 025-5, 127

DIN EN 10 025-6, 128

DIN EN 10 027, 111

DIN EN 10 027-1, 109ff, 125, 144

DIN EN 10 027-2, 109, 116ff

DIN EN 10 028-1, 129f

DIN EN 10 028-2, 129ff

DIN EN 10 028-3, 127, 129f

DIN EN 10 028-4, 129

DIN EN 10 028-5, 127, 129f

DIN EN 10 028-6, 128ff

DIN EN 10 028-7, 129, 141, 143

DIN EN 10 045-2, 34

DIN EN 10 052, 89, 91

DIN EN 10 083-1, 133ff

DIN EN 10 083-1 bis -3, 99

DIN EN 10 083-2, 133

DIN EN 10 083-3, 134f
DIN EN 10 084, 101, 136f
DIN EN 10 085, 101f, 136
DIN EN 10 088-1 bis -5, 141f
DIN EN 10 089, 136
DIN EN 10 090, 142
DIN EN 10 092-1, 136
DIN EN 10 095, 141
DIN EN 10 111, 124
DIN EN 10 120, 129
DIN EN 10 130, 124
DIN EN 10 132-4, 136
DIN EN 10 139, 124
DIN EN 10 149-1 bis -3, 127
DIN EN 10 149-2, 128, 130
DIN EN 10 149-3, 128
DIN EN 10 152, 124
DIN EN 10 207, 129
DIN EN 10 208-1, 131
DIN EN 10 208-2, 131
DIN EN 10 209, 124
DIN EN 10 213, 144f
DIN EN 10 216, 131
DIN EN 10 216-1, 131
DIN EN 10 216-1 bis -5, 131
DIN EN 10 216-2, 132
DIN EN 10 216-3, 132
DIN EN 10 216-5, 141
DIN EN 10 217, 131
DIN EN 10 217-1, 131
DIN EN 10 217-1 bis -7, 131
DIN EN 10 217-2, 132
DIN EN 10 217-3, 132
DIN EN 10 217-7, 141
DIN EN 10 224, 131f
DIN EN 10 243-1, 256ff
DIN EN 10 243-2, 256ff
DIN EN 10 250-1, 250
DIN EN 10 254, 250
DIN EN 10 255, 131f
DIN EN 10 263-1, 282
DIN EN 10 268, 127f
DIN EN 10 270-1, -2, 136
DIN EN 10 283, 145
DIN EN 10 293, 144
DIN EN 10 295, 145
DIN EN 10 296-1, 131f
DIN EN 10 296-2, 131, 142
DIN EN 10 297-1, 131f

DIN EN 10 297-2, 131, 142
DIN EN 10 302, 141
DIN EN 10 305-1, 131f, 282
DIN EN 10 305-2, 131f, 282
DIN EN 10 305-3, 131f
DIN EN 10 305-4, 131f
DIN EN 10 305-5, 131f
DIN EN 10 305-6, 131f
DIN EN 10 346, 124f, 127
DIN EN 12 020-1, 271
DIN EN 12 020-2, 271
DIN EN 12 258-1, 155
DIN EN 12 258-2, 155
DIN EN 12 258-3, 155
DIN EN 12 441-1, 167
DIN EN 12 513, 155
DIN EN 12 844, 167
DIN EN 12 890, 290, 307
DIN EN 13 283, 167
DIN EN 13 835, 155
DIN EN 13 887, 332f
DIN EN 14 232, 175, 179
DIN EN 14 315-2, 215
DIN EN 14 610, 320
DIN EN 14 673, 254
DIN EN 14 753, 243
DIN EN 15 416-4, 214
DIN EN 29 454-1, 327
DIN EN 60 243-1 bis -3, 195
DIN EN 60 672-1, 179
DIN EN 60 672-2, 179
DIN EN 60 672-3, 179
DIN EN 201, 347
DIN EN 485-1, 157
DIN EN 485-2, 157
DIN EN 515, 115, 155, 158f
DIN EN 573, 115f
DIN EN 573-1, 115, 157ff
DIN EN 573-1 bis -5, 155
DIN EN 573-2, 115, 157ff
DIN EN 573-3, 115, 157
DIN EN 573-5, 157
DIN EN 586-1, 157
DIN EN 586-2, 157
DIN EN 586-3, 157
DIN EN 681-4, 214
DIN EN 754-1 bis -8, 157
DIN EN 755-1 bis -9, 157, 271
DIN EN 843, 178

DIN EN 843-2, 179
DIN EN 843-3, 179
DIN EN 843-4, 179
DIN EN 843-5, 179
DIN EN 910, 28
DIN EN 923, 328
DIN EN 988, 167
DIN EN 1011-1, 322
DIN EN 1011-2 bis -5, 322
DIN EN 1011-6, 323
DIN EN 1011-7, 323
DIN EN 1011-8, 322
DIN EN 1045, 327
DIN EN 1173, 165
DIN EN 1179, 167
DIN EN 1301-1, 157
DIN EN 1301-2, 157
DIN EN 1412, 115, 165
DIN EN 1559-1, 145
DIN EN 1559-2, 143
DIN EN 1559-3, 145
DIN EN 1559-4, 158
DIN EN 1559-5, 162
DIN EN 1559-6, 167
DIN EN 1560, 112, 114, 149, 152
DIN EN 1561, 114, 146f, 152
DIN EN 1562, 114, 152
DIN EN 1563, 114, 149f, 152
DIN EN 1564, 149
DIN EN 1652, 165
DIN EN 1653, 165
DIN EN 1706, 158, 160, 298
DIN EN 1753, 162f, 298
DIN EN 1754, 162
DIN EN 1774, 167, 298
DIN EN 1780-1 bis -3, 158
DIN EN 1982, 165, 298
DIN EN 1993-1-1, 25
DIN EN 15860, 204
DIN EN ISO 11 963, 212
DIN EN ISO 13 919-1, 323
DIN EN ISO 13 919-2, 323
DIN EN ISO 14 343, 323
DIN EN ISO 14 526-1 bis -3, 207
DIN EN ISO 14 527-1 bis -3, 208
DIN EN ISO 14 528-1 bis -3, 208
DIN EN ISO 14 530-1 bis -3, 209
DIN EN ISO 14 555, 326
DIN EN ISO 14 631, 201

DIN EN ISO 14 632, 196
DIN EN ISO 14 919, 318
DIN EN ISO 15 013, 196
DIN EN ISO 15 252-1 bis -3, 215
DIN EN ISO 15 614-1, 322
DIN EN ISO 15 614-1 bis -13, 320
DIN EN ISO 15 614-2, 322
DIN EN ISO 15 614-11, 323
DIN EN ISO 15 614-12, 326
DIN EN ISO 15 620, 326
DIN EN ISO 16 834, 323
DIN EN ISO 18 265, 32
DIN EN ISO 21 952, 323
DIN EN ISO 26 304, 323
DIN EN ISO 148-1, 34, 36
DIN EN ISO 204, 51, 53
DIN EN ISO 294-1, 347
DIN EN ISO 294-2, 347
DIN EN ISO 294-3, 347
DIN EN ISO 294-4, 347
DIN EN ISO 294-5, 347
DIN EN ISO 683-17, 137
DIN EN ISO 1043-1, 196f
DIN EN ISO 1071, 323
DIN EN ISO 1872-1, 196
DIN EN ISO 1872-2, 196
DIN EN ISO 1874-1, 211
DIN EN ISO 1874-2, 347
DIN EN ISO 2560, 323
DIN EN ISO 2580-1, 204f
DIN EN ISO 2580-2, 205
DIN EN ISO 2740, 315
DIN EN ISO 2897-1, 201, 204
DIN EN ISO 2897-2, 201
DIN EN ISO 2898-1, 202
DIN EN ISO 3252, 312, 315
DIN EN ISO 3580, 323
DIN EN ISO 3581, 323
DIN EN ISO 3673-1, 215
DIN EN ISO 3673-2, 215
DIN EN ISO 4498, 315
DIN EN ISO 4507, 315
DIN EN ISO 4957, 138f
DIN EN ISO 5817, 322
DIN EN ISO 6506-1 bis -4, 31
DIN EN ISO 6507-1 bis -4, 32
DIN EN ISO 6508-1 bis -3, 33
DIN EN ISO 6848, 323
DIN EN ISO 6892-1, 17

DIN EN ISO 7142, 215

DIN EN ISO 7214, 196

DIN EN ISO 7391-1, 212

DIN EN ISO 7391-2, 212

DIN EN ISO 7438, 28

DIN EN ISO 7599, 161

DIN EN ISO 7823-1, 201

DIN EN ISO 7823-2, 201

DIN EN ISO 7823-3, 201

DIN EN ISO 9453, 327

DIN EN ISO 17672, 327

DIN FprEN ISO 294-5, 347

DIN ISO 857-2, 326

DIN ISO 1629, 204

DIN prEN 10 025-2, 122, 125

DIN prEN 10 025-3, 122, 127

DIN prEN 10 025-4, 127

DIN prEN 10 025-5, 127

DIN prEN 10 149-2, 128, 130

DIN prEN 10 149-3, 128

DIN prEN 10 209, 124

DIN prEN 10 216-1 bis-5, 131

DIN prEN 10 216-2, 132

DIN prEN 10 216-3, 132

DIN prEN 10 216-5, 141

DIN prEN 10 217-1, 131

DIN prEN 10 217-1 bis -7, 131

DIN prEN 10 217-2, 132

DIN prEN 10 217-3, 132

DIN prEN 10 217-7, 141

DIN prEN 10 255, 131

DIN prEN 10 293, 144

DIN prEN ISO 11 963, 212

DIN prEN ISO 14 555, 326

DIN prEN ISO 14 919, 318

DIN prEN ISO 15 013, 196

DIN prEN ISO 15 613, 320

DIN prEN ISO 15 614-9, 320

DIN prEN ISO 15 614-13, 326

DIN prEN ISO 15 614-14, 320, 323

DIN prEN ISO 18 265, 32

DIN prEN ISO 1874-2, 211

DIN prEN ISO 3673-2, 215

DIN prEN ISO 5817, 322

DIN V 17 006-100/Z, 110f

DINEN 10 027, 117

DIN-Fachbericht ISO/TR 581, 320

DIN EN ISO 14 171, 323

DIN EN ISO 14 341, 323

DIN EN ISO 18 275, 323